U0212613

The Investigation Report of Post-earthquake Rescue and Conservation of Erwang Temple in Dujiangyan

Produced by Cultural Heritage Conservation Center of Beijing Tsinghua Urban Planning & Design Institute and Architectural Design and Research Institute of Tsinghua University

都江堰二王庙

震后抢险保护勘察报告

北京清华城市规划设计研究院
清华大学建筑设计研究院
文化遗产保护研究所 编著

文物出版社

《都江堰二王庙震后抢险保护勘察报告》编委会

主　　编　吕　舟

编　　委　(按姓氏笔画排列)

丛　绿　朱宇华　刘　煜　张　荣

李玉敏　徐溯凯　雷传翼　魏　青

参与编写单位

辽宁有色勘察研究院

都江堰市文物局

图书在版编目（CIP）数据

都江堰二王庙震后抢险保护勘察报告/北京清华城市规划设计研究院，清华大学建筑设计研究院文化遗产保护研究所编著. －北京：文物出版社，2010.11

ISBN 978-7-5010-3061-3

Ⅰ. ①都… Ⅱ. ①北… ②清… Ⅲ. ①寺庙－古建筑－修缮加固－研究报告－都江堰市 Ⅳ. ①TU746.3

中国版本图书馆CIP数据核字（2010）第206083号

都江堰二王庙震后抢险保护勘察报告

编　　著　北京清华城市规划设计研究院
　　　　　清华大学建筑设计研究院　文化遗产保护研究所

封面设计　周小玮

责任印制　陆　联

责任编辑　王　戈

出版发行　文物出版社

地　　址　北京市东直门内北小街2号楼

邮政编码　100007

http://www.wenwu.com

E-mail：web@wenwu.com

制版印刷　北京燕泰美术制版印刷有限责任公司

经　　销　新华书店

版　　次　2010年11月第1版第1次印刷

开　　本　889×1194　1/16

印　　张　25

书　　号　ISBN 978-7-5010-3061-3

定　　价　380元

目 录

插图目录

图版目录

实测图目录

序　一

国家文物局局长　单霁翔

2008年5月12日发生在四川汶川的特大地震，在给人民生命和财产造成巨大损失的同时，也使文化遗产遭受严重损毁。在四川、甘肃、陕西三省，大量各级文物保护单位受到不同程度的破坏。面对如此严重的自然灾害，如何在灾难发生之后，迅速做出反应，把灾害造成的损失减少到最低程度，是我国文化遗产保护事业面临的前所未有的挑战。面对这样的挑战，全国文物系统再次表现出了快速应急能力、强大的战斗力和全国一盘棋的团结协作精神。国家文物局在灾后第一时间，会同四川省文化厅、省文物局，汇集全国一流的专家和一流的文物保护工程队伍，突破常规，采取“同步勘察设计、同步监理、同步施工”的应急创新方式，于2008年6月30日及时启动了世界遗产都江堰古建筑群抢救保护工程，向全世界表明了中国政府在大灾大难面前抢救保护文化遗产的坚定决心。

在都江堰古建筑群抢救保护工程中，二王庙的抢救保护工程具有典型的意义。二王庙是世界遗产“都江堰—青城山”的重要组成部分，是“5 · 12”地震中受损程度最为严重、受损范围最大的古建筑群。它的修复工作十分复杂，包括了山体加固、传统木结构和现代结构的修复，附属文物如石刻、木雕、脊饰的清理和修复等。除此之外，二王庙建筑群的平面布局在历史上也曾多次发生变化，建筑的局部也多次改动。为了真实、完整地保护和展示其世界遗产的价值，二王庙的修复保护工作必须建立在详尽的勘测、深入的研究、科学的判断和严谨的评估基础之上。二王庙的勘测和修复过程，真实代表和反映了四川“5 · 12”灾后文化遗产抢救、修复的技术线路和研究水平。

文化遗产保护是一项严谨的科学工作。正如二王庙抢救保护工程一样，对保护对象开展充分的前期研究，构成了文物保护工程的技术基础，是文物保护工程的重要阶段性成果。同时，也为今后的保护工程积累了重要的数据，保存了相关的资料，提供了进一步研究的基础。不断加强和深化文物保护工程的前期研究，及时总结研究成果，编辑出版文物保护工程勘察、研究报告，对于提升文物保护工程的科学性具有重要意义。我们必须集中各级政府、学术机构、专家学者等各方面的力量，为我们伟大的建筑树碑立传，借以传承中华民族悠久的文明、灿烂的文化、杰出的成就和伟大的民族精神。

《都江堰二王庙震后抢险保护勘察报告》是“5 · 12”灾后文化遗产保护领域出版的第一份专业研究报告，它的出版为今后此类文物保护工程的前期研究报告编纂提供了一个很好的范例。它详细记录了我国文物工作者对二王庙从建筑总体布局到建筑细部做法，从工程地质到建筑装饰题材的全面勘察和深入研究的成果，不仅为我国灾后文化遗产抢救保护工作积累了极为宝贵的实践经验，也为世界文化遗产保护提供了可资借鉴的成功案例。我希望通过《都江堰二王庙震后抢险保护勘察报告》的出版，文物所在地的地方政府、文物工作者能以此为契机，推动本地区文化遗产的保护、管理、研究与合理利用，从而促进当地经济、社会文化的全面发展。也希望在《都江堰二王庙震后抢险保护勘察报告》之后，能有更多、更好的文物保护工程研究报告不断涌现，促进我国文物保护工程的科学发展。

感谢所有为四川“5 · 12”灾后文化遗产保护作出贡献的人们。

是为序。

2010年10月

序　二

四川省文物局局长　王　琼

“5·12”汶川特大地震不仅给四川人民的生命和财产造成了巨大损失，也给四川的文物造成前所未有破坏。灾难使大量文物保护单位严重受损，有的严重垮塌或局部垮塌，珍贵的馆藏文物被损毁破坏。面对严重的自然灾害，全国的文物保护工作者以“一方有难，八方支援”的协作精神，表现出顽强的意志和战胜一切困难的勇气和战斗力，在灾后抢救保护文物的“第一生命时段”里，以最快的速度对受损的文物进行抢救保护，使文物得到了及时保护。

灾害发生的第一时间，四川省文物管理局及时启动应急预案，紧急布置文物抢险救灾工作，迅速成立了“四川汶川大地震灾后文物抢救保护领导小组”，负责指导、协调全省灾后文物抢救保护工作。面对巨大灾难，四川灾区文物部门的广大干部职工，强忍失去亲朋和家园的巨大悲痛，克服一切困难，奋战在抢救保护文物的一线，及时调查灾情、汇报灾情；及时进行灾后文物抢救保护工作；及时发布公告，封闭文物区和展馆；疏散游客，有效接纳和疏导避震人员；在第一时间对倾斜、开裂的文物建筑进行简单有效的支护；及时对倒塌的建筑进行清理、遮盖防水，排除各种安全隐患；在第一时间对存在次生灾害威胁的藏品和展品进行撤柜、下架、打包、转移；及时在文物保护单位和文物管理所、博物馆的危险区域设置隔离带、警示牌和警戒线，二十四小时轮流值班，确保了文物和人员的安全，从而避免文物遭受进一步的损失。

“5·12”特大地震发生不久，全国文物系统的同志们心系灾区、情系灾区，特别国家文物局迅速召开了全国的对口援助会议，二十余家具有文物保护专业资质的单位在第一时间奔赴灾区，调查灾情，编制文物维修方案，为四川灾区迅速开展受损文物的抢救保护工作，提供了强有力的技术支撑。

世界遗产“青城山—都江堰”中的二王庙在此次地震中受灾严重，地面出现了巨大的裂缝，所在山体产生了局部滑移，部分边坡崩塌，戏楼、字库塔等建筑完全塌毁，大殿、二殿、秦堰楼等结构受损、屋面毁坏，堰功堂结构严重受损。由于建筑倒塌，大量石刻文物被砸毁。这些遭到破坏的现象作为重大自然灾害的遗迹，针对它们进行勘察记录，对保存灾害遗迹，研究地震对文化遗产的破坏，具有十分重要的意义。以北京清华城市规划设计研究院和清华大学建筑设计研究院文化遗产保护研究所为核心的勘察设计单位，本着对历史负责、对祖先负责、对子孙负责的态度，认真开展了世界遗产中的二王庙的勘察设计工作。在当地文物主管部门的支持配合下，运用了多学科的技术手段，收集了大量的文献和图像资料，为科学的抢救修复二王庙建筑群提供了充分的依据，建立了坚实的技术基础。施工单位泉州剌桐古建筑公司，以精湛的技术，并遵循不改变文物原状的原则，最大限度地抢救保护了二王庙建筑，使这一受灾严重的世界遗产得到了及时有效的抢救保护。

2008年6月30日，世界遗产都江堰古建筑群抢救保护工程正式开工，这是四川灾后首个开工的文物抢救保护工程。它的开工标志着四川灾后文物抢救保护工程打响第一枪，从而也向世界表明，中国政府在面对如此巨大的灾难时有决心、有信心保护好珍贵的世界遗产。

二王庙灾后的保护规划、勘察设计方案严格遵循文物保护的原则，并经过科学的论证和评审，抢救修复工程严谨、及时有效，达到了最大限度的保护文化遗产。二王庙的抢救保护工程不仅是“5·12”灾后文化遗产抢救保护的代表性工程，也是灾后科学、有效抢救保护文化遗产的一个缩影。作为灾后第一个开工的文化遗产抢救工程，其勘察研究报告的出版具有十分重要的示范作用。

“5·12”汶川地震已过去两年多了，在四川广大文物工作者和全国文物系统同仁的共同努力下，灾后文物抢救保护工作目前进展顺利。我们坚信在国家文物局有力的指导下，在全国文物保护工作者和灾区文物工作者的共同努力下，四川灾后文物抢救保护工作一定能取得全面的胜利，同时也将会为促进中国文物保护事业和灾后科学抢救保护文物作出一定的贡献。

2010年8月28日

前 言

北京清华城市规划设计研究院
清华大学建筑设计研究院 文化遗产保护研究所所长 吕 舟

2008年5月12日发生在四川汶川的强烈地震灾害，给四川、甘肃、陕西等地造成了巨大的人员和财产损失，其中文化遗产的损毁也是历史上所罕见的，145处全国重点文物保护单位、285处省级文物保护单位和超过872处县级文物保护单位受到了不同程度的破坏。由于文化遗产所具有的精神价值和社会价值，在震后灾区重建工作中文化遗产的抢救、修复和保护，成为一项涉及重建灾区人民精神家园、鼓舞人民战胜自然灾害的勇气、建立社会认同，以及恢复正常社会、经济和文化生活的重要工作。

清华大学、北京清华城市规划设计研究院和清华大学建筑设计研究院文化遗产保护研究所承担了二王庙灾后的勘察、规划、设计工作，泉州刺桐古建筑公司承担了二王庙工程施工作业，辽宁有色勘察研究院承担了二王庙基础勘察、加固工作，河北木石古建筑公司承担了此项工程的监理工作。

都江堰二王庙为列入《世界遗产名录》的“青城山—都江堰”文化遗产地的标志性建筑群，在“5·12”地震中受到严重破坏，所有建筑不同程度地出现结构变形、基础位移、墙体断裂、屋面损坏等问题，戏楼、字库塔等建筑完全倒塌。建筑群所在台地产生巨大裂缝、边坡坍塌，出现山体滑动的征兆。二王庙是“5·12”地震中受损最严重、文物等级最高的古代建筑群。

二王庙的修复由国家文物局直接领导，四川省文物局直接管理，成都市和都江堰市组织实施，是“5·12”震后最重要的文化遗产抢救、修复和保护工程。二王庙的抢救与修复在灾后文化遗产抢救与保护工程中具有象征性和代表性。

“5·12”灾后文化遗产的抢救、修复、保护是一项科学工作，需要以科学的、冷静的态度，整体分析地震灾害造成的影响，对灾害造成的破坏进行评估，确定有效的抢救、修复技术路线和工程步骤，确保通过抢救、修复措施，把文化遗产的损失减低到最小的程度。在这样一个工作过程中，对二王庙建筑群的勘察、历史资料的研究，以及建筑群与环境的相对关系的分析是一项基础性的工作。其决定了相关干预措施的选择和强度的确定。作为基础性的工作，勘察、分析、研究、评估贯穿于整个修复、保护的实际过程之中。勘测、研究报告是修复工程的基础工作，它包括了对二王庙的价值认识、工艺技术研究和灾害记录等方面的内容。

二王庙作为“青城山—都江堰”世界遗产地的主要组成部分，具有多方面的价值。它作为供奉都江堰工程的创建者李冰父子的祠庙，体现了都江堰作为世界遗产的完整性，表现了中国传统的信仰体系中反映的社会价值取向，赋予都江堰这一古代水利工程浓郁的人文色彩。庙内保存的大量有关治水经验的题刻、碑记，使其成为都江堰治水技术发展的重要见证，具有重要的科学价值。它与松茂古道的关系，又在一定程度上记录和展示了古代这一地区与周边区域的经贸关系和文化的交流与传播。二王庙建筑的装饰题材、艺术手法反映了地方审美趣味和工艺特征，展现了地方文化的独特魅力。这些价值在灾后的抢救、修复、保护工程中，都需要得到尽可能的保护和延续。这种保护和延续，需要对二王庙震前的整体情况进行深入、充分的研究，并与震后的情况进行对比分析才能获得相对准确的认识。

二王庙的价值也体现在它的整个生命过程之中。对它的修复是对其整体价值的保护，是对这种价值的完整性的保护，而不应当只是这一生命过程某个节点的修复。二王庙在其历史上曾有多次变化，建筑的规模也有一个变化的过程，建筑群中每栋建筑也都因为这样一种历时性的过程，呈现出多样化的特征。二王庙建筑群与周边环境同样也呈现出一种相互影响的关系，这种关系同样也随时间的推移而变化。修复、保护的工作，需要首先建立在对这样一个变化的历史过程认识和评估的基础上，确定修复的内容和程度，以最大限度地实现对二王庙文化遗产价值的保护。

作为世界遗产的一个组成部分，在灾后的修复、保护中，对其整体的真实性、完整性的认识，以及对真实性和完整性的物质载体的认识，同样是一个基础性的课题。如何评价建筑群中不同时代建造的建筑，建筑群与环境的关系，是决定修复措施对遗产真实性、完整性影响的重要方面，是修复研究中需要首先解决的问题。

二王庙作为四川地区民间建造的祠庙建筑，在建筑法式、细部手法、装饰风格等方面都有自身的独特之处，也是其特殊价值的体现。通过精确测量的方法对建筑进行准确的记录，通过对倒塌了的建筑的构件、做法进行记录和分析，通过对传统工匠的访问，对这些做法进行研究和记录，同样是勘察、研究的重要内容，这些勘察工作是修复方案对二王庙原有的地方风格、工艺做法、审美趣味准确再现的保证。

“5 · 12”地震造成的破坏是二王庙历史上一个重大的事件，造成了建筑群基础的变形，出现了巨大的裂缝，原本平整的地面出现了最大超过60厘米的高差，部分建筑倒塌、建筑结构严重受损，大殿、圣母殿等少数建筑结构基本完好，这些灾后现象同样具有重要的价值。对这些现象进行记录，使它们即便在二王庙得到修复以后，也仍然能以档案记录的方式保存下来，一方面记录二王庙历史上曾经发生过的一个重大的事件，另一方面也为传统建筑群、建筑结构与地震等自然破坏因素之间关系的研究，保存了尽可能详尽的材料。

规划工作对二王庙的抢救、修复和保护而言，事实上是一个基本的工作计划，是对工作程序、工作范围进行控制的指导性意见。二王庙“5 · 12”灾后规划包括两份成果，一份是《都江堰二王庙古建筑群震后紧急抢救性清理及排险方案》，另一份是《世界遗产——都江堰二王庙片区灾后抢救保护专项规划》。

《都江堰二王庙古建筑群震后紧急抢救性清理及排险方案》是针对震后遭到严重损害的建筑群进行临时支护、现场清理的工作计划和操作导则。它作为震后应急反应，保证了在第一时间对现场进行干预，避免了由于不当的现场加固和清理措施，可能对文物造成的损害；保证由于建筑倒塌和载体破损而受到破坏的附属文物，如石刻、题记、建筑装饰构件的及时收集、清理，为下一步的修复创造了条件。在实际施工中，根据这一清理及排险方案，按照有效、合理的方式对二王庙进行分区清理，也保证了合理的施工场地和从废墟中清理出的文物、文物残件的储存及整理场地。这一方案保证了二王庙修复前期工作的有序进行，保证了二王庙成为“5 · 12”地震以后，于2008年6月30日第一个开工的文化遗产抢救保护工程。

《世界遗产——都江堰二王庙片区灾后抢救保护专项规划》基于对二王庙各种文献、图纸资料进行全面分析，基于对二王庙价值和总体功能的认识，提出了在地震中遭到损坏的建筑中的修复对象，以及建筑使用功能调整、对松茂古道意向性展示等修复目标，为修复设计提供了依据，为修复、保护工程的全面展开创造了条件。

二王庙的修复涉及多个利益相关方，包括都江堰景区管理部门、文物保护部门、旅游部门、水利部门、宗教部门等，游客、相关的从业人员也同样与二王庙的修复、保护密切相关。二王庙由于其世界遗产的地位，具有巨大的影响力，它的修复本身不仅仅是一项专业工程，同时也是一个重要的社会性事件。在规划过程中，需要考虑各个方面关注的问题。在保护二王庙文化遗产价值的前提下，充分考虑各个建筑的展示和使用功能，发挥各个方面的积极性，共同参与到整个修复、保护工程中，这是二王庙规划工作的重要目标之一。

由于"5·12"地震造成的巨大损失，以及二王庙作为世界遗产的重要组成部分的突出价值，二王庙的修复和保护也受到了国际社会的广泛关注。"5·12"地震发生后，国际文化财产修复与保护研究中心（ICCROM）、国际古迹遗址理事会（ICOMOS）都迅速表达了对地震灾害的关注和参与灾后文化遗产保护的意向。国际文化财产修复与保护研究中心为二王庙的修复提供了重要的震后文化遗产修复的经验和相关的文献资料，为保护规划及修复设计提供了非常有价值的技术支持。国际古迹遗址理事会主席古斯塔夫及专家组，对包括二王庙在内的"5·12"地震中受损的文化遗产进行了考察，对修复工作提出了建议。日本文化厅、东京文化财保护研究所考察了二王庙，并提供了日本地震受损文物建筑修复和建筑防震的经验。日本文物修复协会的专家在对二王庙现场考察的基础上，提出了有价值的建议。法国前总统德斯坦率领的专家团，对包括二王庙在内的"5·12"震后文化遗产保护和社会发展提出了建议。德国学者提供了二王庙早期测绘图纸和相关的图片资料。台湾的同行在"5·12"地震后，提供了台湾修复地震受损文物建筑的经验。这些交流都为二王庙震后的勘察、规划、修复设计提供了有力的支持。

二王庙的抢救、修复、保护作为一项科学工程，其技术路线和相应的专业程序是工程顺利进行的保障，在《中国文物古迹保护准则》规定的中国文物古迹保护工作程序中，具有重要的指导意义。

二王庙抢救、修复、保护工作的基本程序分为：

（1）灾害现场的调查、评估；

（2）基于评估结果编制现场清理规划和技术方案；

（3）规划和技术方案论证；

（4）根据现场清理施工的情况对清理规划和技术方案进行评估和调整；

（5）收集整理与二王庙相关的各种文献和图像资料，在此基础上制定文物修复的整体规划，对规划进行论证、评估、调整；

（6）根据规划制定的目标编制修复、保护技术方案；

（7）修复、保护设计方案论证；

（8）技术方案实施；

（9）实施过程中的评估、论证、调整；

（10）工程结束后的评估、验收等步骤。

这一工作程序有效地保证了整个修复、保护工作井然有序的进行。

国家文物局和四川省文物局联合成立的灾后专家组，保证了勘察、规划、设计方案的论证。都江堰市、成都市、四川省文物局、国家文物局在“5 · 12”地震后，建立起的从地方政府到中央政府的联络员制度，保证了整个项目的持续高效运转。

清华大学、北京清华城市规划设计研究院和清华大学建筑设计研究院文化遗产保护研究所，参加了“5 · 12”震后国家文物局组织的第一个专家组，进入地震受灾地区，并承担了都江堰二王庙、伏龙观、安岳石窟经目塔、成都武侯祠及杜甫草堂的灾后修复设计工作。在整个勘察、设计工作中，采用了多种技术手段对灾后文物建筑的情况进行记录、评估，同时结合国际灾后文化遗产应急反应、抢救、修复的经验，提出了针对二王庙修复的从现场清理、文物抢救、勘察、评估、规划、设计的一个完整的工作流程。这些勘察资料和设计文件对文物建筑的灾害预防，提高文化遗产保护的灾后应急反应能力有现实的意义。

壹　历史背景与价值内涵

一　二王庙与都江堰

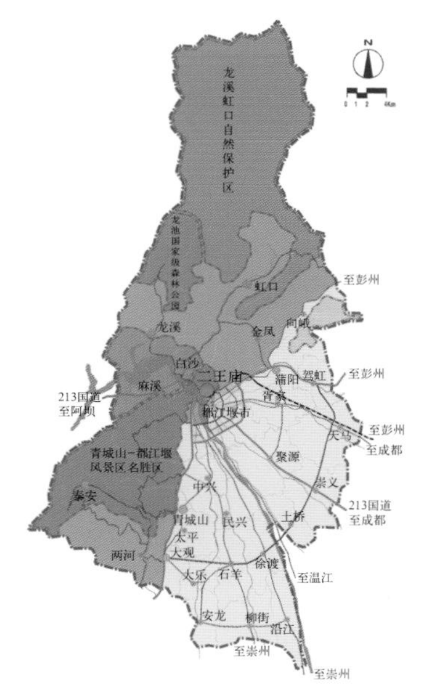

1－1　二王庙区位图

都江堰二王庙位于都江堰市区西北，岷江内江东岸，灵岩山南麓（图1－1）。这里是举世闻名的都江堰水利工程的渠首区域。从二王庙所在的山坡俯瞰，都江堰渠首工程中最为重要的分水鱼嘴、飞沙堰、离堆和宝瓶口等，尽收眼底。二王庙的对面，是层峦叠嶂的群山，气势巍峨。一度桀骜不驯的岷江正是从那里奔涌而出的。而它的脚下，经鱼嘴分流后的岷江内江，在两岸堤坝的引导下流向宝瓶口。滋润万顷良田的都灌区总引水渠，正是由此开始的。这景象不禁让人想起二王庙中两块石碑上铭刻的“安流顺轨”、“饮水思源”。

从战国时期李冰修建都江堰之后，都灌区的面积从“千七百顷”[1]逐渐扩展变为现今的一千余万亩，都源于从古至今的人们在都江堰水利工程上不断的艰辛努力（图1－2、1－3）。

地理位置上的紧密，使二王庙成为俯视都江古堰、感受历史沧桑、慨叹人类壮举得天独厚的场所。或许也是由于这个原因，二王庙和都江堰的不解之缘得以越结越深，随着历史的变迁，积淀下丰富和深厚的关联。

1．二王庙的兴起与都江堰

自上古的洪水时代，古蜀大地就是我国洪水灾害最为严重的地区之一。其中岷江是危害古蜀地区一条重要的洪水之源，对古蜀国人民形成了巨大的威胁。因此，古文献中即有上古先人对岷江进行治理的记载。《华阳国志》中记载大禹吸取其父的教训，采取疏导的办法治理岷江，“岷山导江，东别为沱”，收到了较好的效果，但并未能完全根治岷江水害。“禹导崛江之后，沫水尚为民害也……二江未分，离堆支于山麓，水绕其东而行，奔流驶泻，蜀

[1]　《水经注》引（晋）任豫《益州记》中载：西汉文帝时蜀守文翁“穿海江口，溉灌繁田千七百顷”。这是关于都江堰灌区规模最早的记载。

1－2　二王庙远景
（Boerschmann，1906～1909年摄）

1－3　安澜索桥
（Boerschmann，1906～1909年摄）

郡俱为鱼鳖……”[2]大禹之后的杜宇王朝，治理岷江的工作仍在继续，“其相开明决玉垒山以除水害，帝遂委以政事，法尧舜禅授之意”。战国时期，秦平蜀后，李冰被派任为蜀郡太守。在总结前人治水经验的基础上，他考察了灌县一带的山形地貌，根据岷江陡落平川、流速顿减和左岸一带山势弯环的地理特点，组织当地民众，凿离堆，通宝瓶口，修建了完整的都江堰水利工程系统，使常年水患不断的岷江得到了较好的治理，岷江之水得以灌溉蜀中之地，造就了富庶的天府之国。两千多年来，都江堰水利工程为川西平原的工农业生产作出了重要贡献，使这里的人民得以安居乐业。因此，当地的百姓们将李冰作为治水英雄，甚至将他奉作神明，立为川主，为他树碑立传、建祠修庙，颂扬其功绩。直到今天，都江堰灌区分布的川主祠仍有数百座[3]。而坐落在都江堰渠首上的二王庙，是其中规模最大，也最为著名的一座。

2．李冰父子与二王庙

最早，二王庙所在位置为古蜀人民纪念蜀王杜宇的“望帝祠”。其始建年代不详。

李冰成为这里主要的祭祀对象，是在约一千五百年前南北朝齐建武（494～498年）时期。《灌县乡土志》中记载：“西路古有望帝祠，旧址在今崇德庙。齐建武时，益州刺史刘季连移建于郫，而以祠地改崇德庙，祀李公，相传至今。”作为祭祀李冰的专祠，那时的崇德庙开始与都江堰水利工程产生了直接的联系。

到宋代，李二郎的称呼出现。他被世人传说为李冰之子，并在帮助李冰修建都江堰的过程中大显神功。北宋开宝五年（972年）赵匡胤诏修崇德庙，宋景德年间（1004～1007年）又御赐“二郎神碑”，称二郎为“川主二郎神”，并钦定了祭文。李二郎遂入崇德庙与李冰同祀，两位主神的格局开始出现。

[2]《华阳国志·蜀志》。

[3] 汪智洋《二王庙建筑群研究》，2005年。

（1）李冰父子在历代的封号[4]

朝代	帝王	时　间	封　号	出　处
唐	太宗	627～649年	李冰：神勇大将军	《灌江定考》
唐	玄宗	712～756年	李冰：左丞、司空相国、赤城王	《灌江定考》
五代		后蜀（925～961年）	李冰：大安王、应圣灵感王，并封二郎神	《文献通考》
宋	太祖	开宝七年（974）	广济王（川主）	《文献通考》
元	文宗	至顺元年（1330年）	李冰：圣德广裕英惠王 李二郎：英烈昭惠灵显仁佑王	《元史·文宗本记》
清	雍正	雍正五年（1727年）	李冰：敷泽兴济通佑王 李二郎：承绩广惠显英王	《皇朝文献通考》
清	光绪	光绪三年（1877年）	李冰：敷泽兴济通佑显惠王 李二郎：承绩广惠显英普济王	《增修灌县志》
清	光绪	光绪四年（1878年）	李冰：敷泽兴济通佑显惠襄护王 李二郎：承绩广惠显英普照济昭福王	《增修灌县志》

（2）二王庙庙名的历史变迁

二王庙古名“李公庙”、“秦太守李公祠”等，又称川主庙、二王宫等。虽然二王庙历史上名称更替，变化不断，有的反映了不同朝代对李冰父子封号的变化，有的官方或民间对他的不同称呼，但都明确表明了在这座庙宇中对李冰父子祭拜的延续。值得一提的是，由于和道教文化的融合，李二郎逐渐被解释成二郎神的化身。因此，在历史中，经常出现将李二郎——二郎神，作为二王庙主供神，而李冰居于次位的时期，这一点，从历代名称的变更上也能体现出来[5]。

历史上对二王的祭祀仪式活动分官祭、民祭。民国以来，官祭一般以三月清明“举行开水典礼”时致祭，先到伏龙观祭老王（李冰），后往二王庙祭二郎。祭毕，到杨泗将军庙前观礼台上李冰父子神位前致祭，后鸣炮开水。官祭曾一度消失，自1990年起，都江堰市恢复了清明放水节，举行模拟砍杩槎放水仪式和传统祭祀活动，同时举办灯会、花会和物资交流会。民祭一般在农历六月二十四日（传说是二郎生日，后两日是李冰生日）前后致祭。前后数十日内，受益地区百姓扶老携幼，来庙祭祀，每日多达万人以上。《灌县乡土志》言：“每岁插秧毕，蜀人奉香烛祀李王，络绎不绝。”（图1–4）

这种对以李冰父子为代表的堰功人物神话传说和祭祀活动，奠定

[4]　参见汪智洋《二王庙建筑群研究》（2005年），部分内容有订正补充。

[5]　二王庙，唐末杜光庭《录异记》称为显英王庙，宋乐史《太平寰宇记》作索桥李冰祠，宋欧阳忞《舆地广记》中称作广济王庙，北宋黄休复《茅亭客话》作李公祠，南宋洪迈《夷坚甲志》记为灵显王庙，南宋洪迈《夷坚丙志》作灌口庙、永康神庙，清雍正五年（1727年）“禀捐春秋祭典碑”称为二王庙，清乾隆《灌县志》中作二郎庙，清嘉庆张澍《蜀典》记为川主庙，清光绪钟文虎等《灌县乡土志》称为二王宫，清光绪彭洵等《灌记初稿》作李公庙。

1－4　都江堰放水节

了二王庙延续了近千年的场所精神。

或许正是由于和都江堰如此密切的联系及这种场所精神的感召，都江堰的二王庙得以声名远扬，以至于自近代以来，这里成为诸多政治人物借以抒发政治理想和抱负的场所。其中最为突出的是冯玉祥，他不仅多次游览二王庙，并且为二王庙题写了大量匾额和碑记，保留至今（图1－5）。

3．都江堰的治水理念与二王庙

二王庙的一大特色在于，庙内保存着的大量浓缩了都江堰水利工程治水理念的名言警句。“深淘滩，低作堰”的六字真言，“遇弯截角，逢正抽心”，“乘势利导，因时制宜”等八字格言，两部总结前人治水经验的三字经，以及丁宝桢执政时颁布的护树碑等，从山下到山上，沿着主流线随处可见。特别是六字真言，不仅在乐楼之上的平台上有巨幅石刻，还同时出现在大殿、二殿的门廊内，是二王庙内被表现得最为突出的治水格言（图1－6～8）。

二王庙内与这些和治水理念相关的碑刻题记共存的，还有大量咏颂都江堰水利工程功绩的铭文碑刻。如清乾隆十五年（1750年）御制“绩垂保障”额，清咸丰三年（1853年）立于大殿前的“饮水思源”、“安流顺轨”刻石，清光绪三年（1877年）御制“功昭蜀道”额，清光绪四年御制“陆海金堤”、“安流利济”额等等。另外，在乐楼之下的照壁位置赫然伫立的，并不是描绘道教仙山的图景，而是一幅展现都江堰水利工程和灌区范围的都江堰水利图（图1－9）。

1－5　二王庙山门冯玉祥题写的匾额（都江堰市文物局提供）

1－6　大殿廊下六字真言
1－7　六字真言石刻照壁
1－8　“乘势利导，因时制宜”石刻
1－9　水利图照壁

1949年后，二王庙宗教场所的性质逐渐淡化，宣传教育功能逐渐增强。除李冰父子，又逐渐扩充了对历朝、历代在都江堰水利工程的发展维护上作出重要贡献的人物纪念场所，如诸葛亮、文翁、吉当普、卢翊、强望泰、丁宝桢等，这一切使得二王庙与都江堰的文化联系更加紧密和丰富。

二　作为道教宫观的二王庙

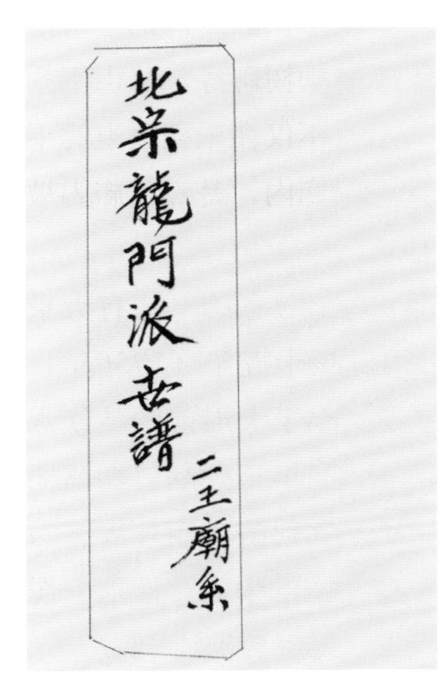

1–10　《北宋龙门派世谱 · 二王庙系》

二王庙自古以来为道教庙宇，在清以前属于正一派。清康熙年间，湖北武当山道士张清世来二王庙传道，此地即为全真龙门派丹台碧洞宗的道场（图1–10）。张清世后来传法嗣给赵一炳，赵一炳又传王阳炳，王阳炳再传于王来通。真正使二王庙兴盛起来的，正是这位道号纯诚的王来通住持。也正是他，进一步加强了二王庙与都江堰水利工程文化之间的关联。

王来通（1702～1779年），四川夔州府奉节县人。自幼离俗出家，二十一岁时投师李阳修，访道来到都江堰。当时二王庙的庙宇颓败，百废待举，于是他驻锡留庙，参与庙宇的修复。由于他发奋振作，昼夜不懈，躬亲操劳，深受道众们的喜爱，被道众推任为住持。

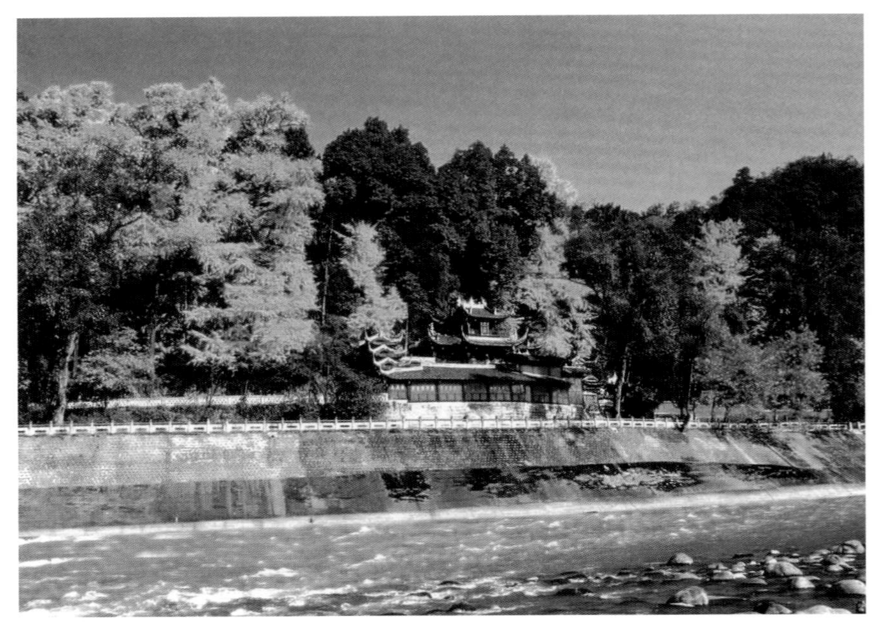

1-11　二王庙周围的山林
（都江堰市文物局提供）

清雍正五年（1727年），四川巡抚宪德奏请朝廷，褒封为修治都江堰而作出卓越贡献的秦蜀郡太守李冰及其子二郎。得朝廷允可，封李冰为“敷泽兴济通佑王”，李冰之子二郎为“承绩广惠显英王”，并令地方官立祠，岁春秋仲月诹吉致祭。二王庙虽是祭祀李冰父子的专祠，但庙宇狭小破败，与其所受褒封不相称。王来通发愿将庙宇修缮，以报神恩。于是四处奔走募集修庙资金，历经五载，在清雍正九年（1731年），蒙各府州县善士信女共同捐助，修建前后大殿、娘娘大殿、戏楼、牌坊、两廊共计六十余间，耗费十方檀越五千余金，数年后才完成。

清雍正十一年（1733年）王来通又借机成功劝说四川总督黄廷桂支持扩修二王庙殿宇。于是“重建正殿和东西庑房，殿前设置牌门，又在大殿左右立碑亭”[6]。之后，王来通又募集资金修整后殿，使之焕然一新。

在募化资金修建二王庙的过程中，王来通深切地体会到其中的艰辛，考虑到以后重建庙宇需用木材，亦需修庙的资金，可通过植树造林来解决上述问题。于是从清雍正十二年起，他利用庙旁隙地种植杉树，并发愿寻觅杉树苗，每根树苗费银一分四厘，立誓每年栽一千余株。经过三十余年的努力，到清乾隆三十五年（1770年），经他亲栽及主持栽种的杉树共达八万四千多株，白蜡树六万四千余株。据说，早先岷江西岸一直较为荒凉，后经过王来通的治理，二王庙周边终于翠色青葱，且终岁不断。不仅积蓄了庙宇维修所需的树木，而且也大大改善了整个区域的水土环境（图1-11）。

王来通晚年曾立下了许多碑记，谆谆告诫后人：日后住持，维修

[6]　参见“重修通佑显英王庙碑”碑文。

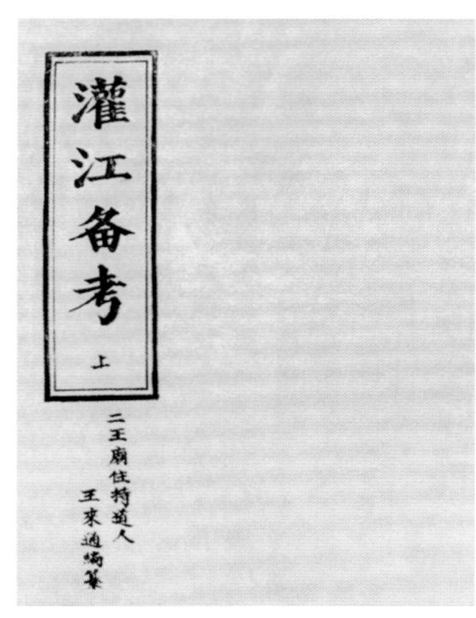

1-12 《灌江备考》

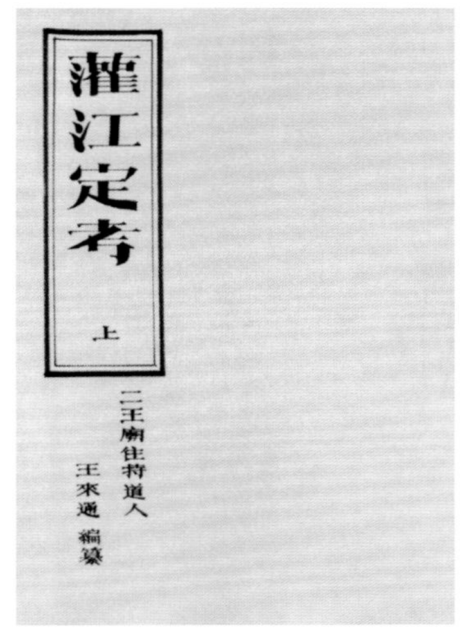

1-13 《灌江定考》

庙宇，可以用杉树做栋梁之用，且砍伐时，必须估计用木若干，匠作工价若干，一切费用若干，或卖杉树一二百根，便可支付各项使用。若一根杉木卖银二三十两，百根即可卖银二三千两，杉树二百即可卖银五六千两，则何殿不可补，何庙不可修，又何须去募化十方耶？遂发愿，凡庙宇修建永不募化，并还写道：尔后之住持，不可交通射利小人，私卖杉树；不可昧去良心，再化十方；不可忘却前人苦行，只图肥己；不可无功受禄，假公济私，任意砍伐杉树等。

这些言论直到今天仍有深远的意义。王来通不仅致力二王庙庙宇的建设维护，也同样对都江堰的水利工程倾注了大量心血。由于感受到这一伟大的水利工程对广大民众的重要作用，又担心历代的丰功伟绩和治水理念难以昭示后人长远流传，他广交当时关心水利的人士，在他们的帮助下，将能够收集到的古今都江堰水利技术著作，汇编成册。最终主持刊印《灌江备考》、《灌江定考》、《汇集实录》三本集著，成为现今留存的最早的关于都江堰水利工程的技术文献。同时，他还将对都江堰岁修中的一些技术问题，写成《拟做鱼嘴法》、《做鱼嘴活套法》等文章，为后人治水留下了宝贵的数据和材料（图1-12、13）。

除了文献的编著，他还将学习到的治水理念和技术应用到实践，发起新修横山的长同堰，造福于地方。“灌县玉堂场到太平场一带山麓旱地，缺水灌溉。王来通会同王天顺、艾文星、刘玉相、张全信等人，具呈郡守，饬邑令秦侯规划，各倡数百金开堰。王来通等五人，相度地形，仿李冰劈离堆意，于横山寺凿岩。从清乾隆十九年（1754年）起，经过三年努力，从沙沟河起水，修堰二十多华里，满足了三万亩农田的灌溉，命名为长同堰”[7]。之后，又于乾隆二十三年至二十九年（1758～1764年）开凿了至长生宫的同流堰。

自王来通以后，二王庙的历代住持，都遵从他的教诲，植树造林，积蓄资金以备维修庙宇之用，并关心都江堰的水利工程建设和维护，逐渐形成了二王庙的文化特色，也维系着二王庙与都江堰的紧密联系。

三　二王庙格局的历史变迁

1. 历史上的修葺与扩建

根据相关历史文献的整理，可以了解到二王庙历代修葺的大致过程。

[7] 王安明《二王庙道教事业的开拓者——王来通》，《中国道教》2006年第2期。

1-14 1964年岷江沿岸水灾现场（都江堰市文物局提供）
1-15 1964年岷江沿岸水灾现场（都江堰市文物局提供）
1-16 1964年岷江洪水冲垮基础导致下西山门倒塌（都江堰市文物局提供）
1-17 倒塌的下西山门（都江堰市文物局提供）

《夷坚志·丙志》载：宋政和七年（1117年），“蜀中奏永康军灌口神庙火”。……后又重建。

“重修灌口二郎神祠碑”记：“灌口旧有祠毁于火，蜀王为民轸念焉，出内帑重建之。……工始嘉靖癸巳之冬，甲午之秋即告成。其采绘华饰，越岁庚子始大备。”

“新作蜀守李公祠碑”记：“嘉靖十有二年冬（1533年），蜀府新作秦守李公祠于灌，崇明祀报功也。”命宁仪、周瑜主持重建崇德庙，其规模为“正殿五，寝殿三，群祀堂一十有二，左右廊二十有八，碑亭二。祠后有台，祠前左右有坊，殿制高广且深，轮焉奂焉，壮丽倍昔”。

明隆庆四年（1570年），“灌邑士民制大石牌坊竖殿前，虽壮神仪，实蔽大殿”，明末焚于兵火（后于康熙四十八年拆除）。

康熙四十五年（1706年），“郡民许建戏楼”。

《重建显英王、通佑王、祈嗣宫三殿铁钟铭》：清雍正九年（1731年），由本庙道士赵一柄、李阳修募请府、州、县善士信女对正殿、后殿、祈嗣宫、戏楼牌坊（计六十余间）和两廊神像进行重建，共费“五千余金”，兴工九载告竣。乾隆三年住持王来通铸大钟一口，以示纪念。

“重修通佑显英王庙碑”：清雍正十一年（1733年），制军黄廷桂又重建二王庙大殿及东西庑，“殿之前为牌门，又为碑亭于殿之左右”。

“重建襄护王寝殿碑”记载，清光绪八年（1882年），川督丁宝桢对襄护王殿（后殿）又进行重建。

又据二王祠镜亭真人（二王庙第十七代住持贾教政）墓志记载，于咸丰年间修斋堂一所，同治壬戌（1862）年间增建山门、石梯、石坎，癸酉年（1873年）修送子殿，乐楼廊舍，并于次年彩装，丙子年（1876年）修灌澜亭，镇澜亭、疏江亭，癸未年（1883年）修文武夫子楹殿，甲申年（1884年）修老王殿内殿，丙戌年（1886年）修太极纯阳真各殿以及飞舄仙楼（圣母殿）、魁星阁等[8]。

《堰功祠铁馨铭》记载，清宣统元年（1909年），劝业道宪来庙面谕，改祈嗣宫为堰功祠，祀历代治水先贤。

1925年农历二月十九日夜十一时许，某道士在大殿左侧耳房内烧水，不慎将壁间蜡台打倒，蜡烛落入木屑刨花中，顿时烈火冲天。此次火灾，计烧毁二王庙大殿、后殿、祖堂、戏楼、中山门左右庑、堰功祠、斋宿处等百余间，神像二十尊，仅存后山老君殿、魁星阁和前山灵官殿以前建筑。同年，住持李云岩募集资金，并出卖庙产水田三百六十亩，重建上述各殿，费时十年方告竣工。

1933年，叠溪地震，山洪暴发，冲毁庙前丁公祠，故将丁宝桢像迁塑于后殿右侧奉祀，仍称丁公祠。

1938年，以《都江堰水利述要》图版为据，分主殿三重，配殿十六重[9]。主殿有二王大殿、老王殿、老君殿，配殿有青龙白虎殿、三官殿、灵官殿、城隍土地殿、玉皇殿（在二王殿楼上）、娘娘殿（后改堰功祠）、祈嗣宫、丁公祠、飞舄仙楼（圣母殿）、日月殿（在老君殿左右）、龙神殿（又称铁龙殿）、魁星阁（图1−14～17）。

从以上记载来看，现存二王庙的基本格局至晚是延续自清代以来的历次增扩和修整至清咸丰和光绪初年达到鼎盛。而除老君殿和灵官殿以下乐楼等清代遗存之外，其余建筑大都为1925年火灾之后陆续复建或改造的。

[8]　该墓志见于《二王庙谱》。

[9]　四川省文化厅文物处、灌县志编纂委员会、灌县文物保管所编《都江堰文物志》。

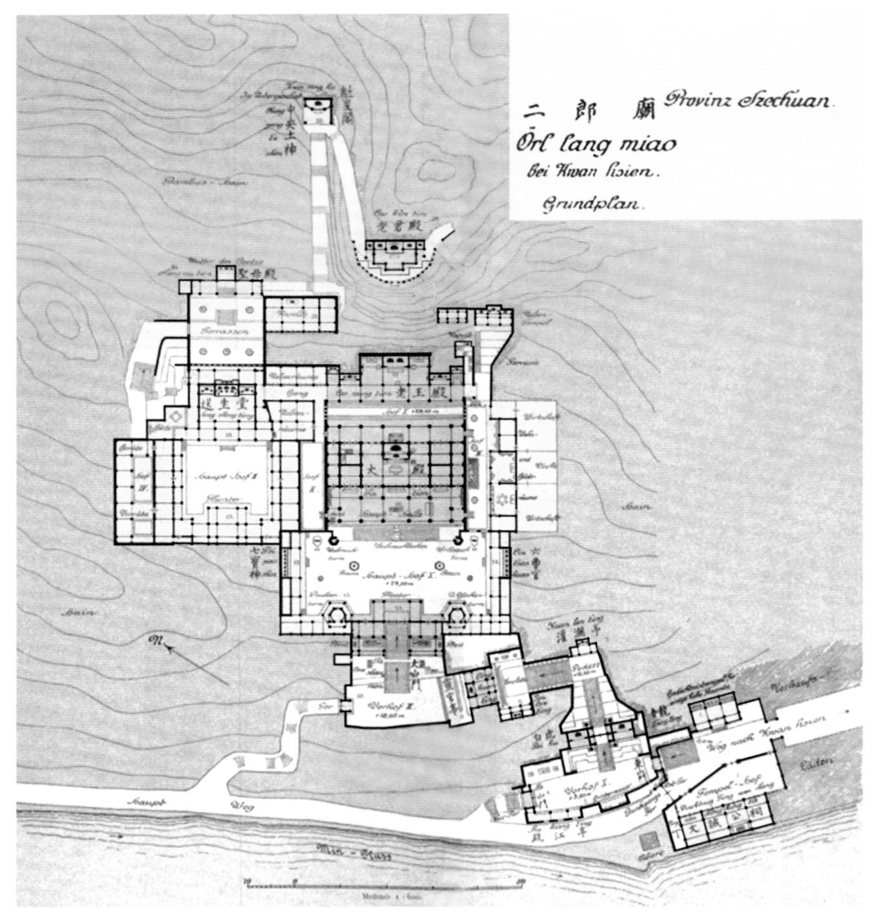

1-18　二王庙总平面图
（Boerschmann，1906～1909年绘）

2．近代二王庙格局上的变化

目前能够比较清晰地反应二王庙在清末完整格局状况的，是德国人恩斯特·柏石曼[10]于1906年至1909年之间考察二王庙时绘制的测绘图，配合当时他拍摄的照片，可以较为清晰地了解当时二王庙的整体情况（图1-18～22）。

从平面图可以看到，当时二王庙完整的布局结构，包括以老君殿、二殿、大殿和戏楼为主的中心主轴线区域，以圣母殿、送生堂院落为主体的西侧轴线区域，戏楼以南灵官殿至灌澜亭、乐楼、疏江亭和照壁等形成的转折前导空间。整个区域北侧，还有魁星楼。南侧，下东山门与河街子（即现在的松茂古道）相接，这条路向东不远就是灌县老城，向西，过索桥通往阿坝藏区，是茶马古道的一部分。此外，当时的丁公祠，是独立于二王庙的，位于其南侧临江位置。和现状相比，二王庙后期（1925年以后）在布局上最大的变化体现在以下几点：

一是西侧的轴线在火灾之后没有能完整恢复，仅在原址范围上于1940年建活佛殿专供章嘉活佛使用，1979年改建为外宾楼接待室，即现在的堰功堂。1991年大殿东侧则随着茶楼和李冰纪念馆的建设，以

[10]　Ernst Boerschmann（1873～1949年），德国建筑师。他在1906年（光绪三十二年）开始在中国旅行考察，穿越了中国的十二个行省，行程数万里，拍下了数千张古代皇家建筑、宗教建筑和代表各地风情的民居等极其珍贵的照片，并进行过大量的针对中国寺庙的测绘。根据这些考察资料，他连续出版了多部论述中国建筑的专著。

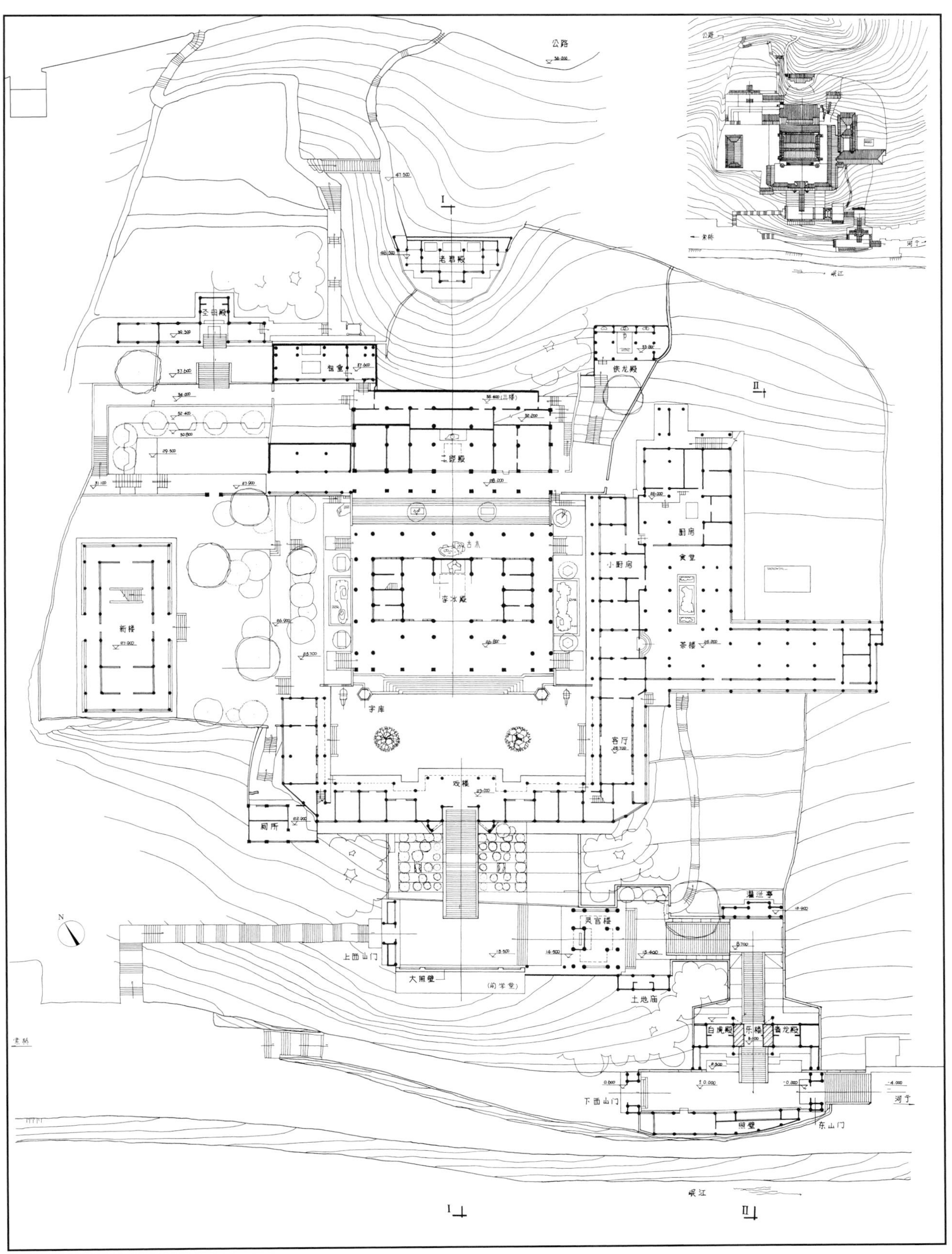

1-19　二王庙现状总平面图（都江堰市文物局提供）

1-20　大殿及字库塔
（Boerschmann，1906～1909年摄）
1-21 圣母殿及老君殿
（Boerschmann，1906～1909年摄）
1-22　戏楼及大台阶
（Boerschmann，1906～1909年摄）
1-23　下东山门、河街子
（Boerschmann，1906～1909年摄）

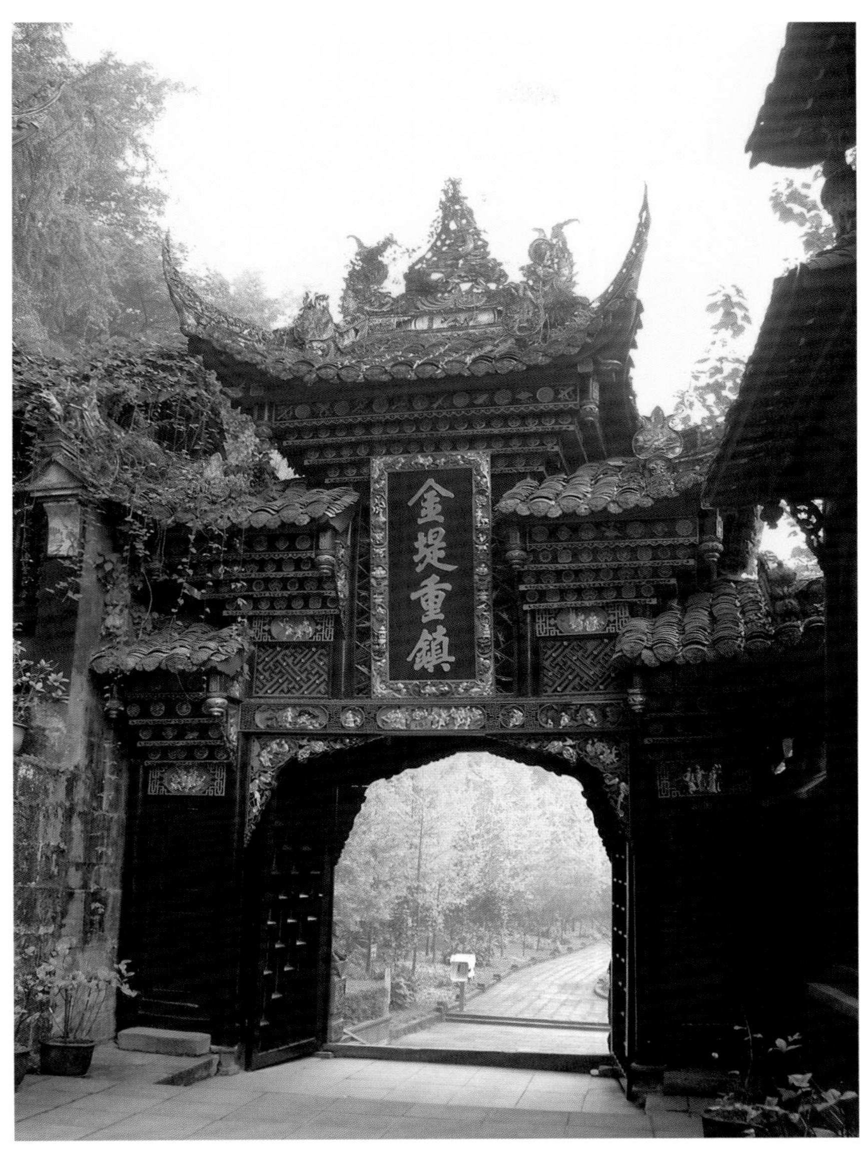

1–24　下东山门
（都江堰市文物局提供）

及斋堂、膳堂的改造，形成了新的功能布局重心，并和东苑景区联系在一起。

二是北部的魁星阁由于1951年建成阿公路被拆除，同时带来的影响也包括二王庙与其北部山坡上历代住持的墓地间的关系被阻断。

另外，后期景区环境治理时将河街子区域景观不良的建筑清理，后填补为园林式的景观绿化，虽然净化了景区的景观环境，但也削弱了二王庙和古道之间联系的紧密性（图1–23、24）。

从单体建筑形制来看，1925年之前和之后的状况也有较大差别。

其中最显著的是戏楼。1925年以前的戏楼比震前的戏楼占地规模要大，结构造型也更复杂。南侧几乎覆盖到大台阶中间的位置，比震前的建筑在进深方向多出一间，而且可能在入口两侧分别布置有大型神龛。北侧在戏台两边各有一六角楼阁，在照片中可见其高高翘起的

1–25　从二王庙俯瞰都江堰

翼角。戏楼两侧与东西廊之间的交接比较规整，两廊内的主要空间摆放有众多道教的神龛。

大殿的格局也和后来重建的有一些显著差别。那时的大殿两侧为山墙，并没有四周通透的围廊。二殿当时仍以供奉祭拜神像为主要功能，震前的道众生活起居空间应是民国重建时添加的。

3．震前二王庙的范围和功能格局

作为都江堰景区中的一处道教宫观，二王庙的占地北起成阿公路南侧，东至茶楼、李冰纪念馆、东苑院墙一线，南至疏江亭外沿江道路，西至楠苑东界、堰功堂、圣母殿西侧院墙沿线。整个区域范围约6公顷。

功能性质上，二王庙在震前既是道家的宗教活动和生活场所，也是都江堰景区中重要的组成部分。格局上，二王庙主轴线上的建筑，如老君殿、大殿、二殿、戏楼、灵官殿、灌澜亭（三官殿）、乐楼等，包括东侧的铁龙殿，基本延续着历史上的功能，是二王庙区域承载道教文化活动的主要建筑。

道家的生活设施则主要集中在祖堂、二殿二层、膳堂、东客堂等区域。二王庙东侧以后改扩建的李冰纪念馆为中心，形成了以展示、宣传为主，兼有旅游服务功能的游客中心区域。其西侧则以秦堰楼为核心，形成了以观景、俯瞰都江堰为主题的游客游览区域（图1–25）。

都江堰二王庙建筑建造年代

编号	建筑名称	建造年代	备 注
1	老君殿	清光绪十二年（1886年）	脊檩题记
2	二殿（二郎殿）	20世纪30年代重建	
3	大殿（李冰殿）	1937年重建	梁檩题记
4	字库塔	不详	
5	戏楼及东西客堂	1940年重建	东客堂1973年改造
6	圣母殿（吉当普殿）	不详	1886年始建
7	祖堂	20世纪80年代改造	
8	丁公祠（文物陈列馆）	应与二殿同期	
9	铁龙殿	清代	
10	大照壁	1973年改建	
11	上西山门	不详	
12	灵官殿	20世纪80年代改建	
13	灌澜亭（三官殿）	不详	1876年始建
14	土地祠（丁公祠）	不详	
15	乐楼及两厢	清同治八年（1869年），两厢为1873年始建	
16	下东山门	不详	
17	下西山门	1995年重建	1964年曾毁于洪水，后重建
18	水利图照壁和疏江亭	疏江亭始建于1876年，1995年被烧毁，水利图照壁的建造年代应不晚于清。疏江亭1995年火毁后重建	
19	听涛祠（堰功堂）	1979年改建	
20	李冰纪念馆	1991年改扩建	
21	茶楼及膳堂	1979年至1980年	
22	秦堰楼	1993年	在原观景台址上修建

四 二王庙的建筑特色[11]

作为川西地区具代表性的、规模较大的传统道教建筑群，二王庙面江倚山，重楼高阁，飞檐危耸，隐现于玉垒山的森森古木之中。

一千五百多年来，这座纪念性庙宇屡毁屡建，现存的建筑历史年代并不久远，最早的为清代遗存，其余大部分殿堂多为民国甚至更晚时期重建。虽然如此，但由于它身处独特的地域文化当中，既是专祀李冰父子的祠庙，又是道家布道的场所，历次的维修重建也基本都由当地工匠完成，因此在建筑格局、风格形态和装饰艺术等方面仍独具特色，体现出地方文化背景与都江堰水文化特征的结合。

1．建筑布局的特色

（1） 随形就势的山地空间特色

二王庙建筑群坐落于都江堰北岸，玉垒山山脉中部一处坡度相对较缓、景观视野开阔的山坳中，这种环境使祠庙在整体建筑布局上呈现出鲜明的山地空间特色。

全庙在纵横方向上就山势叠落布局，自山脚下顺水堤处的山门，直至位于山半腰处的后山门。建筑群纵向在山地之上呈阶梯状布置，顺山势蜿蜒爬升，全庙前后落差达50余米，形成前低后高且两侧低、中间高的整体格局。这样的空间布局不仅使建筑融入山地环境，还能够形成良好的通风、采光环境，适应山地气候特征。

此外，位于轴线上的建筑，在高度、尺度上都比轴线左右及两侧的要大，建筑形制上也有区分，利用开间数、面阔、进深等大尺度对比，突出重要殿堂。如二王庙的正殿——李冰殿，七开间，面阔2.92米，进深五间，21米，四周回廊，重檐歇山顶大殿。而两侧的客堂只有三开间，面阔13米，进深两间，6米，檐下单廊，单檐悬山顶厢房。这种对比使得李冰殿显得格外宏大，布局方式使建筑群高低有序，主次分明，重点突出，空间层次十分丰富。

值得指出的是，由于受地形环境的影响，二王庙的建筑在面阔方向尽可能舒展，而在垂直于等高线的进深方面则按照坡度和场地面积灵活布置，在坡度平坦、场地宽阔处，殿堂的进深较大，反之进深则较小。这种布局方式不仅能够减少对山体的开凿，而且还可以使建筑更好地与环境协调一致。

（2）融入自然的环境布局特色

二王庙占地约10200平方米，建筑面积约6050平方米，建筑密度

[11] 参见汪智洋《二王庙建筑群研究》，2000年；张小古《都江堰二王庙建筑装饰研究》，2009年。

高达60%，但游人、香客漫步其中，却没有压抑感。各式建筑搭配有序，环境空间收放自如，形成的节奏与韵律，使人流连忘返。全庙在建筑与环境之间达到了整体的平衡，一方面能够体现其宏伟壮观的建筑布局，另一方面又能与山林相融，不显突兀。

在具体做法上，主要通过避实就虚的处理手法，使体量庞大、规模方整的建筑及院落隐于幽寂的山林之中，而把体量较小、形式多变的建筑与院落在树木的掩映下，恰当地展现于人们眼前。这种时隐时现的布局特点，既能使人们感受到二王庙所处的山林环境，也不会造成建筑与环境的冲突，体现了道教教义所尊崇的至高境界——“天人合一”。

（3）围绕中心展开的功能分区特色

二王庙虽然有浓厚的道教色彩，但其主要殿堂中所奉的神位，仍是创建都江堰的李冰，其余各殿堂也都供奉着对都江堰水利工程作出巨大贡献的历代人物。这是历经千百年更替，最终形成于当代的二王庙最为核心的特征。在这种特征的主导下，庙内包含有性质不同的多种功能，这也影响到了建筑群整体的布局，使其具有明显的功能分区特征。

总体来看，李冰殿是二王庙的正殿，也是整个建筑群的核心，其他建筑大都以李冰殿为中心而布置，形成“神、膳、舍、园”四大明确的功能区域。前面的祭祀性场所在满足祭祀功能外，还为游人、香客提供了公共活动与住宿空间，左侧的膳食及厨房等后勤用房，可以直接满足游客们的饮食，右侧的休闲茶园与庭院空间，能够为人们提供休闲场所，后部空间则仍旧延续祭祀性功能。整个布局以李冰殿为中心，分配各个功能区域，形成了完善统一的功能搭配。

2．建筑风格的特色

二王庙的建筑多采用较细的木柱，没有厚重的外墙，体量稍大的建筑都建造有回廊。建筑出檐深远，屋顶层次变化丰富，高低错落，翼角高翘，整个建筑显得轻盈而通透。由于多是由当地的民间工匠修建，并在清乾隆时期之后为道家进驻，因此从建筑风格形态来说，既具有川西民居的特色，又带有浓厚的道教建筑色彩。

（1）川西民居特色

在建造二王庙时，川西的民间工匠所采用的营建技术与法则并不受当时规定的束缚，而是吸取民间建房搭屋的营造手段，并根据实际情况灵活变通，这使建筑的风格形态打上了鲜明的川西民居烙印。

一是在结构上创造出抬梁式与穿斗式架构相结合的方式，主要

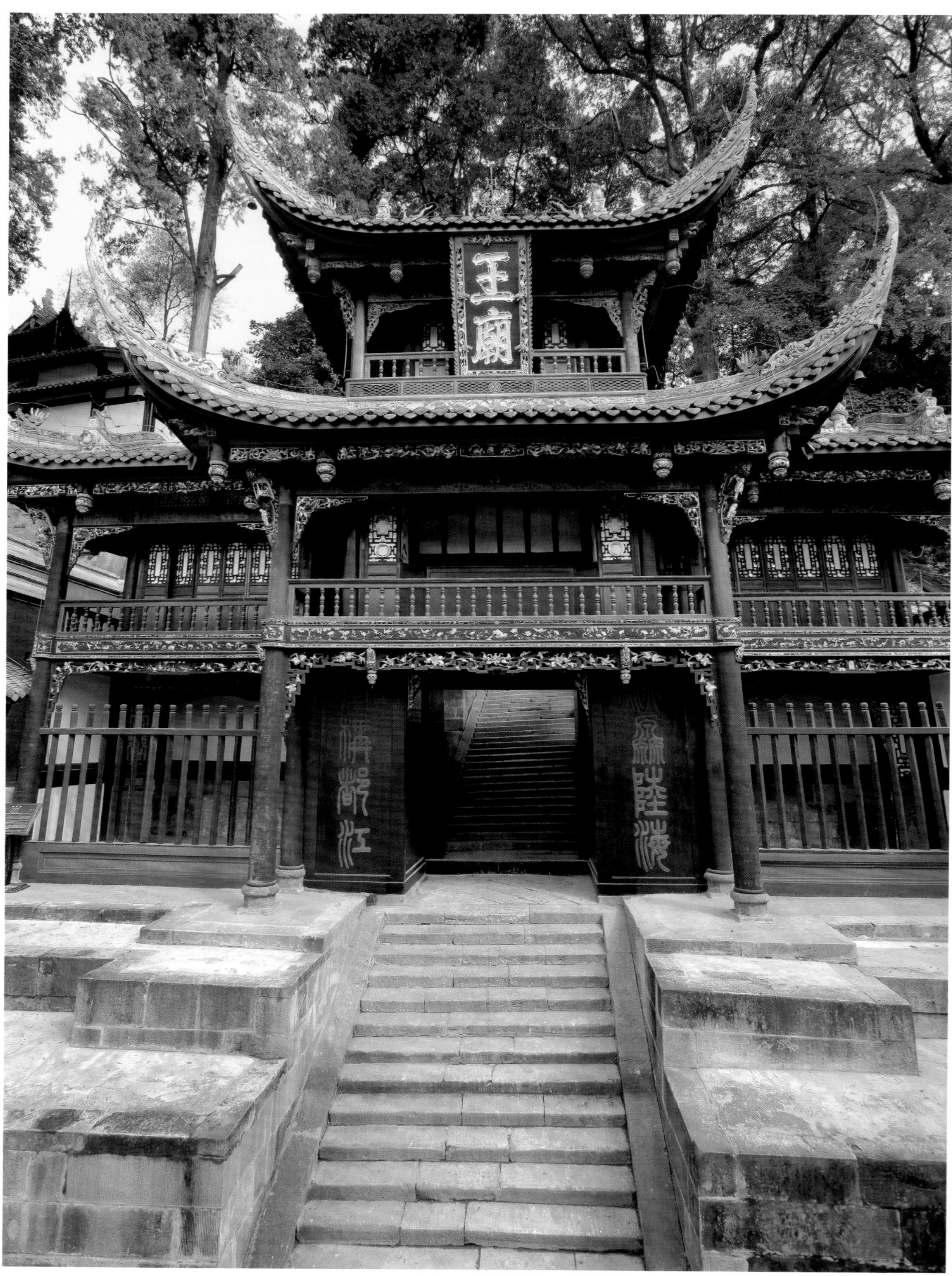

1-26　乐楼（都江堰市文物局提供）

见于李冰殿、二郎殿这样的大体量殿堂中，利用抬梁式构架大跨度的空间，同时使用穿斗式来稳定结构。其所用的抬梁式构架，并不完全遵循《清式营造则例》中的规定，而是服从建筑室内功能的要求，灵活地运用减柱或移柱的手法，将穿斗式与抬梁式的优点相结合。这种结合式构架，使建筑带有浓郁的地域特色，也反映了民间工匠们的创造力。

二是在屋顶的处理上大量吸取当地传统建筑的营造手法，如悬山顶是二王庙中次要殿堂与辅助用房常见的屋顶形态，独特的做法就是从川西传统的悬山屋顶演变而来的，借鉴、采用了其构造、搭接与细部处理手法。此外，还顺应山势，使用高低不同、形式多样的屋顶，形成错落有致的屋顶轮廓。如圣母殿面阔22.8米，进深7米，如果采用同一高度的屋顶，可能会导致立面单调乏味，因此，建筑在面阔方向上采用了三个不同层高的屋顶，形成跌落，使建筑屋顶有高有低，掩映在周围的树木中。

三是除主要大殿外，其他建筑的尺度都近似于民居，给人亲切的感觉。

四是建造殿堂的材料常利用民间建筑所使用的原料，如川西山区盛产的竹子及杉、樟、楠、柏木等，用料上强调经济实用胜过对材形规矩周正的追求，随材的用法较为多见，这增强了二王庙建筑的民居特色。

（2）道教建筑特色

两千多年来，二王庙一直作为纪念性的祠庙供奉李冰父子，直到清乾隆时期，道家进驻二王庙，对庙内建筑进行修葺，使二王庙具有浓厚的道教建筑特征。

第一，道家崇奉老子提出的“富贵而骄，自遗其咎”的思想，这种追求朴实、提倡节俭的精神，表现在建筑上，即建筑组群不求突兀，外形不求庞大，装饰不求奢华，色彩不求明艳。因此，二王庙虽然在历代庙宇规模有所扩大，但总体来说，从建筑群体的布置、建筑单体的形式，直到细部的处理，都较为朴素，显示出一定的道家思想。

第二，受老子“道生一，一生二，二生三，三生万物”的哲学思想影响，道家常以“三”作为基本模数，并将其表达在建筑上。如二王庙的悬山顶建筑，经常以中高侧低的三个屋顶组成跌落关系。比较典型的道教建筑还有二王庙庙前的乐楼（图1—26）。整个建筑分为上、中、下三层，象征道教的最高等级，台阶也是三层。整个建筑占地仅49平方米，在平面上分为左、中、右三间，中间是通道，左右布置道教的两位守护神——青龙与白虎二殿。从纵横来看，建筑均以

1–27 戏楼屋脊上的“鱼龙吐水”装饰（都江堰市文物局提供）

三为模数。从整体上看，又与道家“左青龙、右白虎、前朱雀、后玄武、中螣蛇”的东西南北中的“五行”相对应[12]。

3．建筑装饰艺术的特色

二王庙的建筑装饰是川西地区传统祠庙建筑装饰的典型代表，既体现了丰富的宗教和历史文化内涵，也反映了都江堰独特的地域文化和民风民俗。具体说来，其装饰艺术主要融入了当地特有的“水利文化”、道教文化和民间文化，具有独具一格的艺术特色。

（1）水利文化特色

都江堰地区历来都与“水”紧密联系在一起，尤其是都江堰水利工程的建造，灌溉和造福了川西平原，孕育出富饶的天府之国和古蜀文化。二王庙的产生及延续至今，也是基于纪念水利工程的建造者李冰父子及世世代代治理水利的堰工们。因此，“水利文化”成为都江堰地区特有的文化现象，这一点也反映在二王庙的建筑装饰中。

在建筑的屋顶灰塑脊饰和庙内众多碑刻、题字、楹联、匾额上，都能看到与“水”息息相关的内容。例如，屋顶上大量使用鱼龙吐水的形象作为正吻，屋脊上大量运用流水纹的雕刻纹样，这些都反映出“水”的重要地位（图1–27）。而庙内大量的碑刻、题字或匾额，也是一种装饰形式，有的是历代堰工的治水口诀，如李冰殿、二郎殿的前廊驼峰上刻着李冰治水六字口诀，三官殿东侧院墙上镶嵌“深淘滩，低作堰”六字石碑等，有的是后人颂扬李冰父子及各代堰功的诗词文字，表现的都是浓郁的水利文化特征（图1–28）。

[12] 汪智洋《二王庙建筑群研究》，2005年。

1–28　大殿前的“饮水思源”、“安流顺轨”碑（都江堰市文物局提供）

（2）道教文化特色

清乾隆时期，道家进驻二王庙后，在庙内建筑中加入了许多体现道教文化的装饰内容，如“喜上眉梢”、“八仙过海”（图1–29）、“鹿鹤同春”、“福禄寿三星”，以及李冰殿围脊栏板上所刻的“暗八仙”图案等，使二王庙呈现出浓郁的道教氛围。

由于道家强调“寡欲”和“淡泊无为”的思想，这种思想表现在建筑色彩上，就是尽量使建筑的墙、柱、梁、枋等构件都呈现出材料的本色。此外，道家又主张“玄学”，崇尚黑色，因此二王庙的建筑以黑色为基调，加入深褐色，显得朴素而贴近自然，与金碧辉煌的佛教建筑形成鲜明对比，表现了道教崇尚自然、清净无为的思想。

以道教典型建筑——乐楼为例，可见二王庙道教文化特色之一斑。乐楼设计精美，每支翼角长达2米，门楣、雀替、花罩、撑栱等雕刻精细。装饰构件上的色调以黑色贴金为主，间以少量朱砂、石绿，令人感觉亲切、素雅而又安详。

（3）地域文化特色

设计、建造二王庙的都是川西的民间工匠，他们大胆发挥艺术想象力和创造力，更多地吸收民间建筑的特点，没有受到官式做法规定的限制，创造出具有浓郁地域特色的建筑装饰风格。

一方面，由于二王庙的建筑结构具有独特的地方特色，因此装饰

1-29　水利图照壁顶部“八仙过海”正脊灰塑（都江堰市文物局提供）

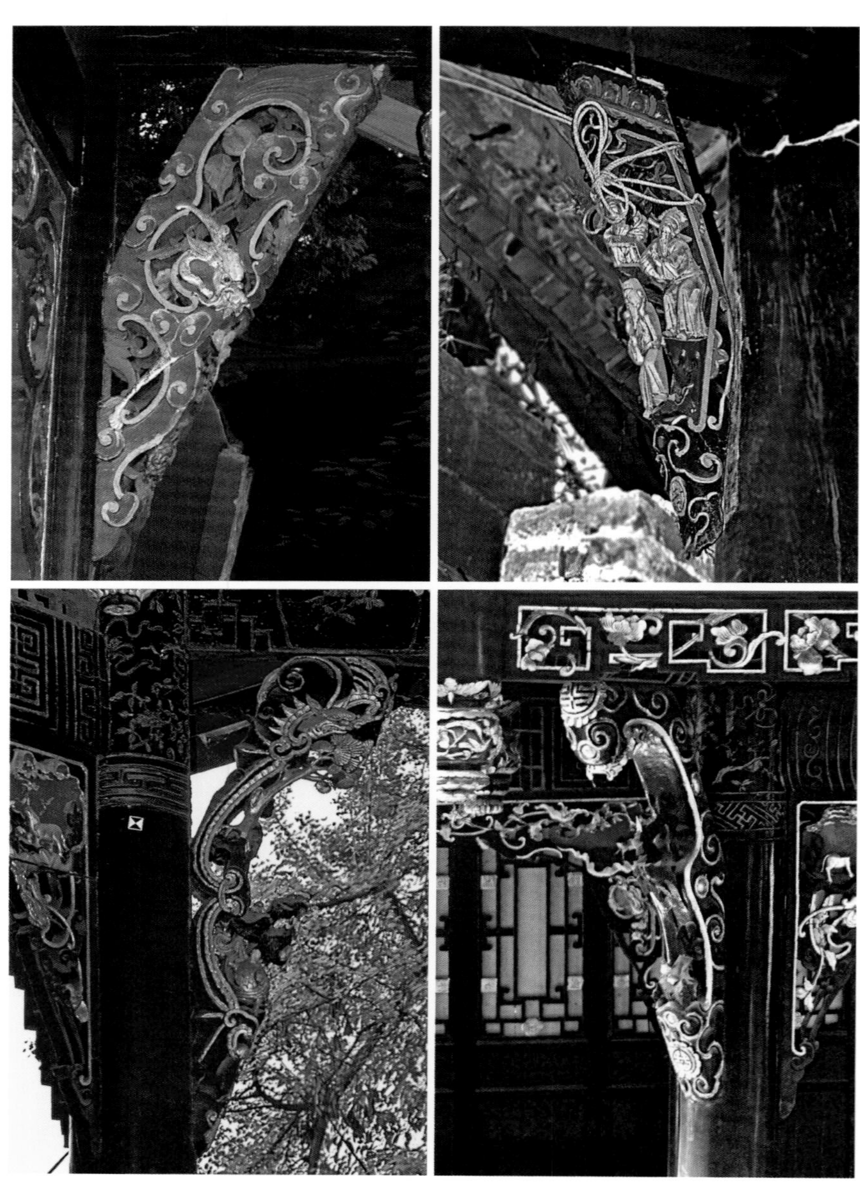

1-30　二王庙建筑上的撑栱（都江堰市文物局提供）

构件也表现出自身的个性。例如，檐下不用斗栱，而用撑栱，工匠们利用这种构件形式，巧妙地布置各种装饰图案，将撑栱做成方、圆、扁不同形状，采用不同的雕刻工艺，雕饰出高低、虚实、明暗各不相同的造型装饰，成为当地建筑装饰的一大特征（图1-30）。

另一方面，工匠们还广泛运用各种图案和文字来装饰建筑，形成了自己特有的艺术形式。比如马、狗、牛的装饰很少出现在其他地区

1-31　乐楼北面二层梁架“二郎率眉山七圣助李冰擒水兽图”（都江堰市文物局提供）

的建筑上，但在二王庙等川西建筑中却常常被运用，反映了这一以农业经济为生的地区老百姓朴素的生活方式和习俗，表达了他们求吉祥、保丰年、宗族兴旺绵延的祈望，体现了长久以来形成的农耕文明文化的特色。

此外，人物题材也具有鲜明的地域特色，除了独立出现的神仙鬼怪、文臣武将等，道教或民间的神话传说、戏曲故事或生活场景等都被运用为装饰的题材。除“桃园结义”、“天官赐福”、“渔樵耕读”、“麒麟送子”等这些常用的故事题材外，还有李冰治水的传说故事，如乐楼北面横楣上用畲粉绘制的“二郎率眉山七圣助李冰擒水兽图”等，体现了独特的地方文化特色（图1-31）。

在历史的长河中，建筑作为一种物质载体，承载着来自过去的各种信息，保护好二王庙古建筑群，便是保护博大精深的传统文化与建筑技术。相信经过在真实性和完整性原则指导下进行的修复重建工作，在汶川大地震中遭受重创的二王庙，将会重新向世人展示它的辉煌。

五　世界遗产都江堰中的二王庙

二王庙位于都江堰内江左岸，隔江与古堰相望。它不仅是一处道教庙宇，而且积淀了大量记载都江堰治水理念和堰功人物功绩的碑刻题记、殿宇祠堂，是凝聚着浓厚的都江堰水文化和道教文化的一处独具特色的文化场所，曾受到历任党和国家领导人及众多外国首脑、名人的关注。

二王庙是都江堰堰首水利工程历史遗存体系中重要的组成部分，随其他水利工程和相关文物古迹一同被列为全国重点文物保护单位，并于2000年被列入《世界遗产名录》。

（一）从文物保护单位到世界遗产

1982年2月，国务院将都江堰列入第二批全国重点文物保护单位。其保护对象包括鱼嘴、飞沙堰、宝瓶口、二王庙、索桥、离堆（含伏龙观）、凤栖窝（卧铁）、斗犀台、玉垒关等，并明确二王庙内文物建筑包括李冰殿、二郎殿、老君殿、铁龙殿、圣母殿、戏楼、灵官殿、乐楼、东山门及下西山门等。由此可见，自都江堰纳入全国重点文物保护单位之初，二王庙建筑群即被列为都江堰水利工程重要的组成部分之一。

此后，国家又陆续出台政策，支持都江堰的保护工作。1982年11月8日，国务院批准青城山—都江堰为国家重点风景名胜区。1994年1月，批准都江堰市为国家历史文化名城。在这一过程中，二王庙始终作为都江堰水利工程的重要文物古迹而受到重视。

1984年，中国科学院曾测定二王庙山体滑坡，并由国家文物局拨款，省文化厅主持了滑坡治理。

20世纪90年代以后，随着都江堰景区的发展建设，在二王庙区域扩充了大量以宣传都江堰建造发展历史和水文化为主题的展陈设施。

1991年，都江堰市文物局将二王庙东侧茶楼改建、扩建，设立李冰纪念馆。馆内以大量史籍、图片、资料和模型翔实地记述了李冰入蜀，治理都江堰，造福农桑，以及汉以后都江堰灌区逐步扩大，川西平原由此成为天府之国的过程。

1993年，都江堰市文物局在庙西侧观景台址修建秦堰楼。登楼俯视，滔滔江水被鱼嘴一分为二，飞沙堰、宝瓶口、金刚堤，以及玉垒关、松茂古道等古迹尽入眼帘。

1979年至1992年以后，在二王庙恢复并扩大了始建于清末的堰功堂，按时代分秦汉、唐宋、元明清三馆。秦汉馆在原堰功堂，唐宋馆在秦堰楼，元明清馆在秦堰楼与堰功堂间，后称为珍珠楼。

1999年，中国向联合国教科文组织世界遗产委员会申请将青城山—都江堰列入世界自然与文化混合遗产。2000年，联合国教科文组织世界遗产委员会第24届会议（凯恩斯会议）认为，青城山—都江堰符合联合国教科文组织关于世界遗产标准的（Ⅱ）、（Ⅳ）、（Ⅵ）条，决定将青城山—都江堰以文化遗产列入《世界遗产名录》。关于相关的价值标准阐述如下：

标准（Ⅱ）：兴建于公元前2世纪的都江堰灌溉系统是水资源管理和技术发展史上的一个重要里程碑，现在仍然很好地发挥着功能。

标准（Ⅳ）：都江堰灌溉系统形象地说明了古代中国在科学技术方面所取得的巨大成就。

标准（Ⅵ）：青城山的寺庙与道教的创立密切相关，而道教是东亚地区历史悠久且最具影响力的宗教之一。

虽然青城山—都江堰向联合国教科文组织申报的是世界文化与自然混合遗产，但在第24届世界遗产委员会大会上青城山—都江堰仅

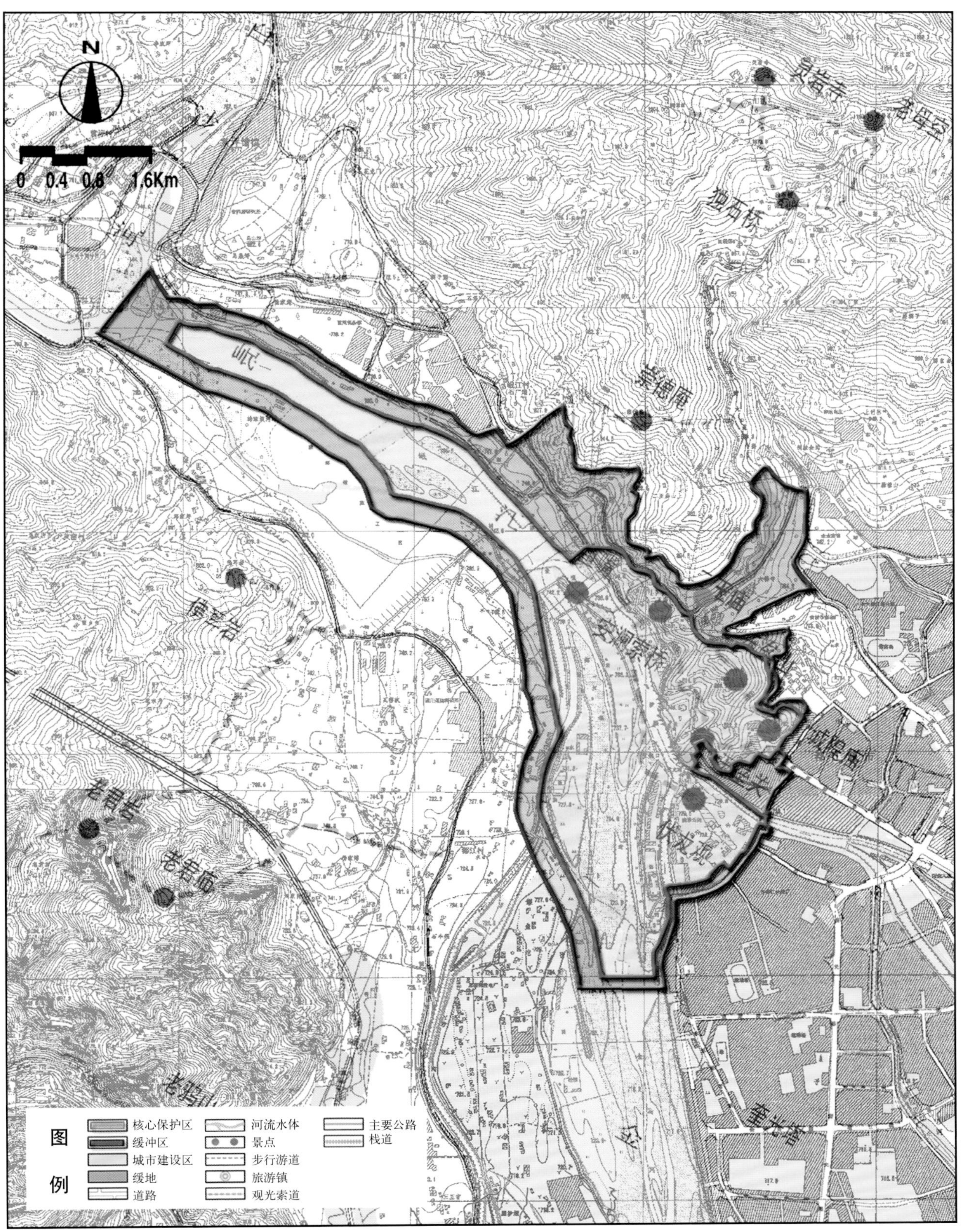

1–32　都江堰遗产范围及缓冲区示意图（采自《青城山—都江堰世界遗产保护规划》2005～2020年）

以“文化遗产”列入《世界遗产名录》。根据联合国《保护世界文化和自然遗产公约》及其《操作指南》的要求，须对原申报范围和保护规划进行适当的调整，因此在2005年制订的《青城山—都江堰世界遗产保护规划》中，以法规的形式确定了世界遗产的保护对象和保护范围。二王庙作为遗产地的核心要素，其范围被划入遗产核心区[13]（图1—32）。

（二）二王庙的遗产价值

二王庙的遗产价值来自于以下几个方面：

1．与都江堰的价值关联

二王庙与都江堰水利工程都是人类科技与文化的宝贵遗产，如果说鱼嘴、宝瓶口、飞沙堰等是都江堰的功能主体，二王庙则是它的文化内涵的集中体现之处。它既是一座庙宇，也是一座纪念堂。它与都江堰息息相关、相得益彰。

二王庙产生的背景，与都江堰水利工程直接有关。它起初只是纪念李冰父子的祠庙，后来，人们又把世世代代治理水利的护堰官吏们纳入庙中，与李冰父子神像一同供奉，是四川地区广大人民纪念以李冰父子为代表的堰功人物最重要的空间场所，是一系列重要的文化活动的载体，因而成为都江堰遗产价值不可或缺的组成部分。二王庙的祭祀活动经过几千年的演变延续至今，是了解川西祭祀文化的重要窗口。

伴随着都江堰的修建逐渐形成的水利文化是都江堰世界遗产的重要内涵，也是都江堰地区特有的文化现象，这种文化内涵在二王庙中得到了充分展现与保存。如庙内崇敬李冰治水功绩、记录前人治水经验的石刻、诗碑、匾额、楹联，举目可见。这种特色，在二王庙1949年后进行的一系列功能调整中得到进一步的加强，众多历史上的堰功人物形象及其事迹进入二王庙，使这里成为一个由都江堰联系在一起的跨越古今的为民造福群体的纪念场所。

此外，二王庙历史上灾祸不断，但历次灾祸之后都能在道众和地方百姓的支持下重整一新。这也非常鲜明地展现了受都江堰恩泽的当地百姓对二王庙、对历史上这些堰功事迹的深厚情感。

2．自身的建筑和文化价值

二王庙建筑群是川西地区具有代表性的纪念性建筑，在建筑格局、形态上既体现了独特的地方文化和艺术特色，又凸显了浓郁的宗

[13] 根据《青城山—都江堰世界遗产保护规划》，都江堰片区的遗产构成要素包括都江堰水利工程及与都江堰有关的古建筑物、古遗址等人文景观。都江堰水利工程包括鱼嘴、宝瓶口、飞沙堰、百丈堤、内外金刚堤、人字堤、二王庙顺水堤等。与都江堰有关的古建筑、古遗址包括二王庙、安澜索桥、玉垒关、离堆（含伏龙观）、凤栖窝（卧铁）、斗犀台、城隍庙等。

教特征。如现存建筑依山势布局，轴线多次转折，围绕李冰大殿为中心，按祭祀、饮食、住宿、园林各自的功能要求，从纵横两个方向组成高低有序、主次分明、功能各异、整体性强的建筑群，带有浓厚的川西民居风格。而建筑色调以黑色贴金为主，间以朱砂、石绿填彩，给人以亲切、厚重、素雅、安详之感，体现了鲜明的道教风格，是研究道教文化不可多得的实物例证。

3. 作为独特的文化景观[14]的组成部分

都江堰是自然生态、科学文化、人与自然紧密合协的伟大创举，以其奇功伟业与自然环境、纪念性建筑群的交融互补而独树一帜。作为都江堰重要组成部分的二王庙，与都江堰一样，也表现了人与自然的交融，具有独特的文化景观价值，是都江堰整体的文化景观系统中重要的、不可或缺的组成部分。

按照世界遗产委员会公布的《保护世界遗产公约操作指南》中对文化景观的分类，在设计的景观、进化而形成的景观和关联性景观这三种类别中，都江堰和二王庙应当属于第三种——关联性景观，也称复合景观。此类景观的文化意义取决于自然要素与人类宗教、艺术或历史文化的关联性，多为经人工护养的自然胜境，如风景区、宗教圣地。都江堰早在1982年就被国务院批准为国家重点风景名胜区，山和水这种自然要素与人类的活动密切交织，成为都江堰地区的存在基础。

文化景观既是一种实体对象，又具有相应的人文内涵，就二王庙来看，也具有构成文化景观的物质和文化要素。

就物质要素而言，包括建筑、空间、结构、环境等组成部分，而文化要素则包括人居文化、历史文化和精神文化等，二者相互间有着内在的联系，犹如一个生命的躯壳与灵魂，使文化景观成为精神与物质合一的有机整体。

文化景观中的行为包括日常行为、节庆仪式和传统技艺等。它是长期积淀下来的社会心理、思维方式和风俗习惯的外在形式，二王庙每年进行的祭祀李冰父子及其他堰功人物的民俗活动独特的风俗习惯、文化观念、审美情趣和精神信仰，使其成为承载都江堰特有的节庆仪式日常祭祀活动的文化空间载体。

文化景观在形成和发展过程中往往与一些重要的历史事件或历史人物相关联，并赋予其历史内涵，因此历史遗留下来的建筑物如名人故居、历史遗址等都是文化景观的重要载体形式。二王庙古建筑群与李冰修建都江堰这一特殊的历史事件有关，并且是祭祀李冰和其他历史堰功人物的场所。另外，它的建筑形态也具有浓郁的川西民居特

[14]　“文化景观”（Cultural Landscape）的概念，是在1992年世界遗产委员会第16届大会上提出的，并被正式列入世界遗产的范畴。它是“自然与人类的共同作品。它表现出人化的自然所显示出来的一种文化性，也指人类为某种实践的需要有意识地用自然所创造的景象”。可以看出，它是一种结合人文与自然，侧重于地域景观、历史空间、文化场所等多种范畴的遗产对象，强调了人与生存环境之间一种无法割舍的精神联系。

色，表现了受山川地理、气候条件、人文历史、禀赋差异影响而形成的人居理念和生活文化。

文化景观的空间布局和环境特征是通过建筑群、山体、水系等自然和人工要素营造和构筑的，山体、水系、植被等自然环境要素，是文化景观生成和发展的背景和基础二者交融共生记录着人们的心理、行为与自然环境互动、融合的痕迹。二王庙所处的景观环境中既有自然的环境特点，又有人工的景观特色。建筑群隐于深幽的山林环境之中，只隐隐约约挑出几角飞檐，闪现几片朱墙，再加上散布于密林深处、山际崖畔的亭台楼阁，以及气势恢弘的古堰与青山，共同构成了二王庙的宏大景观环境，达到了“天人合一”的境界。

综上所述，二王庙的遗产价值可以概括为以下几个方面：

（1）历史价值

二王庙作为纪念以李冰父子为代表的堰功人物的祭祀场所，已有一千五百余年的历史，是现存始建最早、最完整、最重要的与李冰相关的祭祀建筑群，反映都江堰独特的祭水礼仪文化及其历史变化。

二王庙保存了大量的与治水有关的附属文物，从多方面以实物遗存补充了都江堰治水思想、传统治水技术的文献记载。

二王庙保留了大量名人游访的印迹，联系到广泛的历史人物和事件，蕴含着非常丰富的历史信息。

二王庙见证了堰功人物祭祀与道教融合的过程。

二王庙文物建筑以及附属文物反映了二王庙修建、改建的历史信息以及历史格局的变化。

（2）艺术价值

二王庙建筑群因山就势，形体丰富多变、装饰生动、风格独特、空间富于变化，体现建筑艺术方面的较高成就。

二王庙从整体规划到单体建筑设计巧妙地利用了玉垒山山势与松茂古道、岷江河道、安澜索桥等自然因素，创造雄浑而自然天成的气氛，隐于山而现于市，显示较高的艺术景观价值和独特的设计布局理念。

二王庙内保留了大量历代的碑刻、楹联、法器等附属文物，具有一定的艺术价值。

（3）科学价值

二王庙的碑刻、题记记录着大量古人对都江堰水利工程的治水经验、传统治水技术等内容，具有极高的科学价值。

二王庙因山就势，布局巧借山势而富于变化，是中国古代山地建筑组群中较突出的范例。

（4）社会文化价值

二王庙是都江堰的象征之一，是具有世界影响的文化遗产地的组成部分。

二王庙是都江堰开创者李冰的祭祀庙观，承载了大量的非物质文化遗产，是都江堰重要的文化空间。

二王庙是重要的道教活动场所。

二王庙是四川重要的旅游资源，同时带动周边的其他产业。

二王庙是重要的历史文化、科学思想和技术的教育基地。

（三）作为文化遗产的真实性与完整性

在漫长的历史变迁中，二王庙由于受到战乱、火灾以及自然灾害的影响，曾多次对庙内的大小殿堂进行重建。从现有的文献记载来看，二王庙的规模在历史上是逐渐扩展的，对其影响较大的扩建工程主要集中在清代——二王庙道观文化鼎盛的时期。民国时期因火灾进行过重建，这次灾祸和重建导致了二王庙总体格局的一些变化，重建之后的大部分殿堂保存至今。1949年后，二王庙的功能发生了较为重大的改变，考虑到景区的需求，增设了其他辅助用房与参观游览设施。而这些设施与二王庙形成的整体环境，逐渐成为当代人对二王庙鲜明的形象记忆。如20世纪80年代改造的大照壁、李冰纪念馆，90年代建造的秦堰楼，已经成为二王庙景区重要的标志性建筑和景区功能的重要组成部分。

虽然二王庙建筑群因重建发生过一定变化，但依然在总体上保持着自己作为文化遗产的真实性与完整性。

首先，在空间布局和建筑形态上仍基本保持历史风貌。自清朝乾隆年间开始，二王庙形成了以大殿、二殿、戏楼为核心的主体布局，并通过轴线转折在下部，形成以灵官殿、乐楼、照壁和下东、西山门等为核心的前导区域，组成高低有序、主次分明、功能各异、整体性强且带有浓厚的川西道教宫观建筑风格。此后，在近代的发展中，始终维持戏楼、大殿、二殿三者之间的中轴对称关系，保持着原来的总体格局。即使是民国年间重建的戏楼，在空间布局上仍与原有风貌基本一致。

其次，二王庙的祭祀对象虽有变化，但基本保持原有功能。二王庙原是纪念李冰父子的祠庙，清乾隆年间，随着道教盛行与道家入驻，道士在祠庙内增建了多处供奉道教神像的殿堂。后来，人们又把历朝、历代对都江堰修缮有功的官吏塑像纳入庙中，与李冰父子神像一同供奉。总体来看，它从清中叶开始作为一座主祭李冰父子、合祀历代堰功人物及道教众神的综合性道教庙宇这一基本功能没有改变。

最后，建筑承载的历史信息真实完整。在二王庙保留着很多历史石刻、诗碑、匾额、楹联等，记录着前人的治水经验，如治水六字诀“深淘滩，低作堰”及“遇弯截角，逢正抽心”、“三字经”等石刻都保存完好。另外，这里还保存着自民国年间重建后新添加的历史名人题记和碑刻，如冯玉祥题写的“二王庙”匾额及“继承大禹为民众谋福利”的石碑，这印证了二王庙作为造福民众的堰功人物的纪念场所，与当时那些重要的历史人物的政治理想和抱负相契合，从而使二王庙被这些人物所关注，并借此抒发政治抱负。另一方面，作为贴近民间生活的文化场所，二王庙的许多建筑装饰题材也表现了大量的民间故事，反映了当时人们的审美情趣。

当然，历史上各个时期的发展建设，也对二王庙造成了一定程度的不当干预，导致其真实性、完整性受到影响。比如成阿公路的修建，未能避开魁星阁的位置，二王庙东西两侧新建建筑群落打破了二王庙原有的外围空间结构。下东山门外河街子的清理整治淡化了二王庙与灌县老县城间的关联关系，也使这段茶马古道失去了原有的氛围。而二王庙内部，由于使用功能的调整和扩充，也改变了如二殿、祖堂、戏楼、上西山门等建筑的内部环境，破坏了历史原貌的同时，又增加了安全隐患。此外，自民国之后的很多重建和维修，对传统工艺和材料都进行了一些改变，也对建筑的外观和安全性造成了一定的不良影响。以上这些历史上积累下来的问题，都有待在将来的保护工作中进行科学的调整。

贰　灾后紧急响应阶段的勘察研究

一　紧急响应阶段的调查

“5·12”汶川地震给受灾地区带来了巨大的破坏，著名的世界文化遗产都江堰景区内的二王庙建筑群也不例外。随着震后针对人民生命安全的抢救和紧急安置基本告一段落，文物古迹的灾后保护工作开始迅速展开。

由于都江堰、二王庙的知名度和影响力，此次受灾情况和震后抢险及保护受到社会各界的广泛关注。国家文物局对此项工作高度重视，并将其列为灾区震后文物抢险保护工作的重中之重。5月下旬，国家文物局率领国内文物保护专家组对受灾地区文物受损情况进行调查。之后，委托北京清华城市规划设计研究院和清华大学建筑设计研究院文化遗产保护研究所承担二王庙灾后抢救与保护维修工程的勘察设计任务，并立即启动了第一阶段的工作，即尽快进行灾后现场勘察，制定二王庙灾后紧急清理排险工作方案。

（一）工作目标

由于本阶段是震后紧急响应阶段的工作，参考国际的相关案例，在这一阶段采取的大部分措施可能是临时性的，目的应是保证灾后一定时间（在正式的维修保护工作开展之前）各保护对象的安全，措施上应尽可能快速、简单、有效和可靠。针对本阶段的任务要求，就二王庙来说前期的勘察需要重点解决的问题包括：

第一，了解二王庙建筑群受灾的总体情况，特别是对场地地质灾害进行判断，以明确场地在震后总体的安全性；

第二，在了解文物价值的基础上，考察现场各建筑物、构筑物的保存状况，以及主要的价值载体的状况，判断危险结构和状态，以明确文物抢救和排险的主要目标和工作难度；

第三，了解现场环境的受损状况，明确清理工作的主要对象，以及现场是否具备清理阶段需要的基础条件；

第四，根据现场状况进行预判，在灾后一段时间内可能继续导致遗产价值受损的因素，并制定防范措施。

（二）工作方式

作为灾后紧急响应阶段的工作，最重要的是及时有效。为了节省时间，这一阶段的勘察工作以最为直接和快速的方式进行。而对于二王庙复杂的灾后现状，多学科的共同参与在一开始就是必须的。

1．资料的收集

由于地震灾害的突发性，很多震前积累的档案资料在震后一段时间都无法获取和查阅。值得庆幸的是，当地文物主管部门，为我们提供的第一批基础资料中包括了二王庙的总图和各个主要建筑的测绘图稿，全国重点文物保护单位的档案记录文件，20世纪80年代的一次地质灾害勘察研究报告，以及当地文物主管部门在震后紧急编制的震损报告文件。这些基础资料为我们开展调查提供了较为良好的基础。

其他还有大量的重要资料，是借助网络资源获得的，如大量震前的照片、一些珍贵的历史资料（如 Boerschmann 的照片等），以及之前一些学者和研究人员针对都江堰和二王庙的研究成果[1]。

2．现场勘察

这个阶段的现场勘察分为两个阶段。

第一阶段是对现场的初步踏勘。主要形式是国家文物局组织的专家组首次现场考察和勘察设计团队第一次的现场考察。在这一阶段，最有效的方式就是通过拍照留取尽可能全面的现场状况资料，以便与震前的各方面状况进行对比，作出初步的定性分析。现场勘察的主要内容包括：

（1）整个区域的总体面貌；

（2）地质灾害特征的获取，如滑坡、地表沉降、裂缝等地形、地貌的变化，坡地地表植被（特别是高大乔木）是否呈现统一的倾斜等；

（3）各主要建筑震后面貌的记录；

（4）各主要室外空间场地的状况和原主要交通流线状况的记录等。

通过这两次踏勘，基本掌握了二王庙建筑群区域各处场地和所有

[1] 主要包括李维信《四川灌县青城山风景区寺庙建筑》（《建筑史论文集》）；汪智洋《二王庙建筑群研究》；罗德胤等在震前考察二王庙戏楼建筑的测绘图纸和照片资料。

主要建筑震后的状况，收集到了相关的基础资料。同时，此次勘察也发现，震前二王庙建筑群中不同历史时期建造的结构形态有所不同。而这些建筑的结构形态，包括基础的结构形态，与地震中的受损程度有明显的关联。

第二阶段是国家文物局组织的一次专家会诊性的现场考察。此次参加考察的专家包括古建保护、遗产保护、地质灾害治理、建筑结构等各个领域。通过专家的现场会诊，对二王庙区域的地质灾害的状况和主要建筑结构的受损状况有了较为统一的初步判断。结合此次现场踏勘，勘察设计人员对现场震损状况进行了补充调查。补充调查的内容主要是结合前期获取的资料，对照图纸进行震损状况的核查和现场状况的记录，也包括对地震亲历者的访谈。

二 勘察结论

根据紧急响应阶段任务的设定，研究所在进行了对现场的初步勘察之后，编制了《都江堰二王庙古建筑群震后抢救性清理及排险方案》。为了明确抢险清理工作的目标，方案首先梳理了二王庙的简要历史，将震前的建筑和设施依价值的重要性进行了分类，明确其中重要的历史遗存。在此基础上，方案分析了地震给二王庙古建筑群带来的破坏，对主要的残损类型、程度及可能存在的潜在威胁进行了判断，并提出了清理排险的工作内容、程序和相关的技术要求[2]。

（一）基本概况

关于二王庙历史沿革和价值方面的梳理，前文已有详细论述，在此不再赘述。

1．对二王庙震前遗存的分类

二王庙的文物本体构成要素是二王庙文化遗产构成中的主要组成部分，其中主要包括历史建筑遗存、附属文物、馆藏文物三个部分。本次勘察的对象主要为历史建筑遗存和附属文物，故馆藏文物在此不多赘述。

（1）历史建筑遗存

从现有资料初步分析，震前二王庙中的建筑一部分为清代和民国时期的遗存，其余为1949年后陆续改造添建的建筑。为了能比较清晰地区分震前建筑的重要性，现从各个建筑在庙宇建造历史上逐步形成

[2] 本节内容真实的反映了抢救性清理排险阶段对二王庙震后状况的认识和判断，以便能清楚说明震后勘察的认识历程。

的主体空间布局关系中的位置和作用，以及建筑本身与庙宇传统风貌的协调性两个角度将其大致分为三类（图2–1）[3]。

第一、二类建筑为原有格局中重要的组成部分。这些建筑是构成二王庙自清代至民国期间形成的转折多变的空间形态的主要要素。其中建于清末或民国期间的以及经后期改造的部分建筑较好地保留了原有建筑的内、外部形态和功能，另一部分虽基本延续了原有的位置和体量关系，但内部结构、外部形态和功能上与原有形态有较大差别。

第三类建筑主要为后期添建建筑，虽然在建筑形态上尽量保持了传统样式，但在体量、空间关系和整体环境氛围上对原有的庙宇造成了或多或少的不良影响。

（2）附属文物

附属文物中有自明代以来大量的碑刻题记和匾额，其中很多记录了古人在都江堰水利工程中的科学理念，具有很高的价值。

2. 对二王庙内主要建筑结构类型的分类

二王庙震前建筑中存在多种结构体系,其中主要的可大致分为四种类型。

大部分建筑的结构为传统的木结构体系，其中多数为穿斗式结构，少量的如大殿采用了穿斗式与抬梁式相结合的结构系统。除了较大体量的殿宇外，还有很多散布在山坡上的茅草亭，也完全采用了传统的木结构体系。

此外，一些外观为传统样式的建筑在局部采用了砖柱承重的作法，如二殿两山和角柱均采用砖柱，祖堂和文物陈列室山面中柱也采用了砖柱。另外，由于大殿和二殿是在同一时期重建，重建过程中是否同样在角柱或两山采用了砖柱，尚待进一步勘察确认。

少量构筑物，如东、西字库塔为空心砖砌体结构。现丁公祠对面和三官殿左侧镶嵌有题记碑刻的墙体实际上是护坡墙体，也属于砌体结构。

20世纪70年代新建和改造的部分建筑，如茶楼、李冰纪念馆、堰功堂、秦堰楼等，中间主体结构为钢筋混凝土框架或砖混结构，外檐附加了木结构的外廊空间。

另外，还有少量建筑由于在地震中塌毁，塌毁现场又经先期救援清理，勘察时尚不清楚原有的建筑结构体系（图2–2）。

3. 二王庙周边山体地质概况

1983年，四川省文管会制定并组织实施了对二王庙所在山体的滑坡治理工程。根据当时的工程图纸，从中可见对滑坡状况的判断

[3] 图中“娘娘殿遗址”的位置是根据现场勘察时对道众的访谈确认的。根据后来收集到的材料，道众所说娘娘殿有可能是1909年Boershmann测绘图中的送生堂。

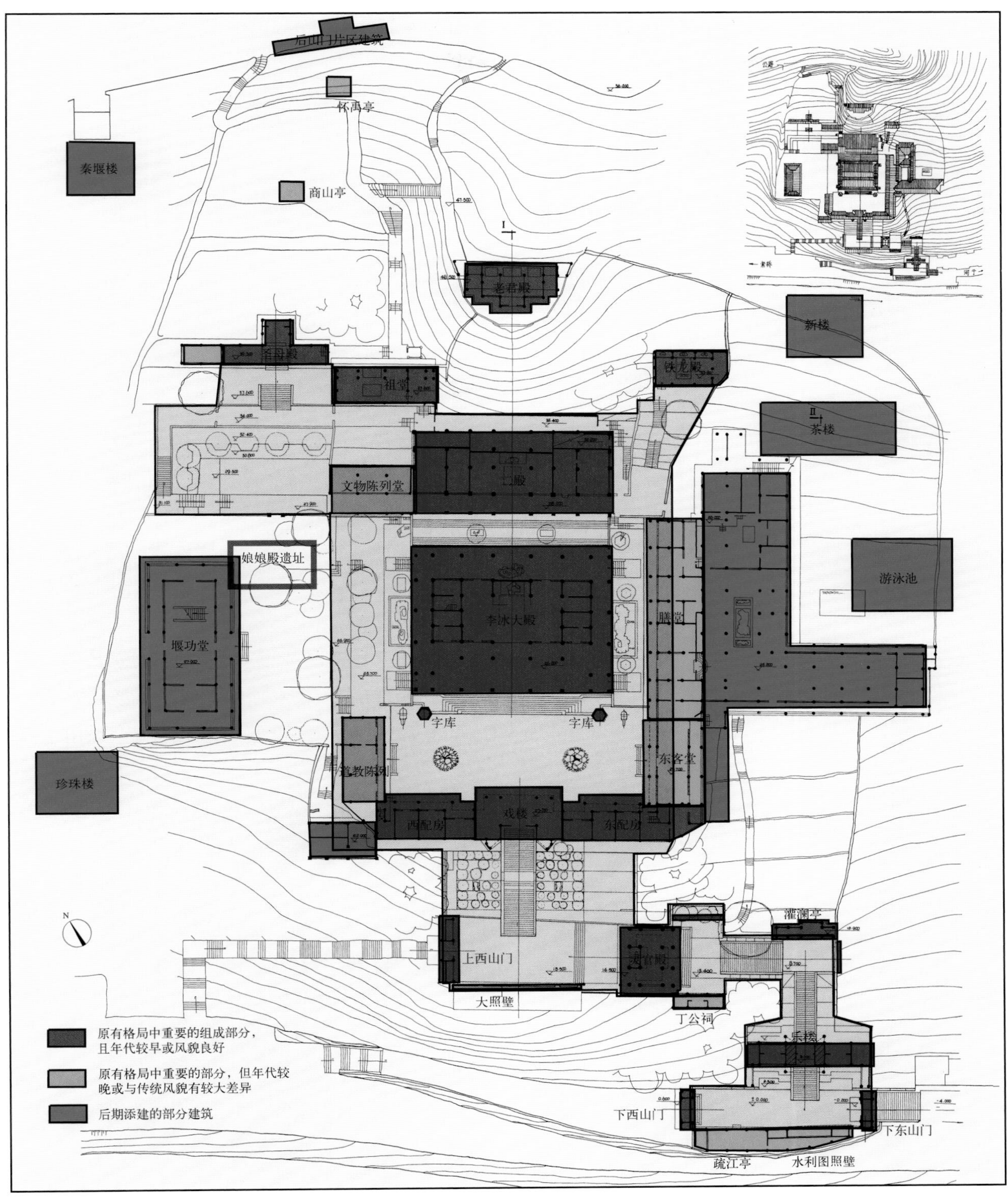

2-1　二王庙震前建筑遗存分类示意图

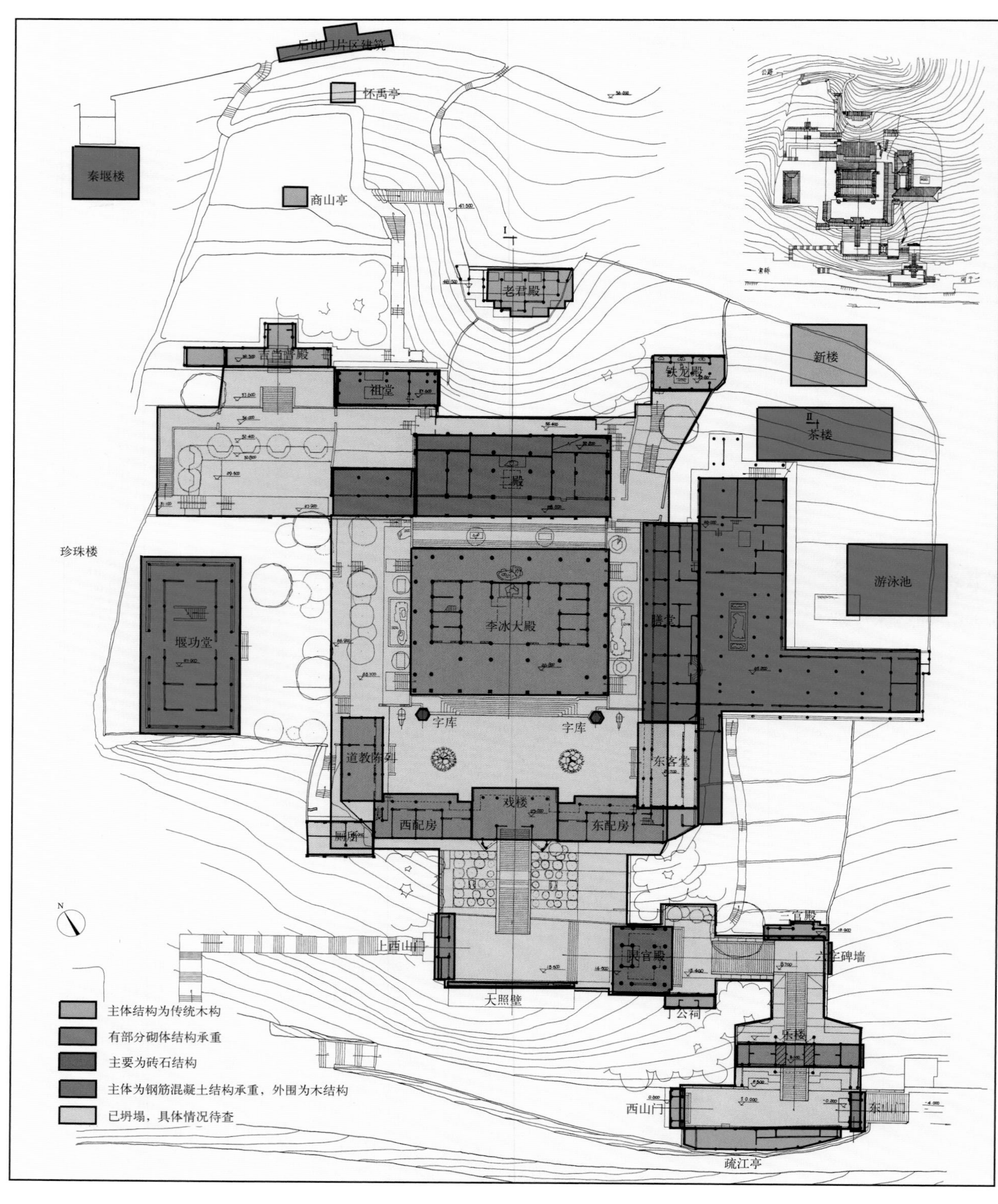

2-2　二王庙震前建筑结构类型分类示意图

和治理方案。此次治理主要集中在二殿东北侧山坡和疏江楼下侧沿江山坡。

值得注意的是，1958年该地区兴修铁路，从灌县火车站过来的铁路原计划从二王庙处穿山。当时打了隧道，穿入二王庙所在山体。后发现计算有误，隧道工程停工。隧道线路穿过圣母殿，隧底标高在山体表面以下约30米。1998年，景区将当年修建的隧道改建为旅游景点，名为中华古堰水宫，入口处在下西山门沿江边向上游方向100米左右。

在1998年的滑坡治理之后，又有一批新的且体量较大的建筑逐渐建成，主要包括李冰纪念堂、茶楼北侧的餐厅，以及改造的新堰功堂、秦堰楼和珍珠楼等。

此外，二王庙所在区域在历史不同时期都有对山体地形、地貌的改造，其中有大量人工挖填的基础和搭建的平台。这些基础和平台大都与建筑紧密结合。但在此次地震中由于其结构做法上的种种问题，大部分人工基础和平台出现了不同程度的损毁。

（二）震损情况分析

1. 受损情况

（1）二王庙所在山体受损情况

二王庙所在山坡纵坡长约200米，沿江宽约150米，相对高差约70米。地震发生后，二王庙所在周边山体出现多处塌方。较为严重的为成阿公路上方山体及二王庙和禹王宫之间山体的几处塌方。此外，在二王庙所在区域可明显观察到多处裂缝。其中比较明显的是秦堰楼东北沿公路、大殿东南部、游泳池南部、珍珠楼北部和沿江公路一带，裂缝最宽处约10～20厘米。

据地质方面专家初步勘察后认为，庙宇周边及区域内出现的东西向裂缝、下错和局部沉降说明该区域有山体滑坡变形。其原因可能为地震引发山体老滑坡的复活。初步判断现状为多级滑动，并有可能存在多层滑动（图2-3）。具体结论有待进一步勘察分析确定。

（2）二王庙建筑基础受损情况

二王庙中存在不同历史时期多种类型的建筑基础做法，在此次地震灾害破坏下出现了不同程度的损毁。

大部分重要的历史建筑，如大殿、二殿、戏台、乐楼及山门等，都建造在由条石砌筑封护的高台基础上。这部分建筑基础在震中受损相对较轻，可见较为细小的裂缝和护坡的局部鼓闪。

侧翼部分建筑也有采用类似基础的，但可能由于做法上的欠缺，

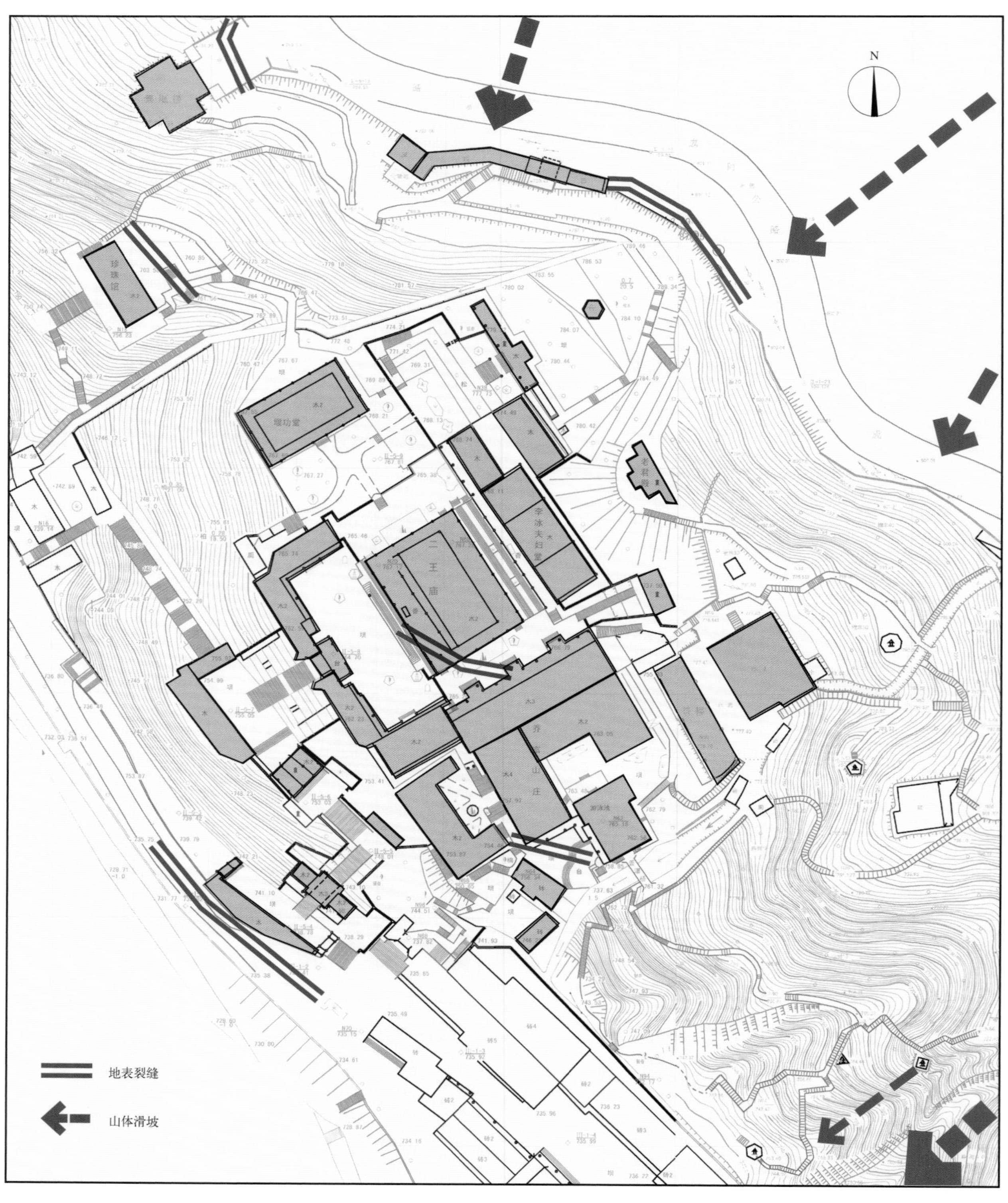

2-3　二王庙所在山体震后受损示意图

在震中受损较为严重，大多出现局部甚至大部分塌毁现象，填充基础的土石碎料沿山坡散落。

另外，还有一些后期建筑基础的局部为砖石和混凝土构筑的空心台地，在震中同样受损严重，大部分出现崩裂塌陷甚至全部垮塌。少量新建筑建造在钢筋混凝土构筑的基础上，除可能随地基有所沉降外未见严重的损伤（图2–4）。

（3）主要单体建筑受损情况

二王庙建筑群震后受损严重。由于所有建筑均在地震中受到损害，所以此次建筑震后保存状态的评估主要依据建筑主体结构的保存状况分级评定。由于部分建筑的结构形式为内部用钢筋混凝土框架结构，外部檐廊配以木结构，而这两部分在地震中的受损程度差异较大，因此，在评估分级中将其单独分类，以便区分。初步评估结论共分四级：

① 完全倒塌的建筑及构筑物

包括戏楼及东西配楼、东西字库、东客房、大照壁[4]、六字诀照壁等。

② 局部塌毁或整体结构处于危险状态的建筑

包括老君殿、疏江亭及后山新建山门区域的建筑。

③ 主体结构出现明显残损的建筑

包括祖堂、文物陈列馆、二王庙陈列馆、上西山门、灵官殿、丁公祠、铁龙殿，以及堰功堂、珍珠楼和南部部分新建建筑。

④ 主体结构保存基本完好，但附属结构或部件残损较为严重的建筑

包括乐楼、大照壁，以及秦堰楼、李冰纪念馆、膳堂等新建混合结构建筑。

对于建筑保存状况安全性的判断，除依据建筑本体保存状况外，还应结合建筑基础的保存状况，以及主体结构材料内部的保存状况进行综合判断，从而对建筑可能存在的隐患进行深入全面的评估。如部分建筑的基础可能存在倾斜、不均匀沉降等较严重的问题，大部分使用时间较长的木料可能都有程度较重的腐朽或虫蛀问题等（图2–5）。

（4）附属文物及其他遗产构成受损状况

二王庙附属文物包括大量雕塑、碑刻、钟鼎、楹联、匾额等，这些珍贵的文物多附属于二王庙各个建筑内外，地震后大量建筑垮塌，附属文物与建筑废墟混杂一起，亟待清理和保护。部分未垮塌建筑，许多匾额、楹联都已松动，亟待拆下包装并转运。除此以外，二王庙建筑上的大量装饰构件也受损严重，如撑栱、脊饰等，很多具有鲜明的地方造型艺术特色。对这些坠落的建筑构件也应及时进行清理，做好档案记录和保护工作（图2–6）。

[4]　大照壁震后墙体完全倒塌，但起支撑作用的木结构框架得以保存。

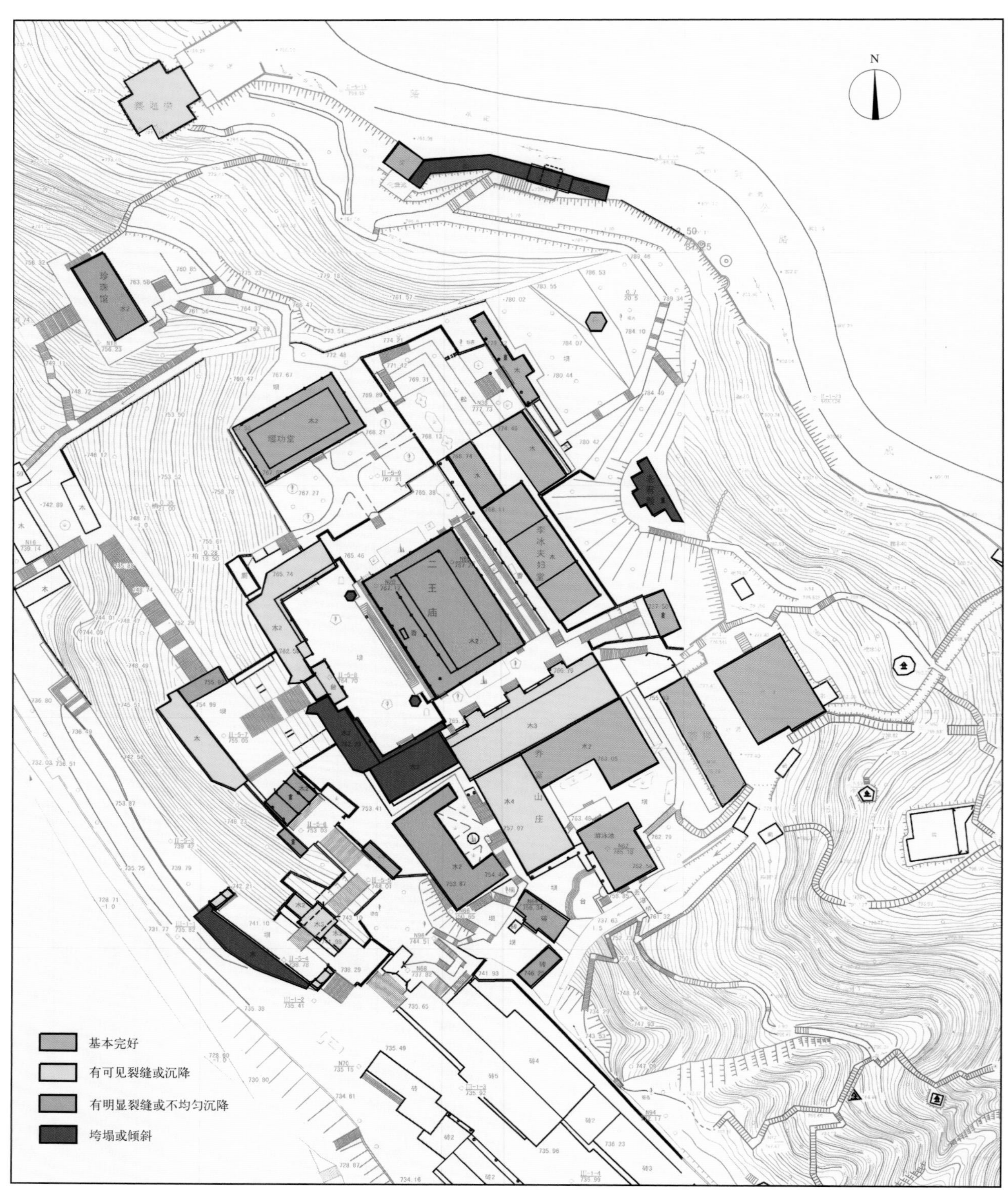

2-4　二王庙主要建筑基础震后受损状况示意图

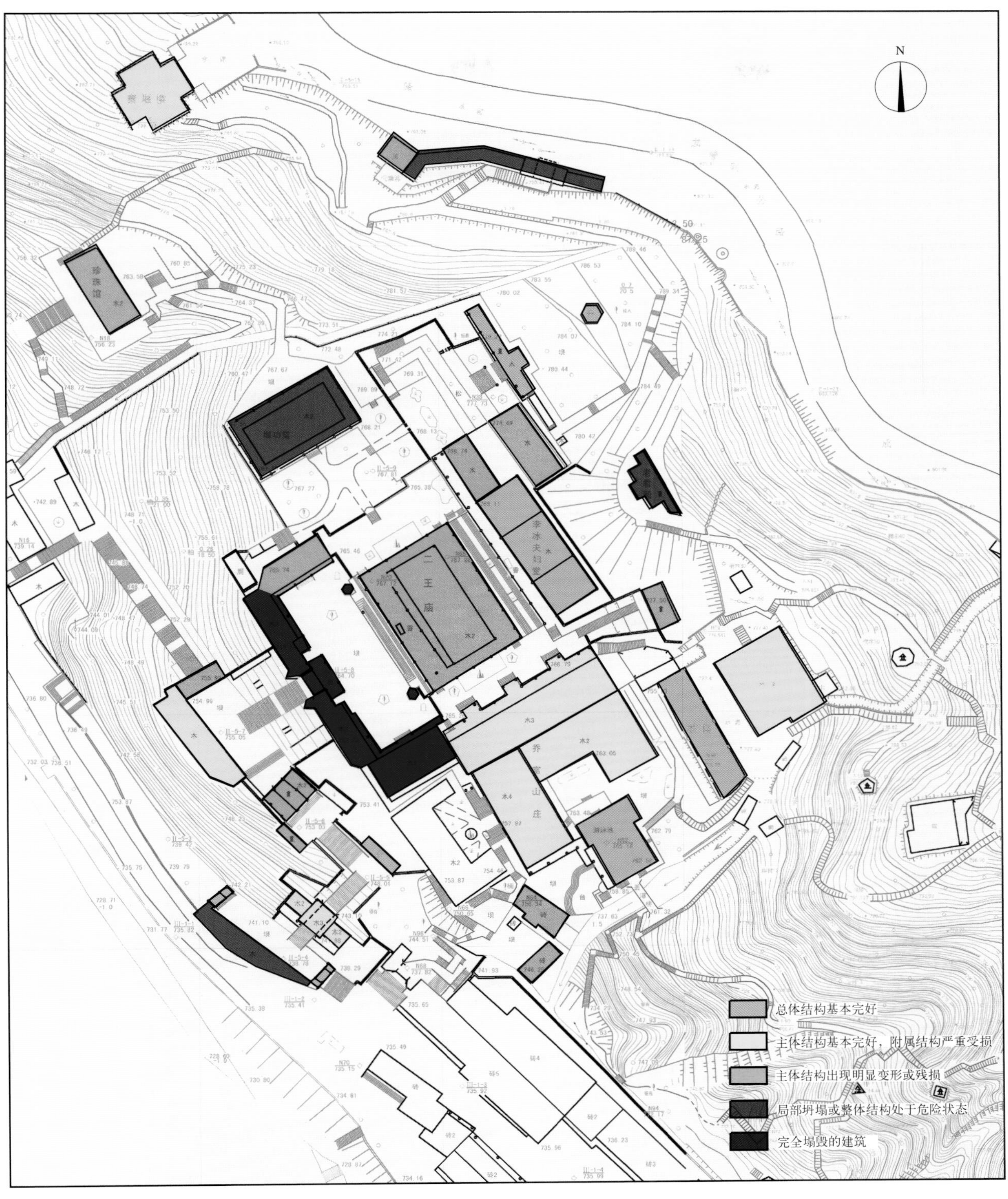

2-5　二王庙主要建筑震后受损状况评估示意图

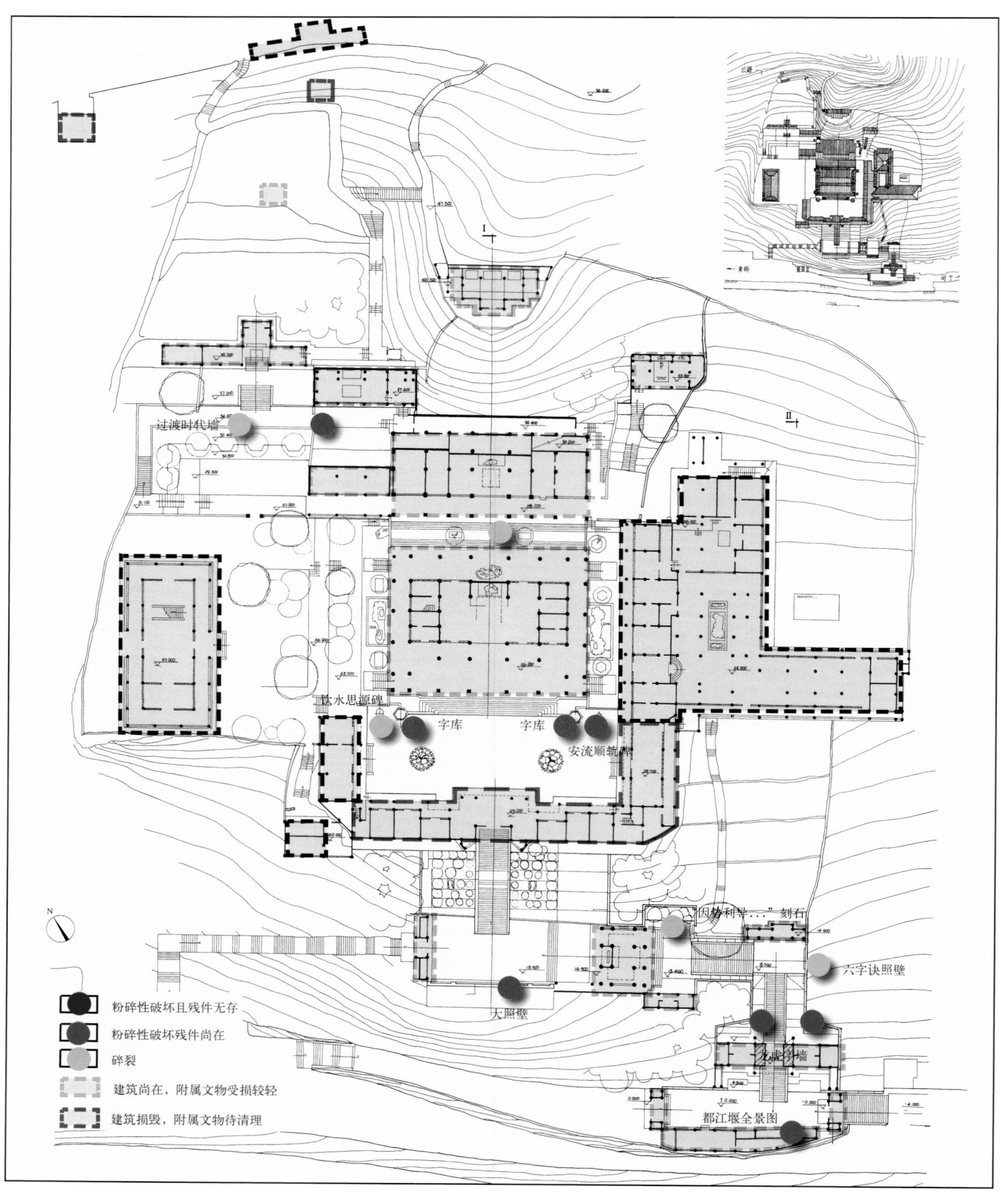

2-6　二王庙重要附属文物震后受损状况示意图

建议尽快随现场清理展开对附属文物的清理核查工作。为此在本阶段设计的单体建筑的震后勘察手册，给每处建筑列出了震前统计的附属于该建筑或场地的附属文物统计表，以便在详细勘察阶段进一步现场核查。

（5）二王庙区域环境受损状况

二王庙的历史环境因素包括靠山临江的选址、顺山势坡度展开的建筑格局、古木参天的自然环境等。

大地震引发的局部山体滑坡、护坡和建筑基础的崩塌，使原有地形、地貌受到一定的影响，同时也使区域的植被遭受破坏。随着建筑物的倒塌，大量建筑材料倾泻、散落在环境中，不仅对历史环境造成了严重的视觉影响，也对院落地面、台阶等场地设施造成了直接的损坏（图2—7）。

（6）道路与排水设施受损状况

地震不仅造成了建筑的垮塌，也对二王庙区域的道路和排水渠造成了破坏。

道路损坏得比较严重的是那些以砌体或混凝土预制板架设起来的道路段落，在地震中承重体系坍塌，造成断路。另外，还有很多道路段落由于上面建筑或山体垮塌倾斜下来的山石泥土和建筑材料堆积而被阻塞。

现场还可观察到部分段落道路铺装表面有裂缝，但由于缺乏和震前的对比，尚不能肯定是由于地震引起的损伤。同时，由于很多路段上覆盖有坍塌的建筑材料，也难以仔细勘察裂缝等残损状况。这方面的详细勘察有待现场清理告一段落后进行。

整个区域内原有两条主要的泄洪沟，一条在东南新建区域外侧，有部分地下涵洞；另一条在圣母殿、堰功堂北侧，全部为明渠。此外，还有一条在老君殿东南侧，比较短。现场看大部分渠道畅通，水泥沟面上也未见明显的裂缝，只是老君殿东南侧的排水渠被老君殿坍塌的基础阻塞。

为了保障后期现场工作通行的畅通和安全，保证山体引流排洪的顺畅，建议现场清理时优先处理道路和排水系统（图2—8）。

2．震害类型

总体的震害类型可以归纳为以下几个方面：

（1）地基受损

山体与建筑群之间可能存在错位滑坡，土石滚落冲毁原有院墙和园林。从茶楼处能见明显地质裂缝，滑坡体的位置、大小和分布有待勘明。

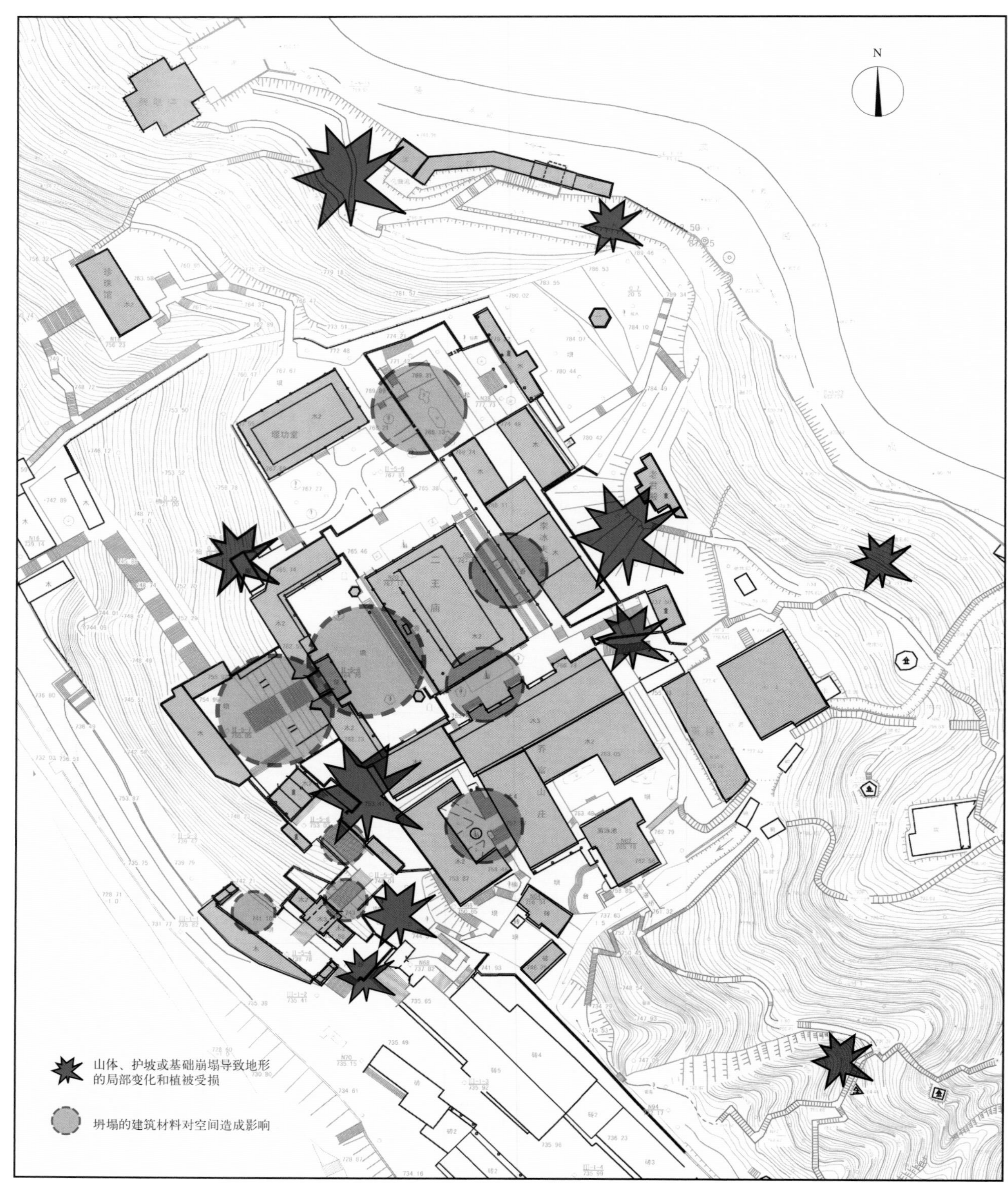

2-7　二王庙区域环境震后受损状况示意图

2–8　二王庙区域道路、排水设施震后受损状况示意图

（2）建筑完全垮塌

部分建筑完全塌毁，字库塔、戏楼及东西配房及东客堂完全垮塌，几处重要的照壁完全坍塌。

（3）建筑局部垮塌

二王庙道观陈列室、老君殿等主要建筑局部垮塌，主体结构尚存。

（4）建筑结构严重受损

庙内大部分建筑在地震中结构体系严重受损，表现为整体变形扭曲、构件移位开裂等现状。

（5）屋面残损

所有房屋瓦面震落下滑，屋顶板椽开裂或地震变形，存在屋顶漏雨、檐口挂瓦脊饰构件断裂，极易附落等险情。

（6）结构明显形变、移位

未完全垮塌的建筑普遍存在柱子错位、脱榫、歪闪等比较严重的结构形变，存在大量结构隐患。

（7）墙体坍塌、破损

墙体坍塌包括建筑墙体、院落围墙和照壁等，普遍为砖石砌筑，此次地震中基本塌毁。

（8）建筑构件受损

建筑坍塌后，大量建筑构件散落，其中包括雕刻精美的文物构件，主要的结构构件亟待清理。

（9）附属文物受损

壁画、院墙照壁上的题记碑刻受损最为严重，大都为粉碎性破坏。大量的附属文物受到建筑本体安全隐患带来的威胁，亟待转移并妥善保护。

（10）遗产环境被破坏

景区内有多处滑坡点，土石滚落冲毁原有院墙和园林，地震发生时仍处于景区开放接待时间，大量的生活垃圾和服务设施垃圾混杂于建筑废墟中，腐败速度极快，是严重的卫生隐患。

（三）震后危害因素分析

除地震造成的直接损害之外，本次紧急勘察也关注到震后面临的诸多危害因素，对这些因素需要重点予以关注。

（1）余震威胁

大地震之后余震仍然连续不断，而且时常有较大震级的余震发生。同时，由于每次地震对山体和建筑形成的作用力和作用方式不同，因此对建筑的影响也可能是多样化的。大地震已经导致部分建筑结构处于危险状态，余震的发生很可能导致已经构成的危险结构进一步发生严重的破坏。

（2）地震次生灾害的威胁

二王庙所在山体的稳定性尚未判定，山体滑坡、洪水甚至地下水位的变化等地震次生灾害均可能对文物古迹造成破坏。

（3）危险结构倒塌的隐患

结构受损的建筑、护坡、堤岸等等，一旦倒塌，除本身受损外，还可能给周边遗存带来危害，甚至威胁水利工程的安全。部分山坡上的古树由于地震影响出现倾斜，有倾倒的可能，对其下部的建筑形成威胁。

（4）雨水的侵害

灾区已经进入雨季，而大部分建筑屋面严重受损，建筑结构和内部陈设、附属文物等均可能受雨水侵害。

（5）过高的温湿度

雨水增多和茂密的山林使小环境保持相当高的温湿度，使木材的腐朽几率加大，速度加快，也对其他建筑材料不利。如祖堂、铁龙殿等靠山而建，建筑与山体之间空间狭小，排水排湿不畅，容易导致不利的小环境，加重、加快木结构的腐朽。

（6）白蚁等虫害

温湿度等小环境的不利发展趋势易于加重白蚁虫害，对木结构遗存造成严重的危害。

（7）火灾隐患

灾区的临时生活方式不能完全排除火灾隐患，茂密的山林、将来施工场地和施工同时周边景区对游客的开放也增加了这方面的潜在威胁。尽管雨水多、湿度大，但火灾仍是可能的危害因素。

（8）人为故意破坏的威胁

不能排除有人采取偷窃甚至抢劫等手段对遗产地进行侵害。而由于震后安防设施的失效，使这方面的威胁增大。

（9）人为不当干预

与二王庙的管理、保护与利用相关的各方参与者对遗产价值的理解可能不尽相同，在不同层面的问题上对决策的影响力也不同。因此，在灾后恢复重建中的决策并不能保证对遗产保护的长期目标有利。此外，在此类重大灾害后恢复重建的技术层面上缺乏实践经验，具体技术上的保护手段也可能出现失误，造成不当的干预结果或是保护性的破坏。

(10）档案记录工作的欠缺

以往档案记录工作的欠缺，导致此次灾后的保护恢复工作面临缺乏诸多必要的详实依据，对保护决策的科学性和准确性造成了一定的影响。灾后保护工作中档案记录的欠缺，有可能导致过程中珍贵信息的流失，对可能发生问题的过程追溯、将来的展示宣传和长期研究均造成不利影响。

总之，由于二王庙建筑群体量较为庞大，内容和类型丰富多样，又处于山地环境，地震造成的灾害影响和现场状况都非常复杂，相应的灾后保护工作必须分阶段、有重点的循序进行。

通过震后紧急响应阶段的勘察和分析，可以用来指导下一步的紧急抢救性清理和排险，明确当前最紧迫的工作任务、目标和工作原则，制定主要的抢险和现场清理工作策略。

三　震后抢险清理阶段的保护策略

本阶段的保护目标，一是要尽快排除大地震后从山体环境到建筑物的各种险情，避免各种次生灾害的发生；二是尽可能全面地抢救散落和受损文物，收集文物构件，安全转移和保存；三是排解危险结构，对文物本体进行必要的紧急保护措施；四是尽快清理灾害造成的垃圾，清理环境，方便开展灾后修复工作。

根据勘测结果与现状分析，北京清华城市规划设计研究院和清华大学建筑设计研究院文化遗产研究所编制了《都江堰二王庙古建筑群震后紧急抢救性清理及排险方案》，各文物建筑具体的抢险清理阶段工作都依照方案中的内容实施。

（一）工作原则和实施要求

1．工作原则

所有的抢救清理和排险工作都应以安全性为第一原则，一方面是保证工作环境和工作方式的安全，确保工作过程中不出现人员伤亡；另一方面是最大限度地保护文物安全，避免文物及其散落部件的散失，尽可能多地保存各种遗产价值的载体。

在工作中，坚持文物保护工作的十六字方针——“保护为主、抢救第一、合理利用、加强管理”，并突出“抢救第一”的阶段性重点，以文物面临危害因素的紧迫性为主要依据制定工作策略，同时在保证工作科学性、严谨性的同时尽可能提高效率。

抢救和清理过程中应以遗产价值评判为基础，以真实完整地恢复遗产历史面貌为原则，对遗产地震前存在的建筑及环境要素进行甄别，在抢救和复原过程中对遗产及环境进行适当的整理工作。

2．实施要求

组织有专业资质的多学科合作团队和专家咨询机构。工作团队中专家涵盖的专业领域至少应包括文化遗产保护、遗产地文史研究、地方古建工艺做法、地震、地质、结构等。专家组应对各阶段工作方案进行咨询，并在相关学科上提供支持。同时，应委派对口行政管理机构配合协调工作。

工作应依照科学的程序进行，不应为缩短工期而盲目压缩工作时间。抢救工作应以科学分析评估为基础和先导，做到对当前的灾害情况、受损状态和可能发生的危害因素有清晰的判断和应对措施。

抢险清理过程中应尽量收集、保护可用的文物构件、部件甚至残件，确保下一步修缮过程中得以继续使用。同时，充分认识到遗产的价值和本次震灾本身历史信息的价值，珍视任何地震遗迹和被破坏的遗产价值载体，在科学充分的评估之后确定保护策略。

注重各个阶段的现场记录和相关的资料收集工作，并保证档案记录的有序和资料的安全。

在工作中关注利益相关者的需求，关注公众参与和对公众的宣传，加强国际交流。

（二）危害因素的防御措施

危害因素	危害	防御措施建议
余震的威胁	大地震导致部分建筑结构处于危险状态，余震的发生可能导致已处于危险状态的结构进一步垮塌。	对地震进行监测，并及时预警。 对不稳定结构及时支护，转移或防护余震中可能受损的附属文物等制定应急预案。
地震次生灾害的威胁	山体的稳定性尚未判定，滑坡、洪水甚至地下水位的变化等地震次生灾害均可能对文物古迹造成破坏。	对滑坡等次生灾害采取预防措施。 定期对周边环境进行勘察监测。 对次生灾害发生的预兆提高警惕。
周边建筑倒塌的隐患	由于整座庙宇建造在山坡上，一处建筑的倒塌有可能直接砸毁周边的建筑或影响周边建筑基础的稳定。	对所有有结构隐患的建筑物构筑物采取紧急措施，或临时支护，或拆解。 尽快对建筑基础进行勘察评估，对其中结构不稳定的及时采取加固措施。

危害因素	危害	防御措施建议
雨水的侵害	灾区已经进入雨季，而大部分建筑屋面严重受损，建筑结构和内部陈设、附属文物等均可能受雨水侵害。	对确定要保留或暂时保留的建筑进行屋面受损勘察，修补漏雨部分或进行临时遮护。 疏导地表水，防止大量雨水渗入地下。 对正在或可能遭受雨水侵害的附属文物予以转移或临时封护。
过高的温湿度	雨水增多和茂密的山林使小环境温湿度增高，木材腐朽几率加大，速度加快，也对其他建筑材料不利。	采取措施增强建筑内部通风排气，降低湿度。 采用人工设备保持存放转移的附属文物及建筑材料的空间的温湿度。 对已经淋湿的建筑材料进行适当的干燥处理。
虫害及腐朽造成的结构承载力下降	温湿度等小环境的不利发展趋势易于加重白蚁虫害。	参照上述内容降低环境的温湿度。 对已经散落的建筑构件和勘察到的虫害及腐朽严重的部位采取适当的清理措施。 对现存建筑结构进行详细勘察，对有结构隐患的进行临时支护。
火灾隐患	临时生活方式易形成火灾隐患，且周边林木茂密。尽管雨水多、湿度大，但火灾仍是可能的危害因素。	编制临时防火制度，规范现状生活区的用火方式，提高防火意识。 检查现场消防设施，如不能满足防火要求应及时补充。 加强防火警戒，制定火灾应急预案，保证外部救援渠道的通畅。
人为故意破坏的威胁	不能排除有人采取偷窃甚至抢劫等恶意手段对遗产地进行伤害。	加强景区警戒和安全管理。 将易于被盗取的附属文物转移至安全的区域谨慎看护。 确保应急报警系统的正常运行状态。
人为不当干预	由于是极其特殊的灾害情况，相关各界均缺乏处理经验，容易造成决策失当和具体操作上的不当干预。	委托具有专业资质的单位承担相关的工作任务。 提高保护决策的科学性和实际操作的规范化。 加强监督与咨询力量。
档案记录的欠缺	档案记录的欠缺将导致过程中珍贵信息的流失，对进一步的保护修缮和将来的长期研究均极为不利。	尽快搜寻震前积累的档案记录，广泛征集震前照片和相关的考察记录，结合本次勘察及保护维修工作做好档案的记录、整理工作。

（三）抢险清理阶段的工作流程

1．第一次现场勘察

有针对性地了解各类对象受损情况，按照文物清单进行初步清查。

（1）资料收集

向公众征集相关资料， 特别是震前照片。

（2）评估

明确残损类型、残损程度，初步判断残损致因素和当前的危害因素，对场地可利用状况进行初步评估，初步评估可开展的课题研究。

（3）决策

明确需要立刻进行的抢险工作，确定抢救性清理排险的目标、原则和基本要求，初步确定工作方案，确定实施保障的相关要素，确定初期的场地安排，确定将要开展的研究课题。

（4）工程实施

组织力量实施紧急的抢险和清理工作，筹备现场办公场地，根据方案进行现场初步清理，清理疏通场地，对危险结构进行支护，搭设必要的防护设施，整理散落建筑材料，露出地表状况。

（5）档案记录

配合现场勘察的记录工作，包括影像和落实在图纸上的勘察记录，同时记录紧急抢险清理工作的实施情况。

2．初步清理之后的勘察

包括地质勘探和针对建筑基础的勘察。

（1）资料收集

重点是地方传统建筑的做法，特别是装饰题材、样式、工艺及工匠的组成。

（2）评估

对地质灾害和建筑基础稳定性进行评估。

（3）决策

确定山体及建筑基础加固方案，确定景区非文物建筑的处理意见。

（4）工程实施

实施山体及较为重要的建筑基础加固，清理确定拆除的非文物建筑。

3．进一步深入对建筑残损状态的勘察

特别是对建筑内部结构和材料保存状态的调查，补充完善对基础设施、周边环境等其他方面受灾情况的调查，以及结合课题研究需求补充现场调查。

（1）评估

深入对各类文物本体残损状况的评估，分析受损原因和正在发生及隐含的危害因素，完善价值评估。

（2）决策

分批编制具体文物建筑修缮方案和其他附属文物等保护方案。

（3）工程实施

实施沿江及沿公路区域建、构筑物保护修缮工程，并为下一步的文物本体保护工程做准备。

4. 随着工程开展继续深入勘察

在此过程中，应随时关注新的灾情发展信息及预报，关注气候变化和可能导致的不利因素等。

在整个工作流程中，针对各阶段工程实施都要进行详细的档案记录。具体记录要求见后文。

（四）抢救清理和排险措施

1. 单体建筑抢险清理和排险措施

通过对灾后二王庙建筑群损毁情况的评估，其抢救措施总体上可以分为六项：

第一，临时遮护；

第二，归整清理可归位的散落构件；

第三，临时支护不稳定的结构；

第四，落架拆除不稳定的结构；

第五，清理散落构件；

第六，对附属文物的保护。

具体每座建筑的抢险清理方案，根据对象的不同状况，由以上各类措施组合对应，并以示意图表达（图2-9）。

为了协助灾后勘察工作从紧急响应阶段到修缮方案制定阶段循序渐进的进行，在清理排险阶段的方案中，还提供了一套用以进一步对建筑及其附属文物的残损进行核查的现场勘察手册。针对每栋建筑的内容设置包括以下四个方面：

第一，现状情况描述，将地震灾后的各个建筑的状态，用文字和照片记录；

第二，对每栋建筑的建筑整体、重要构件、附属文物和建筑环境分别制定清理排险措施，明确措施要求；

第三，制定每栋建筑受灾情况调查表，在现场清理时作详细记录，留下每栋建筑灾后情况的真实历史记录；

第四，根据文物档案，措施中列出每栋建筑中附属文物的清单，方便工程人员现场清理收集，核查缺失（图2-10）。

2. 院落抢险清理措施

通过对灾后二王庙景区院落损毁情况的评估，其抢救措施可以分为三种类型：

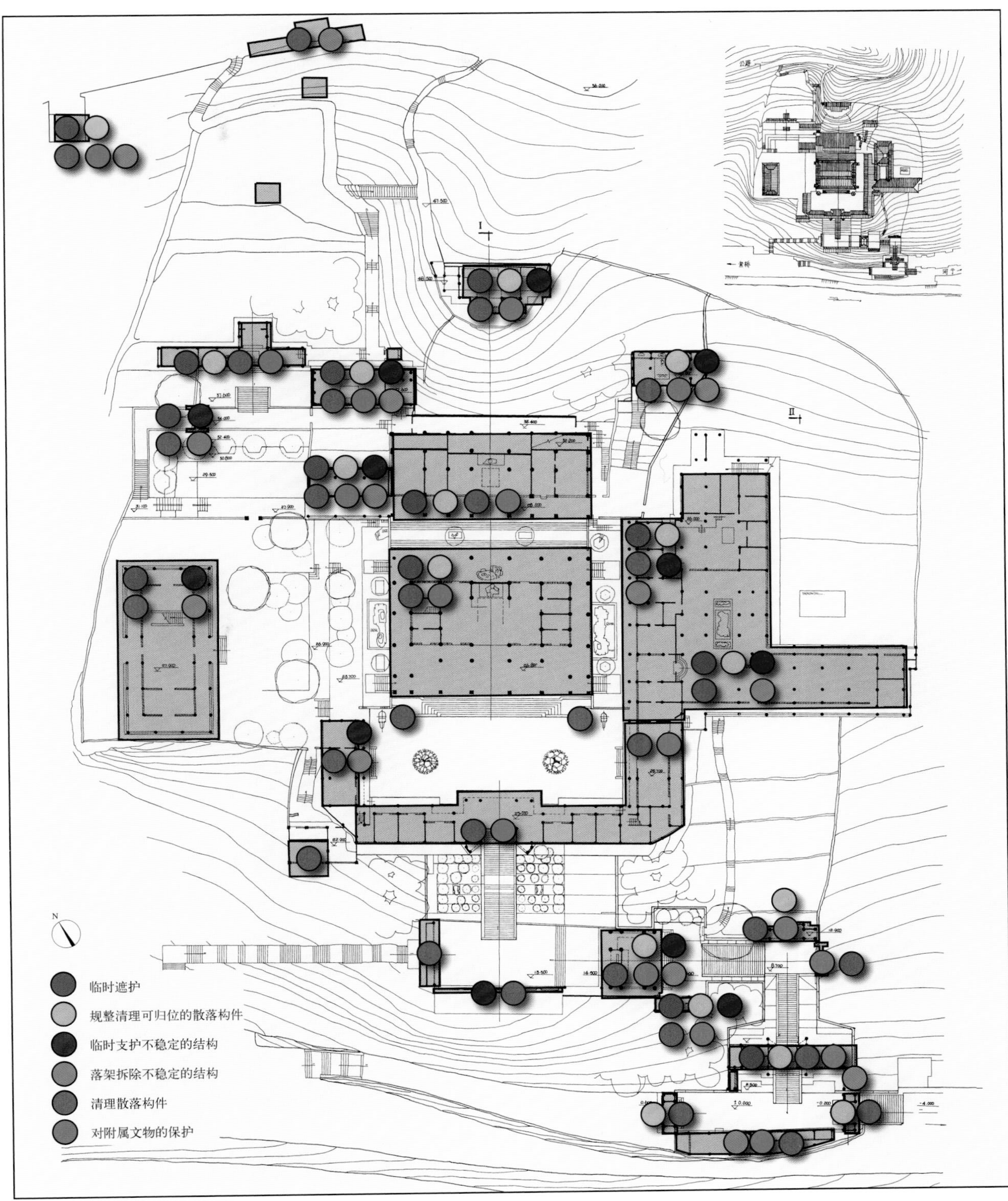

2-9　二王庙主要建筑震后清理排险措施示意图

措施	对　象	具体内容	相关要求
临时遮护	屋面破损严重的建筑。	采用防水材料对建筑进行遮护，必要时搭设结构支撑。	建筑遮盖应满足防水、防漏等要求，并注意屋面及檐下的雨水疏导，荷载和做法不应对原结构形成危害。
规整清理可归位的散落构件	建筑结构稳定，局部非承重结构残损垮塌或瓦面散落等易于进行归位处理的部位。	重新清理散落瓦片，清除危墙，排除建筑残留瓦件、残墙等险情，重要构件进行分类编号，明确堆放区域。	清理之前做好记录工作，清理过程中应尽量不破坏原有建筑构件，同时注意对新发现的隐藏于结构内部的历史信息做好档案记录工作。编号要求同构件清理。
临时支护	结构不稳定的建筑或部位。	对结构不稳的建筑或发生错动的构筑物、护坡坎墙等进行临时支撑、加固。	支撑应保障建筑物及工作人员安全，注意支护物与文物本体接触点的防护，避免伤害文物本体。支护体系还应考虑尽可能不干扰周边作业空间。
落架拆除	有垮塌危险的建筑结构。	部分或全部拆除危险的建筑结构部分。	拆解前应做好现场记录工作。按照构件清理的要求处理拆除构件。局部拆解后应对未拆解部分进行相应的防护工作。
清理散落构件	垮塌或局部垮塌文物建筑的散落构件。	在专业技术人员的指导下，对散落构件进行辨认、编号、登记，分类堆放在指定的安全区域内。	构件清理时，要根据位置仔细辨识，对构件进行详细编号，并记录清理时的状态。应根据构件材质的不同和保存状态的实际情况制定必要的防护、保护措施，避免在清理和存放中受到进一步的损伤。
附属文物防护	所有匾额、楹联、塑像、钟鼎、碑刻、石像等可移动文物。	根据已有文物清单，将所有附属文物、馆藏文物迁出，并在集中区域进行存放。对难以搬迁的文物要设置防护罩。	移动之前应做好记录工作。搬迁过程中注意文物安全，注意分建筑分部位分类别存放，注意存放区域的防潮、防火、防盗问题。

第一，滑坡土石清理，针对对象是景区内几处大的滑坡点；

第二，建筑废墟清理，针对对象是原有建筑院落、服务设施垮塌后垃圾混杂；

第三，园林废墟清理，针对对象是园林院落、生活垃圾和服务设施混杂。

院落场地清理的同时应注意对道路和排水渠道的疏通和加固，具体位置参见图2-8。

3. 地质灾害的监测和应急措施

地质灾害监测的主要目的是查明灾害体的变形特征，为防治工程设计提供依据；施工安全监测，保障施工安全；应急防治工程效果监

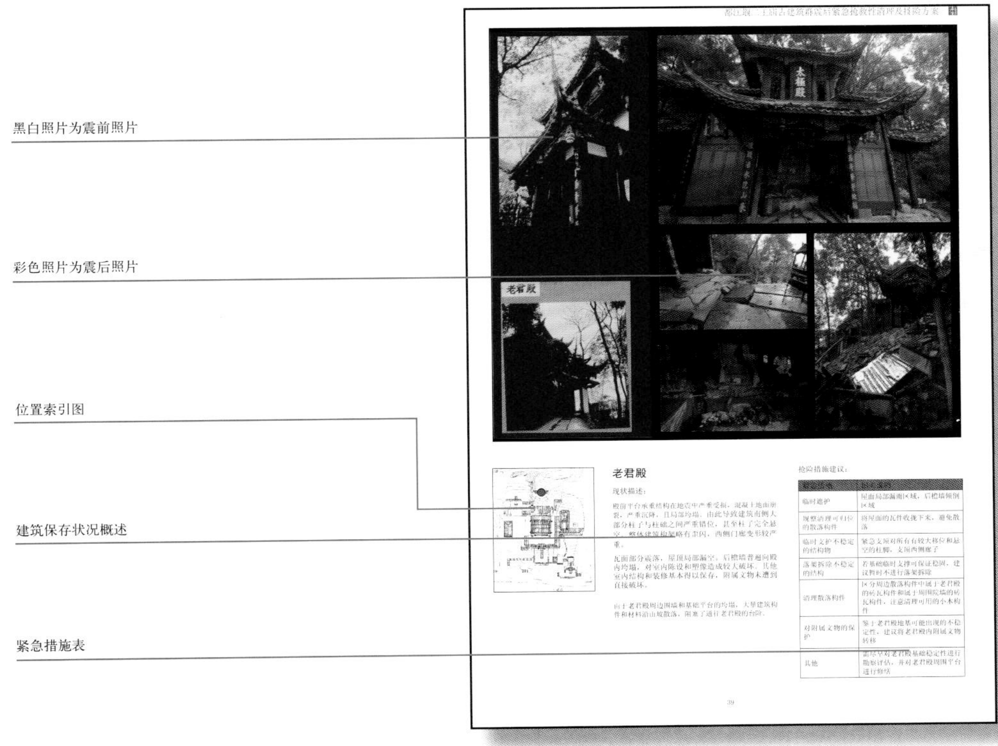

老君殿

现状描述：

殿前平台承重结构在地震中严重受损，混凝土地面崩裂、严重沉降，且局部垮塌。由此导致建筑南侧大部分柱子与柱础之间严重错位，甚至柱子完全悬空。整体建筑构架略有歪闪，西侧门廊变形较严重。

瓦面部分震落，屋顶局部漏空。后檐墙普遍向殿内垮塌，对室内陈设和塑像造成较大破坏。其他室内结构和装修基本得以保存，附属文物未遭到直接破坏。

由于老君殿周边围墙和基础平台的垮塌，大量建筑构件和材料沿山坡散落，阻塞了通往老君殿的台阶。

抢险措施建议：

[illegible]	[illegible]
临时遮护	屋面局部漏雨区域，后檐墙倾倒区域
规整清理可归位的散落构件	将屋面的瓦件收拢下来，避免散落
临时支护不稳定的结构物	紧急支顶对所有有较大移位和悬空的柱脚，支顶西侧廊子
落架拆除不稳定的结构	若基础临时支撑可保证稳固，建议暂时不进行落架拆除
清理散落构件	区分周边散落构件中属于老君殿的砖瓦构件和属于周围院墙的砖瓦构件，注意清理可用的小木构件
对附属文物的保护	鉴于老君殿地基可能出现的不稳定性，建议将老君殿内附属文物转移
其他	需尽早对老君殿基础稳定性进行勘察评估，并对老君殿周围平台进行修缮

39

黑白照片为震前照片

彩色照片为震后照片

位置索引图

建筑保存状况概述

紧急措施表

都江堰二王庙古建筑群震后紧急抢救性清理及排险方案

建筑受损详细调查表

建筑部位	完全破坏	严重损坏	损坏	轻微损坏	未受影响
脊饰等	□	□	■	□	□
瓦面	□	■	□	□	□
屋顶结构	□	□	□	■	□
天花藻井	□	□	■	□	□
楼面	□	□	□	□	□
基础	□	■	□	□	□
地面	□	■	□	□	□
承重墙体	□	□	□	□	□
非承重墙体	□	■	□	□	□
柱和梁架	□	■	□	□	□
拱券等	□	□	□	□	□
楼梯	□	□	□	□	□
装置陈设	□	□	■	□	□
建筑装饰	□	□	□	■	□
壁画	□	■	□	□	□
其他	□	□	□	□	□

结构特征：　（建筑主材和连接材料、方式的类型和质量）

结构形变及受损状况描述

建筑修缮措施建议：

□清理

□保护

■复原

后期需重点修缮的内容：

■柱、梁　■地质勘探

□承重墙　■地基加固　■非承重墙

■屋面脊饰　□拱券

■瓦面　■柱础

□屋面结构　□楼梯

■天花藻井　■装置陈设

□楼面　□油饰

■基础　■壁画彩绘

附属文物受灾情况核查表：

编号	名称	数量	年代	级别	材料	位置	类型	残损状态	受损评级	备注
NjI-077	清光绪朱锡堂"变化无为"匾	1道	清光绪十四年			老君殿右次间檐枋	匾额	基本完好	未受地震影响	
NjI-078	清宋兆熊"高超无上"匾	1道	清光绪十四年			老君殿左次间檐枋	匾额	基本完好	未受地震影响	
NjI-079	清"惟道独尊"匾	1道	清晚期			老君殿明间老君殿像上	匾额	基本完好	未受地震影响	
NjI-080	"对面奇峰平地涌……"联	1对				挂老君殿明间前檐柱	楹联	基本完好	未受地震影响	
NjI-081	"静体无极"匾	1道				挂老君殿明间后檐枋	匾额	基本完好	未受地震影响	
补充	铸铁钟	1口	待查		铁	老君殿明间室内	金属器物	基本完好	未受地震影响	

40

建筑受灾状况详细调查表

原有附属于该建筑的附属文物保存状况核查表（之前没有附属文物统计的此处为空）

测；对不宜处理或十分危险的灾害体，监测其动态，及时报警，防止造成人员伤亡和重大经济损失。

应急措施主要包括消除或减轻地表水、地下水对滑坡的诱发作用，疏通原有排水系统，必要时修建排水沟或引流设施，及时将滑坡发育范围内的地表水排除。同时，应对地质灾害不稳定区域和受威胁区域进行明确标识。

应对二王庙区域进行详细深入的地质灾害勘察，以判断其稳定性及灾害治理的可行性。

4．信息收集与档案记录

现场清理和排险过程中，应加强信息收集和工程实施的档案记录工作。一方面应对实施清理前的震后现场情况作细致全面的记录，以保证留取真实的灾害一手资料，用以今后的分析研究。另一方面应对本阶段的清理工作进行实前、中、后的记录，针对震后现场的复杂情况和紧迫性，记录方式的选择取应以有效记录信息和简单便捷为首要原则。

清理和排险过程中的信息收集与档案记录内容及要求

<table>
<tr><th rowspan="2">类 别</th><th rowspan="2">主要内容</th><th rowspan="2">详细内容</th><th colspan="4">记录形式</th><th rowspan="2">备 注</th></tr>
<tr><th>影像</th><th>图纸</th><th>文字</th><th>注册登记</th></tr>
<tr><td rowspan="9">震后现场损毁情况（应注意震后至清理工作完成前各阶段变化情况的记录）</td><td>整体空间环境状况</td><td></td><td>●</td><td>●</td><td>●</td><td></td><td></td></tr>
<tr><td rowspan="2">各建筑物损毁状况</td><td>总体的保存状态</td><td>●</td><td>●</td><td>●</td><td></td><td></td></tr>
<tr><td>各残损点的状态</td><td>●</td><td>●</td><td>●</td><td></td><td>需有统计记录</td></tr>
<tr><td>建筑的各类典型残损</td><td>不同残损级别的状态</td><td>●</td><td>●</td><td>●</td><td></td><td>需记录空间方位</td></tr>
<tr><td>典型做法的残损状态</td><td>同类做法出现的不同残损状态</td><td>●</td><td>●</td><td>●</td><td></td><td>需记录空间方位</td></tr>
<tr><td>附属文物受损情况</td><td></td><td>●</td><td>●</td><td>●</td><td></td><td></td></tr>
<tr><td>道路场地受损情况</td><td></td><td>●</td><td>●</td><td>●</td><td></td><td></td></tr>
<tr><td>基础设施受损情况</td><td></td><td>●</td><td>●</td><td>●</td><td></td><td></td></tr>
<tr><td>植被及其他环境要素</td><td>各类受损情况</td><td>●</td><td>●</td><td>●</td><td></td><td>需记录空间方位</td></tr>
<tr><td rowspan="16">现场清理过程</td><td rowspan="4">各场地前后变化，重点是被清理和使用的场地</td><td>清理前的状态</td><td>●</td><td></td><td>●</td><td></td><td>建议先按空间划分单元</td></tr>
<tr><td>清理过程记录</td><td>●</td><td></td><td>●</td><td></td><td></td></tr>
<tr><td>清理后场地表面状态</td><td>●</td><td>●</td><td>●</td><td></td><td></td></tr>
<tr><td>为临时使用功能做的调整</td><td>●</td><td>●</td><td>●</td><td></td><td></td></tr>
<tr><td rowspan="3">遮护、支护等紧急抢险措施的实施情况</td><td>实施前状态</td><td>●</td><td></td><td>●</td><td></td><td></td></tr>
<tr><td>实施过程</td><td>●</td><td>●</td><td>●</td><td></td><td></td></tr>
<tr><td>实施后状态</td><td>●</td><td>●</td><td>●</td><td></td><td></td></tr>
<tr><td rowspan="2">暂不进行处理的残损状态监测</td><td>清理初期的残损状态</td><td>●</td><td>●</td><td>●</td><td></td><td></td></tr>
<tr><td>根据不同残损类型定期监测</td><td>●</td><td></td><td>●</td><td></td><td></td></tr>
<tr><td rowspan="3">清理中各类材料的概况记录</td><td>材料类别</td><td>●</td><td></td><td>●</td><td></td><td></td></tr>
<tr><td>普遍的和典型的状态</td><td>●</td><td></td><td>●</td><td></td><td></td></tr>
<tr><td>外观尺寸</td><td>●</td><td>●</td><td>●</td><td></td><td>主要对于砖、瓦等</td></tr>
<tr><td rowspan="4">附属文物保护</td><td>保护措施实施前状态</td><td>●</td><td>●</td><td>●</td><td rowspan="4">●</td><td></td></tr>
<tr><td>必要的勘查分析及监测结论</td><td>●</td><td>●</td><td>●</td><td></td></tr>
<tr><td>保护措施实施过程</td><td>●</td><td>●</td><td>●</td><td></td></tr>
<tr><td>保护措施实施后状态</td><td>●</td><td></td><td>●</td><td></td></tr>
</table>

类别	主要内容	详细内容	记录形式				备注
			影像	图纸	文字	注册登记	
现场清理过程	有价值的建筑构件	原始位置（判断结论）	●		●	●	构件震后和清理前的位置可能不同，建议都做记录
		被发现位置	●		●		
		清理时的状态（外观及尺寸）	●		●		
		临时处理措施	●		●		
		处理后的状态（外观及尺寸）	●		●		
环境监测	余震监测						
	其他次生灾害预兆						
	气象记录						
	小环境的温湿度监测	现存建筑内外不利区域					
		构件及附属文物陈放点					
		新材料陈放点					
相关信息资料收集	历史及震前照片	明确年代、作者、提供者					判断拍摄对象和位置
	相关历史文献资料						
	震前文物本体保存状况记录						
	各时期修缮工程档案						
	其他建设工程档案						
	相关的专题研究报告						
传统建筑工艺做法相关信息收集	现状建筑装饰	样式	●	●	●		
		材料及工艺做法	●	●	●		
		题材及文化内涵			●		
	周边传统建筑装饰	样式	●	●	●		
		材料及工艺做法	●	●	●		
		工匠	●		●		

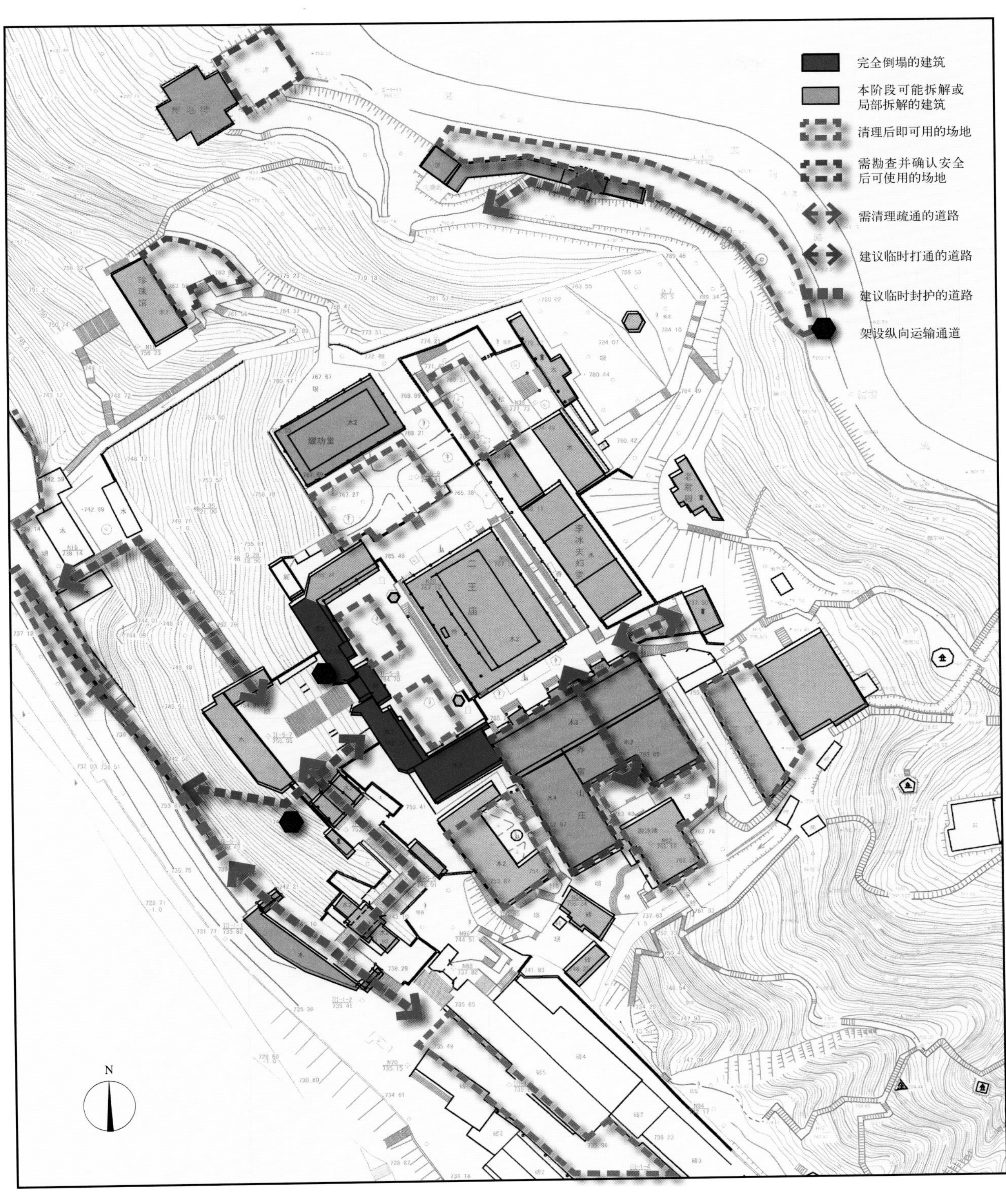

2–11　二王庙震后清理排险场地利用示意图

5．场地规划建议

清理工作首先需筹划建筑构件、废料垃圾的堆放场所。经初步勘查，对于场地的规划建议如下：

第一，依据塌毁建筑价值层次的不同对其散落构件区别对待，在保证文物构件不继续受外界因素破坏的前提下，先清理后期添建建筑的散落材料，整理出原有的院落空间，以便腾出有限的场地进行后续清理工作。场地使用尽量避免干扰原有自然植被环境。

第二，价值不大的建筑构件和垃圾应尽快清运，临时堆放位置应考虑距离外部交通出口较近的场地，戏楼以下（以南）的各建筑可以考虑在山下江边公路上临时堆放和转运构件材料。

第三，有必要对周边建筑和场地状况进行进一步的考察，以选择其他可用的场地。对重要的文物建筑散落构件的清理可能需要较长时间，场地选择时应考虑长期封闭的可能性。

第四，除临时支护的建筑外，所有落架拆除的建筑应优先利用周边院落堆放材料。

第五，利用公路周边空间进行堆放应考虑工程开展的交通运输的实际需要，不可阻碍施工运输。

第六，建议将所有珍贵的附属文物转移，设立专门的、封闭的空间集中存放，存放场地单独选定。

第七，建议临时疏通一些运输道路，一方面便于大量材料物资的运输，另一方面也避免过多的周转对原有台阶地面的损坏。

第八，场地的规划选择应考虑时间进度上景区内外环境中可能发生的变化，如一定时间后景区部分场所的对外开放等。清理场地的选择应尽量不对其造成障碍。

第九，除清理用场地之外，还建议设立现场办公工作场所，以保障保护工作的长期进行（图2-11）。

四　前期勘察所发现的问题及对后续工作的启示

1．地质灾害勘察和分析的必要性

二王庙所依附的山体环境，是促成其建筑和环境特色的主要因素，但从对二王庙震后整个现场的初步勘察来看，地震在这个区域引起的地质灾害，包括山体滑坡、地基开裂、沉降甚至垮塌等，也是直接导致大量建筑严重残损甚至倒塌的直接原因。虽然结合之前的地质勘探报告和此次震后的初步勘察，地质方面的专家可以对整个区域的地质状况作出大致的判断，但二王庙所在区域地质状况的稳定程度，地质状况不稳定的因素和分布区域，对震后场地和建筑基础的恢复方式，以及对地质灾害的治理和长期的维护策略等等这些问题，都需要进一步详细勘察的量化数据作为支撑。这些问题的解决，是二王庙古建筑群休整和恢复最为重要的前提。

2．在复杂的现场环境下如何及时地获取准确的测量数据

由于二王庙古建筑群所在的山地环境，自身紧凑密集的布局，相对复杂的空间关系，再加上这次地震造成的严重损坏，使得震后的现场状况十分复杂，而且工作环境相当危险。这一方面极大地加大了现场测绘、勘察的风险和难度，另一方面，也使得在进行各种干预措施之前对这样一种特殊而复杂状况的勘察记录，显得更为珍贵和重要。准确且尽可能全面的记录震后现场各建筑物的结构形态，以及它们与周围环境的关系，将不仅是制定此次维修策略和技术手段的数据基础，也会是将来对地震灾害研究重要的一手材料。但在工期和现场条件的限制下，不可能等到所有安全措施就位之后才开始进行测绘勘察。在如此复杂的现场环境下，及时准确地获取尽可能全面的测量测绘数据，是这次地震灾害给我们提出的新的挑战。

3．对于木结构体系结构稳定性的判断

通过前期的勘察，我们发现大量的木结构建筑虽然没有倒塌，但都出现了或整体或局部不同程度的歪闪形变，有些建筑变形得非常严重。这些形变后的建筑结构稳定性究竟如何，对于那些变形较大的结构，在维修过程中是否必须对其进行解体。而对于那些变形不是很大的结构，是否有必要在维修中完全恢复到没有变形的状态？这些震后遇到的具体问题，可能需要通过对中国传统木结构多方面的力学分析和实验积累才能很好地解答。在这些基础研究尚不充分的情况下，结合以往的工程经验，通过进一步的勘察研究，得出相对可靠的经验性依据，或许是应对这一紧迫任务的可行方式。

4．地方习惯做法与传统工艺做法的关系

在前期的勘察中，我们也发现，或许是由于二王庙各组建筑建造或维修的年代不同，受到当时的各种条件限制或相关影响，有很多材料、工艺上的做法并不是所谓的传统方式，如同整个建筑群落显现出的自由和随意，有很多近现代的材料或构造处理手段，掺杂于传统的建造体系之中。这种现象的普遍存在，形成了一种在一定时期内地方的习惯做法。从这次震后建筑受损的状况来看，这种习惯做法往往暴露为导致建筑受损的薄弱环节。但究竟如何划分这种习惯做法和传统工艺，习惯做法的背后是否有特定的历史原因，带有某种历史价值或信息，是进一步的勘察研究需要解决的问题。

5．残损致因和“保全”致因

通过前期的勘察，还可以发现一些受损状况对比鲜明的实例。在同样的地震破坏作用下，有些建筑受到严重的破坏，甚至倒塌，但也有些建筑保存相当完好，比如戏楼和圣母殿的鲜明对比。即便考虑到基础的剧烈沉降这一重大破坏因素，仍有老君殿和戏楼可以对照，一个垮塌，另一个在前檐柱悬空的情况下仍然历经数次余震而不倒。这使得我们在关注建筑结构残损致因的同时，不得不同样关注使其他那些建筑得以“保全”的因素。分析这些差异的成因，对于制定本次震后的维修策略，以及对中国古代建筑的理解认知，都具有非常重要的意义。

6．复原重建的难题

针对在此次地震中完全倒塌的戏楼、字库塔等建筑，在下一步的复原恢复中最大的困难在于基础资料的准确和翔实程度。在收集到的资料中，有两套不同时期戏楼的测绘图，字库塔也在两套测绘资料中有所反映。但对于要把一个完全倒塌的建筑按原貌恢复起来的目标，测绘图中所记录和反映出的信息仍然有很大的空白。而将两套资料相互对照，又会发现它们之间诸多的矛盾和差异。这使得判断这些历史材料的准确性，搜寻更准确、可靠的复原依据，或寻找与之相关的科学方法，成为下一步勘察研究的难题之一。从现实情况来看，这些信息只能通过对历史资料和现场残迹、构件的研究得出综合参照分析。

7．关于地震灾害的记忆

从历史的角度来看，这次地震将是二王庙历史上一次重要的事件。这不仅是因为此次地震给这一文物古迹带来的巨大灾难，也是因为在这次灾难之后，各界人士在恢复这处文物古迹，使其保存和延续其价值的挑战中将要作出的努力，正如同历史上二王庙的屡次受灾，又屡次在重建中获得新生。因此，与这次地震相关的印记也应该在这次修缮恢复中得以适当的保留，使这个记忆与古迹一起延续下去。如何筛选、取舍这些相关的印记，也成为地震灾害给这次保护工作带来的新的特殊使命。

叁　灾后恢复阶段的勘察研究

一　概　述

（一）勘察目标

本阶段勘察研究的主要目标，是为灾后恢复阶段的规划和具体灾害治理措施、建筑维修措施提供决策的依据。特别是针对前期勘察中发现的种种问题，开展有针对性的深入调查和分析。同时，为了能在将来的研究中从此次地震灾害获得更多的一手材料，尽可能全面、详细、准确地对震后各种震害状态进行记录，也是一个重要的工作目标。因此，本阶段的勘察内容主要包括以下几个方面：

第一，地质灾害的深入勘察；

第二，详细准确地记录现场各种震损状态；

第三，详细了解二王庙区域各建筑震前的使用状态；

第四，对地震后的残损状况进行准确的定性和定量评估；

第五，分析建筑的残损致因和“保全”致因；

第六，了解当地的传统工艺做法和实际使用的习惯做法；

第七，对于重点对象进行必要的材料、结构性能的检测。

（二）勘察范畴和工作进程

通过对二王庙历史沿革的梳理和遗产价值分析，本阶段形成了对二王庙震前历史遗存重要性的分类判断。

（1）文物建筑

包括老君殿、二殿、大殿、东西字库塔、戏楼及东西配楼、东客堂、二王庙陈列馆、上西山门、灵官殿、镇澜亭（丁公祠）、灌澜亭（三官殿）、乐楼及东西配殿和东西厢房、下东山门、下西山门、水利图照壁、铁龙殿、圣母殿（吉当普殿）、祖堂、文物陈列馆。

（2）重要的历史建筑

包括大照壁、疏江亭。

（3）其他有特殊意义的景区建筑

包括秦堰楼。

以上建筑遗存即为本阶段勘察的核心工作对象。

灾后恢复阶段的勘察工作和现场的清理排险工程同时展开。由于现场场地的限制及文物建筑灾后维修工程与场地地质灾害治理工程之间协调配合的需要，灾后针对文物建筑的保护修缮工程分为三期进行。配合灾后抢救保护工程的总体进度，对以上对象的勘察也分为三个主要阶段逐步展开。

第一阶段是对大殿、二殿的重点勘察，配合以大殿、二殿为主要维修对象的一期修缮工程。同时，在对大殿、二殿的勘察过程中，也对其他保护对象和震后的场地环境进行了现状的信息记录。

第二阶段是对除戏楼和字库塔等倒塌建筑之外的文物建筑和历史建筑的勘察。同时，在秦堰楼的清理排险工作完成之后，开展对秦堰楼的结构勘察和检测。

第三阶段是对于戏楼和字库塔的勘察。在大殿、二殿维修基本告一段落，地质灾害治理工程结束，现场具备场地条件之后，开始对震后清理排险阶段收集整理的这些倒塌建筑的遗迹、散落构件进行清理勘察。

（三）勘察信息对象和工作方式

本阶段勘察希望获取的信息对象包括二王庙区域的环境特征信息，场地地质状况信息，场地和建筑物、构筑空间形态信息，建筑物、构筑物构造和材料的残损信息，以及考察对象相关的震前使用方式信息等。

针对以上信息内容，在本阶段运用的调查、勘察方法主要包括访谈、对历史材料的分析研究、摄影记录、文字方式的勘察记录、地质勘探手段、手工测量与全站仪相结合的测绘手段、三维激光扫描技术、针对木材和混凝土结构等的材种及材性检测等。

二　地质灾害勘察

（一）工作方法

本次勘察工作由于时间较紧，因此是以充分利用原有工程地质勘察资料为基础，以现场调查和地质测绘为重点，配合使用高密度电阻率剖面、浅震及面波等物探方法，并布置少量钻孔进行验证。对原古建筑的地基基础及滑塌沉降区的重点部位布置了探井或探槽进行探查取样，并进行必要的现场原位测试和室内试验，结合工程类比，提供地基基础设计、地基处理和基础加固所需的岩土参数。

勘察工作中共收集了三个版本1:500的地形图，主要以二王庙景区的电子版地形图为底图，因图上建筑物与现地面建筑物基本吻合，但其仅有记曲线而无坐标系统。

对于古建筑的持力层，勘察中采用轻型动力触探进行了现场原位试验，以判定地基土的均匀性，确定其承载力、变形模量等设计参数。另外，由于各土层中块碎石含量较多，采取原状样极其困难，本次勘察以在探槽和钻孔中取扰动试样为主，进行了重塑土的饱和慢剪强度试验。

（二）勘察结论

1．二王庙片区震前地质概况

（1）地形、地貌

二王庙古建筑群地处四川盆地西部的龙门山东缘，东邻成都平原，南临岷江，地形、地貌具有明显的古滑坡特征，其中下部第四系松散层，厚度巨大，后缘仍可见圈椅状滑坡地貌景观。

（2）地层与岩性

二王庙古滑坡体的地层从上至下依次为地滑堆积层(Q4del)、河流冲积层(Q4al)、残坡积层（Q4el+dl）和基岩层。本区内的岩石坚硬程度多为较软岩—软岩。岩体内因受二王庙断层的影响，除层面裂隙外节理裂隙发育，其完整程度属较破碎—破碎。岩体基本质量等级为Ⅳ～Ⅴ级。

（3）地质构造与地震

在区域上，江油—灌县大断裂斜穿二王庙古建筑群场地，此段亦称为二王庙断裂，总体走向为30°～60°，倾向310°～330°，倾角45°～53°。断层破碎带厚约12～19.6米，主要由炭质页岩、砂岩碎块及煤屑组成。砂岩碎块风化强烈，炭质页岩大部分呈土状，并具可塑性。破碎带中挤压擦痕和镜面甚多，并有地下水渗出。因受断裂构造影响，基岩中的挤压错动与扭曲等变形迹象明显，节理裂隙十分发育，这不仅破坏了岩体的完整性，而且为地下水的活动创造了条件。

另外，二王庙地处龙门山地震带上，为地震活动高发区及强震

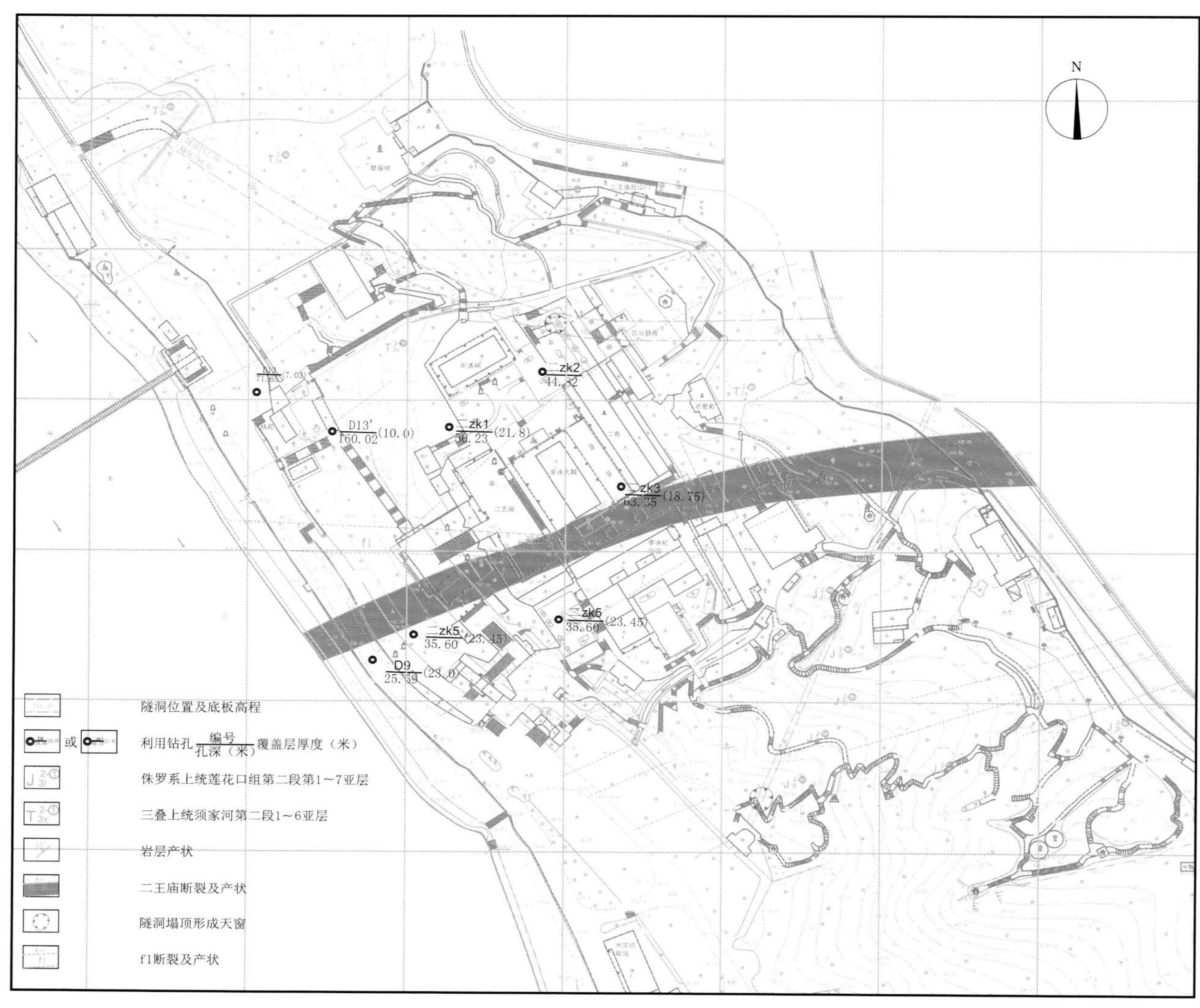

3-1　二王庙地质状况分布图

区。依据《建筑抗震设计规范》（GB 50011–2001）之4.1.1条之规定，此建筑场地为对建筑抗震的危险地段。根据“5·12”汶川地震对本区的影响程度，本区抗震设防烈度按8度计算（图3–1）。

（4）水文地质概况

勘察区内地下水按其埋藏条件可分为松散层孔隙潜水和基岩裂隙水两种类型，前者主要埋藏于冲积层和地滑堆积层中，后者主要埋藏于砂岩、砾岩裂隙和断层破碎带中。水质分析结果表明，区内河水、钻孔水、泉水均属重碳酸钙镁型，且对各种水泥拌制而成的混凝土均不具腐蚀性。

2．地震造成的地质灾害及破坏特征

本次地震触发和加剧了一些地质灾害的发生和发展，主要以滑坡、崩塌为主，兼有地裂缝及不均匀沉降等。一方面是对场地的破坏，主要表现为地面开裂、下沉、错位及滑动，挡土墙外凸、倾

倒，陡倾岩坡上岩块的崩塌、脱落等；另一方面是对建筑物本身结构及地基产生的破坏，主要表现为砖石结构梁柱的断裂造成建筑物的垮塌，木结构榫卯的脱位和地基不均匀下沉等造成的建筑物歪斜乃至倒塌。

而依据各种破坏类型及分布的不同，可大致划分成六个区段：

（1）沿成阿公路外缘分布的滑塌破坏区带

该区的破坏以明显的地面拉裂、错位为特征。其地裂缝张开幅度大，延长也较长，多沿成阿公路的外缘分布。根据其分布的不同，沿公路自北西向南东可划分为相对独立的四个区。

① Ⅰ区

位于秦堰楼附近，主要破坏有秦堰楼北侧松散斜坡上的浅层滑坡，秦堰楼前平台两侧挡土墙的外张及台下回填土的下沉，秦堰楼后西南侧陡倾岩坡的崩塌、脱落等。

② Ⅱ区

位于二王庙后山门东侧，主要是公路外缘挡土墙的外倾及墙后填土的下沉。主地裂缝在路边外侧沿公路呈弧形展布，全长45米，最大宽度2厘米，下错9厘米。除有高陡挡土墙倾倒破坏外，尚有沿公路外缘整体滑移的危险。

③ Ⅲ区

位于二王庙后山门道士居住区的西侧，主要破坏是道士居住楼西侧松散斜坡的浅层滑坡。地裂缝沿公路外边缘向东南延伸，界面房处折向南侧，切穿配电室及楼房的西角后向下延至台阶下尖灭，总长90米。该地裂缝使配电间及楼房被拉裂，破损严重，平台前的挡墙垮塌。

④ Ⅳ区

位于二王庙后山门与道士居住区之间，主要是坡下挡土墙的外倾及滑动。此处有沿坡下挡土墙整体滑移的危险，坡下无重要建筑物。

（2）老君殿崩滑破坏区（Ⅴ区）

该区位于古滑坡体中轴线后缘的牵引区上，以老君殿所在的山脊为中心包括两侧陡坡，主要有老君殿后及南侧陡倾岩坡的崩塌破坏、老君殿至二殿间高陡斜坡上松散坡积物的蠕滑变形破坏，以及圣母殿至前面平台间高陡斜坡上松散坡积物的浅层滑动破坏。这些破坏导致了老君殿柱基悬空、失稳，铁龙殿的侧墙与二殿后墙受推挤而严重变形，以及圣母殿前挡墙的塌毁等。

（3）大殿北西侧的滑坡区（Ⅵ区）

位于大殿北西堰功堂至纪念馆一线的陡坡段。此地带在大殿西侧至平台西南角之间出现的张裂缝较多，造成道观陈列馆西侧及乐楼北侧的倒塌，陈列馆东侧内地平裂缝较多，立柱向西倾斜。其下的厕所已整体坍塌，致使堰功堂主体破坏严重，北半部立柱多处断裂、倒塌，建筑物西半部分存在整体下沉的趋势。其下部斜坡上呈阶梯式分布的挡土墙多处出现纵向裂缝、向外鼓胀及局部坍塌。

（4）大殿前及南东侧的滑坡区

位于大殿左前方至下西山门的斜坡地带及南东侧茶楼至东苑一带。该区域的上半部地表变形强烈，建筑物受破坏严重。依据其破坏特征及分布可进行如下划分：

① 大殿东南侧滑坡区（Ⅶ-1区）

在大殿平台西南侧出现两条规模较大的错动张裂缝，经槽探揭露，具有明显的拉张特性。这一地段因地表水平位错较大，主要造成了平台前乐楼南半部及东南侧坡下的建筑倒塌，使大殿的东南角附近的地基被拉裂，并产生不均匀沉降，导致大殿的主体建筑总体上向南东倾斜。此地段是主建筑区内已产生地表错动最大的滑坡区。

② 茶楼至东苑滑坡区（Ⅶ-2区）

此处为古滑坡体的南侧边缘地带，平均坡角在35°左右，现坡面上多为近现代的建筑。本次地震后，在坡体上形成了多处与坡面走向平行的地裂缝。该滑坡现阶段为表层张裂拉开的形成阶段，滑动规模较小。

③ 大照壁—灵官殿一线至下西山门滑塌区（Ⅶ-3区）

本区为古滑坡的前缘地带。主要变形及破坏特征表现为大照壁后平台上形成一贯通裂缝，石板地面被拉开10厘米，下错5厘米，石板下脱空30厘米。因多处建有钢筋混凝土扶臂作为支撑防护，故没有形成大规模的倒塌，而是以挡墙外倾、鼓胀和墙后填土下沉为特征。

（5）江边公路至江边的表层蠕滑沉降区（Ⅷ区）

其范围是江边公路及内江岸坡，自安澜索桥南侧起至水文试验站，总长250米。主要变形是在公路上出现一道以下错为主兼有拉张的贯通性地裂缝，总长136米，宽1.5～3.5厘米，局部地段呈闭合状，下错2～6.5厘米。经槽探揭露，水泥板地面下的土体为人工填土，以块、碎石夹黏性土为主，土体松散，饱和状态。裂缝附近的土体与上面的水泥板脱空达2～5厘米。

（6）主建筑群之外的崩塌区（Ⅸ区）

本次地震后在勘察区内产生了多处崩塌破坏点，规模最大的一处崩塌区位于水文站后侧至山顶储水罐之间的山坡上。该崩塌区在横向上由北向南分别由两条深沟和中间凸起的沙砾岩脊埂组成，部分滞留在两个深沟中的岩块和坡积物，在地表水的作用下会随时滚落或流滑至山下，对景区构成了严重的威胁。而崩塌的上部已对山

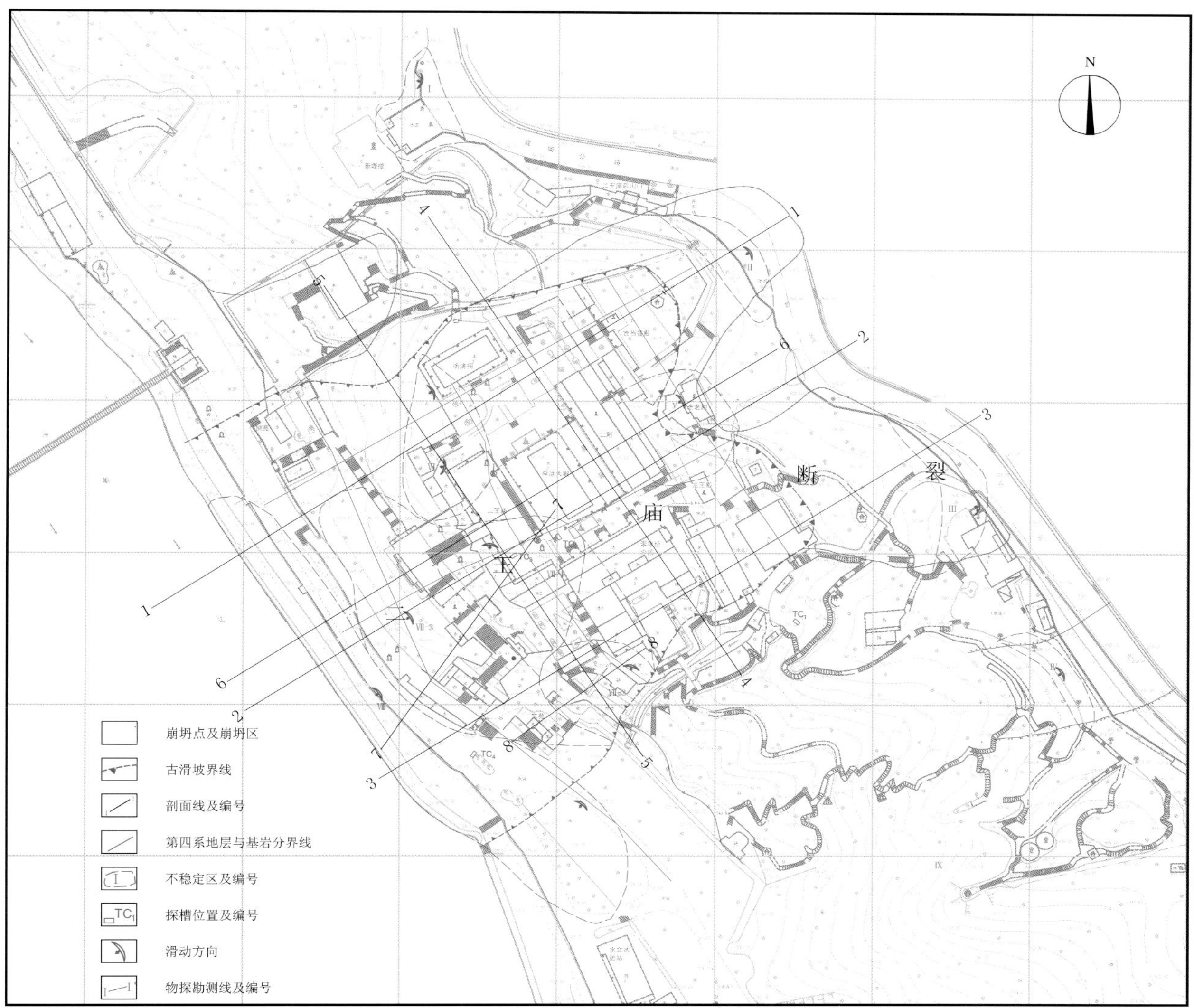

3–2　二王庙地质平面分区图

顶的两个储水罐造成了一定的破坏，如崩塌进一步发展，两个储水罐随时会滑下（图3–2、3）。

3．二王庙震后地质灾害区域及稳定性评估

（1）稳定性验算

二王庙古建筑群的基础，多设置在经人工夯实的填土或褐黄色砂岩块碎石夹黏土层中，地基土承载力及压缩性受黏性土含量及含水量变化的控制。据现场轻型触探测试，结合地区经验确定，地基土承载力特征fak＝110KPa～150KPa，压缩模量a1–2=4MPa。

为验证老滑坡的整体稳定性，计算剖面选择在堆积体较厚的滑坡主滑方向中心部位，仍选择古滑带作为其滑动面。而对于其他不稳定区段，多为浅层蠕变破坏，以牵引式滑动破坏为主，滑动面多发生于褐黄色块碎石夹黏土层中。因此，以所见的张裂缝为后

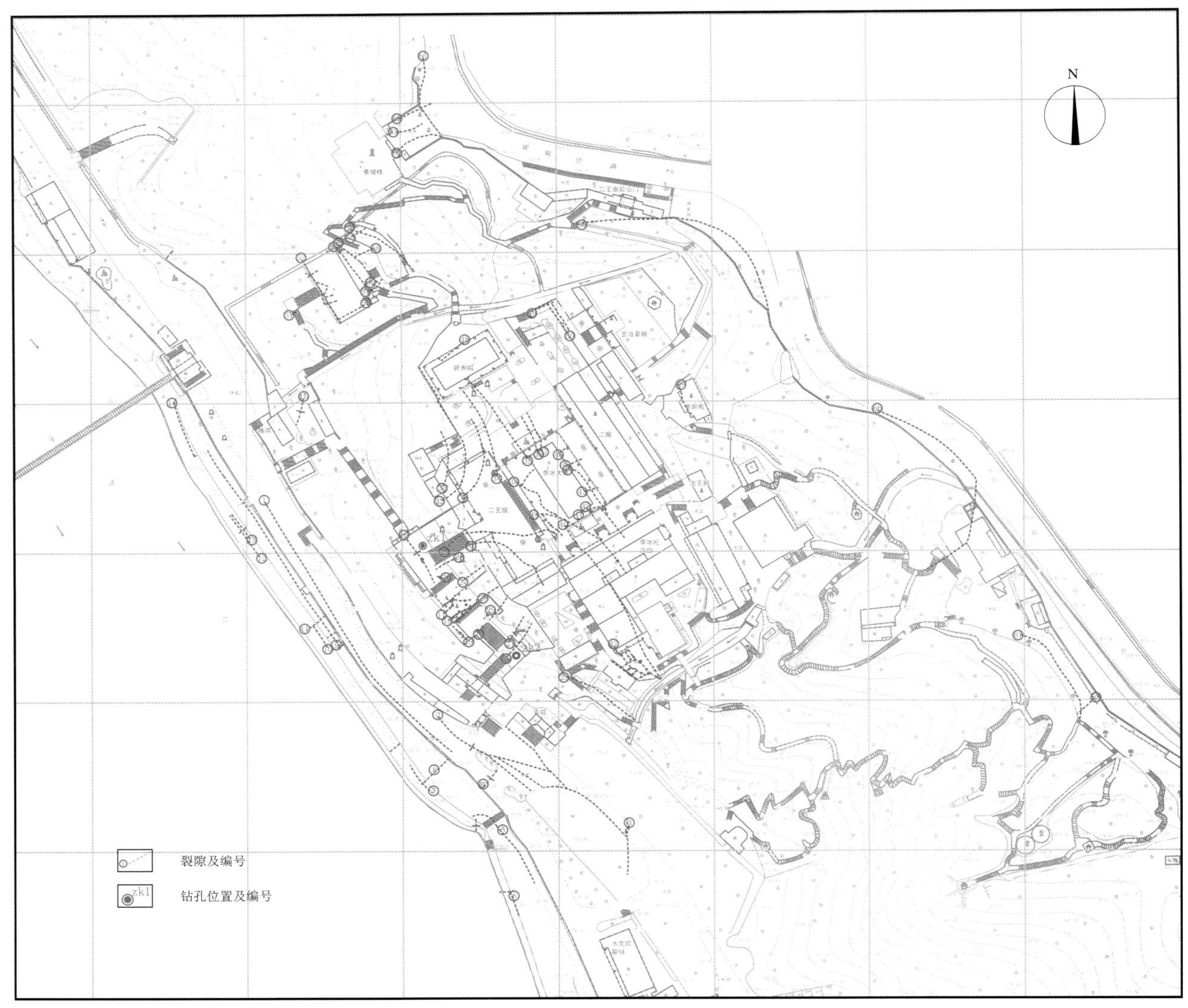

3–3 二王庙地质新滑移线分布图

缘张裂面，根据地形、地貌和地表变形特征确定前缘剪出口位置，采用平面滑动法和圆弧滑动法对有代表性的部分地段，进行稳定性验算。

（2）稳定性评估

依据各区段所处的地形地貌条件、地表变形特征及验算结果，对勘察区内各区段场地的稳定性作综合评价如下：

① 二王庙古滑坡整体稳定性

根据对该区域及其四周的地质勘察，二王庙古滑坡堆积体整体基本稳定，没有重新复活。震后出现的裂缝均自成系统，不具区间联系，但稳定性较差，存在表层蠕动变形和局部地段的浅层滑坡危险。

② 沿成阿公路外缘分布的滑塌破坏区段稳定性

该区段破坏的形成与发展明显受高陡的地形、陡坎上的挡土墙及墙后填土的密实程度控制，而现阶段已处于失稳状态。

③ 老君殿崩滑破坏区的稳定性

老君殿后侧为砂岩脊埂，砂岩完整性差，地表岩体现已松弛崩塌。而老君殿坐落在陡坡上部，老君殿至二殿间的坡角在40°～45°，作为松散层的边坡稳定性较差。经验算，当考虑地震影响时,沿两个计算滑面的稳定系数K值均小于1，说明斜坡处于蠕滑变形阶段，存在浅层滑移的危险。

④ 大殿北西侧滑坡区的稳定性

此地段斜坡坡角在30°～35°，地裂缝发育在斜坡后平台陡坎附近，与斜坡走向基本一致，具有沿松散堆积层浅层滑坡的趋势，存在浅层滑移的危险。

⑤ 大殿前及南东侧滑坡区的稳定性

a.大殿东南侧滑坡区

此地段滑坡体特征明显，现阶段已处于失稳状态。经验算，预测滑面不考虑地震影响时的稳定系数K值为0.912。

b.茶楼至东苑滑坡区

根据地裂缝的分布及排水沟处侧壁直立挡墙上的开裂与错位分析，现阶段已处于失稳状态。

c.大照壁—灵官殿一线至下西山门滑塌区

受1933年及1964年两次冲毁坡体前缘的影响，其坡体上的地表变形长期存在。但据钻孔资料表明，该地段的底部为现代河床的卵砾石层，整体上是古滑坡的阻滑段，不存在深层滑移的危险。但自上而下有几处平台，受平台前陡坎及平台下人工填土的影响，地表产生蠕动变形或地面下沉等。经验算，大照壁—江边段不考虑地震影响时的稳定系数K值为0.971，有形成小型浅层滑坡的危险。

⑥ 江边公路至江边表层蠕动沉降区的稳定性

该地段为1964年岷江大洪水过后经人工填筑而成的，填土密实度较差，多年来一直存在着不均匀下沉、岸坡开裂等变形。本次勘察在疏江亭—东苑之间的对应处的岸坡上见有明显的水平推剪裂缝，说明局部地段填土中含水量较大，极大地降低了土体的抗剪强度，强震时发生了浅层流滑。同时，依据大照壁—江边段稳定性验算的结果，其稳定系数K值为0.971，认为这一地段存在浅层滑移的危险。

⑦ 主建筑群之外崩塌区的稳定性

勘察区内最大的一处崩塌区位于水文站后侧至山顶储水罐之间。该崩塌区为形成发展阶段，危害性极大，危险性极高。

（三）措施及建议

1．对于古滑坡

“5 · 12”大地震虽然没有使古滑坡复活，但其稳定性较差，出于对二王庙古建筑群安全性的考虑，建议对二王庙区域古滑坡体采取根治措施，由具有相关资质和经验的单位进行设计，并结合二王庙建筑区的抢救保护工程实施。

2．对于地面排水系统

应对现有地面排水系统进行恢复，并加强维护管理，有效地减少坡面径流的冲刷及入渗。

3．对于沿成阿公路外缘破坏区段

多为坎下原高陡挡土墙的外倾及墙后填土的下沉所致。鉴于区内所采用的扶壁式钢筋混凝土挡墙对此类破坏的有效防护作用，建议采取下部采用人工挖孔桩作为抗滑桩，上部采用扶壁式钢筋混凝土挡墙加锚杆（索）的措施进行加固防护。

4．对于老君殿崩滑区

老君殿后面的砂岩脊埂，局部岩块稳定性差，已形成崩塌破坏，建议进行锚杆加固及混凝土锚喷防护处理。而老君殿一带土坡危险滑面以上的土体，建议采取抗滑桩、混凝土格构加锚杆（索）进行防护。坡下二殿之后墙的原挡土墙墙身强度较低，建议重新砌筑，并在墙下设置人工挖孔桩作为基础并发挥其抗滑作用。

5．对于大殿北西侧滑坡区

因堰功堂一侧已采用扶壁式钢筋混凝土挡墙进行了有效的加固防护，建议在坡下增设一些抗滑桩防止其产生滑移破坏。而对于陈列馆一侧，建议在北西及南西两个方向上，采取下部采用人工挖孔桩作为抗滑桩，上部采用扶壁式钢筋混凝土挡墙加锚杆（索）的措施进行加固防护。

6．对于大殿前及南东侧的滑坡区

以地面蠕动及浅层滑坡破坏为主，建议采取阶梯式分级防护的措施，即自大殿的前缘开始到下西山门的道路，沿坡体逐级分段采用抗滑桩、抗滑桩加锚杆（索）等加固防护措施。而坡体前缘一带采取工程措施时，还应考虑到对古滑坡体深层滑动的防护作用。

7．对于沿江边公路至江边地段

存在浅层滑坡的危险，考虑到兼顾古滑坡的治理，建议采取深层抗滑桩的工程措施。对于在地震中受拉裂、推剪破坏的岸坡混凝土防护体系，建议进行修补或加固。

8．对主建筑群之外的崩塌区

对于规模较小的，可采取人工清理措施，解除其危石的危险性。而对于规模较大的区域，考虑到彻底根治难度较大，且需要资金较大，因此，建议在首先采用人工清理的前提下，采取在崩塌区沟谷的下部设置2～3道拦石坝的措施进行防护。

9．对于二王庙古建筑群

建议建立专门的观测预警系统，由专业机构对二王庙断裂带上下盘的活动、场区地下水的变化、滑坡变形等进行长期定时观测。

三　大殿、二殿勘察

（一）建筑形制

1．大殿建筑形制

大殿是为纪念李冰父子创建都江堰而建的祭祀建筑。又称李冰殿、二郎殿，原建筑毁于1925年火灾，现存建筑于1937年重建完成。大殿面阔七间，29.2米，进深八间，16.08米，设周围廊，前廊进深三间，

3-4　震前大殿
3-5　震前大殿前檐廊下

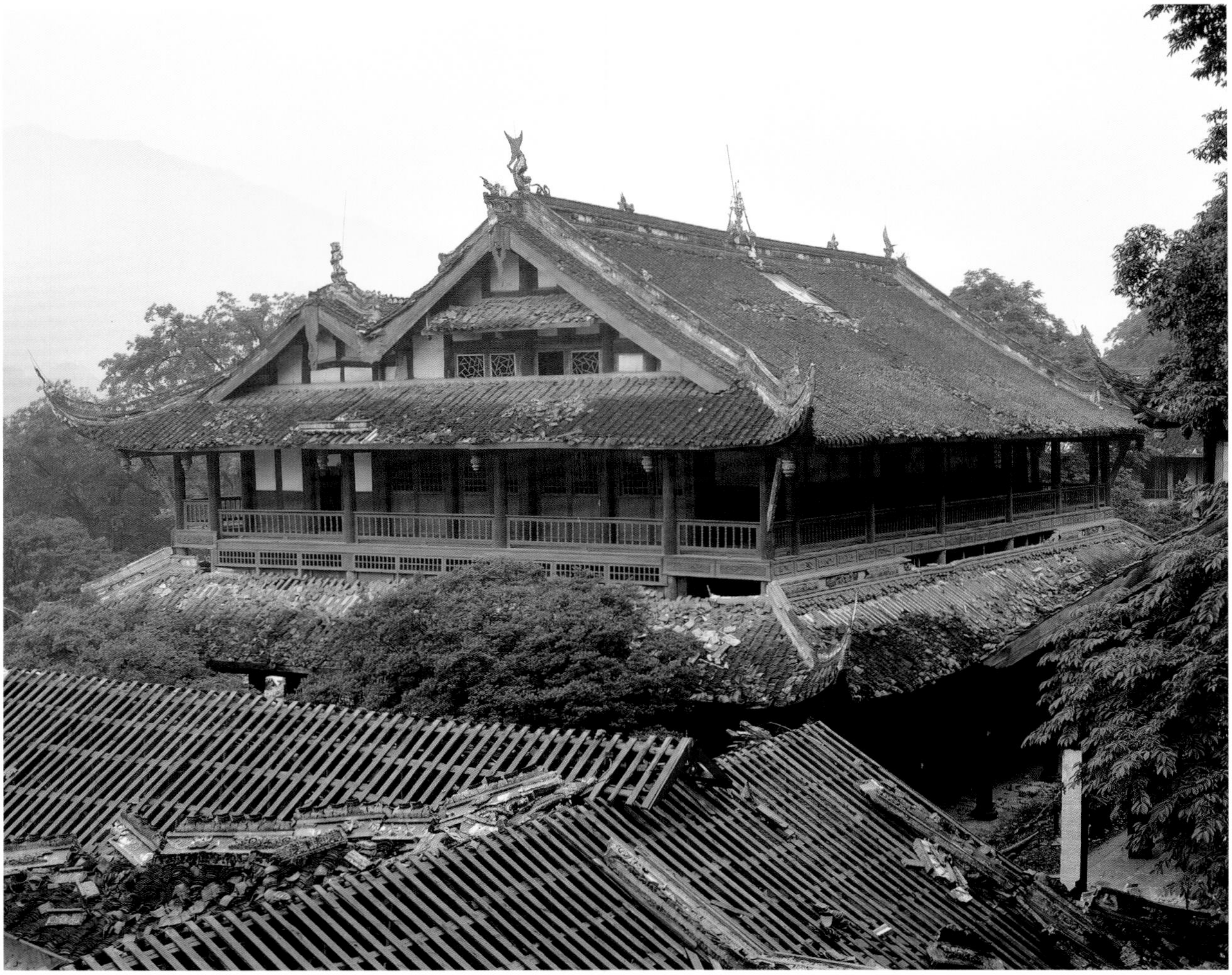

3–6 震后大殿远景
3–7 震后大殿及殿前广场

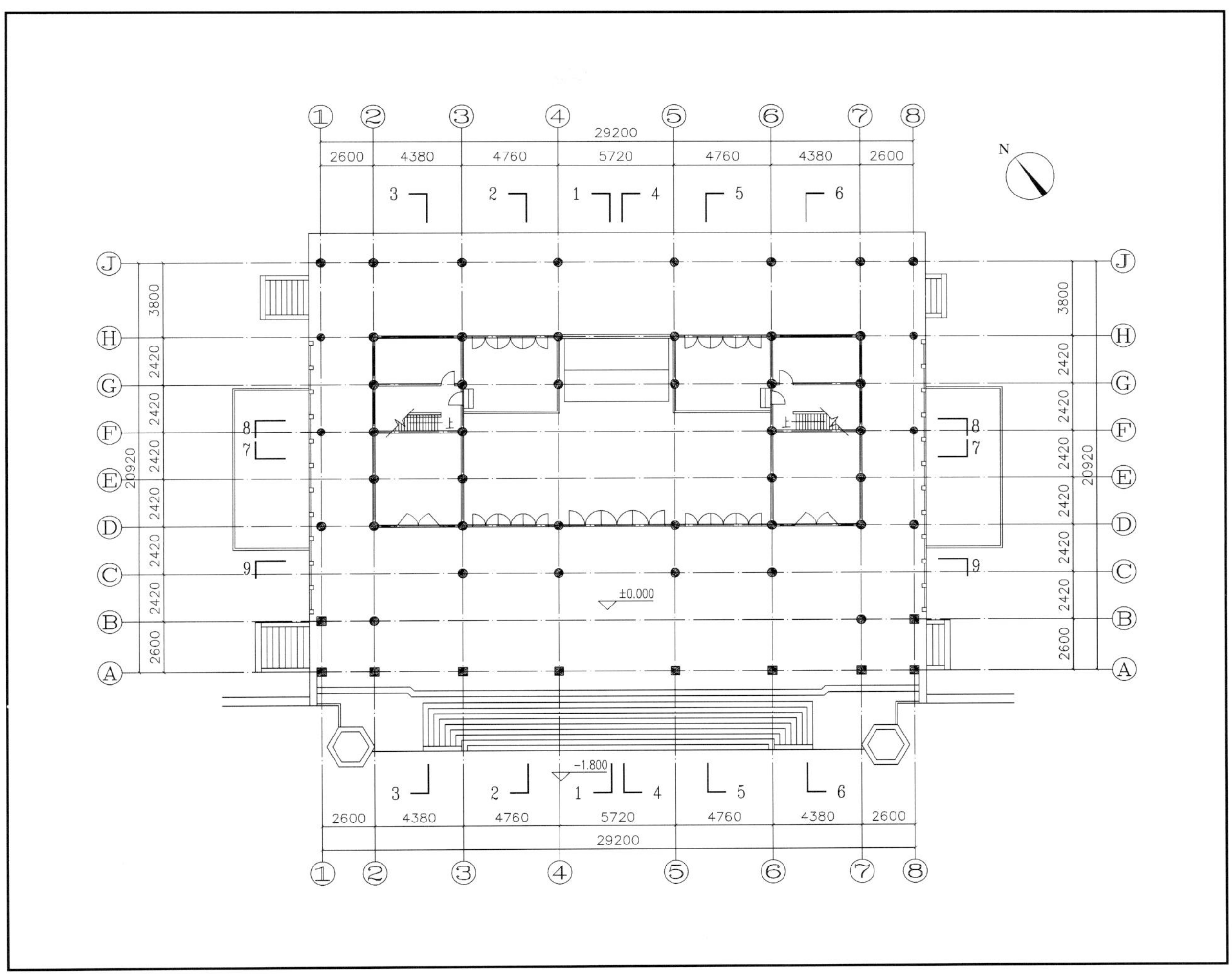

3-8　大殿一层平面图

通高18.43米。正面明心间开间5.72米，次间4.76米、4.38米，梢间2.6米。整体结构采用穿斗式、抬梁式相结合的形式，重檐歇山顶，前廊与后殿屋面以勾连搭形式相连。小青瓦屋面，屋脊正脊高度16.6米，前廊正脊高度15.08米。建筑面积2029平方米，其中一层建筑面积764.8平方米。装饰色调采用道家传统风格的黑漆柱、梁、枋与紫红色木装壁与多种色调填彩的撑栱、花罩、吊墩、花牙子，使整个建筑更显肃穆庄严（图3－4～7）。

（1）柱

大殿用柱均为木柱，共用柱五十六根，除前檐八根檐柱及B轴两侧两根檐柱为梅花方柱外，其余均为圆柱，方柱断面尺寸45×45厘米，圆柱柱径45厘米/37厘米/34厘米。柱础形式随柱身形式，即前檐方柱采用方形柱础，其余采用圆形柱础。一层檐柱以内均用通柱，共三十二根，一层外檐用柱二十四根，二层单设柱二十六根：于金柱外设二十四根上檐柱，落于下层梁架上；于2C、7C处设两根金柱，落于一层对位轴线上（图3－8～14）。

3- 9　震后大殿三维激光扫描正面投影
3-10　震后大殿三维激光扫描剖面
3-11　震后大殿前檐廊柱
3-12　震后大殿东侧廊柱
3-13　震后大殿二层前檐廊柱

3–14　震后大殿柱础
3–15　震后大殿台基

3–16　震后大殿屋面（背坡）
3–17　震后大殿屋面（局部）

3–18　震后大殿屋面脊饰

（2）台基

大殿台基面宽30.4米，进深24.2米，距地面高度东南角为1.8米，西北角为0.62米。东侧及北侧周围廊处水泥抹面，其余两侧檐廊、外廊为三合土面层。殿内地面方砖铺墁尺寸62.5×62.5厘米，两厢地面采用木板条铺墁。两山侧设石制围栏，栏高1.05米，台基南、东、西三侧设五处台阶，南侧台阶共十二阶踏步，台阶长19.2米，深0.27米，条石砌筑、踏步、垂带表面做“寸三斩”，象眼处未作装饰，前檐台阶象眼留有暗沟孔眼口。西侧两处台阶设踏步十阶，台阶长2.11米，深0.3米，垂带宽0.22米。东侧两处台阶设踏步五阶，台阶长2.11米，深0.3米（图3–15）。

（3）屋面

大殿屋面形式较为独特，整体采用重檐形式，上层屋面为避免尺度过高过大，前后分割为两段，均用歇山顶形式，中间设水平天沟，整体做法类似北方官式中勾连搭的做法。后段南坡明间设老虎窗，窗上脊高15.7米，北坡明间设玻璃屋面一片以增加采光。屋面采用方椽板截面尺寸120×60毫米，震前于椽板上铺设防水铝板一层，其上按瓦宽先钉压木条后施小青瓦（图3–16、17）。

屋脊为鱼龙吻脊，脊身上端饰卷草纹，中端饰动物及云纹图案，正脊中设脊刹，垂脊头饰宝瓶及仙人（图3–18）。

吻兽及翼角尺寸较大，多采用铁制骨架、水泥及灰浆砌塑。

3–19 震后大殿梁架

两山设木制博风板及悬鱼，水平天沟处设木纹样装饰。

（4）梁檩

大殿建筑梁架采用抬梁式与穿斗式相结合的方式，正殿建筑明间4、5两轴两榀梁架E～G轴间采用四架梁。1、8两轴两榀梁架D～F、F～H轴间采用三架梁，前顶3、4、5、6四轴四榀梁架A～C轴间及1、2、7、8四轴四榀梁架B～D轴间采用三架梁，次间及梢间为穿斗

3-20　震后大殿梁檩

式结构。屋顶前段明间及次间共计四榀梁架采用抬梁式结构，其余采用穿斗式结构。前廊首层梁架做工细腻，梁上施花板，上承木装卷棚屋顶。梁架上施童柱，上承方檩（图3-19、20）。

（5）墙体

震前大殿建筑未设砖墙，内部隔墙均为木制隔墙，中槛、下槛间为木质墙板，上槛及中槛间为竹编墙，即以竹编为墙骨，上以草泥抹平，外罩白灰。二层空间分割自由，历史上曾多次修改（图3-21）。

（6）小木装修

前廊A～C轴间上饰鹤径三弯椽卷棚，C～D轴间上饰船篷轩卷棚。其下三架梁及单步梁上施花板，雕刻精美。各板两侧两两一组，分饰“千秋迹著”、“滩”、“低”、“淘”、“作”、

3–21 震后大殿隔墙

3-22 震后大殿小木装修

3–23　震后大殿木门窗
3–24　震后大殿后檐明间壁画
3–25　震后大殿一层右梢间“张良献履”壁画

“深”、“堰”、“六字法垂”等字。一层后檐檐柱及金柱间梁架上施花板，外檐檐柱间及廊间转角处施雀替与门挂，前后檐柱外施撑栱，图案以卷草、藤蔓、飞鸟、蝙蝠、走兽、人物为主。二层挑檐檩下施垂花柱。一层四周为木隔墙体，前后用隔扇窗（图3–22、23）。殿内为露明造，二层脊檩下皮饰有贴金彩画，二层檐柱间设花栏杆。大殿正立面设木隔扇门窗，一层中间三间为官式长窗，两侧次间设木制月亮门；二层正立面各间均设方格窗。

（7）室内空间

大殿共两层，并于两次间（2～3轴、6～7轴）间设夹层。楼面采用木板铺装，其下施横向木肋，于明间E–G轴间设吹拔，以增大室内室间尺度。

（8）壁画、彩画

建筑木构表面施黑漆，局部施红漆，基本未饰彩画。

大殿现存两幅壁画，一幅位于后檐明间，为风景题材的现代油画；一幅位于一层右梢间第一进隔墙上方，为民国时期绘制，题材是“张良献履”（图3–24、25）。

3-26　震后二殿

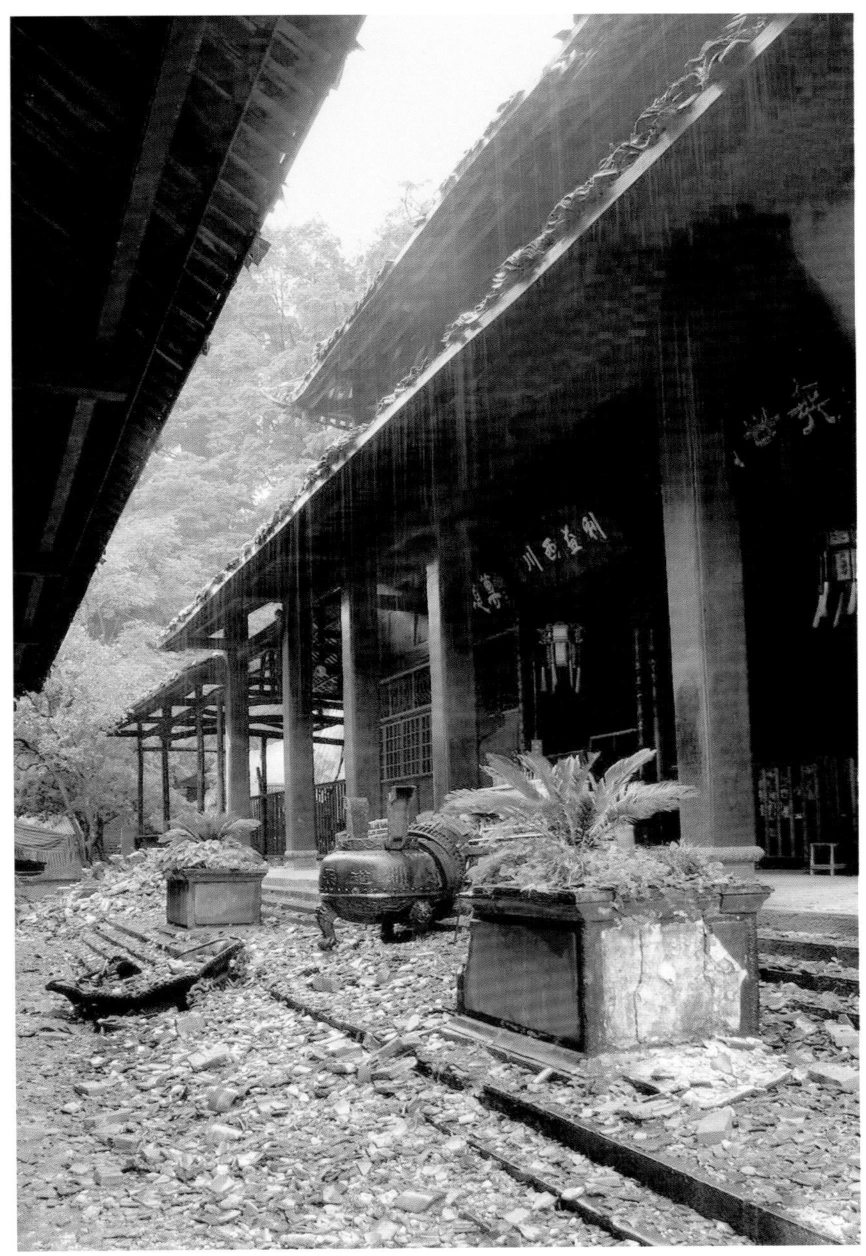

2．二殿建筑形制

二殿现又称夫妻殿，现存建筑为1937年重建。建筑依附山坡而建，面阔七间29.7米，一层进深三间5.77米，二层进深四间10.8米，首层廊深3.07米。正面明心间开间5.45米，次间3.55米，梢间5米。大木结构为穿斗、抬梁结合形式，重檐歇山顶（明间五间为两层，歇山顶，其余为一层，悬山顶），小青瓦层面，屋脊正脊高度13.8米。建筑面积640平方米，其中底层建筑面积290平方米。建筑主体木构材料使用柏木（硬杂木），后期部分维修更换构件采用松木。装饰色调采用道家传统风格，整个建筑更显肃穆庄严（图3-26）。

3–27　震后二殿柱础
3–28　震后二殿柱础
3–29　震后二殿台基

（1）柱

一层用柱三十二根，两山及前后檐均为砖柱，截面为方形，其余均为圆柱。方柱断面尺寸45×45厘米，青砖砌筑，表面水泥抹平，外罩黑漆，柱径略大于柱础。圆柱柱径40厘米/45厘米。二层共用柱三十六根，两山及后檐柱为砖柱，其余均为木柱。其中3D、6D两根为木制通柱，1D、8D、1F、8F四根为砖制通柱，前檐柱及前金柱分别落于首层A～C轴及C～D轴间梁架及楼板隔栅上，后檐E轴金柱落于下层砖柱上（图3–27、28）。

（2）台基

台基面宽32米，进深11米，距地面高度为1.35米。首层外廊东侧平台及西侧文物陈列室为水泥地面。台基南侧设三处台阶，正中台阶分两段，共十一阶踏步，台阶长29.5米，步宽0.25米，两侧垂带宽0.3米。西侧台阶分两段，共十五阶踏步，台阶长1.2米（下段）/1.8米（上段），步宽0.3米，垂带宽0.3米。东侧台阶分两段，共设踏步九阶，台阶长1.2米（下段）/1.8米（上段），步宽0.3米。垂带宽0.3米。一层殿内地面铺墁釉面方砖，方砖尺寸62.5×62.5厘米

（图3–29）。

（3）屋面

整体为悬山屋面，二层明间中心五间前檐出歇山顶，后檐与硬山屋面平齐。小青瓦层面，干摆铺设，方椽板，截面尺寸12×6厘米。现状于椽板上铺防水铝板一层，其上按瓦宽钉压木条后铺瓦（图3–30）。

屋脊为鱼龙吻脊，脊身上端饰卷草纹，中端饰动物及云纹图案，正脊中设脊刹，垂脊头饰宝瓶及仙人。

吻兽及翼角尺寸较大，多采用铁制骨架、水泥及灰浆砌塑。

两山设木制博风板及悬鱼。

（4）梁檩

建筑梁架采用抬梁式与穿斗式相结合的方式，主体结构采用穿斗式，局部为抬梁式，二层心间1／C～E轴间用五架梁（图3–31、32）。

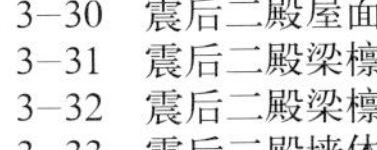

3–30　震后二殿屋面
3–31　震后二殿梁檩
3–32　震后二殿梁檩
3–33　震后二殿墙体

（5）墙体

建筑两山为木墙，施现代方格窗，后檐墙体为山体挡土墙，砖砌。建筑内部墙体为木制隔墙，中槛、下槛间为木制墙板，上槛及中槛间饰竹编墙，即以竹编为墙骨，上饰草泥抹平，外罩白灰。整体空间分割自由，历史上曾多次修改。特别是二层后檐部分，近几年改为道士生活起居用房，内部隔墙及室内改造较大（图3–33）。

3–34 震后二殿小木装修

（6）小木装修

前廊顶饰船篷轩卷棚，其下三架梁上施花板，雕刻精美。各板两侧由西向东依次分饰“低”、“滩”、“作”、“淘”、“堰”、“深”等字六字真言的主题通过这种重复被极大地强化。二层前檐挑檐檩下施垂花柱。殿内为露明造，二层脊檩下皮饰有贴金彩画。二层檐柱间设美人靠。一层正立面设木制栅栏，两侧次间设木制月亮门。二层两山立面各间均设方格窗（图3–34）。

（7）室内空间

建筑共两层，分设楼梯于西梢间及东山墙外，其中建筑内部部分使用木制，室外部分采用石制，后檐E–F轴间设夹层，落在后坡山体上。楼板采用木板铺装，施横向木肋，二层于明间C–D轴间施吹拔。

（8）彩画

建筑木构表面施黑漆，局部施红漆，基本未饰彩画。

（二）修缮记录

根据现有文献记载，与大殿、二殿有关的重建、修缮主要事件如下：

972年（宋开宝五年），诏修扩大庙基，增塑李二郎像；

1117年（宋政和七年），庙被火烧毁，重建；

1533年（明嘉靖十二年），重建为崇德庙；

1731年（清雍正九年），多处重建、神像重塑；

1733年（清雍正十一年），重建大殿及东西庑；

1882年（清光绪八年），重建后殿；

1925年，大火烧毁大部分殿堂，1934年至1937年间重建；

1972年，二王庙大维修（大殿维修及塑李冰、二郎塑像，老君殿，灵官殿，东客堂维修等）；

1983年，二王庙滑坡治理（省文管会制定并组织实施）；

2001年至2004年三年间，进行白蚁防治工程。

由以上大事记可以看出，二王庙及大殿、二殿历史上多次受到自然灾害影响，并且院内建筑多次重建，历史上对二王庙影响较为严重的自然灾害及病害有火灾、洪水、山体滑坡、白蚁等。

（三）材种检测

历史上由于大殿、二殿多次维修，建筑整体保留的历史痕迹较多，历次维修所用材种不尽相同，这一点在大殿尤为凸显。经现场在大殿多点取样后发现，建筑（主要）大木结构材性也不尽相同，主要为柏木，后期部分维修更换构件使用松木，另有部分使用樟木，小木装修部分多用杉木。

（四）残损勘察

1．大殿残损勘察

（1）总体残损状况

大殿曾于1934年至1937年重建，震前建筑保存状况总体较好，但建筑可能已有基础不均匀沉降现象，东南低，西北高。“5 · 12”地震对建筑造成了严重的破坏，也进一步加剧了基础的不均匀沉降现象。

地震造成建筑基础的不均匀沉降，东南角部基础塌陷严重，台明、台基受损严重，从而导致建筑整体构架向东向南倾斜，大木构件框架整体变形。建筑木构件虫蛀较严重，个别柱根、梁檩头部有糟朽。屋面瓦件脱落严重，檐口局部塌毁，屋脊破损严重，局部剥落。

（2）建筑倾斜状况

地震发生后，二王庙所在山体呈东西向错位滑坡，大殿东南角分布有东西向大裂缝，大殿所在地势明显呈现东南角下沉的现象。在现场勘测中通过使用三维激光扫描技术，获取了柱底相对标高数据及殿内地面的相对沉降量。根据数据统计，大殿最高柱底（西北侧）与最

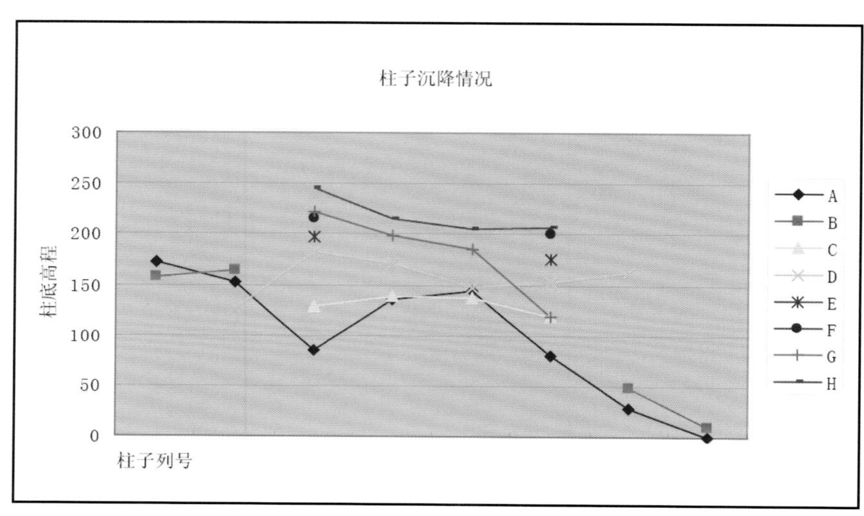

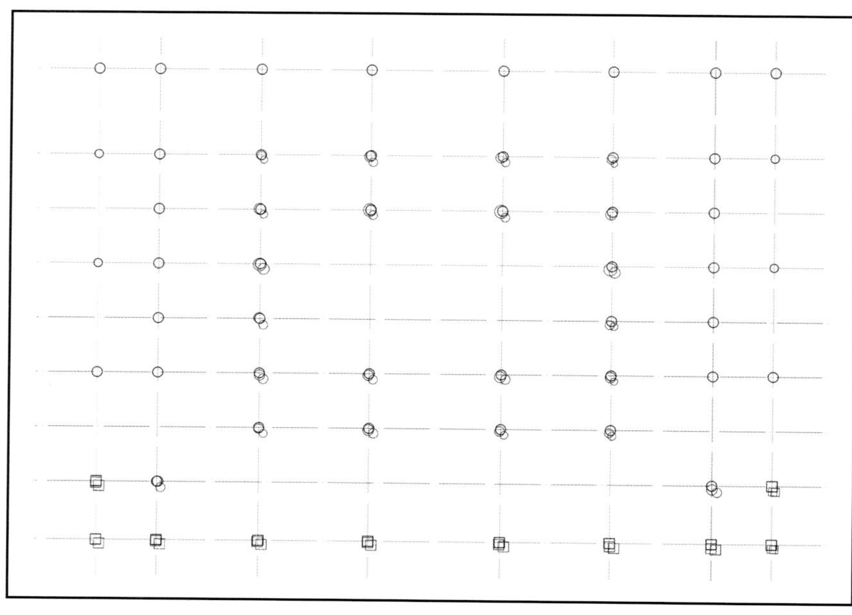

3-35　大殿柱底标高数据统计图
3-36　大殿柱歪闪偏移量分析图

低柱底（东南侧）的高差约25厘米，建筑物整体呈现北高南低，东高西低的趋势。

基础的不均匀沉降导致建筑物整体构架体系的侧倾与移位，现状一层木柱因地震导致不同程度的移位，柱根与柱础错位，严重者相对移位达10厘米左右。同时，建筑整体构架体系向东、向南倾斜明显。

殿内柱身歪闪移位明显，通过三维激光扫描采集，通过对各柱柱底、柱顶及通柱一层楼板底皮处标高柱身的截面分析，得出各柱歪闪状况的主要数据。

经统计分析，一层柱子在由西往东的倾斜方向上，自北向南依次增强；在由北往南的倾斜方向上，自西向东依次减弱（图3–35、36）。

（3）基础现状勘察

大殿、二殿现状基础做法基本相同，经过对大殿基础局部开挖实探，发现基层灰土层夯筑坚实，其上是碎料层，由碎瓦、碎砖、碎石等混合黄土填实后夯筑，基础强度较差，且此层厚度较深（探方下挖1.5米未见底），推测为后续重建时填建，柱础石直接置于其上。此层因材料原因，无法夯筑坚实，易造成建筑的不均匀沉降。

（4）各建筑部位残损状况

勘察对象		残损状况	现场照片
台基	台明	受地震影响严重，台明陡板石有移位歪闪现象，个别石材开裂，台明角部有贯通倒人字形裂缝，台基东南角塌陷，台阶移位歪闪严重，个别石材风化严重，局部缺失。	 
	地面	抱厦地面为水泥面层，将阶条石遮盖，地震导致地基不均匀沉降，地面开裂，部分面层松动剥落。	 
屋顶	椽	椽板现状整体表面水渍较为普遍，椽体虫蛀明显；受地震影响，前后檐口处部分椽板劈裂断裂；椽板上铺防水铝板，防水效果较好，但对建筑传统风貌影响较大，现状檐口及两山处破损严重。	 

屋顶	瓦	受地震影响，瓦面现状残损严重，瓦件大量脱落、破损。	 
	脊	地震导致屋脊损毁严重，屋脊开裂、移位、扭曲普遍，部分脊身脱落。	 
小木		个别雀替板与额枋及柱子间连接有拔榫现象，小木门窗整体状况较好，部分拔榫歪闪，抱框及上下槛有变形。	  
大木	柱	建筑整体向东歪闪，部分柱身因地震移位歪闪明显，东南侧角柱及檐柱柱体下陷明显；柱身普遍有虫蛀现象，个别柱体柱头及柱根处敲击空鼓声明显，对构件结构强度造成一定影响；个别柱体柱根处有糟朽现象；大殿本体二层南侧上金檩柱头处均有墩接处理痕迹；一层前檐木装修（D轴）柱身上段表面水渍明显，黑漆局部有起甲剥落现象，个别柱头有轻微开裂，5毫米≤缝宽≤20毫米。	 
	梁檩	现状残损程度严重。构件虫害普遍，一层檐梁枋为白蚁蛀空，部分梁枋已完全丧失承重及结构连接能力，梁枋表面有顺纹开裂，部分缝宽≥25毫米；构件表面水渍严重；局部出现拔榫现象，一层檐南侧金柱间缺少间枋一根；二层地栿缝隙过大，缝宽≥40毫米；二层个别梁檩后期更换为松木，材性、用材尺寸及表面漆饰均与原建筑不相符合。	 
	楼板	平座层肋木间距过大，二层楼板偏薄，存在一定结构隐患，也导致现状二层地面行走时晃动较大；平座层沿边木糟朽、开裂现象普遍，局部木料扭曲变形；角部拼接处松动，有拔榫现象。	 

（5）小木装修、瓦饰及壁画、彩绘勘察

类型	具体位置	材质	残损状况
瓦石	前正脊中堆	钢筋、铁丝、水泥、瓷片	损害非常严重，瓷片全部掉落，大面积水泥造型破碎、脱落，形态不完整。
瓦石	前正脊东侧正吻	钢筋、铁丝、水泥、瓷片	损坏较严重，瓷片掉落，部分小面积水泥破碎，形态基本完整。
瓦石	前正脊西侧正吻	钢筋、铁丝、水泥、瓷片	损坏一般，瓷片掉落，水泥有些许裂缝，形态基本完整。
瓦石	前东垂脊装饰及垂兽	钢筋、铁丝、水泥、瓷片	垂脊装饰基本完好，有轻微装饰脱落，脊兽表面因潮湿有少许青苔；垂兽为戏剧人物，残损严重，头饰、颈部、手臂断裂、脱落，大面积颜色呈块状脱落；垂兽座全部损坏。
瓦石	前西垂脊装饰及垂兽	钢筋、铁丝、水泥、瓷片	垂脊装饰基本完好，有轻微装饰脱落，脊兽有轻微残损，有部分脱落；垂兽为戏剧人物，残损严重，体态、衣纹可见，整体脱落移位，面部、颈部、腿部断裂、脱落、破碎；垂兽座全部损坏。
瓦石	前东戗脊装饰及戗兽	钢筋、铁丝、水泥、瓷片	戗脊装饰损坏一般，部分脱落，内钢筋暴露；下部露木构；戗兽脱落。
瓦石	前西戗脊装饰及戗兽	钢筋、铁丝、水泥、瓷片	戗脊装饰损坏较严重，整体歪闪、移位，部分脱落，内钢筋暴露；下部露木构；戗兽损坏轻微，主要是潮湿造成的青苔。
瓦石	前围脊装饰	钢筋、铁丝、水泥、瓷片	全部脱落。
瓦石	前东角脊装饰	钢筋、铁丝、水泥、瓷片、木头	角脊部分脱落，内钢筋暴露。
瓦石	前西角脊装饰	钢筋、铁丝、水泥、瓷片、木头	角脊折断，并有部分脱落，内钢筋暴露，先用绳牵引。
瓦石	前一层东角脊装饰	钢筋、铁丝、水泥、瓷片、木头	角脊折断，并有部分脱落。
瓦石	前一层西角脊装饰	钢筋、铁丝、水泥、瓷片、木头	角脊折断，并有部分脱落，内钢筋暴露，露木架结构。

类型	具体位置	材　质	残损状况
瓦石	后正脊中堆	钢筋、铁丝、水泥、瓷片	损害非常严重，只留下骨架。
瓦石	后正脊东侧正吻	钢筋、铁丝、水泥、瓷片	残损状况一般，基本完整，瓷片部分脱落。
瓦石	后正脊西侧正吻	钢筋、铁丝、水泥、瓷片	残损状况一般，基本完整，部分遗失，瓷片部分脱落。
瓦石	后东垂脊装饰及垂兽	钢筋、铁丝、水泥、瓷片	垂脊装饰基本完好，有轻微装饰脱落，脊兽有轻微残损，有部分脱落；垂兽为花瓶，基本完好；垂兽座基本完好。
瓦石	前一层西角脊装饰	钢筋、铁丝、水泥、瓷片、木头	角脊折断，并有部分脱落；内钢筋暴露，露木架结构。
瓦石	后正脊中堆	钢筋、铁丝、水泥、瓷片	损害非常严重，只留下骨架。
瓦石	后正脊东侧正吻	钢筋、铁丝、水泥、瓷片	残损状况一般，基本完整，瓷片部分脱落。
瓦石	后正脊西侧正吻	钢筋、铁丝、水泥、瓷片	残损状况一般，基本完整，部分遗失，瓷片部分脱落。
瓦石	后东垂脊装饰及垂兽	钢筋、铁丝、水泥、瓷片	垂脊装饰基本完好，有轻微装饰脱落，脊兽有轻微残损，有部分脱落；垂兽为花瓶，基本完好；垂兽座基本完好。
瓦石	后西垂脊装饰及垂兽	钢筋、铁丝、水泥、瓷片	垂脊装饰基本完好，有轻微装饰脱落，脊兽有轻微残损，有部分脱落；垂兽为花瓶，残损一般，部分断裂、脱落、破碎；垂兽座全部损坏。
瓦石	后东戗脊装饰及戗兽	钢筋、铁丝、水泥、瓷片	戗脊装饰损坏轻微，小部分脱落；戗兽因潮湿附生青苔，外观有影响。
瓦石	后西戗脊装饰及戗兽	钢筋、铁丝、水泥、瓷片	戗脊装饰损坏轻微，小部分脱落；戗兽基本完好，部分瓷片脱落。
瓦石	后围脊装饰	钢筋、铁丝、水泥、瓷片	大部分脱落、破碎，只有靠近东西两侧的两块保存，但也有残损。
瓦石	后东角脊装饰	钢筋、铁丝、水泥、瓷片、木头	角脊折断，并有部分脱落，内钢筋暴露。

类型	具体位置	材 质	残损状况
瓦石	后西角脊装饰	钢筋、铁丝、水泥、瓷片、木头	角脊折断，并有部分脱落、残缺，内钢筋暴露。
瓦石	后一层东角脊装饰	钢筋、铁丝、水泥、瓷片、木头	角脊折断，并有部分脱落，内钢筋暴露。
瓦石	后一层西角脊装饰	钢筋、铁丝、水泥、瓷片、木头	基本完好，少许脱落、破碎。
瓦石	东围脊	钢筋、铁丝、水泥、瓷片	全部脱落。
瓦石	西围脊	钢筋、铁丝、水泥、瓷片	全部脱落。
木构	前檐廊一层雀替	木材、颜料	基本完好。
木构	前檐廊一层撑栱	木材、颜料	基本完好。
木构	前檐廊一层驼峰	木材、颜料	基本完好，拼接处部分裂缝较大。
木构	前檐廊一层靠外侧大驼峰	木材、颜料	基本完好，拼接处部分裂缝较大。
木构	后檐廊一层雀替	木材、颜料	基本完好。
木构	后檐廊一层撑栱	木材、颜料	基本完好。
木构	后檐廊一层驼峰	木材、颜料	基本完好，拼接处部分裂缝较大。
木构	东檐廊一层雀替	木材、颜料	基本完好。
木构	西檐廊一层雀替	木材、颜料	基本完好。
木构	二层后脊下驼峰	木材、颜料	基本完好，拼接处部分裂缝较大。
木构	前檐廊二层垂花	木材、颜料	基本完好。
木构	前檐廊二层撑栱	木材、颜料	基本完好。
木构	后檐廊二层垂花	木材、颜料	基本完好。
木构	后檐廊二层撑栱	木材、颜料	基本完好。
木构	东檐廊二层垂花	木材、颜料	基本完好。
木构	东檐廊二层雀替	木材、颜料	基本完好。
木构	西檐廊二层垂花	木材、颜料	基本完好。

类型	具体位置	材　质	残损状况
木构	西檐廊二层雀替	木材、颜料	基本完好。
彩画	正殿	颜料	残损严重，整体变形，有断裂，脱落。
彩画	正殿后墙	颜料	残损严重，部分整块脱落。
泥塑	正殿	泥、木材、颜料	残损非常严重，只有大体骨架和少部分衣纹残存。

（6）木装修隔墙

① 一层

大殿一层隔墙采用的是下部为木板壁隔墙，上部为木隔竹笆草泥灰隔墙。木板壁隔墙基本较好，个别阴暗、接地部位有虫蛀现象，木隔板个别有板缝开裂现象。明次间板面油漆为较近时间新刷调和漆，漆面粗糙，个别原有漆面老化、起翘、剥落。上部灰泥板壁，一般在每个单元四角应力集中处，出现脱缝、起鼓、剥落情况。梢间隔墙木板墙与地面接触部位存在返潮发霉现象。北侧梢间墙面壁画起鼓、开裂、破损严重，南侧梢间为新近装修改造。

② 夹层

木板壁漆面老化、剥落。灰泥边角破损、脱落，面层有起鼓、开裂、部分板壁有发霉、污染现象。

3–37　震后大殿木装修隔墙

③ 二层

木板壁存在个别部位板缝开裂情况，受地震影响较大的地基沉陷部位存在脱榫现象。新近改造漆面基本较好。灰泥隔墙普遍在每个单元四角应力集中处，出现脱缝、起鼓、剥落情况。明间结构变化部位受地震影响，存在严重变形脱落情况（图3—37）。

2．二殿残损勘察

（1）总体残损状况

建筑曾于20世纪初进行过大规模重建，现状建筑木结构本体保存状况尚好。“5 · 12”地震对前后檐及两山砖砌构件造成较为严重的破坏，歪闪、开裂、断裂现象普遍。同时，由于历史上多次对建筑内部空间分割装修，部分房间墙体及楼板通风不畅，现状糟朽严重。

建筑木构件虫蛀较严重，个别柱根、梁檩头部有糟朽。屋面瓦件脱落严重，檐口局部塌毁，屋脊破损严重，局部剥落。

（2）各建筑部位残损状况

勘察对象		残损状况	现场照片
台基	台明	受地震影响严重，台明陡板石有移位歪闪现象，个别石材开裂，台明角部有贯通倒人字形裂缝，两侧台阶移位歪闪严重，个别石材风化严重，局部缺失。	 
	地面	外廊面层现状铺装为三合土及水泥面层，地震导致地面开裂，面层剥落，局部有不均匀沉降；东侧平台及西侧文物陈列石面层为水泥铺装，材料本身与建筑风貌不相协调；阶条石为面层三合土覆盖。	 
屋顶	椽	椽板现状整体表面水渍较为普遍，椽体虫蛀明显；受地震影响，前后檐口处部分椽板劈裂断裂；椽板上铺防水铝板，防水效果较好，但对建筑传统风貌影响较大，现状檐口及两山处破损严重。	 
	瓦	受地震影响，瓦面现状残损严重，瓦件大量脱落、破损。	 

勘察对象		残损状况	现场照片
屋顶	脊	地震导致屋脊损毁严重，屋脊开裂、移位、扭曲普遍，部分脊身脱落，脊饰。	 
小木		个别雀替板与额枋及柱子间连接有拔榫现象，小木门窗整体状况较好，部分拔榫歪闪，抱框及上下槛有变形。	
墙体		建筑两山及后檐墙体受地震影响严重，部分墙体倒塌，倾斜，部分开裂，灰浆松动，大部分墙体存在严重结构隐患。	 
大木及砖柱	木柱	柱身普遍有虫蛀现象，个别柱体柱头及柱根处敲击空鼓声明显，对构件结构强度造成一定影响；个别柱体柱根处有糟朽现象；一层前檐梢间金柱（C轴）上段表面水渍明显，黑漆局部有起甲剥落现象，个别柱头有轻微开裂，5毫米≤缝宽≤20毫米。	 
	砖柱	砖柱应为20世纪修缮时改建，受地震影响严重，前檐柱水泥面层开裂剥落普遍，部分柱身表皮大面积剥落，柱体开裂，部分裂缝上下贯通；后檐砖柱部分断裂，开裂倾斜现象普遍，部分砖柱已失去结构支撑作用。	  
	梁檩	现状残损程度严重。构件虫害普遍，梁枋表面有顺纹开裂，部分缝宽≥25毫米；构件表面水渍严重；局部出现拔榫现象；二层地栿缝隙过大，缝宽≥40毫米；二层个别后期更换梁檩为松木，材性、用才尺寸及表面漆饰均与原建筑不相符合。	 
	楼板	木构件糟朽、开裂现象普遍，局部木料扭曲变形，有拔榫现象；后檐夹层走廊地面高于室内地面，导致室内地面木构件糟朽严重。	 

（3）小木装修、瓦饰及壁画、彩绘勘察

类型	具体位置	材质	残损状况
瓦石	正脊中堆	钢筋、铁丝、水泥、瓷片	完全损毁。
瓦石	前正脊东侧正吻	钢筋、铁丝、水泥、瓷片	完全损毁。
瓦石	前正脊西侧正吻	钢筋、铁丝、水泥、瓷片	完全损毁。
瓦石	前东垂脊装饰及垂兽	钢筋、铁丝、水泥、瓷片	垂脊装饰基本损毁，留垂脊形体在；垂兽、垂兽座全部损坏。
瓦石	前西垂脊装饰及垂兽	钢筋、铁丝、水泥、瓷片	垂脊装饰基本损毁，留垂脊形体在；垂兽为花瓶，残损一般，移位，有部分脱落、残缺，垂兽座损坏一般，有部分脱落、破碎。
瓦石	前东戗脊装饰及戗兽	钢筋、铁丝、水泥、瓷片	戗脊歪闪，戗脊装饰损坏，全部脱落；戗兽残损一般，部分折断、破损。
瓦石	前西戗脊装饰及戗兽	钢筋、铁丝、水泥、瓷片	戗脊严重损坏，戗脊装饰损坏较严重，整体歪闪、移位，部分脱落；戗兽损坏轻微，主要是潮湿造成的青苔。
瓦石	前围脊装饰	钢筋、铁丝、水泥、瓷片	全部脱落。
瓦石	前东角脊装饰	钢筋、铁丝、水泥、瓷片、木头	角脊装饰部分基本完好，整体轻微歪闪。
瓦石	前西角脊装饰	钢筋、铁丝、水泥、瓷片、木头	角脊丢失，内钢筋、木构暴露。
木构	前檐廊二层垂花	木材、颜料	基本完好。
木构	前檐廊一层驼峰	木材、颜料	基本完好，拼接处部分裂缝较大。
木构	前檐廊二层驼峰	木材、颜料	基本完好，拼接处部分裂缝较大。
木构	二层正脊下驼峰	木材、颜料	基本完好。

（4）木装修隔墙

①一层

一层隔墙下部为木板壁隔墙，上部为木隔竹笆草泥灰隔墙。木隔板墙基本较好，面漆为调和漆，木隔板个别有板缝开裂现象。上部灰泥板壁，靠近楼梯处局部出现脱缝、起鼓、剥落情况，个别位置有坍塌现象（图3–38）。

3–38　震后二殿木装修隔墙

②夹层

夹层粉刷层普遍起鼓、开裂，有污染现象。木板壁板缝开裂、漆面老化剥落。部分房间采用纤维板进行装修改造。个别部位有污损发霉现象。

③二层

二层房间经过装修改造，墙面为在原有板壁上加多层板一层，刷乳胶漆，顶面加吊顶。个别房间有漏雨现象。二层明、次间隔墙与檐廊一侧隔墙，存在边角起鼓脱落、脱榫等现象。个别部位有水渍污染现象。

（五）历史痕迹勘察

大殿、二殿历史上经过多次维修及重建，迄今保留了不少各时期不同的历史痕迹，如各时期进行维修时采用了部分与原材质不同的木材进行替换，大殿一层檩下皮较完整地保存了历史题记，清晰

3-39　大殿梁檩题记（“民国十七年岁次戊辰吉月”）
3-40　大殿梁檩题记（“工程筹备委员严公镇、仰光汉……工程总务员仰兆祥、提疑员朱义□”）
3-41　大殿梁檩题记（“现任西川道道尹黄印清、全川江防军总司令黄隐”）
3-42　大殿梁檩题记（“住持曹元彬、李明治，木工夏镜亭，泥工杨锡三，金解工仰树三，雕工岳华廷，石工郑益三，木工副墨杨杏春，泥工副墨孙银山”）

地记录了大殿重建的时间、庙方地方官员、工程组织人员和施工工匠等各主要工程参与者的身份、姓名（图3－39～42）。大殿主要牌匾仍依稀可见早期贴金的痕迹。两山檐柱柱础半面素平、半面雕饰，据此推测，以前两山檐柱应设有山墙。大殿李冰雕像周边四根金柱上存有榫口，推测早先此位置应有木制隔墙或木枋。大殿后檐明间壁画上框下皮有彩画痕迹，推测此料应是维修时采用他料二次加工而成。

此外，二殿前后檐换用砖柱的现象，可能反映了重建时的时代特征，一方面可能由于大型木材的短缺，不得以更换材料，另一方面又希望通过砖柱这种相对耐雨侵蚀的材料解决外檐木柱容易糟朽的问题。

（六）残损致因分析

1．地震影响

2008年5月12日，四川发生里氏8级特大地震，地震对二王庙造成了严重破坏，导致两殿地基不均匀沉降、台基开裂、构件松动移位。大殿木结构整体侧倾，二殿部分砖木结构受损，丧失结构承载力，屋脊普遍折断、脱落，屋面落瓦断裂等重大残损。

2．自然风化

由于长年暴露，两栋建筑存在一定自然风化现象。残损状况表现在台基墙体等石制、砖制构件上，表现为开裂破碎、表面起甲、边缘变形等。局部木制构件表面漆饰起甲、剥落。

3．气候潮湿，通风不畅

由于地方气候潮湿，周边林木众多，地下水、地表水充沛，加之建筑本身（大殿夹层、二殿后檐夹层及二层房舍）通风不畅，建筑内水汽无法及时消散，导致木材潮湿，白蚁滋生，局部糟朽。后期虽改换了铝皮防水，效果有所提高，但早先的侵蚀并未得到妥善处理。此外，白蚁虫害、柱基沉降等问题也一直未能得以有效地解决。

4．年久失修

大殿、二殿虽然于民国年间重建，震前建筑年代并不久远，但使用中的维护并不完善。建筑屋面瓦件松动移位、漏雨现象时有发生，导致内部构件水渍明显，局部糟朽。

5．不当人为干预

不当人为干预包括各建筑内存在的不良使用，如建筑因使用功能不当，造成不当改造装修，导致了建筑局部通风不畅，继而引起相关病变。另外，还存在外部不当的建设活动、历次修缮中不当的构件更换，不当临时性措施的采用等问题，这些干预既不符合传统做法，更破坏了建筑原状。

四　戏楼及东、西客堂勘察

（一）震前原状

根据史料记载，戏楼建筑的始建年代为康熙四十五年（1706年）。按二王庙的历史格局演变关系研究，当时可能是将原有山门改造为戏楼。自康熙年间至清末，二王庙至少遭受过一次灾祸，导致大量殿宇重建，但当时戏楼是否被毁并重建不得而知。

1925年二王庙遭受火灾，戏楼也因此被毁，导致1927年之后戏楼这组建筑的重建。汶川地震之前的戏楼及两翼建筑组群应为民国年间重建的结果。戏楼建筑群由戏楼、东客堂、西客堂三组相连建筑组成，而戏楼又包括戏台及东、西连廊。

通过1909年左右 Ernst Boerschmann 拍摄的历史照片与震前状况的对比可以明确，在民国年间的这次重建中，戏楼的位置和外观均有较大的变化。此次重建时的变化主要体现在以下几点：

戏楼下的大台阶两侧的台地被改造。从历史照片中可见原有台地上下共分三级，非常规整，而震前的台地被划分得更细，强调和台阶配合的坡面效果，增加了绿化植栽，但台地构筑上不严格对称，整体形态稍显凌乱。

原有戏楼平面的进深方向比后期要大，后期重建时戏楼平面位置完全压缩至坡上的台地。考虑到戏楼的原有功能，之前进深较大的平面布局可能更有利于戏台后侧功能用房和流线的布置。而重建后的平面布局则拉大了戏楼与照壁之间的空间，使这一部分从空间上显得更为宽广疏朗。但也不排除重建时因经费或材料方面的问题，不得已对原有建筑形态进行了规模上的简化。

民国之前的戏楼外立面显得更加朴素，整体感强，面向大殿戏台两侧则有造型复杂的六角小楼阁。重建之后的立面更加强调中心主体的突出，翼角飞檐及檐下的支撑结构造型风格也更为夸张。

3–43　震前戏楼鸟瞰
3–44　震前戏楼

另外，由于毁于火灾，因此在历史照片中出现的匾额可能已经不复存在。根据震前的档案记录，二王庙戏楼西南侧墙壁上龛有八块清代碑刻，与1909年历史照片中相同。

按 Ernst Boerschmann 的测绘图，1909年前后戏楼与东西厢之间边为整体，东西厢的平面布局显示其主要功能为供奉神像。当时的

转角连接非常方正。震前戏楼与两侧转角复杂不规则的形式应为20世纪30年代重建后不断改造添建的结果（图3–43～46），包括西侧转角添建卫生间，东侧转角70年代改造加建外廊等（图3–47、48）。后期由于功能调整，还对这组建筑的室内格局和内部装修进行了较大的改动（图3–49）。

（二）遗址勘察

二王庙戏楼、东西连廊、东客厅在“5·12”地震中完全塌毁，构件沿陡坡塌落，大木构件折断、劈裂严重，小木构件、瓦件基本完全破损（图3–50、51）。

西客堂建筑未倒塌，柱根滑动错位，大木结构整体向西略微倾斜，瓦顶大面积滑落，墙体、小木震损严重（图3–52）。

戏楼现存地面明间东侧、东侧连廊及东客厅受地震影响，塌陷20～60厘米，地面铺装完全碎裂。戏楼明间西侧地坪高度及柱础基本

3–45　震前戏楼院内
3–46　震前戏楼
3–47　震前戏楼西转角加建部分
3–48　震前戏楼东客堂转角处
3–49　震前戏楼西客堂道教陈列馆

3–50　震后戏楼现场
3–51　震后戏楼现场

3–52　震后戏楼西客堂现场
3–53　戏台残留柱础
3–54　专业人员震后现场勘察

保持震前状况，地面铺装残损较为严重。

据对现有场地进行现场实测，未受到地震明显影响而保留的柱础共有五座，位于戏楼东北角及西连廊。经过仔细观察发现每座在柱心位置留有人工刻凿凹坑，以该点为基准点测量现存平面数据（图3–53～55）。

3-55 震后戏楼所在平台三维激光扫描图

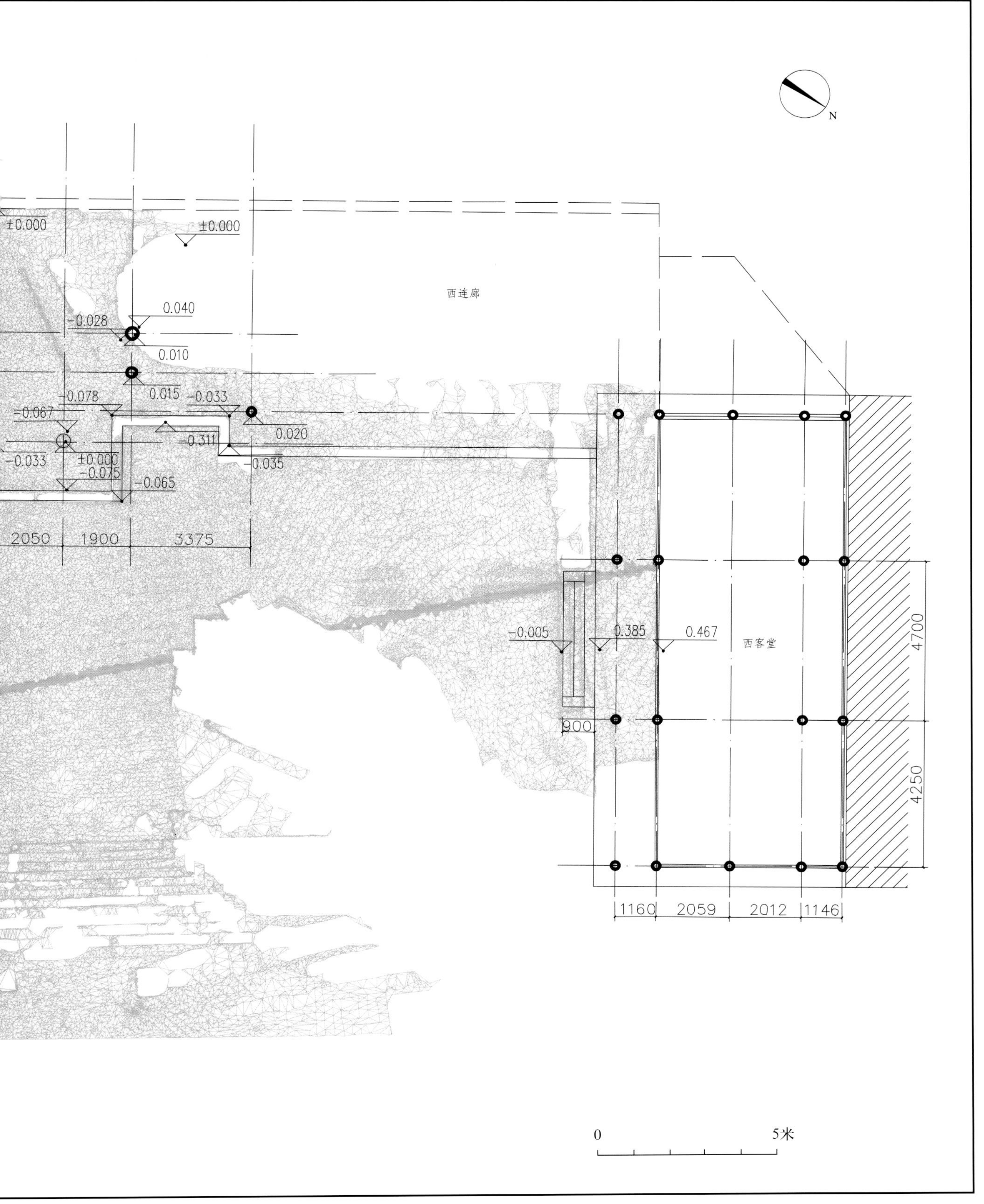
N
±0.000
±0.000
西连廊
0.040
-0.028
0.010
0.015
-0.078
-0.033
=0.067
0.020
-0.311
-0.033
±0.000
-0.075
-0.035
-0.065
2050
1900
3375
-0.005
0.385
0.467
西客堂
4700
900
4250
1160
2059
2012
1146
0
5米

3-56 震后戏台所在地面残迹

本次针对戏楼地坪现场测量还进行了平面标高测量，以戏楼西北角柱础为标准，测量了戏楼现状保留的所有柱础、地平面（包括受地震影响塌陷的地面）、排水沟（图3-56），以及西客堂等建筑地坪标高。

（三）构件清理调查、位置判断和维修做法

对所有戏台、东西连廊、东客厅残存的主要大木构件进行勘察，基本找到能判断原始位置的主要构件四十余件，详细调查结果见下表：

类型	编号	尺寸（毫米）	所属建筑	位置初判	残损判断	照　片
柱	Z-01	6120	戏台	东北角柱 G-10	1.柱上部1/3劈裂 2.柱根糟朽，1/2缺失	 
柱	Z-02	6050	戏台	北檐柱 G-11	原为墩接柱，现脱榫断开	 
柱	Z-03	6050	戏台	北檐柱 G-13	柱上部劈裂	 
柱	Z-04	8560	戏台	中柱C轴	1.柱根糟朽、泛潮 2.柱中部轻微顺纹开裂	 
柱	Z-05	6100	连廊	檐柱 E轴	柱根劈裂，部分缺失，虫蛀，顺纹开裂	
柱	Z-06	6100	连廊	檐柱 E轴	局部虫蛀，面层剥落	
柱	Z-07 Z-08	6100	连廊	檐柱 E轴		 

类型	编号	尺寸（毫米）	所属建筑	位置初判	残损判断	照　片
柱	Z–09	6100	连廊	檐柱E轴	虫蛀、糟朽	
柱	Z–10	6100	连廊	檐柱E轴	柱根糟朽、虫蛀严重	 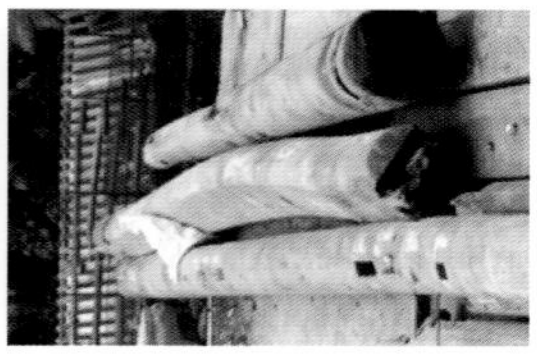
柱	Z–11	3960	东客厅	吊脚柱	柱受潮严重，下部面层剥落	
柱	Z–12	3966	东客厅	吊脚柱	1.顺纹开裂 2.虫蛀	 
柱	Z–13	方柱边长158	连廊	A轴	1.柱根劈裂、局部缺失，糟朽 2.上半部劈裂缺失	 
梁	L–01	3240	戏台	三架梁A–G	1.局部受潮、糟朽 2.榫头断裂缺失	 
梁	L–02	3240	戏台	三架梁A–G	1.顺纹开裂较严重，局部虫蛀、糟朽 2.榫头断裂缺失	 

类型	编号	尺寸（毫米）	所属建筑	位置初判	残损判断	照　片
梁	L−03	4675	东客厅	大梁 2−4号轴	1.扭转严重中部劈裂 2.梁端劈裂缺失，榫头缺失 3.虫蛀、糟朽	 
梁	L−04 L−05	876	戏台	抱头梁 C−G间	榫头断裂缺失	 
梁	L−06	4023	戏台	C−G间 板梁	1.局部糟朽、虫蛀 2.榫头断裂缺失	 
梁	L−07 L−08	5310	戏台	一层屋顶 板梁	局部虫蛀、糟朽	 
梁	L−09 L−10	5310	戏台	一层屋顶 板梁	1.顺纹开裂，面层脱落 2.局部糟朽、虫蛀	 
梁	L−11	5310	戏台	一层屋顶 板梁	1.顺纹开裂，面层脱落 2.局部糟朽、虫蛀	 
梁	L−12	2570	连廊	角梁 E−15	1.局部虫蛀、糟朽 2.榫头断裂缺失	 

类型	编号	尺寸（毫米）	所属建筑	位置初判	残损判断	照片
梁	L-13	2580	连廊	角梁 E-8	榫头断裂缺失	 
梁	L-14	高916	戏台	老角梁 G-10或 G-13	顺纹开裂、糟朽	 
梁	L-15 L-16	高586	连廊	老角梁 E-8或 E-15	局部受潮、糟朽、虫蛀	
梁	L-17	4040	东客厅	次间一层屋顶板梁	轻微顺纹开裂、虫蛀	
梁	L-18	4417	连廊	D轴 14-15或 8-9间一层屋顶板梁	虫蛀、糟朽	
檩	Li-01	5310	戏台	脊檩C轴	多处顺纹开裂、虫蛀	 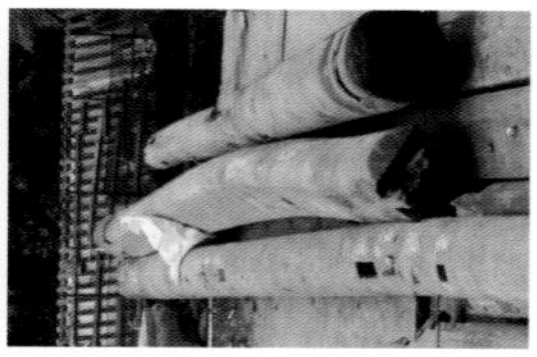
檩	Li-02	4243	东客厅	次间	多处顺纹开裂、虫蛀	 

类型	编号	尺寸（毫米）	所属建筑	位置初判	残损判断	照　片
枋	F-01	5722	戏台	北侧撩檐枋	1.虫蛀、糟朽严重 2.顺纹开裂	 
枋	F-02	5870	戏台	撩檐枋	顺纹开裂较严重、局部糟朽	 
枋	F-03	5000	连廊	撩檐枋	顺纹开裂、糟朽、虫蛀	 
枋	F-04		戏台	撩檐枋	顺纹开裂、糟朽严重	 
枋	F-05	4818	东客厅	明间枋	1.顺纹开裂、虫蛀 2.榫头断裂	 
枋	F-06		戏台	明间穿枋	顺纹开裂严重、局部糟朽严重	 
枋	F-07	5396	戏台	明间门额	1.顺纹开裂、虫蛀 2.榫头糟朽严重	 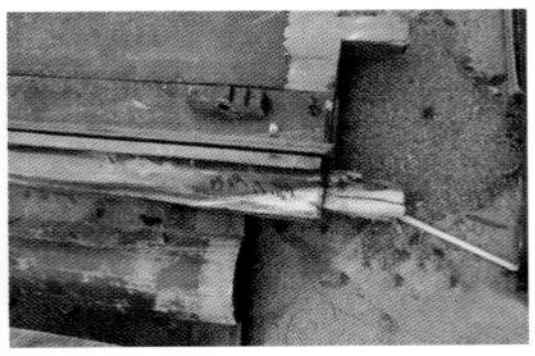

类型	编号	尺寸（毫米）	所属建筑	位置初判	残损判断	照 片
枋	F–08	3932	连廊	15–16号间门额	顺纹开裂、局部破损	 
板	B–01	4432	连廊	D轴14–15或8–9间门槛	顺纹开裂、虫蛀	 
板	B–02	4644	东客厅	14–15号轴间	顺纹开裂、虫蛀、糟朽	 
板	B–03	3240	连廊	9号轴A–D间	虫蛀	 
板	B–04	3742	连廊			
板	B–05	4311	东客厅	次间	顺纹开裂、糟朽	
板	B–06		东客厅	次间	1.虫蛀 2.榫头局部缺失	 

类型	编号	尺寸（毫米）	所属建筑	位置初判	残损判断	照　片
板	B－07 B－08	高 2355 宽 1480	戏台	门板	1.面层剥落 2.虫蛀糟朽严重 3.顺纹开裂严重	
板	B－09 B－10	高 1935 宽643	戏台	门板	1.面层剥落 2.虫蛀糟朽严重 3.顺纹开裂严重	

＊ 如无标明即为残长。

3－57　对构件进行分类标注
3－58　对构件进行分类标注
3－59　可直接使用的构件
3－60　加固后可使用的构件

具体调查内容如下：

（1）测量所有构件尺寸。

（2）对所有戏楼区域留存构件进行判断，根据构件形制及原始塌落位置首先判断构件所属的建筑单元（图3－57、58）。对属于戏台

3-61 加固后可使用的构件
3-62 震后断裂构件
3-63 构件劈裂
3-64 无法辨认位置的构件
3-65 构件实测图

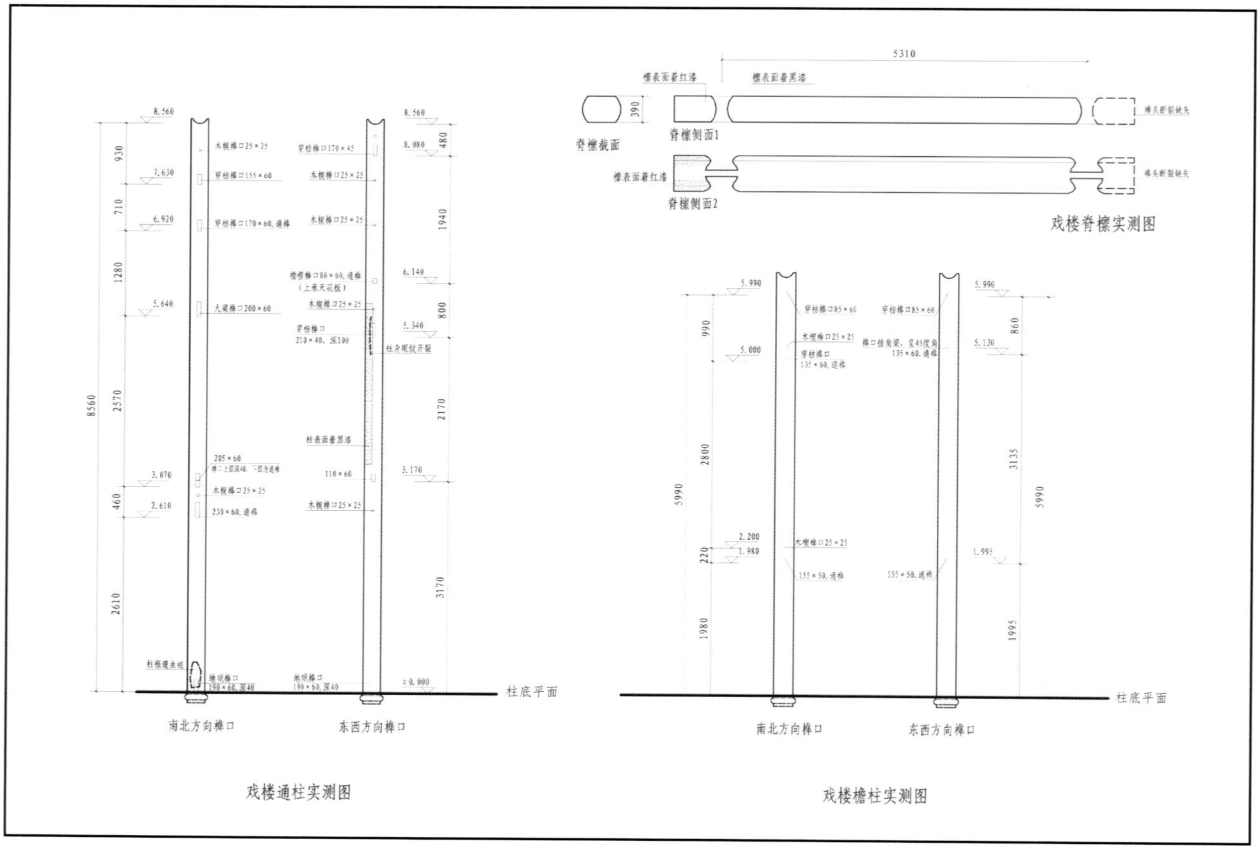

戏楼脊檩实测图

戏楼通柱实测图

戏楼檐柱实测图

及东西连廊、东西客堂的构件按所属建筑单元分别根据构件类型（基础、大木、小木、砖瓦）进行分类。

（3）对分类后的构件进行残损及结构强度判断，区分为以下三类：

第一，完好构件（可以在复建工程中直接使用的构件，图3–59）；第二，局部残损构件（可以通过加固维修继续使用的构件，图3–60、61）；第三，残损严重的构件（无法继续使用的构件，但可以作为构件复制的依据，图3–62、63）。保留无法辨认位置的构件，以便将来在施工过程再次判断利用（图3–64、65）。

戏楼完好构件数量较少，多为穿枋、楼楞等连接构件，主要承重构件柱、梁、檩等存在不同程度残损。类型多为劈裂，发生部位多在构件相连的端头榫卯处。虫蛀也较普遍。根据残损程度和部位，在修缮过程中对能够利用的构件进行维修加固使用。戏楼的柱、梁等关键结构构件的尺寸和榫卯位置做法都是戏楼复原的重要依据，如柱、Z01–Z04、梁L01–L03，均是确定戏台结构标高与柱头进深的直接依据。

（四）尺度推断

由于戏楼已经完全塌毁，仅能依靠现状场地测量（柱础分布，图3–66）及对原有测绘结果进行推算，对戏台、东西连廊、东客堂留

3–66　震后西客堂实测图

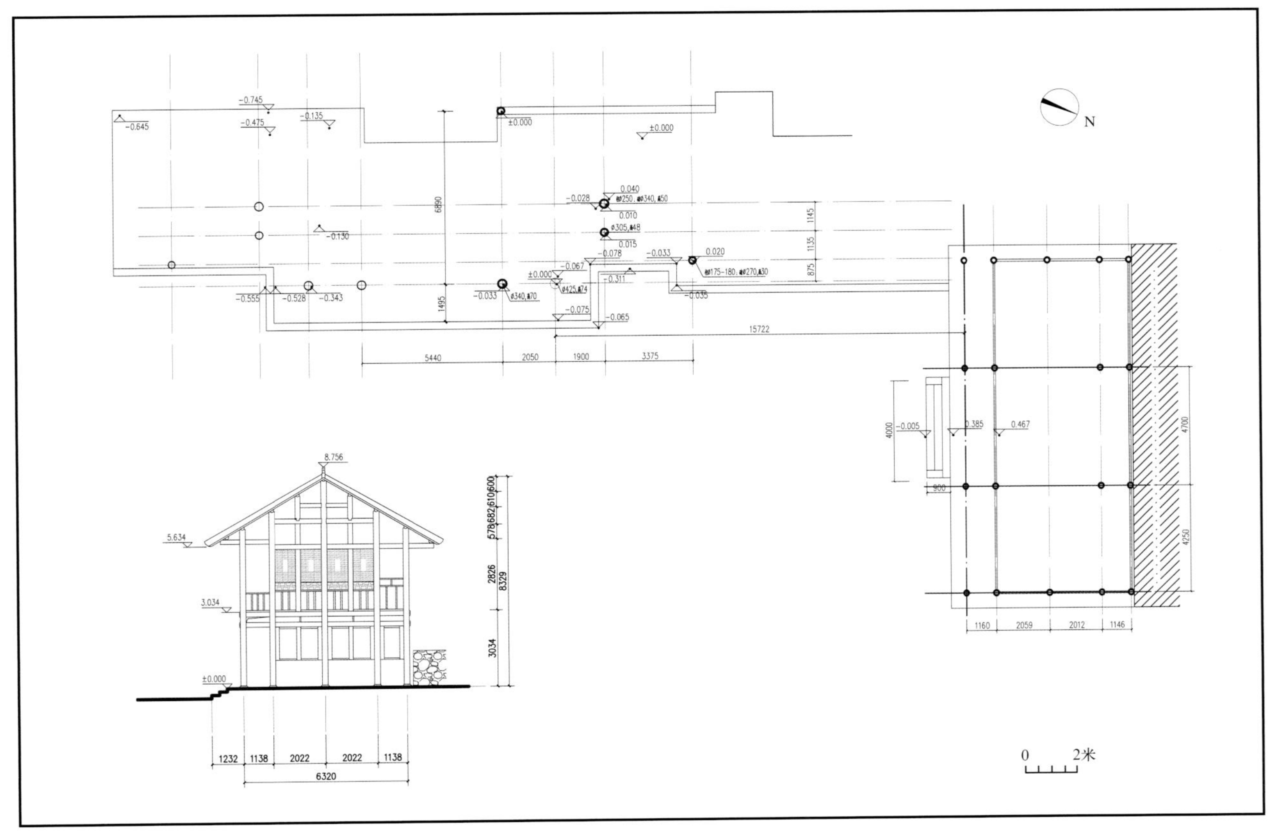

存主要大木构件进行测量，尤其测量榫卯尺寸，以核实本营造尺度推断。

经过比较推算，戏楼及连廊、看楼建筑尺度及整体布局具有明确的比例关系，以丈、尺、寸为基本单位进行设计及建造。经推算，其建造基本单位为：1营造尺＝316毫米，基本与清代营造尺（320毫米）吻合。

现存戏楼柱础柱网尺寸实测推测表

	原始尺寸（毫米）	计算尺寸（寸）	推测丈尺（寸）	推测数据（毫米）
戏楼次间开间	2050	64.9	65	2054
连廊尽间开间	1900	60.1	60	1896
戏楼中柱至脚柱进深	3155	99.8	100	3160

戏楼建筑主要柱网尺寸原测绘数据推测表

	原始尺寸（毫米）	计算尺寸（寸）	推测丈尺（寸）	推测数据（毫米）
戏楼总开间	9500	300.6	300	9480
戏楼总进深	6450	204.1	200	6320
戏楼中柱	3250	102.8	100	3160
连廊总开间	15735	497.9	500	15800
东客厅总开间	13200	417.7	420	13272
东客厅总进深	6377	201.8	200	6320

经推算，戏台总开间三丈，总进深二丈，东连廊总开间五丈，东客厅总开间四丈二尺，总进深二丈。戏楼及其配楼的总平面布局非常吻合该营造尺模数（图3−67～71）。

戏楼等建筑的其他开间、进深及标高尺寸也吻合此尺丈规律，戏台明间宽一丈七尺，次间宽六尺五寸，进深两进各一丈，戏台一层楼地面高八尺，戏台部分檐檩高二丈，山门部分檐檩高二丈四尺。整个建筑尺度规整，非常符合316毫米为1营造尺的模数制度，这为戏楼结构尺度复原提供了准确的标准，具体尺寸见复原推测图。

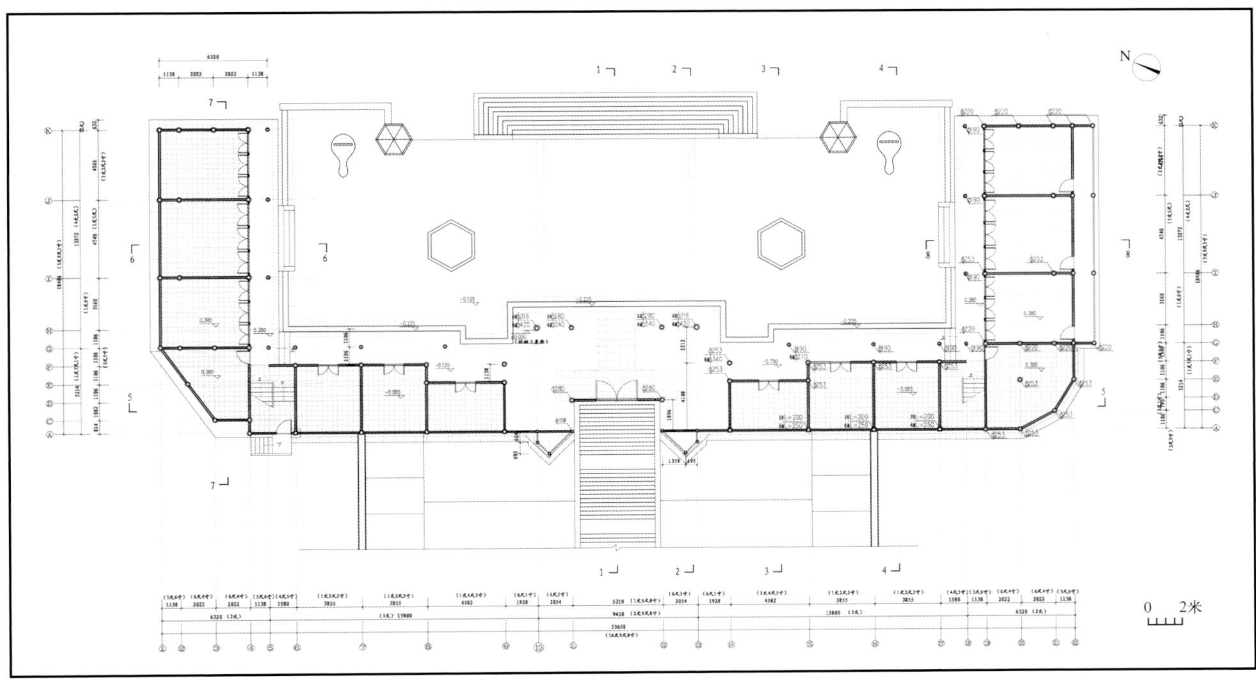

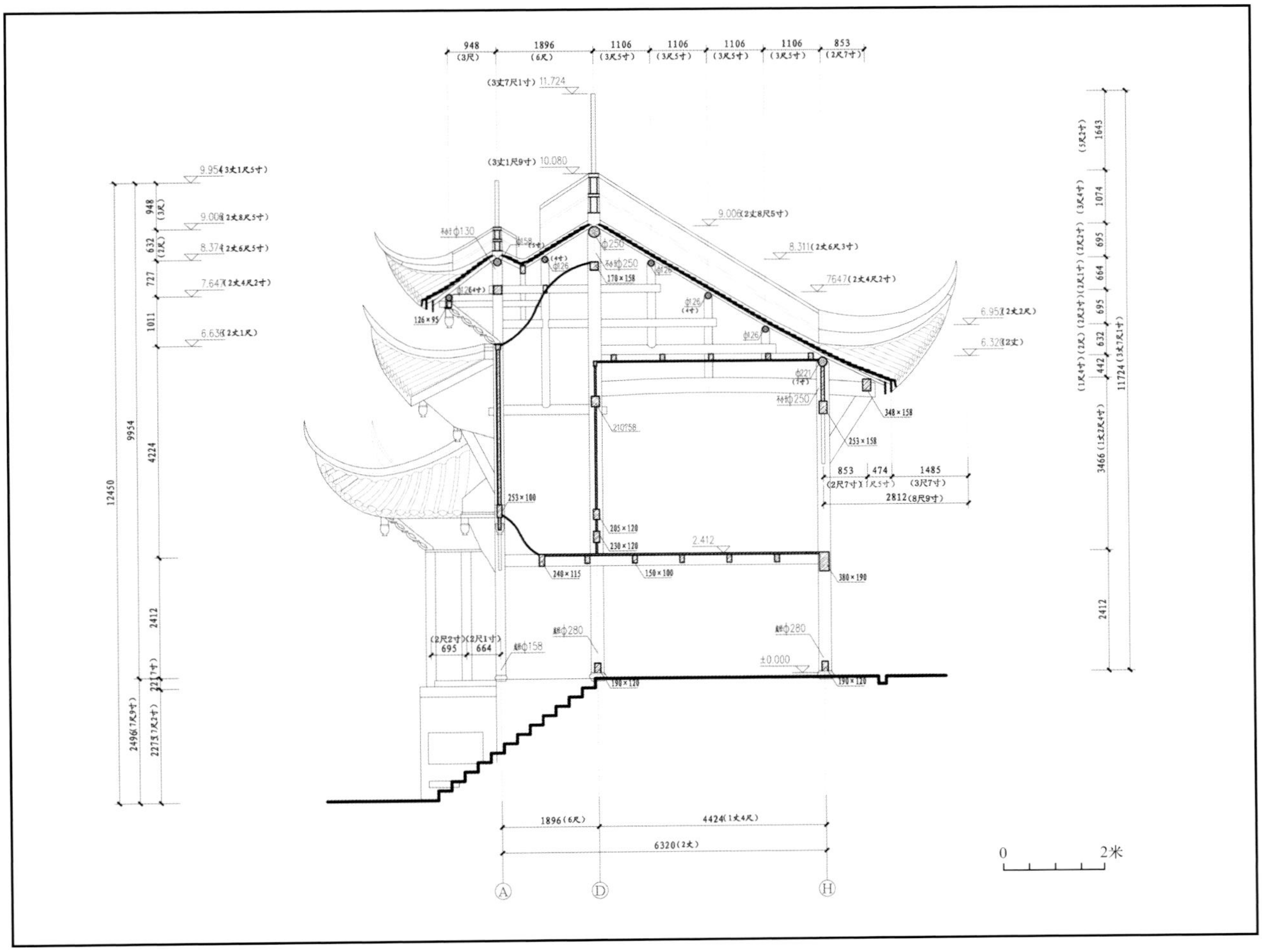

3–67　戏楼复原一层平面推测图
3–68　戏台复原剖面推测图

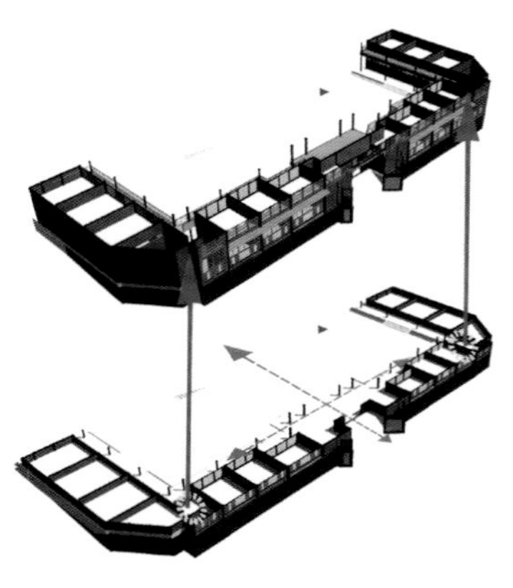

3-69　震前戏楼模拟模型
3-70　震前戏楼模拟模型
3-71　戏楼原有流线分析
3-72　震前花栱

（五）斗栱等特殊部位的做法推断

1. 装饰构件

花栱是戏楼最重要的装饰构件，位于南侧檐下，形式上起到模仿斗栱的效果，但并无实际的结构作用，造型比较独特，具有夸张的艺术效果。据地方专家介绍，这种花栱形式俗称凤凰巢，比较少见。二王庙戏台是花栱的典型实例（图3-72）。但此处实例，据说也是老木工的传人模仿的，根据对残件的调查，很多构件连接不用榫卯，而用铁钉。此外，周边区域中类似实例的仅有青城山山门，是仿照二王庙的样式做的，但在很多地方进行了简化，也没有二王庙戏楼花栱转角部位的做法。

受地震影响，戏楼的花栱全部散落，现状仅留存部分花栱破碎构

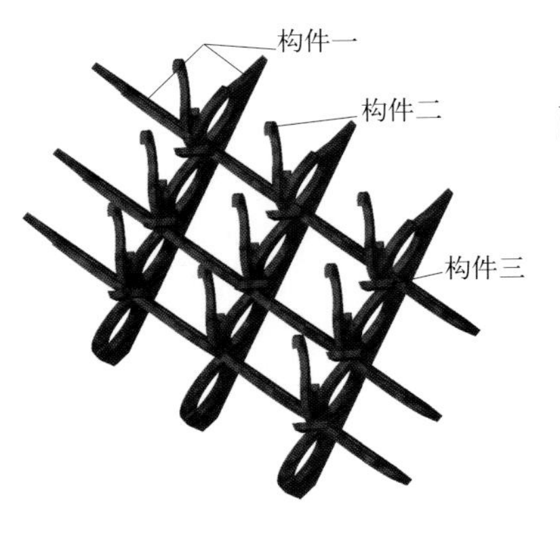

3–73　震后花栱残留构件
3–74　震后花栱拼接
3–75　计算机绘制的花栱模型

件。根据构件外形区分，可以分为大致三类构件：

构件一：斜45度构件。此类构件为花栱主要支撑构件，分为长短两种，长构件直接连接挑檐檩与普柏枋，短构件交叉连接长构件。

构件二：垂直装饰构件。构件形状似鹅形，主要起装饰性作用。

构件三：小斗，相当于斗栱中斗的作用，承接构件一、构件二（图3–73）。

2．实验拼装

拼装依据已有测绘图纸（但缺少花栱大样图）、戏楼原始照片及在调查过程中发现的青城山山门所使用的花栱实例。以花栱残件在地面进行组合拼装，基本拼合出戏楼南立面二层东侧花栱（图3–74）。

花栱为连接挑檐檩与普柏枋之间的装饰构件，构件分为三层，以构件一的长构件为基本连接构件，直接连接挑檐檩与普柏枋，构件一的短构件将长构件垂直连接，每处连接处以构件三——小斗相连，在每个小斗上再安装构件二进行装饰。

花栱位于额枋之上，层层出挑，上接挑檐枋。外形上的层层出挑的栱其实是在一块完整的木板上制作出三层栱的形式，再由多块这种木板以十字交叉的形式形成空间的井字形结构，最后于十字交叉点上再嵌入鹅形木板，其下以类似平盘斗的梯形木块装饰。不像官式斗栱做法——斗与栱是单一构件，由斗支撑栱的方式层层出挑，以承上部构件，花栱则是形成一个体系，只起外部装饰作用而已（图3–75）。花栱留存构件占构件总数的40%，去除碎裂无法继续使用的构件，约有20%的构件可以继续使用。

3-76　震前戏台屋脊脊刹
3-77　震前戏台屋面中堆
3-78　震前戏台正脊

（六）外观装饰要素及附属文物的分析判断

外观装饰要素包括脊饰、木雕和油饰（图3-76～78）。

1．檐下装饰

檐下装饰包括撑栱、（牛腿）挂落、花罩、雀替、花牙子、驼峰。

装饰的题材广泛，有人物、动物、植物、器皿、云水纹、神话故事和戏曲等，采用高浮雕、镂雕、圆雕等手法，并施以彩绘。许多殿堂同一屋檐下的撑栱题材各不相同，具有很强的装饰效果（图3-79～82）。

3-79　震前戏台挂落
3-80　震前戏台撑栱
3-81　震前戏台撑栱
3-82　震前戏台撑栱

2．门扇、窗格

门扇上段的格窗图案有万字宫式纹、书条川万字纹、嵌框冰纹、嵌框菱纹、井字纹、直棱式等，以及更多的工匠们自创的纹路图案。门扇的夹堂板多以蝙蝠纹装饰，而上夹堂板多以镂空的形式出现。裙板上多以民间流传的传说故事或生活场景作为装饰。

3－83　震前东连廊花窗
3－84　震前东客堂花窗
3－85　震前戏楼中山门匾额

窗格上的图案有宫式和合纹、万字回纹、田字纹、菱花纹、冰纹等样式。与1909年的照片对照，这些多样的图案，应为民国之后历次维修改造积累下来的。花窗的位置除了常见的槛墙上之外，还有位于额枋上、披檐下的各式花窗，位于夹层一侧的花窗还具有通风的功能（图3－83、84）。

3．楹联、匾额

楹联、匾额是融会文学、书法、雕刻等多种艺术的综合体，多出现于建筑的廊柱上、天棚下。其内容主要有二，其一是颂扬李冰功绩，其二是前人治水的经验要诀。此外，众多的牌匾与碑刻、题记也记录了二王庙的历史（图3－85）。

（七）残损致因分析

根据震后二王庙现场勘察的情况，在二王庙区域建筑，特别是沿山体等高线方向布置的墙体倒塌和歪闪方向总体上为东南方向。

3-86　编壁墙受挤压变形、抹灰剥落
3-87　地震导致的大木残损
3-88　地震导致的残损

同时，通过对现场勘察发现，戏台明间以东台地塌陷非常严重，故而导致戏楼区域成为二王庙残损最为严重的区域。戏台及两侧连廊、东客堂完全塌毁，西客堂大木结构变形严重（图3-86～88）。

根据此次的现场勘察和分析，可以将导致戏楼垮塌的直接原因主要归于强大的地震力引起山体滑坡，导致人工基础垮塌，致使其上方戏楼建筑倾倒。

戏楼所在台地的改造没有采用较为牢固坚实的做法。从东南侧垮塌的基础来看，显现出当时填充采用了大量散碎的建筑废料。坍塌部分护坡挡墙为毛石砌筑。对于这些方面，此次修缮和维护中需确定明确的处理原则，对上述不当干预进行调整。

已有的残损主要包括木构件材质上的残损如虫蛀和糟朽，以及构件结构体系上震前出现的残损，如拔榫、移位、变形，甚至可能有劈

3-89　西客堂梁柱扭曲变形
3-90　西客堂柱根糟朽严重

裂、断裂等。对于前者，主要的致因是建筑保存环境上的不利状况，整体环境的温湿度较高，白蚁虫害的普遍性等，同时也有部分建筑的小环境带来的更加不利的环境因素。对于后者，则是震前的维护制度及方法可能不到位造成的（图3-89、90）。

结构的整体不利因素。通过考察和比较本次维修的对象，可以发现，二王庙现存建筑的形态变化多样，其中部分建筑长宽比、高宽比较大，相对来说整体结构的抗震性能不很有利，再加上部分建筑自身荷载分布导致中心相对偏高，下层竖向支撑结构又相对单薄。以上因素使得此类建筑在地震力影响下更容易出现倾斜、歪闪等较大程度的结构形变。通过建筑间的横向比较，可以基本证实这一点。戏楼在这方面具有一定的典型性，建筑上部结构较复杂，屋面跌落，出檐深远，而中下部由于有戏台中空，结构较单薄，整体荷载重心较高，加之柱的用料不大，又有大量震前残损导致结构性能下降。

构造上的薄弱环节。虽然传统木结构在抗震上有较优越的性能，但根据此次勘察分析可见，二王庙建筑中仍有一些传统或震前的构造做法被证明是建筑中的薄弱环节。在这方面，戏楼与其他建筑类似，主要表现在屋脊的构造做法和瓦面的构造做法等。对于此类构造上的薄弱环节，维修中应进行探讨，并采取必要的方式对其进行适当的改进或加固。

（八）复原依据

1.戏楼的复原依据

修缮及复原过程中保持传统材料、结构关系和建造工艺，保证结构体系的完整和有效，重视对维修后的日常维护工作，以保障建筑材料力学性能的长久延续。

<table>
<tr><th>信息依据</th><th>平面格局</th><th>立面高度</th><th>梁架结构</th><th>细部装饰</th><th>主要工艺做法</th><th>附属文物</th></tr>
<tr><td>现场场地测绘</td><td>根据现场存留柱础位置，去除变形影响，可判断戏楼主体平面关系</td><td></td><td></td><td></td><td></td><td></td></tr>
<tr><td>残存构件测量</td><td>测量印证</td><td>测量印证</td><td>据花栱残件推断花栱交接关系和梁架高度</td><td>测量印证</td><td>勘察印证</td><td>部分得到校核</td></tr>
<tr><td>可参照的现存建筑</td><td>无</td><td rowspan="2">对比震前照片与西客堂高度相印证</td><td>青城山山门</td><td></td><td>同期建筑大殿、二殿</td><td></td></tr>
<tr><td>震前照片</td><td>佐证</td><td>辅助判断梁架关系</td><td rowspan="2">两者结合判断位置、尺寸、主题内容和细节</td><td>辅助判断</td><td>匾额、楹联有充分依据，碑刻依据不充分</td></tr>
<tr><td>2008年测绘图</td><td>与现场测绘基本吻合</td><td>主要推断依据</td><td>主要推断依据</td><td>无相关信息</td><td>无相关内容</td></tr>
<tr><td>更早的测绘图</td><td>辅助校核</td><td>辅助校核</td><td>屋架交接关系</td><td>比较粗略难以佐证</td><td>无相关信息</td><td>无相关信息</td></tr>
<tr><td>震前档案记录</td><td colspan="5">无相关信息</td><td>重要的依据</td></tr>
</table>

2.东客堂的复原依据

<table>
<tr><th>信息依据</th><th>平面格局</th><th>立面高度</th><th>梁架结构</th><th>细部装饰</th><th>主要工艺做法</th><th>附属文物</th></tr>
<tr><td>现场场地测绘</td><td>只能判断大致轮廓</td><td></td><td></td><td></td><td></td><td></td></tr>
<tr><td>残存构件测量</td><td>测量印证</td><td>测量印证</td><td>测量印证</td><td>测量印证</td><td>勘察印证</td><td>部分得到校核</td></tr>
<tr><td>可参照的现存建筑</td><td>西客堂</td><td>西客堂</td><td>西客堂</td><td>西客堂</td><td>西客堂及同期建筑大殿二殿</td><td></td></tr>
<tr><td>震前照片</td><td colspan="3">佐证
判断东西客堂对称关系的依据</td><td colspan="2">辅助判断</td><td>可判断匾额、楹联位置</td></tr>
<tr><td>2008年测绘图</td><td colspan="3">主要推断依据</td><td>无相关信息</td><td>无相关信息</td><td></td></tr>
<tr><td>更早的测绘图</td><td colspan="3">辅助校核</td><td>比较粗略难以佐证</td><td>无相关信息</td><td>无相关信息</td></tr>
<tr><td>震前档案记录</td><td colspan="5">无相关信息</td><td>重要的依据</td></tr>
</table>

五　字库塔勘察

（一）震前原状

字库塔始建年代不详。通过1917年至1919年 Sidney D.Gamble 拍摄的历史照片 Paper Burner 与震前状况的对比可以明确，在民国期间的这次重建后，字库塔的外观有一定的变化。民国时期，塔身的一层塔壁没有抹灰，自然露出青砖和灰缝，东侧塔在其与大殿相背的一面刻有“福如东海”字样（西侧塔推测为“寿比南山”，但无图片可证）。其他结构及装饰均无显著变化（图3-91～94）。

（二）遗址勘察

二王庙字库塔在“5・12”地震中完全塌毁，砖构件塌落，部分破损，装饰构件、瓦件完全破损，仅残留条石基座以及少部分位

3-91　东字库塔
（Boerschmann，1906～1909年摄）
3-92　东字库塔（1917～1919年摄）
（Sidney D.Gamble，1917～1919年摄）
3-93　震前西字库塔
3-94　震前东字库塔

于一层筒壁底层的青砖（图3-95）。对现有场地进行现场实测，未受到地震明显影响的只有字库的两个基座，位于大殿台明的东南角和西南角。残留部分的尺寸：一层塔筒为边长1.17米的正六边形，厚0.54米，条石基座高1.1米，东塔残留十层砖，西塔残留九层砖（图3-96～103）。

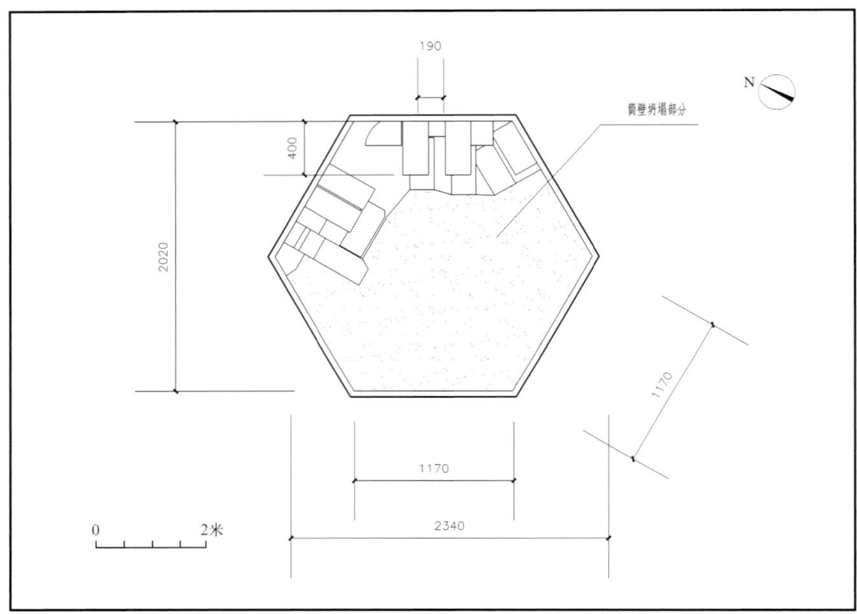

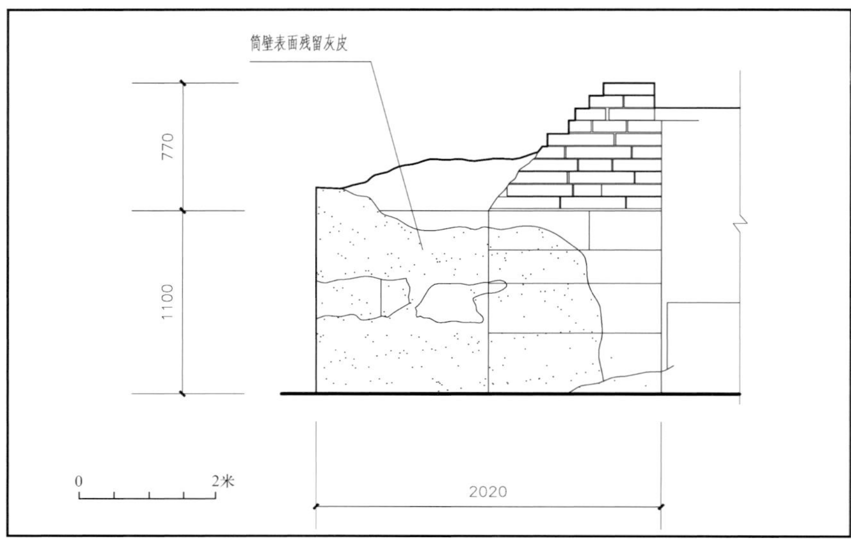

3-95　震后东字库塔残留
3-96　震后字库塔一层残留塔筒
3-97　震后东字库塔实测平面图
3-98　震后东字库塔实测剖面图

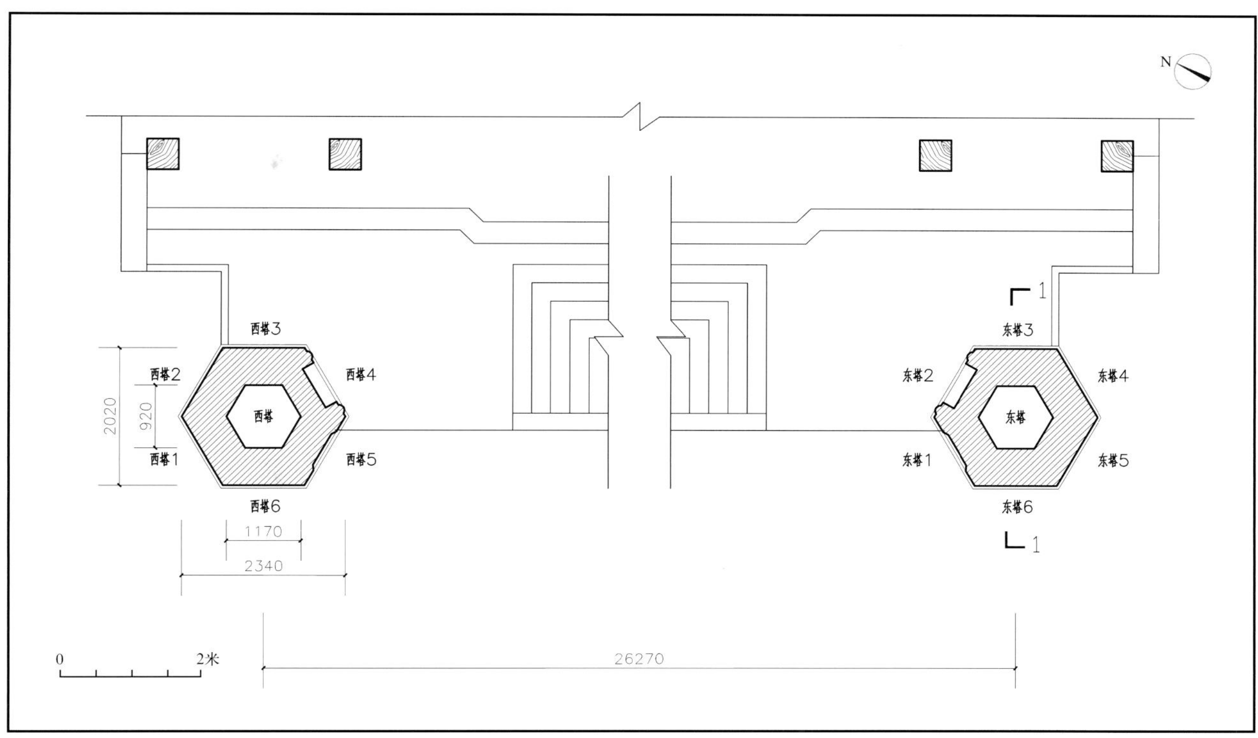

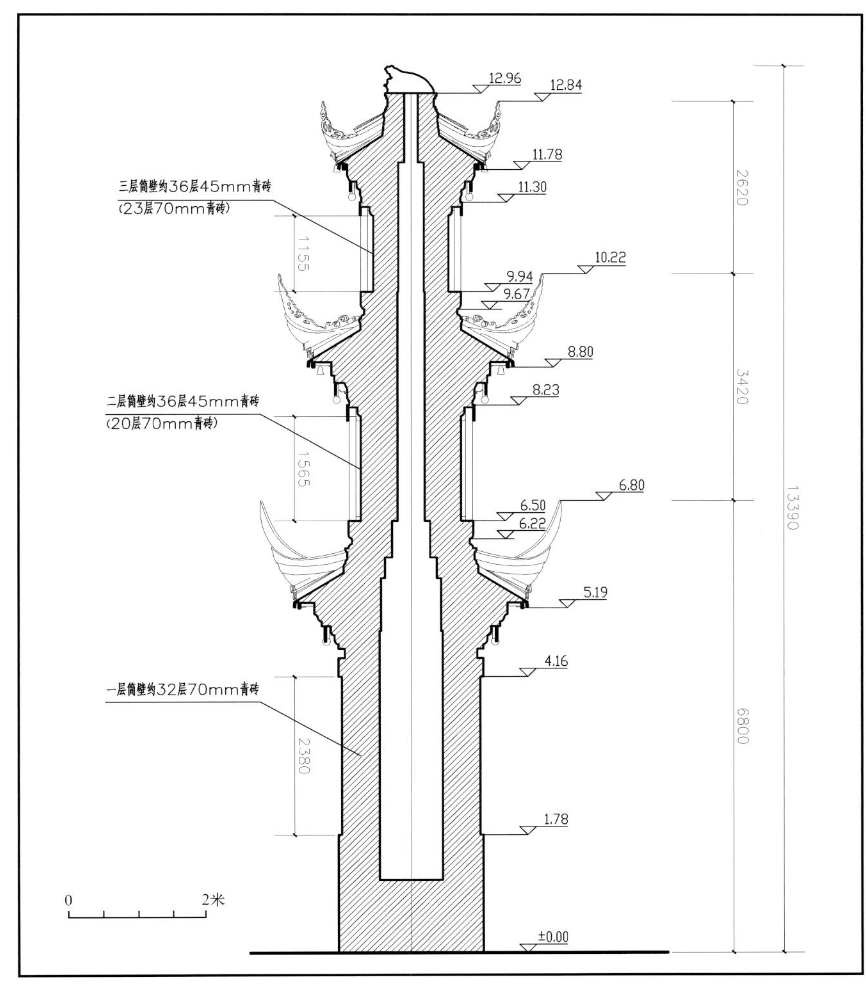

3－99　字库塔复原平面图
3－100　字库塔复原剖面图

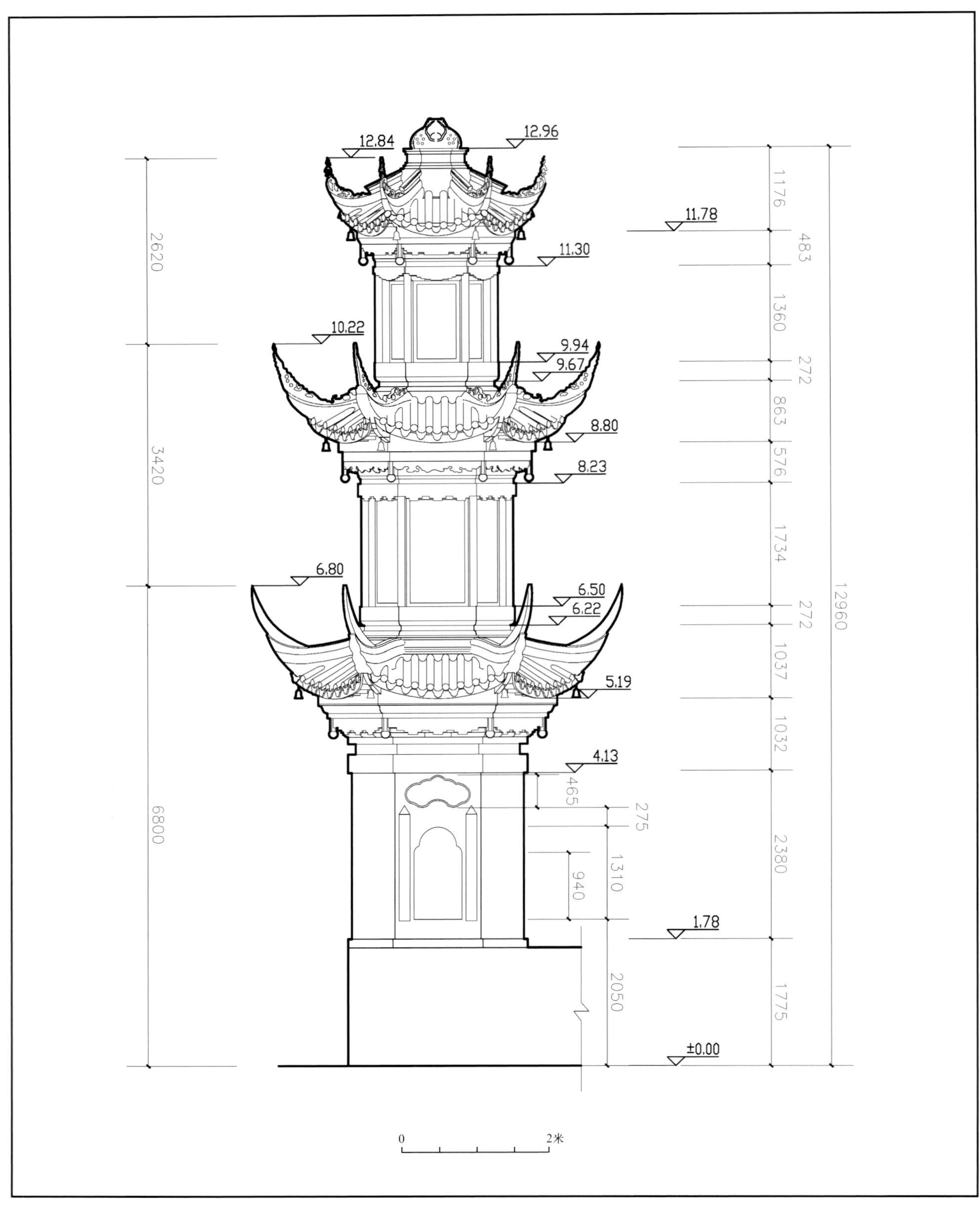

3–101　字库塔复原正立面图

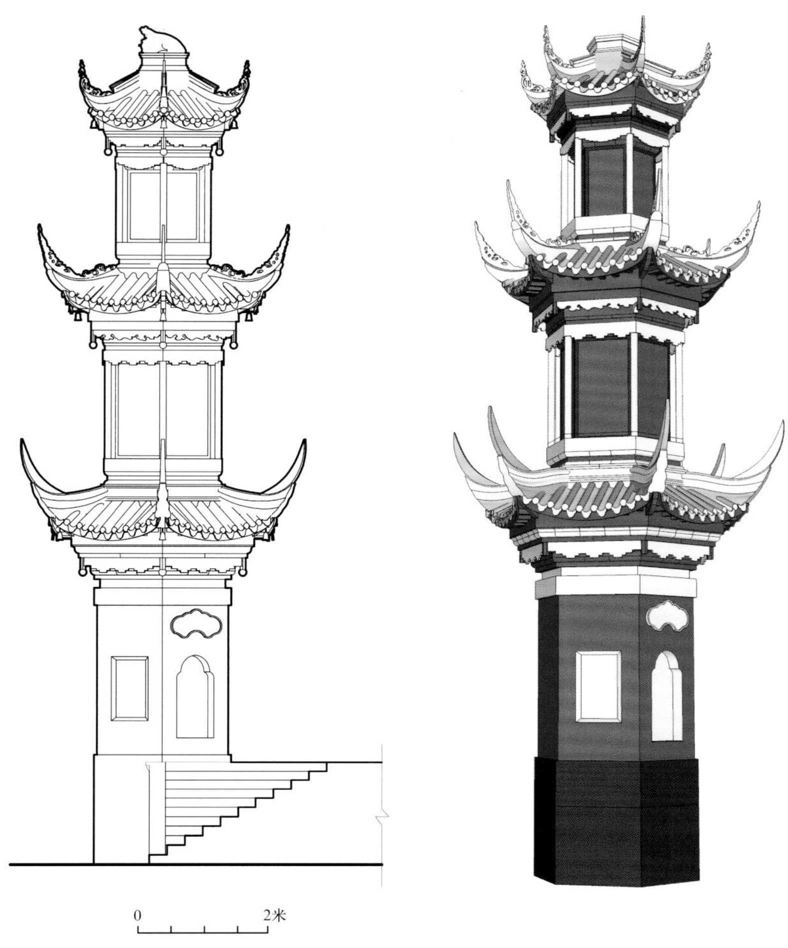

3–102　字库塔复原侧立面图
3–103　字库塔震前模拟模型

（三）散落构件清理和检测

由于在震后抢险过程中，其建筑构件被搬动重新堆放，未能保留震后原状。后期根据砖塔的建筑形式特征，将可能的原有构件进行分拣，对所有字库塔的砖构件进行勘察，分类别列出清单。

初步考察主要砖构件有20余种，分为厚薄不同的两种筒壁主体结构砖和异形装饰用砖（图3–104）。同时，对字库塔不同规格的砖和灰浆进行了样品采集。

取得样本后，由清华大学土木水利学院建筑材料实验室对黏土砖和灰浆样本进行抗压强度和化学成分测试试验。

（四）尺寸推断

由于字库塔已经完全塌毁，仅能依靠现状场地测量基座及一层残

3-104　对砖样进行分类标注

存塔筒尺寸，并根据原有测图及照片推算字库塔总高度及各层高度。

一层塔筒为边长1.17米的正六边形，厚0.54米。鉴于原字库塔测图并不精确，故用两点透视法重新确定塔身总高。首先，通过照片中的大殿正立面及山面图像找出灭点。其次，根据院落平面图、大殿正立面图和剖面图，确定塔中心线在平面图、大殿正立面图和剖面图中的位置。之后，在照片中连接塔中心线制高点与右灭点，找出连接线与大殿立面相交点的位置，即确定了塔高在大殿立面上的投影。最后，根据大殿测图确定投影高度，从而核定出塔总高为13.39米（不包括蟾蜍形塔刹部分，高12.96米）。经推算，二层塔筒为边长0.84米的正六边形，厚0.54米；三层塔筒为边长0.64米的正六边形，厚0.36米（图3-105）。

（五）传统做法研究

1. 砖砌法

字库塔的砖砌法基本上采用了传统的顺丁砌法，统一约6毫米厚的灰缝。但是通过对一层残留塔筒的勘察后可以看出，字库塔震前

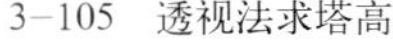
3-105　透视法求塔高

字库塔砖样一览表

编号	尺寸（长、宽、高）、形制、位置	图片	编号	尺寸（长、宽、高）、形制、位置	图片
J—1	370/250×185×65		M—5	270×175×45	
	梯形厚砖			圆抹角薄砖	
	一层塔筒壁角砖			檐下线脚角砖	
J—2	345×185×75		Q—1	375/140×190×18/70	
	矩形厚砖			直角梯形抹角砖	
	一层塔筒壁砖			二层塔筒壁外侧角砖	
J—3	340×185×52		Q—6	残×190×70	
	矩形薄砖			斜抹角砖，仍残留彩画	
	塔筒壁砖			据彩画判断为一层额枋	
J—4	270×205×37		S—1	360×180×50	
	方形薄砖			直角三角形榫口砖	
	上层塔筒壁砖			出挑位置	
J—9	250×160/60×50	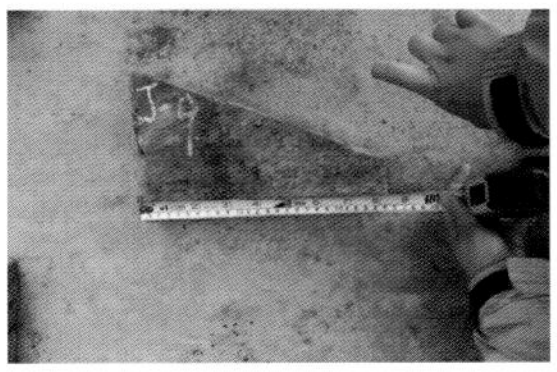	T—1	340×195×70/60	
	楔形薄砖			异形砖	
				角梁	
M—1	365/260×180×65	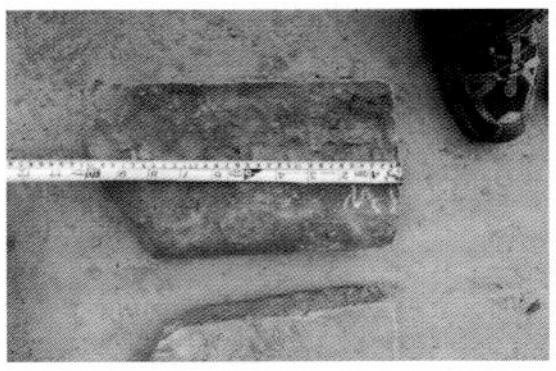	Z—2	380×195×68	
	圆抹角厚砖			异形砖	
	檐下线脚角砖			柱头顶	
M—3	365×180×70		H—1	270×180×45	
	内凹弧线抹角厚砖			贴花砖	
	檐下线脚角砖			二层塔筒壁表面	

* J：塔筒壁砖，M：抹角线脚砖，Q：立砌抹角砖，S：榫口砖，T：异形角梁砖，Z：异形柱顶连接砖，H：筒壁贴花砖

3-106　字库塔装饰（局部）

3–107　街子镇字库塔

的砖砌法较为混乱、缺乏逻辑。字库塔砌筑用砖从尺寸上大致分为两种，一种较厚，为34×18.5×7厘米，抗压强度平均值6.78Mpa，主要用于字库塔一层，另一种较薄，为36.5×18×5厘米，抗压强度平均值11.4Mpa，主要用于字库塔二、三层。经过分析从上层散落的残砖，可以推断二、三层筒壁出现了将砖立置砌筑的情况，这种做法降低了其结构的稳定性。

另外，至少在一层筒壁内的填充采用了大量散碎的建筑废砖料及黄土，加之灰浆强度很低，致使砌体整体结构很不稳定。仅从震后残迹看，没有迹象显示震前的字库塔砌筑中是否采用了加竹筋或其他的结构加强手段。

2．装饰做法

字库塔建筑的彩饰以近现代的铁红及黑色调和矿物颜料为主，同时伴有白、湖蓝等辅助颜色，也均为近现代调和漆。针对于字库塔的彩饰分为以下四类：

（1）三层塔筒及出檐部分使用铁红调和颜料；

（2）塔筒转角描边使用黑色调和颜料；

（3）挂檐及阑额使用大白为面层；

（4）檐柱雕塑及壁塑使用湖蓝等调和颜料；

各色调和颜料均是直接涂刷在塔筒砖砌体表面的抹灰层上。目前，涂料的成分及配比暂不详（图3–106）。

3．屋面做法

字库塔屋面做法是将小青瓦直接铺在叠涩出檐上，用灰浆勾垄。

（六）相关案例调研

由于同一时期、同一地域的建筑在形制上基本相似，因此在对二王庙字库塔进行震后勘察的过程中，为了获得更多对复原设计有价值的参考，我们赴邻近的崇州市街子镇对街子镇字库塔进行了考察，发现了很多相似的结构和装饰做法。

街子镇字库塔为清代所建的五层楼阁式仿木结构砖塔，在“5·12”地震中幸存下来，仅有第五层完全损毁（图3–107）。震后修缮中采用了塔内混凝土筒加固的抗震措施。其立面的装饰做法，如龙抱柱、壁塑和挂檐等灰塑饰件，对字库塔的复原设计有借鉴意义。

（七）结构稳定性分析研究

1．残损致因分析

字库塔的砖砌体结构在抗震方面性能较差，从此次勘察中分析可见，字库塔的砖砌法混乱、极不合理，如二、三层筒壁出现了将砖立置砌筑的情况，大大降低了其结构强度。另外，筒壁内的填充方式采用了大量散碎的建筑废砖料及黄土，加之灰浆强度很低，致使砌体整体结构很不稳定。字库塔高宽比很大，建筑自身荷载分布导致中心相对偏高，在没有地下基础的情况下，整体结构的抗震性能更加薄弱。以上因素使得字库塔在地震力影响下大幅度的结构形变和垮塌。

2．结构性能

根据检测单位提供数据确定，字库塔主要砌块种类共两种，砖1（厚砖）容重16KN/m^3，强度为MU5；砖2（薄砖）容重19KN/m^3，强度为MU10。古建砌筑采用白灰砂浆，要求砌筑用砂浆强度达到M5.0，所以砖1砌体结构抗压强度设计值为1.19MPa，抗剪强度设计值为0.11MPa，砖2砌体结构抗压强度设计值为1.50MPa，抗剪强度设计值为0.11MPa（施工质量控制等级为B级）。

根据建筑图纸内相关内容字库塔共分为三层，层高为6.23、3.45、3.29米。底层建筑材料为砖1，层高6.23米。截面共分为两部分，第一部分实心截面指基座部分，截面面积为3.55平方米，高度为1.1米，质量为62.48KN；第二部分空心截面，截面面积为2.78平方米，高度为5.13米，质量为228.18KN。首层檐面积约为10.6平方米，首层檐质量约为3KN/m^2，质量为3×（10.6–3.55）＝21.15KN，首层总质量为311.81KN，质心距地面高度为3米。二层建筑材料为砖，层高3.45米，空心截面为1.85－0.13＝1.72平方米，质量为94.94KN，二层檐面积约为8.4平方米，二层檐质量约为3KN/m^2，质量为3×（8.4－1.85）＝19.65KN，二层总质量为114.59KN，质心距地面高度约为6.23+3.45÷2＝8.0米。三层建筑材料为砖，层高3.29米，空心截面为1.05－0.13＝0.92平方米，质量为57.51KN，质心距地面高度约为6.23+3.45+3.29÷2＝11.3米。

经过底部剪力法、砌体截面受弯计算、砌体结构整体稳定计算，得出以下结论：根据《建筑抗震设计规范》表5.1.4–1中数据显示，该塔所用砌筑砂浆强度达到M5.0标准时，截面可以满足6度地区多遇地震荷载下弹性受力要求，无法满足7度地区多遇地震荷载下弹性受力要求。由于本工程很难达到规范的构造要求，故难以满足在罕遇地震作用下结构裂而不倒的要求。根据《建筑抗震设计规范》表5.1.4–1中数据显示，该塔所用砌筑砂浆强度达到M5.0标准时，可以满足7度地区罕遇地震荷载下结构整体稳定要求。

据抗震计算结果可以判断，字库塔在地震力作用下，如不采取其他加强措施或减震措施，无法达到7度抗震要求。在地震作用下，如果基础具有一定的宽度和深度，可以保证在结构整体倒塌前，结构构件已破坏，以免地震过程中塔体整体倒塌，对周围的人、物造成损害。

（八）措施建议

1．复原做法建议

字库塔复原修缮基本延用传统工艺，并在必要节点进行抗震加固处理（图3–108）。

基础做法：字库塔的基座须归安重砌。

主体结构：建筑的主体结构为黏土砖砌体结构，出檐部分做叠涩。

屋面做法（屋面及屋脊）：字库塔屋面做法是将小青瓦直接铺在叠涩出檐上，用灰浆勾垄，瓦件易挪动移位。建筑的脊饰用灰泥雕刻，并放入钢筋做龙骨。

装饰做法：字库塔各色彩饰的调和颜料按震前原状直接涂刷在塔筒砖砌体表面的抹灰层上。柱雕、壁雕和挂檐等装饰均按原状和原工艺做法恢复。

2．抗震加固方案探讨

通过此次灾后对二王庙现存建筑的总体勘察可以基本判断，大量原有木结构的交接方式在抵御地震力时有较明显的优势，出现的残损形变并不导致对建筑的严重损伤。但是像字库塔这样的砖砌体结构的建筑抗震能力较弱，加上结构做法不科学、材料强度不够等因素，导致字库塔的坍塌。

在和几位日本建造物保存协会的古建筑修缮专家共同勘察现场后，我们讨论出若干加固补强的方案，并筛选出六套可行性较高的方案（图3–109）。最终，文物方面专家领导经讨论，倾向于采用对文物建筑本体干预最小的传统做法进行加固，加强结构的薄弱环节，改善不科学的做法，提高材料的强度。

最终，二王庙字库塔的抗震补强加固方案采取了对文物建筑本体干预最小的传统做法进行。

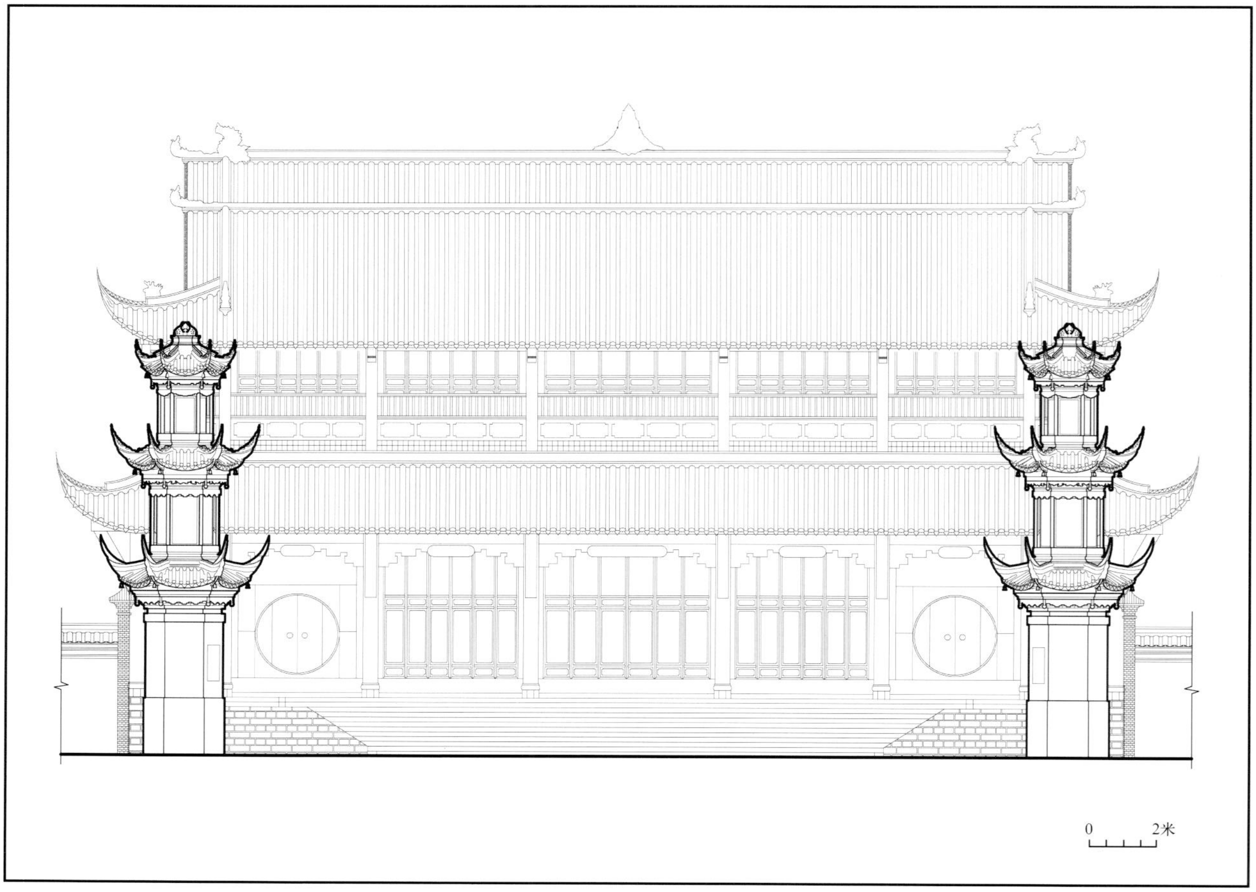

0 2米

3-108 字库塔推测复原总立面图
3-109 探讨方案

字库塔六种抗震补强加固方案一览

方案	方案一：中心钢柱基础法	方案二：混凝土筒及基础连接法	方案三：木柱绳索法	方案四：玻璃纤维网或钢丝圈法	方案五：角砖（角石）加长法	方案六：传统做法提高灰浆强度
示意图						不做任何干预，仅按照原有做法进行砌筑。在此基础上加强灰浆强度，并使用更合理的砖砌法。
做法说明	将钢柱打入地下6~8米深，并用钢筋与塔身相连。	塔基下建造混凝土地基，并与大殿台明用钢筋连接，塔身内建造混凝土套筒。	塔内立木柱，用绳索与塔身相连。	将两层砖的灰浆之间加一层玻璃纤维网提高韧性。将每层的灰浆外层留出2厘米，绕以钢丝并再用灰浆涂盖。	角部砖加长，并提高强度，或改用角石加长。	

具体加固措施包括使用较高强度水泥石灰混合砂浆、提高复制青砖强度进行砌筑；筒壁角部每间隔二、三层砖加入整块石板砌筑，加强水平方向强度；竖向的灰缝内加入竹筋，以增强垂直方向强度等。

六　其他文物及历史建筑勘察

由于篇幅所限，以表格形式对其他文物及历史建筑的勘察结果作简要表述。各建筑震后残损勘察照片编号为编入档案的原始照片编号，与勘察图中的索引编号对应。

（一）老君殿

老君殿位于二殿后的山坡上，坐北朝南，是一个平面近凸字形的建筑，建筑形式复杂，造型独特。该建筑总面阔七间，总进深为六步架，穿斗—抬梁式混合结构，屋面为阶梯状歇山形式。根据脊榑题记，老君殿建于清光绪十二年（1886年），为二王庙现存建筑中年代最早的一座。其东、西梢间外侧后期增建过廊，过廊做工粗糙，屋面与建筑主体风格不符。老君殿建筑形式的高宽比抗震性能较好，主体结构稳定，主要震损由前檐的平台垮塌和后坡的山石滑坡造成。

震后勘察记录表

部 位	现 状 描 述
平面	1．总面阔七间，其中原主体建筑面阔五间，总进深六步架，明间为二层建筑，次、梢间为单层建筑，明间前设抱厦。 2．通面阔17.7米，通进深6.76米。 3．抱厦檐口高度为3.74米，明间檐口高度为7.96，东、西次间檐口高度为5.03米，东、西梢间檐口高度为3.64米，明间建筑总高度为9.95米，东、西次间建筑总高度为7.5米，东、西梢间建筑总高度为5.07米。
台基及柱础	1．台基整体建造在陡坎上，通长与通宽分别为17.93、7.8米，外圈采用40厘米宽、15厘米厚、长度不一的条石铺墁。殿内地面人为改造为水泥地面。 2．由于台基南侧交通面积狭窄，不利于通行，因此后期在台基前增建平台，做法是用砖砌柱。砖柱下方坐落在下层陡坎上，上方做钢筋混凝土梁，梁上放置钢筋混凝土预制板。 3．柱础形式多样，前檐抱厦的四个柱础为八边形，上雕饰八卦图案，其他前檐柱础也为八边形，但无图案。殿内为圆形柱础。 4．柱础直接放置在台基上，下方无任何基础处理。柱础为八面柱体，各面饰有八卦纹样。 5．震后，山体滑坡严重，台基垮塌、变形严重，台基前平台彻底塌毁，仅剩一两块预制板，地面开裂、变形严重；前檐及东侧五根立柱础脱离而悬空。
柱子	1．抱厦前檐两根柱子为八边形柱，其他均为圆柱。为扩大明间佛像基座面积，在明间后檐部分增设两根木柱。 2．主体建筑部分柱子柱径均为30厘米，后增建过廊柱子柱径为22厘米，外饰黑色油饰，柱头处饰铁红油饰。 3．柱子直接放置在柱础上，下方无任何结构连接。 4．震后，由于台基的垮塌、变形，柱子移位、倾斜严重，后檐柱被后面垮塌的山石压断。
梁架	1．该建筑为穿斗—抬梁式混合结构，明间为抬梁式结构，次、梢间为穿斗式结构。 2．檐部梁（枋）出檐较多，直接挑承托挑檐檩。 3．明间最下层承重构件为梁，承托上层构件，次、梢间最下层承重构件为枋。 4．明、次、梢间脊檩在同一水平位置上，但高度不同，分别由高到低，为阶梯形式。 5．后檐部分枋上有彩画，做工粗糙。 6．部分梁上雕有宗教图案、文字及题记。 7．震后，尽管建筑基础部分变形、损毁严重，但是梁架部分保存较好，无大的损毁与变形。
墙体	1．建筑墙体是由板壁墙和编壁墙组合而成。在平均1.6米高度以下为板壁墙，以上为编壁墙。 2．部分编壁墙上绘有宗教图案，经了解均为使用方后期自行绘制。 3．震后，部分板壁墙、编壁墙被震落、缺失，均污损严重。
门窗	抱厦前檐设有隔扇四扇，现均被震落，原件尚存。
装修	1．在前檐及室内的多处梁、枋下施雕花雀替，前檐梁头下方施雕花撑栱，并在梁头处施垂帘柱。图案丰富，雕刻精美。 2．后檐均无雀替、撑栱、垂帘柱等装饰构件。 3．后檐部分，柱间安有挂落，应为后期制作安装，做工粗糙。 4．震后，建筑下部的槛、框变形、脱榫严重，上部的槛、框相对完好。

部 位	现 状 描 述
楼板	无
椽望	1．椽子为100×40毫米的板椽。 2．建筑檐椽上施飞椽。 3．部分椽子已糟朽、虫蛀严重。
屋面	1．明间屋面为尖山歇山屋面，次、梢间为卷棚歇山屋面，过廊为单坡顶，屋面布小青瓦。 2．各间屋面高低错落有致，呈阶梯状。 3．明间屋面设有正脊、正吻及脊刹。次、梢间在卷棚屋面上设正脊，但无正吻、脊刹等构件。 4．屋面瓦件为干摆形式。 5．瓦件长草及青苔现象严重。 6．震后，大部分瓦件全部滑落、缺失。
同边环境	1．前部混凝土平台垮塌。 2．后檐山坡滑坡，山石冲垮神像。

老君殿

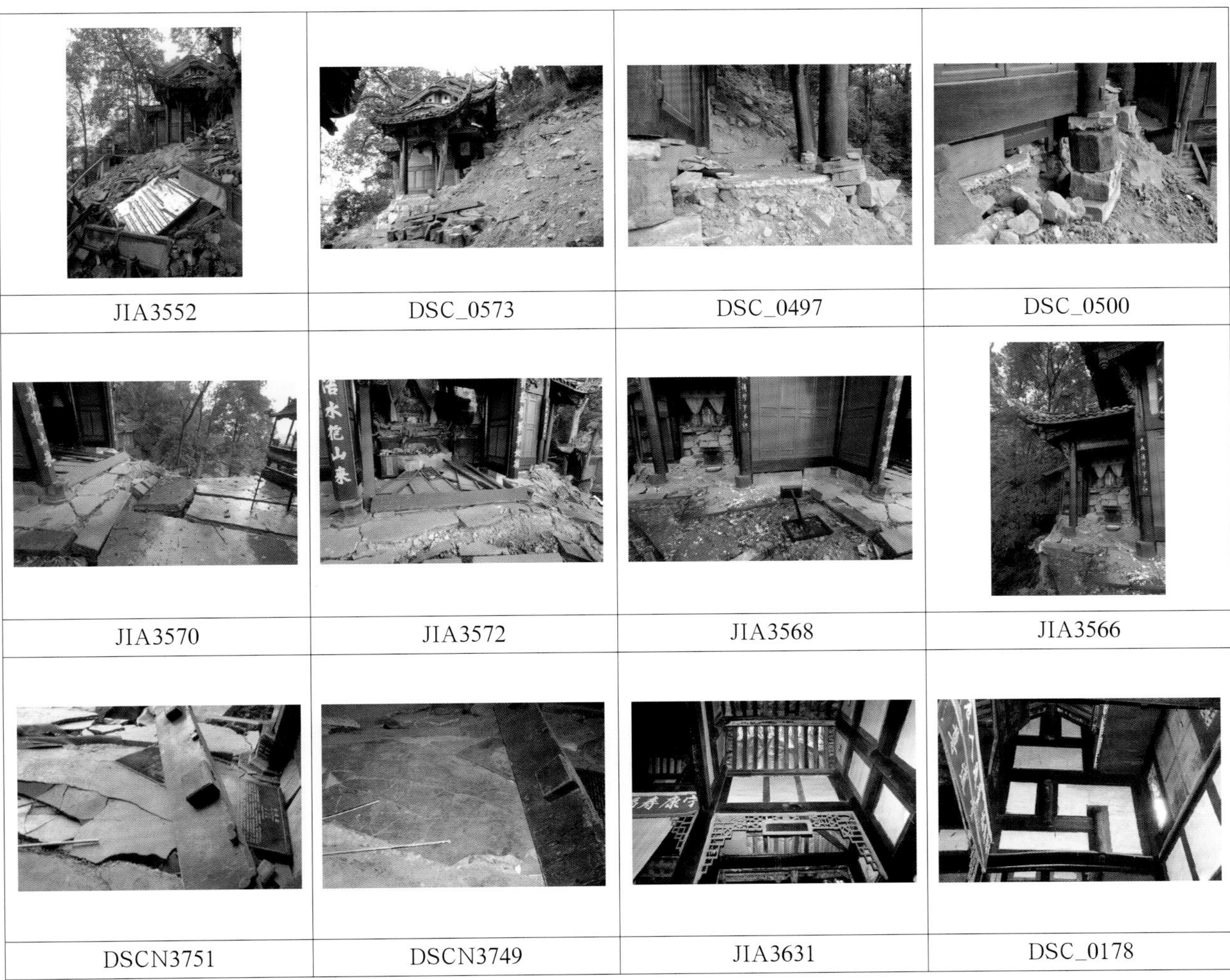

JIA3552	DSC_0573	DSC_0497	DSC_0500
JIA3570	JIA3572	JIA3568	JIA3566
DSCN3751	DSCN3749	JIA3631	DSC_0178

DSC_0182
DSC_0926
DSC_0535
IMG_1490
DSC_0511
JIA3641
DSC_0536
DSC_0923
DSC_0173
DSC_0175
DSC_0176
DSC_0556
DSC_0568
DSC_0187
DSC_0515
DSC_0520
JIA3645
DSCF0125

（二）圣母殿（吉当普殿）

圣母殿坐北朝南，是一座平面为凸字形的建筑，面阔五间，明间进深为三间，次间、梢间进深为一间，穿斗式结构，屋顶形式为悬山，从明间向两侧逐间跌落。圣母殿西侧后期增建库房，库房与圣母殿共用西山柱和西山墙，做工粗糙，与圣母殿风格不符。该建筑体量匀称基础相对较稳固，所处环境较开敞，建筑结构稳定，震损较小。

震后勘察记录表

部　位	现 状 描 述
平面	1．面阔五间，明间进深三间，次、梢间进深一间。明间为二层建筑，次、梢间为单层建筑。 2．通面阔15.12米，明间通进深6.89米，次、梢间通进深3.04米。 3．明间前檐檐口高度为6.74米，后檐檐口高度为3.81米。东、西次间前后檐口高度为4.05米，东、西梢间前后檐口高度为2.6米。明间建筑总高度为7.55米，东、西次间建筑总高度为5.86米，东、西梢间建筑总高度为4.35米。
台基及柱础	1．台基随建筑形式呈凸字形，通长16.42米，通宽8.8米。台基外圈采用40厘米宽、15厘米厚、长度不一的条石铺墁。殿内地面为三合土地面。 2．台基自北向南有轻微坡度，应是建造时特意做的找坡。台基震后保存相对较好，没有明显的变形沉隆，仅台阶西侧挡土墙面层饰面砖石脱落。 3．柱础形式多样，尺寸大小不一。据判断，是由后期维修、添配造成。柱础直接放置在台基上，下方无基础处理。
柱子	1．柱子均为木柱，柱径为28厘米，外饰黑色油饰为大漆做法，柱头处饰铁红油饰。 2．柱子直接放置在柱础上，下方无结构连接。 3．二层山柱、童柱均不是通柱，而是靠榫拼接而成。 4．震后，柱子无明显变形、倾斜，保存相对较好，也没有较明显的腐朽虫蛀现象。
梁架	1．该建筑为穿斗式结构。 2．由枋悬挑承托挑檐檩。 3．明间、次间最下层承重构件为梁，承托上层构件。梢间最下层承重构件为枋。 4．次、梢间脊檩与明间脊檩未在同一水平位置，次、梢间脊檩在前檐金柱位置，而明间脊檩则是放置在前檐金柱北侧的童柱位置。 5．震后，建筑整体保存较好，无明显变形。
墙体	1．建筑墙体是由板壁墙和编壁墙组合而成，平均1.4米高度以下为板壁墙，以上为编壁墙。 2．明间局部山墙、次间后檐墙未做墙体，而是以镂空窗装饰。 3．震后，板壁墙保存相对较好，编壁墙缺失及面层脱落较严重。
装修	1．在前檐及室内的多处梁、枋下施的雕花雀替。前檐梁枋头下方施雕花撑栱，并在梁枋头处施垂帘柱。 2．后檐均无雀替、撑栱、垂帘柱等装饰构件。 3．震后，装饰构件保存相对完好，个别撑栱掉落、缺失。

部 位	现 状 描 述
楼板	1．明间南侧A—B轴间为二层，楼板相对完好，仅局部有些糟朽。
椽望	1．椽子为100×40毫米的板椽。 2．建筑檐椽上施飞椽。 3．该建筑椽上未施铝板。
屋面	1．屋面为悬山顶，布小青瓦。 2．各间屋面高低错落有致，呈阶梯状。 3．明间屋面前后檐为不对称形式，前檐屋面坡度短，而后檐屋面坡度较长，前后檐檐口高度不一。次间、梢间屋面均为对称形式，前后檐檐口在同一高度。 4．三部分正脊上均雕有脊饰图案，脊两端未见脊饰（清官式建筑正吻所在位置）。 5．屋面瓦件为干摆形式。 6．瓦件长草及青苔现象严重。 7．震后，脊饰滑落、缺失，两侧瓦面大面积滑落，明间瓦面受断落脊饰影响有少量滑落。

圣母殿

DSCO8307	DSCO8315	DSCO8310	DSCO8317
DSCO8403	DSCO8406	DSCO8694	DSCO8725、DSCO8731
DSCO8736	DSCO8766、DSCO8769	DSCO8328	DSCO8746

DSCO8880、DSCO8511	DSCO8518	DSCO8371	DSCO8522
DSCN5524	DSCO8382	DSCO8601	DSCO8603

（三）祖堂

祖堂坐北朝南，面阔五间，进深三间。西侧第二间为局部高起二层建筑。根据分析判断，西侧三间应为原构，东侧两间为后期扩建。该建筑为穿斗—抬梁式混合结构，屋面为悬山形式。其建筑形式的高宽比抗震性相对能较好，主体结构稳定，但由于后檐排水不畅及不当的使用方式，造成木结构严重槽朽。

震损勘察记录表

部　位	现 状 描 述
平面	1. 面阔五间，进深为三间。西侧第二间为二层建筑。根据分析判断，建筑东侧第四、五间为后期扩建。震后西侧第一间全部墙体垮塌，角柱消失，上层木构柱及屋顶仍存。 2. 通面阔15.32米，通进深4.86米。 3. 一层檐口高度为2.95米，二层檐口高度为6米。一层建筑总高度为5.27米，二层建筑总高度为7.5米。
台基及柱础	1. 台基为15.77×5.95米，台基外圈采用60厘米宽、15厘米厚、长度不一的条石铺墁。殿内地面为三合土地面。 2. 台基直接建造在陡坎上，陡坎前方后期建筑辅助用房数间，辅助用房的屋顶与祖堂台明相接，形成较宽的通行通道。 3. 柱础均为石制柱础，直接放置在台基上，下方无基础处理。 4. 震后，陡坎有轻微的鼓闪、变形。室内地面面层多处开裂。陡坎前方的辅助用房及其屋顶垮塌严重，致使祖堂前檐通行通道狭窄，存在安全隐患。

部　位	现 状 描 述
柱子	1．柱子柱径均为18厘米，用材较小；柱子外饰黑色油饰。 2．柱子直接放置在柱础上，下方无任何结构连接。 3．震后，两侧一间外檐角柱消失，变形较小，其他柱子没有明显移位、倾斜现象。 4．由于后檐排水不畅，后檐柱糟损严重。
梁架	1．该建筑为穿斗—抬梁式混合结构；在②－③轴开间处为抬梁式，其他开间均为穿斗式结构。 2．由大梁悬挑，直接承托挑檐檩。 3．一层脊檩放置在中柱或山柱上，而二层脊檩则是放置在童柱上。 4．震后，由于建筑基础变形较小，因此梁架也保存相对较好，无明显严重变形。 5．由于后期作厨房使用，以及保存环境潮湿，大量梁柱污损、糟朽严重。
墙体	1．建筑墙体是由编壁墙和砖墙组合而成。 2．建筑的后檐墙、山墙及一层隔墙均为砖墙，山面墙体砌筑在柱外侧，后檐墙及隔墙则是砌筑在两柱之间。 3．震后，编壁墙保存相对较好，砖隔墙部分倒塌，多处碎裂。西侧一间墙完全坍塌。
装修	1．该建筑无雀替、裙板等装饰构件。仅在二层前檐梁头下方施雕花撑栱，并在梁头处施垂帘柱。 2．后檐均无雀替、撑栱、垂帘柱等装饰构件。 3．震后，装饰构件保存相对完好。
楼板	1．楼板相对完好，仅局部有些糟朽、破裂。
椽望	1．椽子为100×40毫米的板椽。 2．由于建筑形制、规格较低，因此檐椽上未施飞椽。 3．为起到防水目的，在板椽上铺设铝板。铝板上按椽间距铺设木条，用于铺设瓦面。 4．震后，前檐部分椽子折断，屋面变形严重。
屋面	1．屋面为悬山顶，布小青瓦。 2．二层屋面前后檐为不对称形式，前檐屋面坡度短，而后檐屋面坡度较长，前后檐檐口高度不一。 3．二层正脊上均雕有脊饰图案，并施正吻。一层正脊上未雕有脊饰图案。 4．西次间正脊上无正吻。在东侧屋脊上施有一正吻，位置在东侧第四、五次间前的东次间正脊上。 5．屋面瓦件为干摆形式。 6．瓦件长草及青苔现象严重。 7．震后，脊及大部分瓦件全部滑落、缺失，正吻残缺。

祖堂

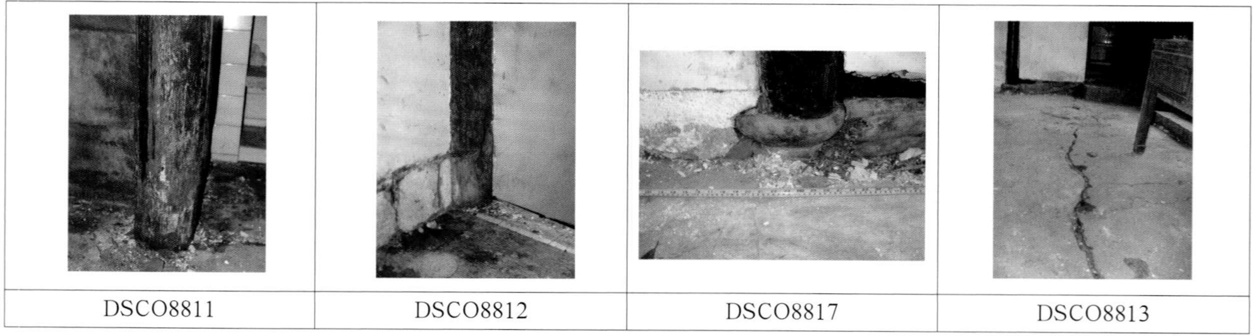

DSCO8811	DSCO8812	DSCO8817	DSCO8813

DSC_0268	DSCO8562	DSCO8320	DSCO8346
DSCO8347	DSCO8348	DSCO8349	DSCO8351
DSCO8388	DSCO8393	DSCO8399	DSCO8409
DSCO8411	DSCO8414	DSCO8415	DSCO8416
DSCO8417	DSCO8419	DSCO8421	DSCO8424

DSCO8426	DSCO8428	DSCO8430	DSCO8435
DSCO8441	DSCO8491	DSCO8671	DSCO8679
DSCO8825	DSCO8832	DSCO8837	DSCO8859
DSC_0289	DSC_0346		

（四）铁龙殿

铁龙殿坐北朝南，面阔三间，东侧为后期增设辅助用房一间。进深为四间，穿斗式结构，屋面为阶梯式悬山屋面。东梢间做工粗糙，屋面为单坡屋面，与主体建筑风格不符。其建筑形式的高宽比抗震性能较好，主体结构较稳定，但柱基础由于补配方式不当欠稳定，主体建筑震后轻微歪闪。

震后勘察记录表

部　位	现 状 描 述
形式	1．铁龙殿为面阔四间、进深四间的单层建筑。东梢间为后期增建建筑。 2．通面阔11.62米，其中，主体建筑通面阔8.89米，通进深5.38米。 3．明间檐口高度为3.7米，东、西两次间檐口高度为2.99米，明间建筑总高度为6.29米；东、西次间建筑总高度为5.83米。 4．后加东梢间震后彻底垮塌，未测绘。
台基及柱础	1．台基为5.68×9.2米，东梢间无台基。 2．台基前檐采用30厘米宽、15厘米厚、长度不一的条石铺墁。 3．柱础直接放置在台基上，下面无任何基础连接。 4．震后，台基后方的堡坎墙鼓闪变形。 5．部分柱础似为后期补配，尺寸较小且为水泥材质。
柱子	1．主体建筑用木柱十八根，柱径18厘米，建筑用材偏小。外饰黑色油饰。东梢间柱子缺失，无法测绘。 2．木柱直接放置在柱础上，下方无任何结构连接。 3．震后，除东梢间彻底垮塌，主体建筑整体保存较好。
梁架	1．该建筑为穿斗式结构。 2．建筑在进深方向承重构件是由多层穿枋构成，最上层枋悬挑承托挑檐檩。 3．建筑在面宽方向承重构件均由檩、枋构成。 4．震后，梁架结构保存相对较好。
墙体	1．建筑墙体是由板壁墙和编壁墙组合而成，平均1.4米高度以下为板壁墙，以上为编壁墙。 2．后檐墙均为24厘米厚砖墙。 3．东次间与东梢间之间的板壁被人为取消。 4．震后，部分砖墙倒塌、碎落，部分编壁墙缺失。
装修	1．在前檐的檐枋下施雕花雀替，梁头下方施雕花撑栱，并在梁头处施垂帘柱。 2．后檐均无雀替、撑栱等装饰构件。 3．殿内梁、枋下方均施有雕花雀替。 4．震后，装饰构件均受到不同程度的损害。
楼板	无
椽望	1．椽子为100×30毫米的板椽。 2．由于该建筑规格较低，体量较小，因此该建筑只施一层檐椽，未施飞椽。 3．为起到防水目的，在板椽上铺设铝板。铝板上按椽间距铺设木条，用于铺设瓦面。
屋面	1．主体建筑屋面为悬山屋面，东梢间为东西向单坡屋面，布小青瓦。 2．各间屋面高低错落有致，呈阶梯状。 3．正脊上均雕有脊饰图案，施正吻。明间正脊上施有中堆，次间正脊上未施中堆。 4．屋面瓦件为干摆形式。 5．瓦件长草及青苔现象严重。 6．震后，大部分瓦件滑落、移位，局部脊饰、正吻受损严重。

铁龙殿

DSC_0170	DSC_0008	DSC_0172	DSC_0289
DSC_0298	DSC_0173	DSC_0175	DSC_0176
DSC_0005	DSC_0015	DSC_0293	DSC_0181
DSC_0177	DSC_0180	DSC_0182	DSC_0198
DSC_0200	DSC_0273	DSC_0427	DSC_0191

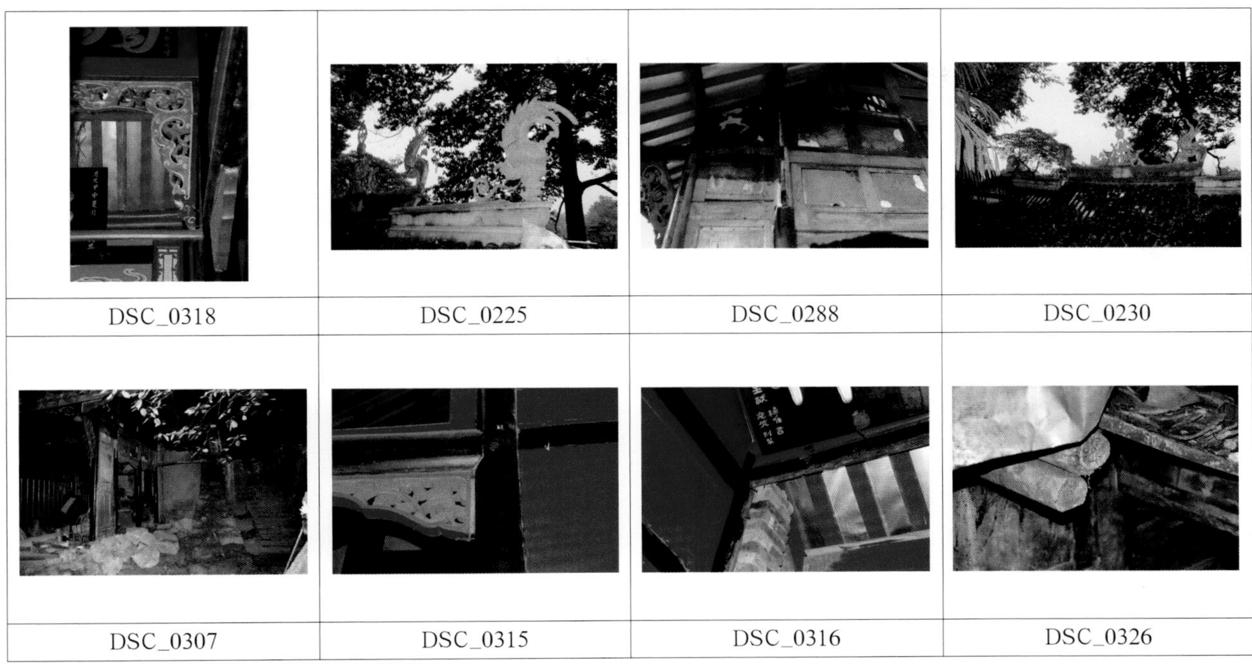

DSC_0318	DSC_0225	DSC_0288	DSC_0230
DSC_0307	DSC_0315	DSC_0316	DSC_0326

（五）文物陈列室

文物陈列室坐北朝南，设前廊，为穿斗—抬梁混合式建筑。明间为抬梁式结构，在七架梁下方设立柱。东、西次间为穿斗式结构。后檐柱被改造为砖柱。其建筑用材截面较小，跨度较大，且多用自然材，抗震性能较差。但建筑整体结构简单轻巧，荷载小，震后主体结构基本保留，有明显变形，屋面和墙体受损严重。

震后勘察记录表

部　位	现 状 描 述
形式	1．文物陈列室为面阔三间，进深三间，单层建筑。 2．通面阔12.4米，通进深7.59米。其中廊进深为2.97米，其他两间进深分别为2.97米和1.65米。 3．前檐檐口高度为4.65米，后檐檐口高度为3.83米。在正脊缺失的情况下，建筑总高度为7.09米。
台基及柱础	1．台基为8.34×13.13米，台基外圈采用20厘米宽、15厘米厚、长度不一的条石铺墁。台基南侧前沿坐凳下方，在原有台基上人为增加15厘米高的条台。建筑室内人为垫高15厘米。 2．廊心地面为三合土地面。由于震后陈列室内部存放大量文物，因此建筑室内地面材料不详。 3．木柱下施柱础，但柱础形式不统一。柱础直接放置在台基上，下方无基础处理。 4．震后，台基现存状况完好。

部　位	现 状 描 述
柱子	1．建筑共有十四根柱子，后檐柱改用40×40厘米的砖柱，其他柱均为直径20厘米木柱，外施黑色油饰，木柱用材偏小。 2．木柱均直接放置在柱础之上，下方无任何结构连接。 3．东侧山柱紧靠二殿的墙、柱。 4．震后西北角砖柱及C−1轴柱垮塌。
梁架	1．该建筑为穿斗—抬梁混合式结构，明间为抬梁式结构，东、西次间两山为穿斗式结构。 2．建筑梁构件使用自然材。 3．后檐穿插枋在后檐处做法是将枋穿过砖柱，悬挑后檐挑檐檩。 4．震后，梁架构件缺失严重，仅剩东次间的两榀梁架。
墙体	1．建筑后檐墙为24厘米砖墙，砌筑在砖柱中间。东侧无山墙，西侧为24厘米砖墙砌筑在山柱外侧。 2．震后，西次间后檐墙及西山墙垮塌，其他墙体均有不同程度的缺损及酥裂。
装修	后檐墙及西山墙嵌有民国年间制作的董其昌书《岳阳楼记》木刻，清康熙“仁寺碑”木刻，清木刻王羲之《新建铜履记》。震后木刻保存较完整，个别有开裂。
楼板	无
椽望	1．椽子为100×40毫米的板椽。 2．由于该建筑规格较低，体量较小，因此该建筑只施一层檐椽，未施飞椽。 3．为起到防水目的，在板椽上铺设铝板。铝板上按椽间距铺设木条，用于铺设瓦面。 4．震后，除东次间以外，明间、西次间椽子全部缺失。
屋面	1．经过震损，已无法看到屋面形式，但是通过檩件与山柱的关系，判断原屋面应为悬山式。 5．屋面瓦件为干摆形式。 7．震后，脊及瓦件全部滑落、缺失。

文物陈列室

DSCN4100	DSCO8353	DSCO8357	DSCO8358
DSCN4102	DSCN4104	DSCO8448	DSCO8359
DSCO8443	DSCO8588	DSC_0406	

（六）大照壁

大照壁为在原照壁位置上后期改建的建筑，坐南朝北，面阔五间，进深为二间，悬山屋面。明次间高，两侧低。木构架结构采用了大量现代三角支撑加固方式，做工粗糙，后部落在钢筋混凝土墩上。震后照壁墙全部垮塌，主体结构明显歪闪，前檐条石基础变形严重。

震后勘察记录表

部 位	现 状 描 述
平面	1．面阔五间，进深为二间。 2．通面阔19.44米，通进深3.825米。 3．明间檐口高度为6.18米，二层檐口高度为4.48米。一层建筑总高度为7.73米，二层建筑总高度为5.96米。
台基及柱础	1．该建筑依山而建，北侧建有条形台基0.5×19.6米。 2．实际檐柱落地，台基外包于檐柱之外，底部为石材，作须弥座线角造型，上部为一道对檐柱起固定作用的混凝土地梁。 3．后部木结构支撑体系落于山坡上的混凝土基础。
柱子	1．北侧柱子直接放置在北侧条形台基内侧，底部构造不明。南侧柱子直接落在5.3米以下的堡坎墙上。 2．北侧柱子为15×15厘米的方柱，南侧柱子为25×25厘米的方柱。柱子外饰铁红油饰。 3．震后，由于建筑陡坎台基保存相对较好，变形较小，所以柱子没有明显移位，但有前后方向的歪闪。
梁架	1．该建筑为穿斗式结构，在梁柱之间加有斜撑。 2．由大梁悬挑，直接承托挑檐檩。 3．梁架结构混乱。 4．震后，由于建筑基础变形较小，结构中大量三角支撑起到加固作用，因此梁架保存完整，但有整体歪闪。
墙体	1．建筑墙体为编壁墙。 2．正面墙底部三分之一应为单皮砖墙，贴檐柱外皮砌筑。上部为编壁墙至顶。 3．震后，编壁墙面层脱落，且北侧编壁墙整体倒塌。
装修	原照壁中心为邓小平为植树造林题写的“造福万代”，两侧壁采用浮雕形式，为传统装饰图案。
楼板	无
椽望	1．椽子为100×40毫米的板椽。 2．由于建筑形制、规格较低，因此檐椽上未施飞椽。 3．为起到防水目的，在板椽上铺设铝板。铝板上按椽间距铺设木条，用于铺设瓦面。 4．震后，前檐部分椽子折断，屋面变形较严重。
屋面	1．屋面为悬山顶，布小青瓦。 2．屋面正脊上均雕有脊饰图案，并施正吻及中堆。 3．屋面瓦件为干摆形式。 4．瓦件长草及青苔现象较严重。 5．震后，脊及大部分瓦件全部滑落、缺失，正吻、脊饰残缺严重。

备注：由于该建筑梁架结构混乱，故不在此进行详细描述，具体详见《照壁单体建筑勘察图》。

大照壁

JIA4042　DSC_0248　DSC_0409　DSCF0679

IMG_0618　DSC_0237　DSC_0252　DSC_0253

IMG_1038　IMG_0706　IMG_0703　DSC_0254

DSC_0410　DSC_0260　DSC_0262　DSC_0248

（七）上西山门

上西山门坐东朝西，面阔三间，进深一间，穿斗式结构，屋面为卷棚悬山形式。在建筑的西侧后建辅助用房一间，风格与主体建筑不符。其建筑形式的高宽比较大，屋面结构荷载相对较重，震后基础虽较稳固，但建筑主体歪闪明显。

震后勘察记录表

部 位	现 状 描 述
形式	1. 上西山门主体部分为面阔三间，进深一间。明间西侧后增建辅助用房一间，封闭用作库房。 2. 通面阔9.28米，明间通进深5.18米。次间通进深为1.88米。 3. 明间檐口高度为4.85米，两次间檐口高度为3.45米，后建建筑檐口高度为2.35米。明间建筑总高度为5.92米。次间屋面总高度为4.45米。
台基及柱础	1. 在陡坎西侧边缘上砌筑台基。 2. 台基为9.42×1.5米。两次间台基用条石砌筑，外做饰面，内填回填土，高为1.05米。殿内地面由40×60厘米的条石横纵相间铺墁。 3. 在明间与后建建筑中还保留有原来的台阶。 4. 震后，两次间的台基断裂松动、鼓闪、变形。
柱子	1. 主体建筑用14×14厘米方柱八根，外饰黑色油饰。后建建筑用圆柱四根，柱径26厘米。 2. 木柱直接放置在台基上，下方无任何结构连接。 3. 震后，柱子少许移位。
梁架	1. 该建筑为穿斗式结构。 2. 建筑在进深方向承重构件是由多层穿枋构成，最上层枋悬挑承托挑檐檩。 3. 建筑在面宽方向承重构件均由檩、枋构成。 4. 震后，梁架结构随柱轻微扭曲、变形。
墙体	1. 建筑的墙体为板壁墙。 2. 在后檐柱外侧包砌砖墙。 3. 震后，板壁墙有一定的变形、破损，砖墙倒塌。
装修	1. 前后檐枋下施雕花雀替，梁头下方施雕花撑栱，并在梁头处施垂帘柱。 2. 震后，装饰构件均受到不同程度的损害。
楼板	无
椽望	1. 椽子为100×40毫米的板椽。 2. 由于该建筑规格较低，体量较小，因此该建筑只施一层檐椽，未施飞椽。 3. 椽子上方未设防水铝板。
屋面	1. 屋面为卷棚歇山顶，布小青瓦。 2. 各间屋面高低错落有致，呈阶梯状。 3. 正脊上均雕有脊饰图案，明间正脊上施正吻、中堆，但做工较粗糙。 4. 屋面瓦件为干摆形式。 5. 瓦件长草及青苔现象严重。 6. 震后，大部分瓦件滑落、移位，局部脊饰、正吻受损严重。

上西山门

DSC_0423	DSC_0238	DSC_0239	DSC_0240
DSC_0241	DSC_0242	DSC_0243	DSC_0250
DSC_0251	DSC_0254	DSC_0260	DSC_0269
DSC_0270	DSC_0271	DSC_0272	DSC_0273
DSC_0427	DSC_0431	DSC_0429	DSC_0437

（八）灵官殿

灵官殿坐西朝东，为抬梁式结构，重檐歇山顶，柱梁明显较其他建筑粗大。现存的灵官殿为砖木混合结构，为20世纪80年代后重建建筑。建筑整体构架匀称稳定，但砖木混和的结构形式抗震性能较差。震后地平基础略有倾斜开裂，砖柱全部剪断，主体结构变形明显。

震后勘察记录表

部 位	现 状 描 述
形式	1. 灵官殿为面阔三间，进深三间，二层建筑。 2. 一层通面阔8.37米，通进深6.15米；二层通面阔7.33米，通进深5.11米。 3. 一层檐口高度为3.97米，二层檐口高度为7.52米，建筑高度为10.95米。
台基及柱础	1. 台基为10×8.42米，台基外圈采用30厘米宽、15厘米厚、长度不一的条石铺墁。殿内地面改造为水泥地面。 2. 台基心部为回填土，材料为大小不一的碎石与黄土。 3. 柱础从材料上分为两类，一种是以前沿用下来的石制柱础，另一种是后期更换的砖柱础，外用水泥做石材抹面。②、③轴处的均为石柱础；①、④轴处均为砖柱础。 4. 柱础直接放置在台基上，台明以下无任何基础处理。 5. 震后，台基内部随之山体滑坡发生不均匀沉降，使台明变形开裂，导致建筑物整体向南侧倾斜。
柱子	1. 柱子从材料上分为木柱和后期改造的砖柱。 2. 一层 ①、④轴处均为后期人为改造的砖柱，水泥抹面，外饰黑色油饰。 3. 一层 ②、③轴处及二层均为木柱，外饰黑色油饰。 4. 二层所有木柱均为直接放置在楼板或下层柱柱头上，并未与一层梁架发生任何榫卯连接关系。 5. 一层木柱均采用包镶式做法，柱径较大。 6. 一层木柱在与梁枋相接处的处理方法为分段式，即在梁枋下方为一段长柱，与梁枋相接处为一段短柱，短柱放置在长柱上，梁枋上方又放置一段短柱作为柱头，承托檩件，每段之间用扒锔连接。一层一些童柱也用此做法。 7. ④轴砖柱紧靠堡坎墙。 8. 震后，一层柱子均向西南侧倾斜，二层柱子均向西南侧发生移位。
梁架	1. 该建筑为抬梁式楼阁结构。 2. 二层抱头梁与檐柱的处理方法与其他建筑不同，做法是将梁在檐柱位置做榫，并将柱头处刻槽，将梁从柱头处放置进去后，用木块将柱头处的槽封堵。 3. 抱头梁出檐较大，直接承托挑檐檩。 4. 二层明间五架梁与次间五架梁底标高不在同一高度。 5. 震后，由于台基变形，柱子移位，导致梁枋拔榫现象严重。

部 位	现 状 描 述
墙体	1. 建筑无外墙； 2. 一层于②-③、C-D轴之间设有板壁墙及编壁墙相结合的隔墙； 3. 二层于②-③、B-C轴之间设有木隔断。 4. 震后隔墙保存较完整，部分开裂，表皮剥落。
装修	1. 一、二层前后檐檐枋下均有体量较大的雕花雀替。抱头梁出檐较多，并直接承托挑檐檩，梁头下设有木雕撑栱。 2. 二层檐柱施雕花木栏杆。 3. 震后，由于建筑变形，导致部分雀替、撑栱等装饰构件拔榫、脱落、缺失。
楼板	1. 一、二间施楼板，面饰铁红油饰，二层无天花，为露明造。
椽望	1. 椽子为100×50毫米的板椽。 2. 该建筑规格较高，体量较大，檐椽上施飞椽。 3. 为起到防水目的，后期在板椽上铺设铝板。铝板上按椽间距铺设木条，用于铺设瓦面。
屋面	1. 屋面为重檐歇山顶，布小青瓦，飞檐翘角形式。歇山屋面两侧为悬山做法。 2. 一层角脊、围脊与二层角柱处设泥塑走兽。 3. 二层前后檐屋面正中处及垂脊端部设泥塑走兽及仙人。 4. 正脊施泥塑中堆及正吻（正吻已缺损）。 5. 瓦件长草及青苔现象严重。 6. 震后，部分瓦件滑落、移位，脊发生断裂、缺损。

灵官殿

JIA4060	JIA4080	JIA4082	JIA4083
JIA4085	JIA4088	JIA4089	JIA4090

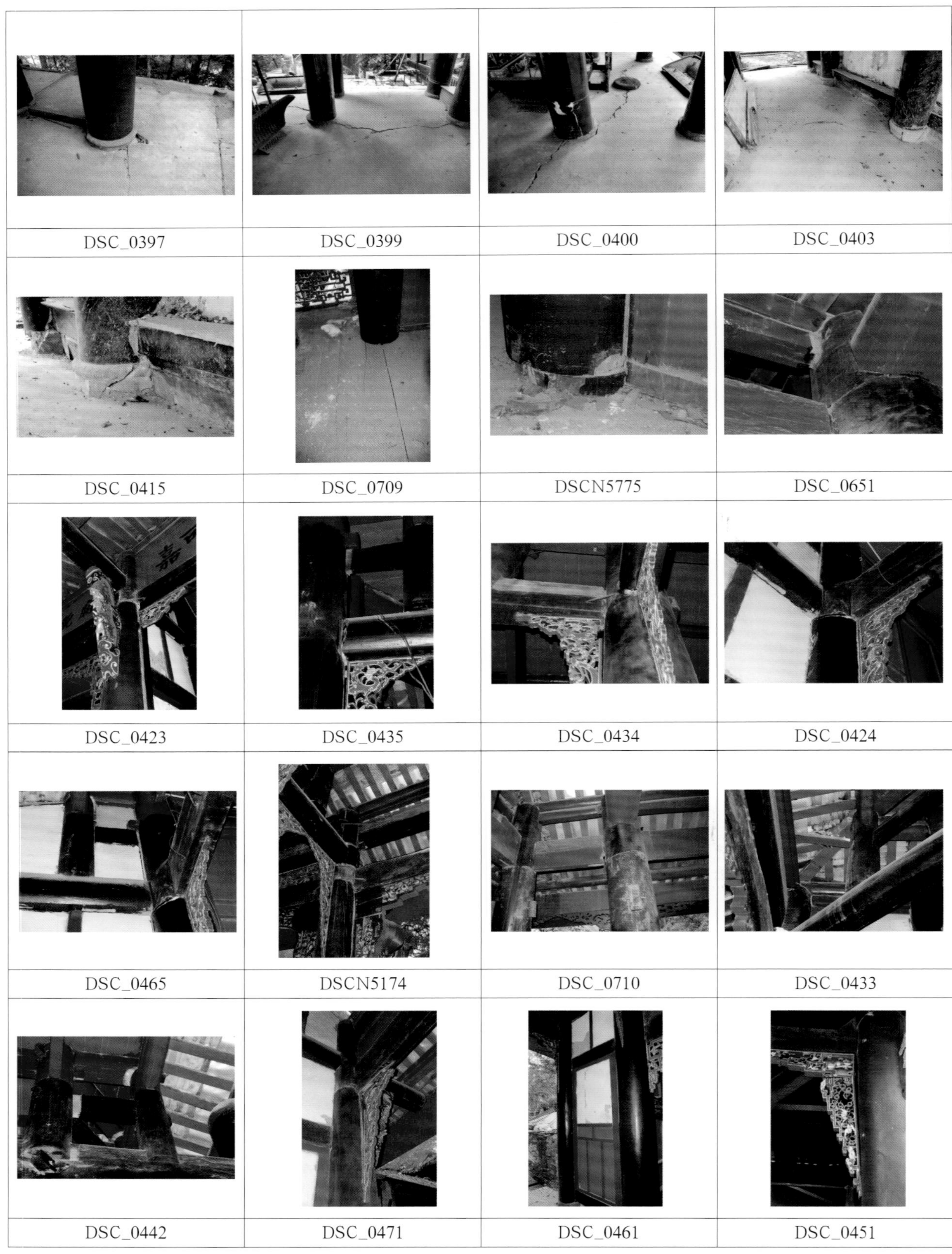

DSC_0397	DSC_0399	DSC_0400	DSC_0403
DSC_0415	DSC_0709	DSCN5775	DSC_0651
DSC_0423	DSC_0435	DSC_0434	DSC_0424
DSC_0465	DSCN5174	DSC_0710	DSC_0433
DSC_0442	DSC_0471	DSC_0461	DSC_0451

DSC_0715　DSC_0684　DSC_0446　DSC_0373

DSC_0377　DSC_0389　DSC_0613　DSC_0623

DSCN5791

（九）丁公祠

丁公祠坐南朝北，为穿斗式结构的悬山建筑，明间屋面高于东、西次间屋面。现存建筑立在钢筋混凝土加固的基础之上，应为近年修复建筑。其建筑结构简单，但屋面荷载相对较大，前、后檐柱所在基础稳定性不同，震后整体歪闪严重。

震后勘察记录表

部 位	现 状 描 述
形式	1．丁公祠为面阔三间，进深一间，单层建筑。 2．通面阔7.5米，通进深2米。 3．明间檐口高度为4.01米，东西两次间檐口高度为2.97米，东、西两次间前檐屋面在明间处断开，后檐则为通檐。明间建筑总高度为5.96米。东、西次间建筑总高度为4.82米。

部 位	现 状 描 述
台基及柱础	1．台基为2.98×8.1米，台基外圈采用40厘米宽、15厘米厚、长度不一的条石铺墁，殿内地面改造为水泥地面。 2．台基东、南侧均坐落在钢筋混凝土扶壁挡土墙上，台基北侧则坐落在回填土上。台基心部为回填土，材料为大小不一的碎石与黄土。 3．八根檐柱均无柱础。 4．震后，台基南北两侧发生不均匀沉降，导致整体建筑向北侧倾斜。
柱子	1．柱子均为木柱，柱径20厘米，外饰黑色油饰。 2．八根柱子直接放置在台基上，下方无任何结构连接。其中西北角柱坐落在灵官殿台明上，较其他柱短。 3．由于地形原因，后檐柱直接放置在钢筋混凝土扶壁挡土墙的梁上，前檐柱则放置在回填土台基上。 4．震后，由于基础的不均匀沉降，导致柱子向北侧倾斜。
梁架	1．该建筑为穿斗式结构。 2．建筑在进深方向承重构件是由三层穿枋构成，最上层枋悬挑承托挑檐檩。 3．建筑在面宽方向承重构件均由檩、枋构成。由于特殊的建筑造型，前檐檩、枋在明、次间处有30厘米高差，后檐檩、枋则是在同一高度上。 4．震后，由于建筑是整体向北倾斜，且前、后檐柱在进深方向倾斜角度近似，因此进深方向的梁枋拔榫现象较轻，但是柱子在开间方向倾斜角度不同，因此在东西方向的檩、枋等构件，挠曲、变形情况较严重。
墙体	1．建筑墙体是由板壁墙和编壁墙组合而成，平均1米高度以下为板壁墙，以上为编壁墙。 2．明间与东、西次间用半个进深的宽度做板壁隔断。 3．震后，部分板壁墙、编壁墙震落、缺失。
装修	1．在前檐的檐枋下施体量较大的雕花雀替。梁头下方施雕花撑栱，并在梁头处施垂帘柱。 2．后檐均无雀替、撑栱、垂帘柱等装饰构件。 3．震后，装饰构件均受到不同程度的损害。
楼板	无
椽望	1．椽子为100×40毫米的板椽。 2．由于该建筑规格较低，体量较小，因此该建筑只施一层檐椽，未施飞椽。 3．为起到防水目的，后期在板椽上铺设铝板。铝板上按椽间距铺设木条，用于铺设瓦面。
屋面	1．屋面悬山顶，布小青瓦。 2．明间屋面高于东、西次间屋面，显得高低错落有致。 3．东、西次间前檐屋面在明间处断开，分为东、西两部分屋面。而在后檐部分，东、西次间屋面则为通檐。 4．三部分正脊上均雕有脊饰图案，但未施正吻。 5．屋面瓦件为干摆形式。 6．瓦件长草及青苔现象严重。 7．震后，大部分瓦件滑落、移位，局部脊饰受到损害。

丁公祠

IMG_0930
DSC_0341
DSC_0353
DSCN4286
IMG_0956
DSC_0795
DSC_0796
DSC_0365
IMG_0644
IMG_0934
DSCN5225
DSC_0344
DSC_0347
DSCN5261
DSC_0357
DSC_0355
DSC_0778
DSC_0367
DSC_0779
DSC_0782

DSC_0788	DSC_0716	DSC_0718	

（一〇）灌澜亭（三官殿）

三官殿坐北朝南，面阔四间，明间进深为二间，次间、梢间进深为一间，梁架为穿斗式结构，屋面为阶梯状歇山形式。建筑建造在堡坎墙的边壁上。其建筑形式的高宽比抗震性能较差。

震后勘察记录表

部 位	现 状 描 述
形式	1．三官殿为面阔四间，明间进深一间，次、梢间进深为一间的单层建筑。 2．通面阔8.85米，明间通进深2.07米，次、梢间通进深1.4米。 3．明间檐口高度为4.38米，东、西两次间檐口高度为2.4米，西梢间檐口高度为1.6米。明间建筑总高度为5.55米。东、西次间建筑总高度为4.3米，西梢间建筑总高度为2.7米。
台基及柱础	1．台基为2.5×9.41米，台基前檐采用3厘米宽、15厘米厚、长度不一的条石铺墁，台基后檐部分用水泥砌筑。殿内地面人为改造为瓷砖地面。 2．台基南侧坐落在堡坎墙边壁上，边壁用条石砌筑。台基北侧则坐落在碎石与黄土混合的回填土上。堡坎外壁嵌有四块碑刻题记。 3．木柱均无柱础。 4．震后，台基下方的堡坎墙鼓闪变形。
柱子	1．建筑用木柱六根，柱径20厘米，外饰黑色油饰。明间后檐为两根24×24厘米砖柱。砖柱柱头上放置短木柱，承托檩、枋等承重构件。明间前檐柱与后檐柱之间，在次间后檐墙位置设16厘米×8厘米的枋木，承托上层承重构件。 2．木柱直接放置在台基上，下方无结构连接。 3．震后，建筑整体保存较好。
梁架	1．该建筑为穿斗式结构。 2．建筑在进深方向承重构件是由多层穿枋构成，最上层枋悬挑承托挑檐檩。 3．建筑在面宽方向承重构件均由檩、枋构成。 4．震后，梁架结构保存相对较好。

部 位	现 状 描 述
墙体	1．建筑的山墙为编壁墙。 2．后檐墙均为24厘米厚砖墙，西山墙柱外侧砌有30厘米厚砖墙。 3．震后，编壁墙均被震落、缺失，两山砖墙倒塌、碎落。
装修	1．在前檐的檐枋下施大量的花板及雕花雀替，梁头下方施雕花撑栱，并在梁头处施垂帘柱。 2．后檐在斜梁处施雕花撑栱及垂帘柱，但均无雀替。后檐二层有“清幽境”三墨字题记。 3．前檐柱间安装玻璃。 4．震后，装饰构件保存较完整，但均受到不同程度的损害。
楼板	明间一、二层间设有木楼板，保存较完好。
椽望	1．椽子为100×40毫米的板椽。 2．由于该建筑规格较低，体量较小，因此该建筑只施一层檐椽，未施飞椽。 3．椽子上方未设防水铝板。
屋面	1．明间及东、西次间屋面为硬山歇山顶，西梢间屋面为卷棚歇山顶，布小青瓦。 2．各间屋面高低错落有致，呈阶梯状。 3．正脊上均雕有脊饰图案，明、次间正脊上施正吻。垂脊、戗脊端部均施仙人、走兽。 4．屋面瓦件为干摆形式。 5．瓦件长草及青苔现象严重。 6．震后，大部分瓦件滑落、移位，局部脊饰、正吻受损严重。

灌澜亭（三官殿）

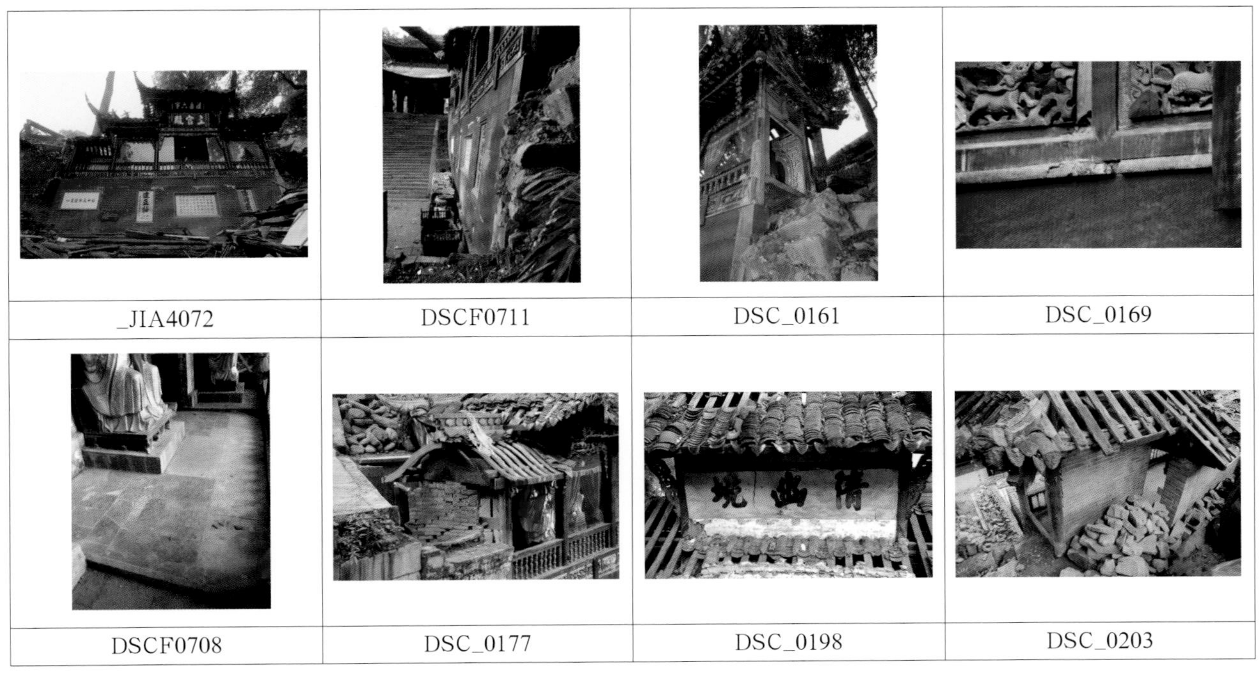

_JIA4072　DSCF0711　DSC_0161　DSC_0169

DSCF0708　DSC_0177　DSC_0198　DSC_0203

DSC_0208	DSC_0216	DSC_0217	DSC_0218
DSC_0225	DSC_0220	DSCF0703	DSCF0704
DSC_0232	DSCF0705	DSCN5398	DSC_0212
DSC_0213	DSC_0214	DSC_0166	DSC_0173
DSC_0176	DSC_0172	DSC_0180	DSC_0187

 DSC_0195	 DSC_0200	 DSC_0372	 DSCN5427
 DSC_0231	 DSC_0227		

（一一）乐楼

乐楼坐北朝南，为穿斗—抬梁混合式结构的重檐歇山建筑。建筑共三层，一层无檐，二层为歇山组合屋面，三层为歇山屋面。乐楼明间一层为石台基，台基分为东西两部分，中间设板门。东、西次间均有自己独立的屋面，为单侧歇山屋面。其建筑形式比例较匀称，整体结构稳固。震后，该建筑略有歪闪，总体保存完好。

在乐楼次间两侧，建有东、西乐楼厢房，均为穿斗式悬山建筑。其用材较小，抗震性能较差。建筑结构纤细，震后结构严重变形。

震后勘察记录表

部 位	现 状 描 述
形式	1. 乐楼为面阔三间，明间进深三间，次间进深一间。三层建筑。 2. 一层通面阔13.97米，明间通进深5.62米，次间通进深3.42米；二层通面阔12.44米，明间通进深3米，次间通进深1.9米；三层通面阔4.1米，通进深4.39米。 3. 一层无檐口，二层檐口高度5.96米，三层檐口高度9.72米。明间建筑高度12米，次间建筑高度7.75米。 4. 明间一层由东、西两个1.3×3.33×3.69米的夯土台构成，二层楼板直接放置在夯土台上。两夯土台中间设3.07×3.14米的板门。东西两次间建在堡坎上。

部 位	现 状 描 述
台基及柱础	1．台基为5.2×14.5米，台基外圈采用30厘米宽、15厘米厚、长度不一的条石铺墁，一层殿内地面为三合土地面，二、三层均为木楼板楼面。 2．台基直接利用条石陡坎作为基础，台基心部为回填土，材料为大小不一的碎石与黄土。 3．柱础均为石制柱础。 4．柱础直接放置在台基上，下方无任何基础处理。 5．震后，由于台基基础稳固，未发生大的变形，局部条石松动错位，仅是自北向南少许倾斜。
柱子	1．建筑用柱三十二根，一层柱径均为30厘米，二层柱径24厘米，三层柱径22厘米。外施黑色油饰。 2．木柱与柱础之间有櫍木。 3．震后，檐柱发生少许移位、倾斜。其柱与柱础间櫍木的错动非常明显。
梁架	1．该建筑为穿斗—抬梁混合式楼阁结构。 2．二、三层外檐梁、枋均用带有雕刻的裙板包镶。板面饰黑色油饰，图案为阳刻，面饰鎏金。 3．二、三层外檐梁头出檐较多，直接承托挑檐檩。 4．震后，由于建筑变形较小，因此，梁、檩、枋等构件拔榫、变形情况较轻。
墙体	1．建筑一层后檐墙及山墙为编壁墙。 2．建筑二层均为板壁墙。 3．震后
装修	1．二、三层外檐枋下均施有雀替，梁头下均施有撑栱。 2．二、三层外檐梁、枋上均用金色饰彩画。 3．二、三层外檐梁、枋均用带有雕刻的裙板包镶，板面饰黑色油饰，图案为阳刻，面饰鎏金。 4．外檐装饰构件雕刻精美，图案丰富。
楼板	1．一、二、三层之间均施，仰视一面饰铁红油饰，三层造。
椽望	1．椽子为100×50毫米的板椽。 2．由于建筑规格较高，体量较大，因此该建筑檐椽上施飞椽。 3．为起到防水目的，在板椽上铺设铝板。铝板上按椽间距铺设木条，用于铺设瓦面。
屋面	1．该建筑为重檐歇山屋面，屋面形式丰富。 2．一、二层间未设屋面，二层为歇山组合屋面，三层为歇山屋面。 3．屋面为重檐歇山顶，布小青瓦，飞檐翘角形式。歇山屋面两侧为悬山做法。 4．所有正脊、垂脊、角脊、戗脊均处设泥塑走兽。 5．正脊施泥塑中堆及正吻角脊。 6．次间二层正脊处，走兽，并后期自行增加泥塑盘龙柱，做工粗糙，与整体建筑风格不协调。 7．瓦件长草及青苔现象严重。 8．震后，部分瓦件滑落、移位，脊、翼角发生断裂、缺损，吻兽缺失。

乐楼

_JIA3350	JIA4065	JIA4077	DSC_0035
DSC_0132	DSC_0044	DSC_0025	DSC_0056
DSC_0053	DSC_0057	DSC_0060	DSC_0022
DSC_0183	DSC_0076	DSC_0050	DSC_0083
DSC_0215	DSC_0091	DSC_0079	DSC_0122

 DSC_0105	 DSC_0002	 DSC_0005	 DSC_0004
 DSC_0011	 DSC_0015	 DSC_0006	 DSC_0093
 DSC_0101	 DSC_0065		

乐楼东厢房

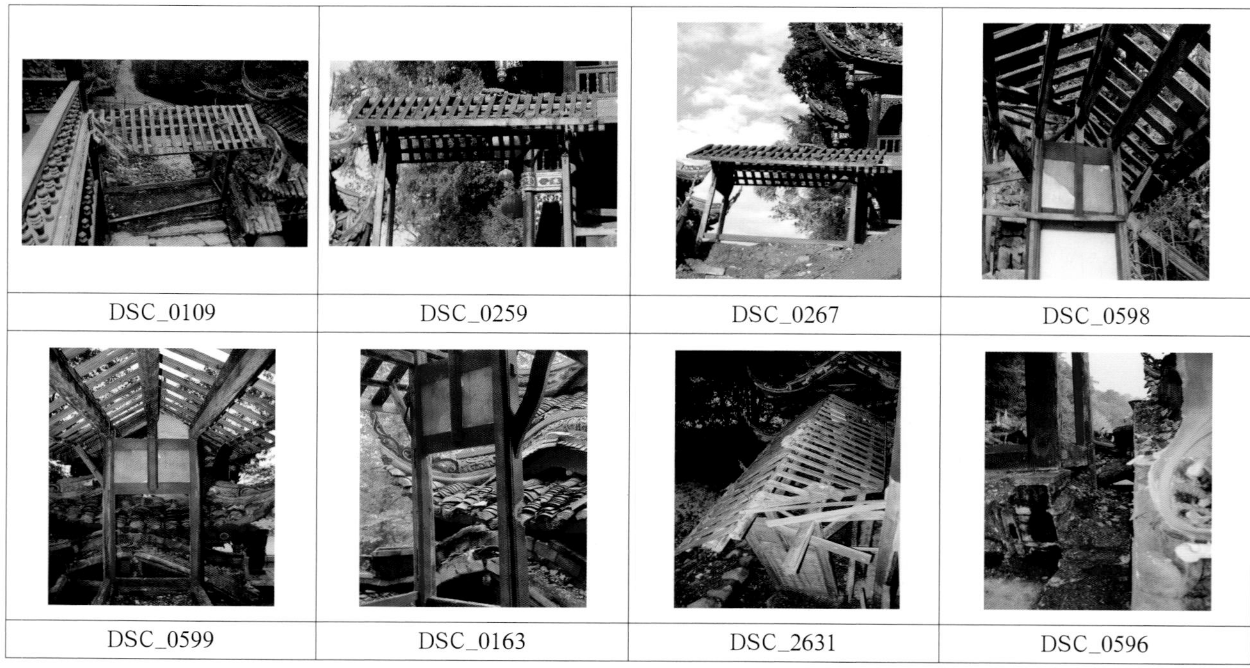

DSC_0109	DSC_0259	DSC_0267	DSC_0598
DSC_0599	DSC_0163	DSC_2631	DSC_0596

（一二）疏江亭和水利图照壁

疏江亭和水利图照壁为坐南朝北，穿斗式结构的悬山建筑。疏江亭1995年火毁后重建，建筑总体为狭长形，面阔七间，西侧④－⑨轴进深三间，东侧①－④轴进深一间。其建筑结构较轻巧，但屋面荷载相对较大，建筑受基础垮塌影响较大，震后歪闪变形严重。

震后勘察记录表

部 位	现 状 描 述
形式	1．疏江亭为面阔七间，西侧④－⑨轴进深三间，东侧①－④轴进深一间的单层建筑。 2．从立面形式看，该建筑分为两种风格，东侧①－④轴立面为水利图照壁，西侧④－⑨轴立面为疏江亭。由于后期改造，已成商铺。 3．通面阔为23.16米，其中东侧①－④轴通面阔三间，12.07米，西侧④－⑨轴面阔四间，11.09米；东侧①－④轴通进深1.45米，西侧④－⑨轴通进深3.7米。 4．东侧①－④轴檐口高度分别为5.3米、4.41米，建筑高度分别为6.52米、5.6米。西侧④－⑨轴檐口高度为2.82米，建筑高度为4.07米。 5．总体建筑平面为不规则形状，北侧面对戏楼一线平直，南侧临江一线随陡坎曲折。
台基及柱础	1．台基直接按陡坎形状设置，南侧为弧线形。台基最长处为21.28米，最宽处为4.14米。台基外圈采用30厘米宽、15厘米厚、长度不一的条石铺墁。殿内地面在后期改造为水泥方砖地面，通缝铺墁。 2．台基直接利用陡坎作为基础，台基心部为回填土，材料为大小不一的碎石与黄土。 3．水利图照壁台基与西侧疏江亭台基之间有0.6米的高差，照壁下施须弥座条石台明。 4．柱础种类、尺寸不一，有石柱础，也有水泥柱础。石柱础直接放置在台基上，下方无基础处理。 5．震后，台基南侧垮塌、变形严重，多个柱础移位、滑落，北侧条石台明断裂变形严重。
柱子	1．建筑用柱二十根，其中东侧①－④轴为18厘米×18厘米方柱，西侧④－⑨轴为直径18厘米圆柱，外饰黑色油饰。 2．木柱均直接放置在柱础之上，下方无构件连接。 3．震后，柱子均严重移位、倾斜。
梁架	1．该建筑为穿斗式结构。 2．建筑在进深方向承重构件是由多层穿枋构成，最上层枋悬挑承托挑檐檩。 3．建筑在面宽方向承重构件均由檩、枋构成。 4．震后，梁架严重变形、脱榫、断裂。
墙体	1．建筑墙体分板壁墙和编壁墙。
装修	1．在檐枋下施大量的花板及雕花雀替，梁头下方施雕花撑栱，并在梁头处施垂帘柱。 2．花板、雀替均外饰黑色油饰，上饰鎏金图案。垂帘柱外饰黑色油饰，柱头外饰铁红油饰，上饰鎏金图案。 3．外檐装饰构件雕刻精美，图案丰富。 4．震后，装饰构件均受到不同程度的损害。

部 位	现 状 描 述
楼板	无
椽望	1．椽子为100×40毫米的板椽。 2．建筑檐椽上施飞椽。 3．椽子上未施防水铝板。
屋面	1．东侧①－④轴屋面分上下两层，②－③屋面高于其他两间屋面，均为卷棚悬山式屋面，上砌正脊。正脊上设有正吻、脊饰。 2．西侧④－⑨轴为通屋面，形式为尖山式悬山屋面。正脊上雕有脊饰，但未设正吻。 3．屋面布小青瓦。 4．瓦件长草及青苔现象较轻。 5．震后，部分瓦件滑落、移位，正脊、脊饰等断裂、缺损，吻兽局部缺损。

疏江亭

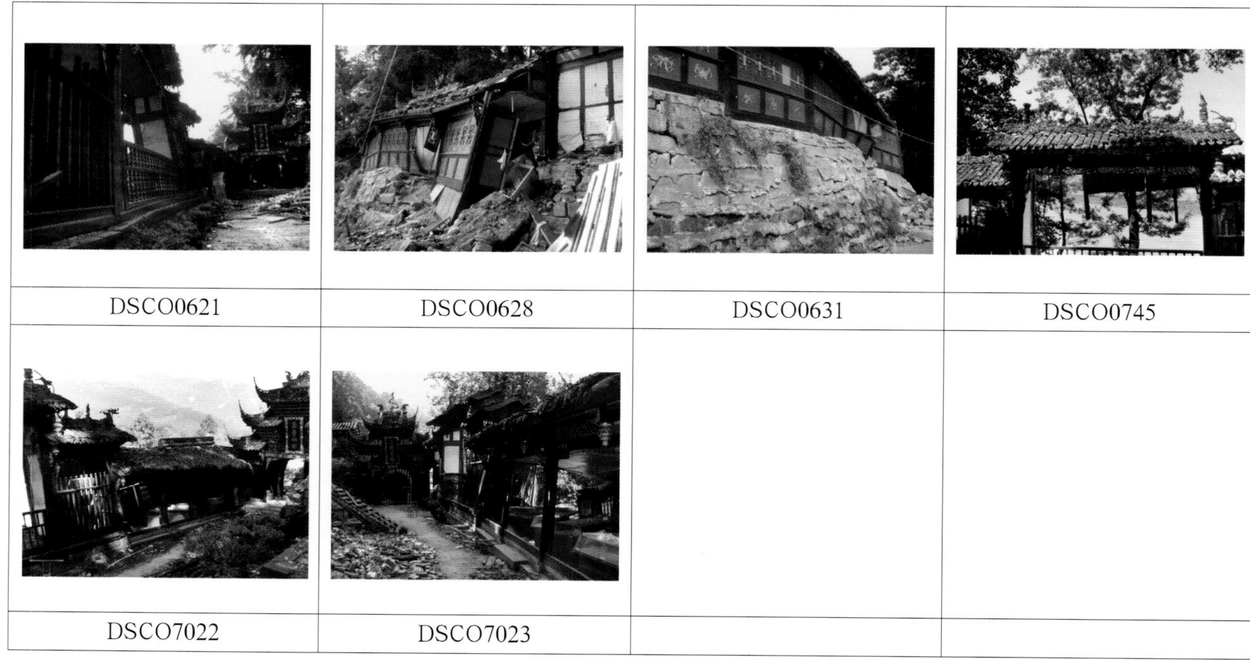

DSCO0621	DSCO0628	DSCO0631	DSCO0745
DSCO7022	DSCO7023		

（一三）下东山门

下东山门坐西朝东，面阔三间，进深一间，梁架为穿斗式结构，屋面为阶梯状歇山形式。其建筑形式的高宽比较大、过重的屋面结构使建筑的抗震性能较差，震后整体有明显歪闪。

震后勘察记录表

部 位	现 状 描 述
形式	1．下东山门为面阔三间，进深一间。 2．通面阔5.38米，通进深1.7米。 3．明间檐口高度为6.36米，东、西两次间檐口高度为3.42米，在明间与次间之间增加一层屋面，其檐口高度为4.89米。明间建筑总高度为7.77米。东、西次间屋面总高度为4.42米，明间与次间之间的屋面总高度为5.89米。
台基及柱础	1．直接利用建筑下方的陡坎作为台基。 2．台基为5.73×2.3米。殿内地面为40×40厘米的水泥方砖地面，台基外圈采用30厘米宽、15厘米厚、长度不一的条石铺墁。 3．柱础直接放置在台基上，下面无基础连接。 4．震后，台基下方的陡坎鼓闪变形。
柱子	1．建筑用木柱六根，柱径24厘米，外饰黑色油饰。 2．木柱直接放置在柱础上，下方无结构连接。 3．震后，建筑整体向南倾斜，扭曲变形较严重。
梁架	1．该建筑为穿斗式结构。 2．建筑在进深方向承重构件是由多层穿枋构成，最上层枋悬挑承托挑檐檩。 3．建筑在面宽方向承重构件均由檩、枋构成。 4．震后，梁架结构随柱扭曲变形较严重。
墙体	1．建筑的山墙为板壁墙。 2．震后，板壁墙被震落、缺失。
装修	1．前后檐枋下施花板及雕花雀替，梁头下方施雕花撑栱，并在梁头处施垂帘柱。 2．各层屋面下施叠色式装饰板，以遮盖内部梁架，起到装饰作用。 3．明间在檐枋上方设天花。 4．在多处梁、枋及天花上施有鎏金图案。 5．震后，装饰构件均受到不同程度的损害。
楼板	无
椽望	1．椽子为100×40毫米的板椽。 2．由于该建筑规格较低，体量较小，因此该建筑只施一层檐椽，未施飞椽。 3．椽子上方未设防水铝板。
屋面	1．明间屋面为硬山歇山顶，其他屋面为卷棚歇山顶。布小青瓦。 2．各间屋面高低错落有致，呈阶梯状。 3．明间正脊上均雕有脊饰图案，明间屋面正脊上施正吻，垂脊端部均施宝瓶。其他屋面未设正吻，但在垂脊端部上施宝瓶。 4．屋面瓦件为干摆形式。 5．瓦件长草及青苔现象严重。 6．震后，大部分瓦件滑落、移位，局部脊饰、正吻受损严重。

下东山门

DSC_0116	DSCF4311	DSCF0614	DSC_0178
DSC_0114	DSC_0122	DSC_0123	DSC_0134
DSC_0198	DSC_0137	DSC_0163	DSC_0165
DSC_0166	DSC_0175	DSC_0176	DSC_0177
DSC_0194	DSC_0200	DSC_0219	DSC_0222

IMG_0822	IMG_0994		

（一四）下西山门

1995年火灾后重建，下西山门坐东朝西，面阔三间，进深一间，梁架为穿斗式结构，屋面为阶梯状歇山形式。在建筑的南侧后建辅助用房一间。其建筑形式的高宽比较大、过重的屋面结构使建筑的抗震性能较差，震后整体歪闪明显。

震后勘察记录表

部 位	现 状 描 述
形式	1. 下西山门为面阔三间，进深一间。 2. 通面阔5.72米，通进深1.75米。 3. 明间檐口高度为6.25米，东、西两次间檐口高度为3.32米，在明间与次间之间增加一层屋面，其檐口高度为4.79米。明间建筑总高度为7.71米。东、西次间屋面总高度为4.25米，明间与次间之间的屋面总高度为5.69米。
台基及柱础	1. 直接利用建筑下方的陡坎作为台基。 2. 台基为6.57×2.91米。殿内地面由40×60厘米的条石横纵相间铺墁，台基外圈采用30厘米宽、15厘米厚、长度不一的条石铺墁。 3. 柱础直接放置在台基上，下面无基础连接。 4. 震后，台基及下方的陡坎鼓闪变形。
柱子	1. 建筑用木柱六根，柱径25厘米，外饰黑色油饰。 2. 木柱直接放置在柱础上，下方无结构连接。 3. 震后，部分柱位有错动建筑整体向南倾斜，建筑构架有一定的扭曲变形。
梁架	1. 该建筑为穿斗式结构。 2. 建筑在进深方向承重构件是由多层穿枋构成，最上层枋悬挑承托挑檐檩。 3. 建筑在面宽方向承重构件均由檩、枋构成。 4. 震后，梁架结构随柱扭曲变形。

部 位	现 状 描 述
墙体	1．建筑的山墙为板壁墙。 2．震后，板壁墙有一定的变形。
装修	1．前后檐枋下施花板及雕花雀替，梁头下方施雕花撑栱，并在梁头处施垂帘柱。 2．各层屋面下施叠色式装饰裙板，以遮盖内部梁架，起到装饰作用。 3．明间在檐枋上方设天花。 4．在多处梁、枋及天花上施有鎏金图案。 5．震后，装饰构件均受到不同程度的损害。
楼板	无
椽望	1．椽子为100×40毫米的板椽。 2．由于该建筑规格较低，体量较小，因此该建筑只施一层檐椽，未施飞椽。 3．椽子上方未设防水铝板。
屋面	1．明间屋面为硬山歇山顶，其他屋面为卷棚歇山顶。布小青瓦。 2．各间屋面高低错落有致，呈阶梯状。 3．明间正脊上均雕有脊饰图案，明间屋面正脊上施正吻，垂脊端部均施宝瓶。 4．其他屋面未设正吻，但在垂脊端部上施宝瓶。 5．屋面瓦件为干摆形式。 6．瓦件长草及青苔现象严重。 7．震后，大部分瓦件滑落、移位，局部脊饰、正吻受损严重。

下西山门

DSCN4305	DSC_0033	DSC_0080	DSC_0086
DSC_0026	DSC_0074	DSC_0078	DSC_0019
DSC_0020	DSC_0102	DSC_0587	DSC_0084
DSC_0089	DSC_0043	DSC_0047	DSC_0049
DSC_0090	DSC_0093		

七　典型工艺做法调查

（一）基础与地面做法

当地对于建筑基础的做法较简单，多数建筑是利用人工陡坎作为建筑的基础。人工陡坎主要分为两类，一类为毛石陡坎，一类为条石陡坎。另外，还有一部分建筑是坐落在平地上的。

毛石陡坎做工较粗糙，多数陡坎外侧为干摆毛石，少部分为浆砌毛石。毛石内侧用大小不一的碎石、瓦砾、旧柱础等与黄土一起回填。坐落在此类陡坎上的建筑为老君殿、祖堂、照壁、疏江亭、戏楼东西客堂、丁公祠、灵官殿。此类陡坎在地震中滑坡、沉降等变形严重，导致建筑的变形、倾斜也较严重。戏楼东客堂下毛石陡坎的垮塌是造成戏楼建筑倒塌的直接原因。

条石陡坎做工相对精细，多数陡坎外侧为剁斧条石错缝浆砌，相对于毛石陡坎稳固性较强。条石内侧也用大小不一的碎石、瓦砾、旧柱础等与黄土一起回填。坐落在此类陡坎上的建筑有圣母殿、铁龙殿、戏楼、三官殿、乐楼、下东山门。此类陡坎在地震中滑坡、沉降等变形较轻，对建筑起到一定的保护作用，坐落在上面的建筑一般变形较小（图3－110、111）。

大殿、二殿、堰功堂、文物陈列室、下西山门等，建造于人工台地的中心，建筑整体建造在条石台基上，台基内部也是用大小不一的碎石、瓦砾、旧柱础等与黄土一起回填。由于基础整体性较好，变形、沉降相对均匀或较小，对上层建筑的影响不显著。大殿由于受到断裂带的直接影响，情况较为特殊。

3－110　震后松散的浆砌毛石基础

3－111　震后垮塌的毛石基础及右侧保存完整的条石基础

3-112 大殿柱底深处可见传统的基础做法

建筑群中，大殿、二殿、灵官殿、戏楼、东西山门、圣母殿、祖堂、铁龙殿等柱下设柱础，其余建筑均无柱础，而是将柱子直接坐落在地面上。有柱础的建筑，柱础也是直接放置在回填土上，下无其余基础。由于当地的处理方式采用瓦砾、碎石、黄土等回填，加之建筑自身的点状基础，是这次地震中造成建筑变形严重的原因之一。当地回填土的做法常致使回填土无法夯实，基础沉降不统一，尤其是用瓦砾回填，回填时好像将其夯实，但当建筑建造完成时，巨大的重力会将瓦砾继续粉碎，从而发生局部沉降，只是沉降过程较缓慢，短时期不明显。建筑自身的点状基础，在建造时分布在不同材质的地基之上，有的柱下方可能是碎石，有的柱下方可能只是黄土，或者瓦砾，日积月累，柱子会随底部不同材质的沉降而下沉，导致建筑自身的不均匀沉降及变形。即使不发生地震，建筑也会出现严重变形。如大殿前檐东侧的沉降，有可能震前就产生了。

以上发现的较为粗糙的基础做法，可能是二王庙后期出现的习惯性做法。在对基础进行细致勘察，开挖到一定深度时，发现一些老的灰土垫层及夯实的老土。根据这些痕迹可以判断，最初的二王庙建筑群的建筑基础做法是比较正规、严谨、细致的，属于传统的基础做法（图3−112）。

整个建筑群的地面传统多为三合土地面、石板地面、条石地面三种。当地三合土地面的做法与北方的三合土做法在材料上有所不同，主要成分为石灰与煤渣，比例约为1∶2。有时会掺碎瓦砾、碎砖灰，但其掺杂比例较小，比例最多不大于1。由于当地三合土在长期使用中比地面面层较容易剥落，凹凸不平，因此，当地使用方在后期维修中，常将其改造为水泥地面或瓷砖地面。一般使用三合土地面的多

3-113　廊下与室内地面铺装交接处
3-114　山门等建筑的地面铺装

为小体量建筑或建筑室内无隔墙建筑，如丁公祠、灵官殿、文物陈列馆、铁龙殿等。

石板地面选用的均为青石板，尺寸约为40×40厘米左右。一般情况下建筑使用石板地面多与三合土地面配合使用，均是建筑室内使用石板地面，而外廊、回廊使用三合土地面，如大殿、二殿、疏江亭等大体量建筑，或室内有隔墙的建筑。

如山门等建筑实际没有明确的室内地面，铺装常用剁斧条石地面（图3-113、114）。

建筑群内所有场地、道路均为青石板地面，多选用规格为60×30×5厘米的青石板，表面均有轻微剁斧。当地传统的剁斧工艺多为手工竖纹剁斧，一般分为寸三斩、寸四斩、寸五斩等，用在铺地或堡坎上的多为寸三做法。由于是手工剁斧，斧纹较机器加工的纹路有波浪感，表面凹凸不平，较粗糙，但很自然。由于近年为了省时、省力，多采用机器加工石材。除以机器切割石材外，也会在石材表面做条纹处理，用机器刻划“剁斧”条纹，但这种条纹一般较直，深浅一致，粗细一致，视觉生硬刻板。为了使重新更换的石材与原有留存的石料协调，在维修中也会对新料进行人工剁斧再加工，即在原有的机制石料纹路的基础上，再用人工剔凿的方式，对生硬的线条进行雕琢，使其自然美观。

（二） 主体结构与木构件主要交接关系处理方式

当地木结构建筑构件搭接的处理方式大多数与官式建筑大不相同。其构件搭接及榫卯形式与官式建筑相比，更灵活、随机。不同部位用不同的榫，即使是同一部位也会用不同的榫来处理。其榫卯处理方式主要是根据建筑的体量和跨度，木料所使用的树种，木材木结的数量、位置，下料的断面尺寸及建筑节点部位的具体情况来决定。典型案例如下：

梁与柱：一般在明间或次间等无中柱、无隔墙、大跨度的两柱间设梁，大梁上设童柱，脊柱及其他小梁有点类似北方官式建筑的七架梁、五架梁等。因此，很多人认为明间为抬梁式做法。其实，具体做法还是穿斗式做法。由于梁是主要承重构件，因此，梁的断面尺寸较大，且与柱相接时多用全榫。但是，在体量较小的建筑中，也用半榫，主要是看其使用的木材种类，以及荷载大小来决定。

枋与柱：枋一般是指前后檐及山墙的大木构件。根据不同部位名称不同，如檐枋、罩面枋、穿枋、挑枋、上枋、下枋等。虽然枋也是承重构件，但因为没有太大跨度的枋，因此，枋的断面尺寸较梁小。但也会根据不同部位、不同跨度来定其断面尺寸。枋的用榫，多为半榫，但在受力较大的部分，多用全榫。

檩与柱：北方官式建筑中檩一般是搭置在梁头上，但在四川地区，檩一般是放置在柱头上，柱头上做弧形凹槽，类似官式里的檩碗。檩就直接放置在“檩碗”上，不做其他榫卯处理。“檩碗”的深度没有具体要求，常见的尺寸为3～5厘米。深浅也决定于当地常用的自然材，有时檩不直，或粗细不均，为了保证檐口高度一致，就根据檩材的具体位置及情况来刻檩碗，通过调整檩碗的深浅来达到檐口水平一致。

檩与檩：一般檩与檩之间多使用燕尾榫，但也有使用扣榫方式的。从构造上来说，燕尾榫的结构处理方式稳固性要强于扣榫。

童（脊）柱与梁（枋）：童（脊）柱与梁枋之间一般使用插榫，但是插法分为两种（图3-115、116）。

3-115　童柱与梁的交接
3-116　童柱与枋的交接
3-117　戏楼西客堂没有举折的屋面
3-118　二殿微有举折的屋面

（1）坐在梁上的柱：柱做榫头，梁上刻槽，将柱插入梁中。

（2）坐在枋上的柱：直接在柱底刻槽，将枋插入柱底槽内。形象地说，是柱骑在枋上。

以上为当地木结构搭接处理的几种主要方式，在实际处理方式中，手法却灵活多变。同是全榫、半榫，其做法就有很多种，根据不同部位、不同节点构造、受力强度进行调整。

当地建筑的木结构特点与官式建筑的差别还表现在官式建筑的所有构件尺寸是根据模数推算出来的，而川式建筑的构件尺寸没有具体模数要求，是根据体量、跨度、用材等来决定的。例如，同体量建筑，同跨度的承重构件，如果是使用硬杂木制作的，其断面尺寸可较杉木制作的小；圆形断面的构件，其断面尺寸可较矩形断面构件小。

再如，在定柱径的时候，同体量建筑，使用硬杂木时柱径可较使用杉木的小。但在使用同树种的情况下，且建筑面阔尺寸相同，在定柱径时还要考虑进深尺寸，大跨度的建筑柱径一定要大，否则就会出现“肥梁瘦柱”的情况。

又如，檩径的尺寸是根据柱头尺寸、开间尺寸等来决定的，但是任何檩的檩径都不会大于脊檩。

椽子的尺寸不光是靠建筑体量来决定的，还要根据檩间距尺寸来进行调整。同体量建筑，檩间距大的椽子，其断面尺寸一定大于檩间距小的。

官式建筑的建筑平面一般多规整，如正方形、正矩形、正多边形等，且场地布置也很规矩，场地内建筑的布置多按对称、平行布置。而在当地，建筑的随意性较大，一般是根据地形、使用功能、立面效果等进行灵活处理。场地内建筑的布置不一定为对称、平行，建筑平面的开间尺寸也不像官式建筑那样，由明间到梢间，尺寸越来越小，且以明间对称。

官式建筑用材规范，柱一般做侧脚、收分。在当地建筑中，柱一般多用自然材，无具体收分，而是根据材的生长状态自然收分。对于侧脚，在本建筑群里，大体量的建筑或保留时间较长的建筑均有侧脚，如大殿、乐楼等，但是对于小体量建筑，并未发现有侧脚，如丁公祠、三官殿等。在与当地工匠探讨后可大致判断，建筑群里的侧脚有无，可能是时代因素造成的。因为带侧脚的柱子的榫卯画线较不带侧脚的画线复杂，所以在后期重建、翻建时，为了省时、省力，建筑未设侧脚。

官式建筑屋架部分均有举折，椽子在檩间为分段式。而在当地，屋架部分无举折或举折非常小，这主要是因为在当地椽子多为通椽，如果屋架设举折，椽子就很难安装（图3－117、118）。

官式建筑中每个檩位上只有一根檩，檩下设随檩枋。而在当地，檩位上多用双檩。双檩中，其下檩相当于官式中的随檩枋，下檩断面尺寸可小于上檩，也可相同，但挑檐檩处均为单檩。脊檩处有设单檩的，也有设双檩的，目前还未发现规律。但可以明确的是，在使用双檩时，每个檩的檩径用料较小，使用单檩的檩径用料就会偏大，且当地檩在面阔方向均有升起的做法，但又不像宋式建筑的升起那样有规律可循。

官式建筑的椽子做法多为椽、飞两层椽，椽子断面均为正方或圆形，且椽出头。而在当地，椽子多用板椽均不出头，椽头设封檐板。椽子多数做法为椽、飞两层椽，也有只有檐椽、没有飞椽的单层椽做法，以及一侧屋面为单层椽、另一侧屋面为两层椽的做法。

（1）单层椽的做法多用于单檐小体量悬山建筑或建筑等级较低的建筑，如乐楼两厢房、上西山门。

（2）对于大体量建筑、重檐建筑、等级较高的建筑均为两层椽，如大殿、二殿、灵官殿、老君殿等。

（3）一侧为单层椽、另一侧为两层椽的做法，一般是用在由于地形原因，人们无法看到另一侧屋面的建筑，因此，在人们视线可及的一侧做两层椽，视线不可及的一侧做单层椽，如丁公祠、戏楼两厢房、三官殿。

官式建筑在翼角部分的出翘是根据檐面尺寸推算出来的，一般为“冲三翘四”。在当地建筑中，翼角的出翘并没有具体的规定和规律，而是匠人根据自己的经验和审美来定的，但其冲出较官式的尺寸小，翘起较官式尺寸大的很多。当地老角梁的做法与官式建筑大同小异，而仔角梁就与官式做法完全不同。仔角梁是由多块木料靠榫拼接而成，拼接前定好翘起的弧度，且弧度最终与老角梁相切。仔角梁是决定翼角翘起的主要构件。

当地翼角椽的做法与官式也截然不同。其翼角椽、翘飞椽均无撇向处理，而是直铺下来。翼角椽后尾不是插入角梁，而是直接铺设在角梁和檩上。翼角椽从正身椽开始，越来越短。

尽管当地的地方做法较官式的灵活、随机，看似无规律可循，其实也有一定规律，而这种规律是暗藏在匠人们多年的施工经验、对木材材性的了解及当地人们的审美理念之中的。而这也是川西建筑灵活多变、自由活泼的主要原因之一。

（三）屋面做法（屋面及屋脊）

当地屋面传统做法是直接在椽子上干摆小青瓦，无望板、望砖，无苫背，也无夹垄灰等。但是带有翼角的建筑，会在翼角翘起部分使用灰浆来固定瓦件。在本建筑群中，翼角翘起部分是使用筒、板瓦带灰浆做法。由于当地这种小青瓦干摆做法的特点，极易造成瓦件移位，导致檩椽糟朽。特别是依山而建，很多建筑后檐屋面紧挨堡坎，动物极易蹬爬屋面，造成瓦件移位。为避免漏雨，减缓木构件糟朽速度，在20世纪80年代建筑保养型维修时，在屋面铺设铝皮防水层，即在椽上铺设铝皮，再在铝皮上钉挂瓦条，挂瓦条上干摆瓦件。在都江堰地区，二王庙这种屋面铺铝皮防水层的做法是较少见的。直观判断往往会认为是这种做法导致地震中瓦面的大面积滑落，但实际考察对比其他未施铝皮的屋面，瓦面滑落的程度并没有十分显著的差别。对瓦面稳固起决定作用的，主要是屋面的坡度，以及瓦椽之间或瓦与挂瓦条之间的工艺做法（图3-119～122）。

当地建筑屋脊与官式屋脊不同，官式屋脊一般都是用预制瓦件铺砌而成，而当地屋脊是现场制作，也就是我们常说的堆塑、灰塑。一般先用砖砌屋脊主体，砌后用灰浆找平，再用灰泥在脊上做装饰线条。围脊、垂脊、戗脊等砌筑与正脊砌筑方式一样，均是在椽档间（垂脊）、椽头上端（围脊）用砖砌筑脊基础，然后在砖面上用砂浆找平，再做装饰。脊上装饰现多用钢筋编制龙骨，再用砂浆制作脊饰粗模，粗模制作完毕，将其安装在脊上，最后用灰泥堆塑、雕刻脊饰

3-119　当地传统的屋面做法
3-120　翼角部分的传统做法
3-121　震前的铝皮防水层做法
3-122　震前铝皮防水层的室内效果

细部。堆塑用的灰泥一般是用黄土、白灰、草秸和水搅拌而成。在现存脊饰中也发现较传统的做法，用竹或木条做脊饰龙骨，饰物材料主要用麻丝、草秸、黄泥和白灰混合的草泥手工堆砌，草泥黏合剂成分暂不详，但目前保存下来的传统工艺脊饰体积都比较小。

本建筑群内建筑对于脊饰图案的选择多与道教文化有关。中堆、正吻多为盘龙题材，垂脊、戗脊上多为跑兽题材，围脊上多为花鸟鱼虫或人物故事，但也会和地方历史传说或道教文化有关。

由于当地采用的上述的屋面、屋脊做法，地震等自然灾害对其的破坏力极大。本建筑群在这次地震中最普遍的残损问题就是瓦件滑落和脊饰连带性脱落。脊饰脱落后最大的问题就是无法修复，且在历史资料不足的情况下，也很难找到修复依据。

（四）墙的主要类别

（1）编壁墙

当地的墙体一般分为两部分，下部多为板壁，上部则为编壁墙。编壁墙一般是用竹编织龙骨，在龙骨两侧施草泥，待干燥后，用白灰饰面。这种墙面做法优点是随着时间的流逝，表面不易出现裂纹，但是其缺点是时间一长，容易酥、碎，造成局部脱落。编壁墙的龙骨编织也有不同做法，二王庙内多见的是将竹子削剥成约2厘米宽的竹条，先将竖龙骨嵌入木枋内，然后交叉编织横龙骨，龙骨间距根据墙面面积可进行调整，但不能过稀，以免强度降低。间距的具体尺寸虽没有具体规定，但当地编织竹墙的工人会根据竹子的壁厚来调整间距，目前也无具体数据。但在相距不远且年代相近的伏龙观发现的竹编墙的编织方式却与二王庙做法不同，伏龙观在编织横龙骨时不做交叉编织，而是将横龙骨用钉子钉于竖龙骨一侧，也有用木条做骨的实例。伏龙观的这种龙骨做法可能是后期的改造做法。

（2）板壁墙

板壁墙主要是在木枋间（上下槛、抱框间）用数个条形木板镶嵌于内作为墙壁，用量较多，范围较广，如山墙、后檐墙或隔墙。在本建筑群内，很少有一面墙整面用板壁做法，多与编壁墙混合使用。通俗地说，板壁的使用类似于现代家装墙裙的概念，多在一面墙的下半部分使用，而上半部分不是编壁墙就是槛窗。板壁墙多用红色土漆或瓷漆饰面。

（3）砖墙

在当地建筑用砖做建筑墙体的现象也有，这种墙体一般都会砌在柱外侧，与柱间会有约1厘米的缝隙，以便让木柱有更好的通风环境，不易糟朽。但也有墙体吃半柱的做法，这种墙体的砌筑稳定性较完全脱离柱的做法要好，但柱子极易糟朽。目前看，墙体脱离柱子的砌筑形式可能是当地更传统的做法。传统砖墙做法在二王庙其实也有痕迹留存。从历史照片和大殿两山廊柱柱础外侧不做雕饰的情况来看，大殿之前的格局在两山廊柱之外有砖砌山墙。祖堂两侧山墙也属于此类做法，而文物陈列室、二殿的后檐砖墙则是后期与标尺柱一同砌筑的。

（五）油饰做法

油饰方面当地一般分三大类，即主要结构构件、非主要结构构件、装饰构件。

1．主要结构构件

主要是指柱、梁、枋、童柱、脊柱檩。对于这些构件多用黑色土漆。柱在使用土漆时一般先包麻布，再上土漆，但使用包麻的前提是木料要极度干燥，含水率不得大于15%，否则会使柱糟朽加速。梁枋等构件一般不做包麻处理。

2．非主要结构构件

对于板壁、门窗等一般使用棕红色土漆，但不做包麻处理。对于此类构件，后期也有用油漆或调和漆做饰面，但漆面寿命较短，易褪色、开裂、剥落。对于檩、椽等非主要承重构件，多使用铁红油漆或调和漆做饰面，但漆面寿命较短，易褪色、开裂、剥落。

3．装饰构件

撑栱、雀替等装饰构件雕刻较丰富，多施彩绘，色彩鲜艳，一般多使用油漆，后期也有使用调和漆，但易褪色。等级较高的建筑，在这些装饰构件上会施金色，多为贴金做法，像乐楼的部分装饰构件、灵官殿的部分撑栱、雀替，大殿的撑栱、雀替、牌匾均施有金色，并且部分为贴金。

需要特别说明的是，当地土漆这种传统工艺有着独特的做法，调漆和上漆均要根据当地的季节、气温、湿度、降雨量等来进行配比调整，并需根据天气环境确定是否适宜工作。这种工艺费时、费力，要有一定的耐心和经验才能完成。因此，到了当代，受新的油饰材料的产生及施工周期短等因素影响，很多构件都改为用油漆或调和漆。当地会土漆工艺的人也越来越少。

（六）震前主要维修、维护方式

本建筑群在地震前，当地也多次对其进行过维修和保养，但方式并不都科学合理。

1．用现代材料代替传统材料

当地为了避免木构件的糟朽、虫蛀问题，分别用现代材料代替了木构件，如二殿的前后檐柱及山柱均改为砖柱，但由于砖砌体的抗震性能较差，因此，在地震中，砖柱碎裂、断裂现象极为严重，尤其是在砖木搭接处，多为断裂。又如灵官殿，南北两侧山柱均改为钢筋混凝土柱，而且配筋及混凝土标号抗震级别较低，因此，在地震中出现碎裂现象也较严重。同时，刚性材料与柔性材料混用，造成地震时两种类型材料的移位、变形不统一，最终造成整体建筑变形严重。

2．木结构的维修

对于柱子糟朽、虫蛀问题，除了更换为现代材料以外，还采用了墩接、拼接等手法。对于梁枋拔榫问题，多使用铁扒锔拉结锚固。对于檩椽的糟朽虫蛀问题多为更换构件。

3．解决屋面漏雨问题

当地为了解决屋面漏雨问题，均给建筑增设铝皮防水层。经勘察，铝皮防水层确实在很大程度上解决了防漏雨问题，不过也造成了室内视觉效果较差的问题。最主要是铺设铝片后未对铝皮进行任何装饰型处理，室内仰视时均是铝皮明亮的金属材质效果，且凸显了铝皮凹凸不平的质地，使得室内视觉效果较差。

对于这些因维修而产生的新问题，也是我们要考虑的，在本次维修中，如何用更好的方法解决地方做法与衍生问题的这种矛盾。

八　主要建筑及场地变形勘测

（一）勘测目的

“5·12”地震中，二王庙建筑本体受损十分严重，除了完全坍塌的戏楼及东西配楼、东客堂、东西字库，大照壁、六字决照壁等建、构筑物外，其他的建筑，如李冰大殿、二殿、老君殿、灵官殿和乐楼，也存在重大险情，甚至严重垮塌。同时由于受到余震的影响，这些建筑可能还在不断地发生形变。如果能在今后两年到两年半的时间内，定期了解到这些建筑主要构件倾斜或位移的详细情况，就能为修复工作制定修复方案提供及时的现状数据。

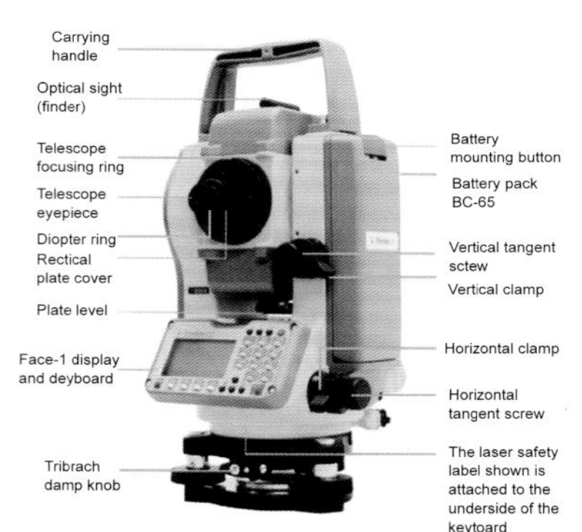

3–123　Trimble M3 全站仪

（二）勘测任务

1．勘测任务

本次勘测的主要任务就是以李冰大殿、二殿、老君殿、灵官殿和乐楼为监测对象，分别在各建筑的檐柱和金柱上布设监测点，在附近不易发生倾斜位移的柱础、台基上布设基准点。通过对基准点和监测点的定期观测，得到监测点所在构件的倾斜或位移变化数据，进而得到它们的变化趋势。

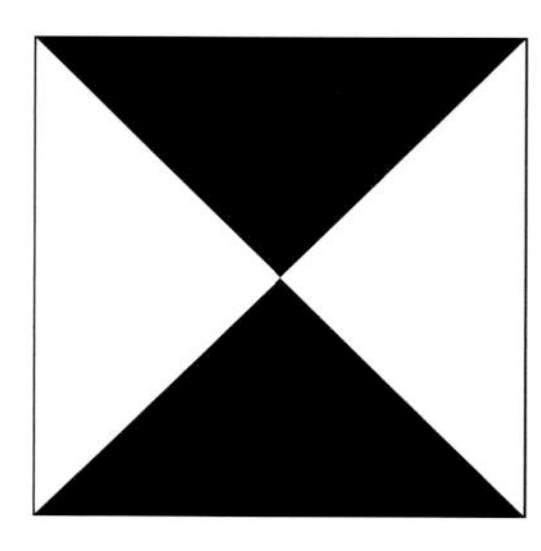

3–124　标靶图

2．使用设备

① 全站仪：Trimble M3 全站仪（图3–123）

② 标靶：自制28×28厘米黑白粘胶标靶（图3–124）

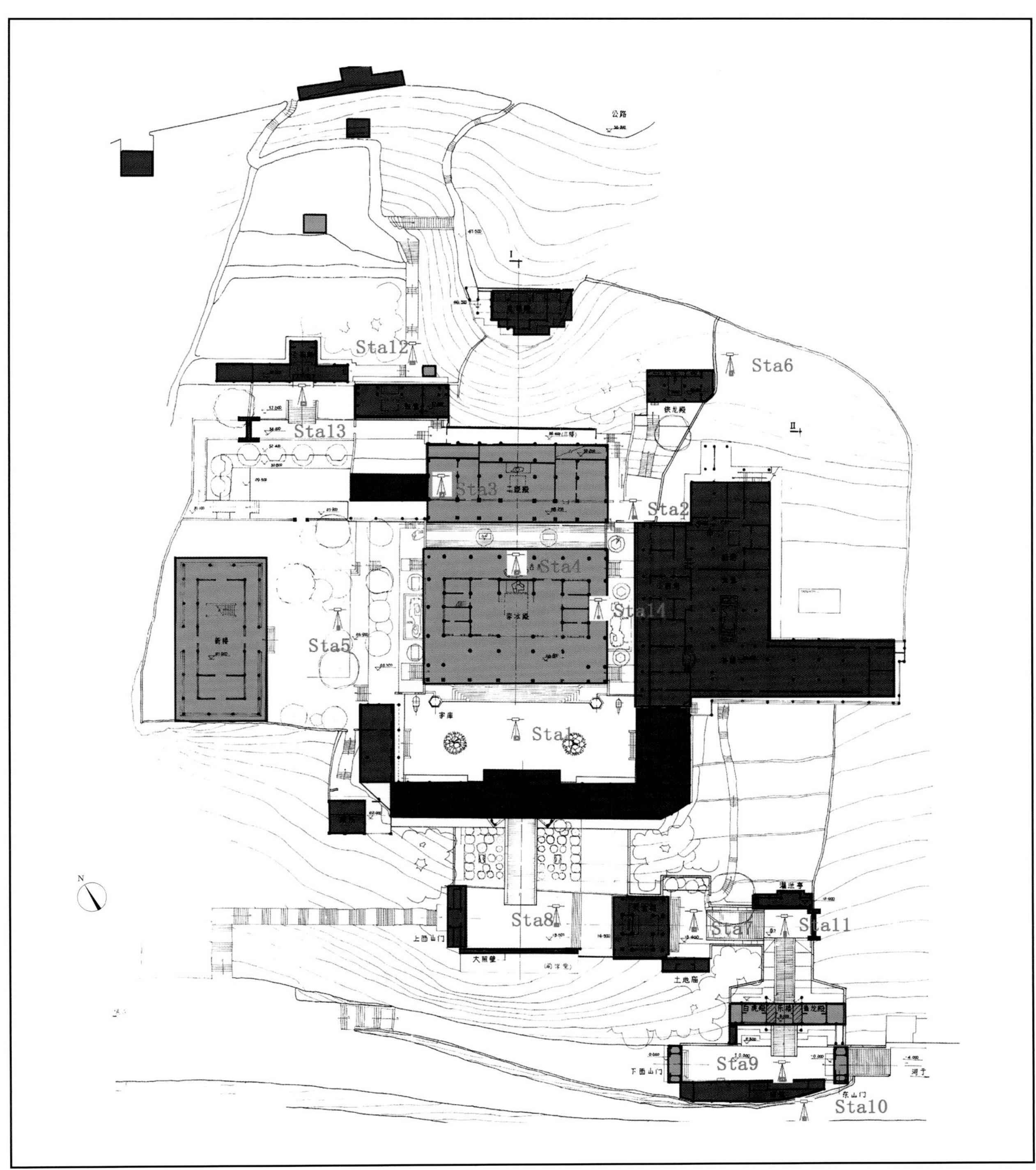

3–125　检测点分布图

（三）勘测内容

整个勘测工作包括系统标靶设置和首次现场测量，工作从2008年8月13日至8月15日进行三天，共设测量站点14个，基准点54个，监测点133个。站点分布如图3-125所示。

具体监测点和基准点的设置，以二殿南侧为例，如图3-126、127。

1．大殿

对大殿的监测设置6个监测站点，其中在大殿四周设置了5个，分别是Sta1、Sta2、Sta3、Sta5、Sta14。由于数木和脚手架的遮挡，另在圣母殿前设站Sta13补测西侧部分点。共测基准点20个，监测点56个。

2．二殿

在二殿四周设置了3个监测站点Sta4、Sta6、Sta13，共设基准点12个，监测点26个。

3．老君殿

老君殿垮塌比较严重，因此将一站点Sta6设置在茶楼附近以便观测其东北部分，将另外一站点Sta12设置在圣母殿以北，以便观测其西北部分。共设监测点15个，基准点8个。

3-126　二殿南侧布设监测点

3-127　二殿南侧布设基准点

4．灵官殿

设Sta7和Sta8观测灵官殿上的监测点。共设基准点8个，监测点16个。

5．乐楼

设Sta9、Sta10、Sta11三站观测乐楼。共设监测点20个，基准点12个。

（四）测量结果

1．大殿

测站名	监测点名	监测点位置	Y	X	Z
Sta1	S1	大殿二层1—A柱柱顶	3013.393	4989.329	111.576
	S2	大殿二层3—A柱柱顶	3013.130	4995.041	111.057
	S3	大殿二层4—A柱柱顶	3012.805	4999.770	111.128
	S4	大殿二层5—A柱柱顶	3008.554	5003.638	107.654
	S5	大殿二层6—A柱柱顶	3012.159	5010.014	111.266
	S6	大殿二层8—A柱柱顶	3011.771	5015.747	111.299
	S7	大殿一层1—A柱柱顶	3012.373	4987.712	105.173
	S8	大殿一层3—A柱柱顶	3011.932	4994.761	104.988
	S9	大殿一层4—A柱柱顶	3011.645	4999.491	104.996
	S10	大殿一层5—A柱柱顶	3011.174	5004.983	104.983
	S11	大殿一层7—A柱柱顶	3010.638	5014.126	104.888
	S12	大殿一层8—A柱柱顶	3010.485	5016.762	104.814
	S13	大殿一层1—B柱柱顶	3014.988	4987.735	103.884
	S14	大殿一层3—B柱柱顶	3016.857	4995.043	105.582
	S15	大殿一层4—B柱柱顶	3016.639	4999.876	105.610
	S16	大殿一层5—B柱柱顶	3016.297	5005.234	105.701
	S17	大殿一层7—B柱柱顶	3013.198	5014.247	105.247
	S18	大殿一层8—B柱柱顶	3013.320	5016.765	104.814

测站名	监测点名	监测点位置	Y	X	Z
Sta2	N1	大殿二层1–J柱柱顶	3008.574	5033.611	108.135
	N2	大殿二层3–J柱柱顶	3008.569	5027.899	108.565
	N3	大殿二层4–J柱柱顶	3008.646	5023.120	108.464
	N4	大殿二层5–J柱柱顶	3008.569	5017.445	108.566
	N5	大殿二层6–J柱柱顶	3008.730	5012.638	108.922
	N6	大殿二层8–J柱柱顶	3008.828	5006.866	108.629
	N7	大殿一层7–J柱柱顶	3007.329	5005.876	102.757
	N8	大殿一层6–J柱柱顶	3007.333	5012.747	102.793
	N9	大殿一层5–J柱柱顶	3007.198	5017.641	102.897
	N13	大殿一层6–H柱柱顶	3011.098	5017.474	103.359
	E1–u	大殿二层1–B柱柱顶	3011.261	5006.919	109.058
	E2–u	大殿二层1–C柱柱顶	3016.061	5007.061	109.125
	E7–u	大殿一层8–H柱柱顶	3015.989	5005.866	102.434
Sta3	N10	大殿一层4–J柱柱顶	3007.759	4990.328	101.675
	N11	大殿一层3–J柱柱顶	3007.465	4994.976	101.658
	N12	大殿一层1–J柱柱顶	3007.325	4999.436	101.761
	N14	大殿一层5–H柱柱顶	3011.967	4979.934	101.858
	N15	大殿一层4–H柱柱顶	3011.541	4990.445	102.014
	N16	大殿一层3–H柱柱顶	3011.329	4995.198	101.942
	W1	大殿一层1–H柱柱顶	3010.988	5001.886	101.576
	W2	大殿一层2–H柱柱顶	3011.147	4999.475	101.747
	W3	大殿一层1–D柱柱顶	3015.842	5002.023	101.567
	W4	大殿一层2–H柱柱顶	3013.583	4999.656	101.923
	W5	大殿一层1–B柱柱顶	3020.695	5002.162	101.543
	W6	大殿一层2–F柱柱顶	3015.875	4999.726	101.807
	W8	大殿一层2–D柱柱顶	3018.443	4999.817	101.797
	W10	大殿一层2–B柱柱顶	3020.499	4999.887	101.752

测站名	监测点名	监测点位置	Y	X	Z
Sta5	W1	大殿二层1–H柱柱顶	3013.388	5006.914	108.084
	W2	大殿二层1–F柱柱顶	3013.447	5002.228	108.285
	W3	大殿二层1–D柱柱顶	3013.448	4997.372	108.272
	W4(Sta13)	大殿二层1–B柱柱顶	992.113	1036.297	97.756
Sta14	E1	大殿一层7–D柱柱顶	995.371	997.034	102.812
	E2	大殿一层7–E柱柱顶	997.577	997.474	102.658
	E3	大殿一层7–F柱柱顶	999.792	998.155	101.623
	E4	大殿一层7–G柱柱顶	1002.145	998.718	102.033
	E5	大殿一层7–H柱柱顶	1004.388	997.220	102.170
	E6	大殿一层8–D柱柱顶	994.675	999.158	102.169
	E8	大殿一层8–H柱柱顶	1003.775	999.158	102.169

测站名	基准点名	基准点位置	Y	X	Z
Sta1	J1	大殿一层2–A柱柱底	3012.306	4990.102	100.577
	J2	大殿一层3–A柱柱底	3012.001	4994.465	100.570
	J3	大殿一层4–A柱柱底	3011.687	4999.209	100.587
	J4	大殿一层4–A柱南台阶	3010.945	4999.316	100.287
	J5	大殿一层6–A柱柱底	3010.944	5009.712	100.517
	J6	大殿一层7–A柱柱底	3010.625	5014.071	100.465
Sta2	H1	二殿一层9–A柱柱底	3001.136	5005.384	99.896
	H2	二殿一层8–A柱柱底	3001.097	5010.388	99.936
	H3	大殿一层8–H柱柱底	3007.271	5005.793	98.563
Sta3	K1	二殿一层2–A柱柱底	3001.231	4997.038	98.532
	K2	大殿一层3–J柱柱底	3007.270	4995.144	97.171
	K3	大殿一层2–J柱柱底	3007.051	4999.294	97.151
	K4	二殿一层1–A柱柱底	3001.072	5001.572	98.532

Sta5	B1	大殿西侧假山池边	3007.701	5002.482	97.833
	B2	大殿西侧假山池角	3007.843	4995.024	97.584
	B3	大殿西侧南端台基	3001.369	5004.603	98.400
Sta14	R1	大殿一层7−H柱柱底	1008.058	1000.000	98.546
	R2	大殿一层8−H柱柱底	1007.598	1002.278	98.486
	R3	大殿一层8−F柱柱底	1003.743	1001.430	98.528
	R4	大殿一层8−D柱柱底	994.835	999.163	98.438

2．二殿

测站名	监测点名	监测点位置	Y	X	Z
Sta4	S1	二殿一层1−A柱柱顶	3009.236	4987.028	104.328
	S2	二殿一层1−C柱柱顶	3012.276	4987.117	104.032
	S3	二殿一层2−A柱柱顶	3008.959	4992.034	104.363
	S4	二殿一层2−C柱柱顶	3012.130	4991.801	104.529
	S5	二殿一层3−A柱柱顶	3008.607	4998.897	104.545
	S6	二殿一层3−C柱柱顶	3011.849	4999.135	105.153
	S7	二殿一层4−A柱柱顶	3008.397	5004.224	104.570
	S8	二殿一层4−C柱柱顶	3011.582	5004.350	104.767
	S9	二殿一层8−A柱柱顶	3008.123	5011.312	104.534
	S10	二殿一层8−C柱柱顶	3011.302	5011.457	104.707
	S11	大殿一层6−J柱柱顶	3007.930	5016.393	104.594
	S12	二殿一层9−C柱柱顶	3011.020	5016.360	104.747
	S13	二殿二层西南角柱柱顶	3010.860	4990.603	108.211
	S14	二殿二层2−B柱柱顶	3010.827	4991.919	108.441
	S15	二殿一层4−B柱柱顶	3010.496	4998.899	108.357
	S16	二殿一层5−B柱柱底	3010.305	5004.279	108.165
	S17	二殿一层8−B柱柱中部	3010.033	5011.347	108.165
	S18	二殿二层东南角柱柱中部	3009.923	5012.703	108.073

Sta6	E1	二殿东侧9—C柱柱中部	998.313	972.060	95.156
	E2	二殿东侧8—D砖柱中部	1001.814	973.765	95.428
	E3	二殿东侧8—E砖柱中部	1004.226	974.920	98.065
	E4	二殿东侧8—F砖柱中部	1006.877	975.740	98.447
Sta13	W1	二殿西侧1—F砖柱中部	1008.313	1020.442	98.769
	W2	二殿西侧1—E砖柱中部	1006.302	1022.144	98.586
	W3	二殿西侧1—D砖柱中部	1004.368	1023.862	99.266
	W4	二殿西侧1—C砖柱中部	1001.283	1026.445	97.434

测站名	基准点名	基准点位置	Y	X	Z
Sta4	A1	大殿一层2—J柱柱底	3002.698	4993.793	98.461
	A2	二殿一层4—A柱柱底	3008.732	4998.773	99.797
	A3	二殿一层5—A柱柱底	3007.575	5005.923	99.488
	A4	大殿一层6—J柱柱底	3002.201	5008.579	98.444
Sta6	G1	茶楼围墙	992.913	1001.689	98.239
	G2	茶楼围墙	994.865	998.613	98.506
	G3	茶楼西侧门柱	1007.371	998.100	97.671
	G4	茶楼西侧门柱	1006.479	1000.000	99.598
Sta13	T1	吉当普殿7—D柱柱底	1001.677	996.983	100.625
	T2	吉当普殿西侧围墙			
	T3	吉当普殿西侧围墙	1006.548	998.192	100.633
	T4	吉当普殿6—D柱柱底	1004.142	1000.000	100.628

3．老君殿

测站名	监测点名	监测点位置	Y	X	Z
Sta6	C1	老君殿5—A柱柱底	1030.403	970.628	113.356
	C2	老君殿6—A柱柱底	1028.365	973.694	113.348
	C3	老君殿6—B柱柱底	1029.497	974.412	113.769

Sta6	C4	老君殿7—B柱柱底	1028.099	976.768	113.335
	C5	老君殿8—C柱柱底	1028.004	978.916	113.664
	C6	老君殿7—D柱柱底	1029.913	977.924	114.179
	C7	老君殿7—E柱柱底	1029.712	980.155	114.606
	C8	老君殿8—E柱柱底	1030.726	979.095	114.914
Sta12	W1	老君殿7—E柱柱顶	1002.683	1016.996	111.261
	W2	老君殿6—A柱柱顶	1003.364	1014.366	109.667
	W3	老君殿6—B柱柱顶	1005.409	1014.857	110.588
	W4	老君殿5—A柱柱顶	1004.376	1012.376	108.447
	W5	老君殿6—E柱柱顶	1006.920	1012.790	108.998
	W6	老君殿5—B柱柱顶	1007.216	1011.442	108.526
	W7	老君殿3—C柱柱顶	1009.219	1011.086	109.014

测站名	基准点名	基准点位置	Y	X	Z
Sta6	G1	茶楼围墙	992.913	1001.689	98.239
	G2	茶楼围墙	994.865	998.613	98.506
	G3	茶楼西侧门柱	1007.371	998.100	97.671
	G4	茶楼西侧门柱	1006.479	1000.000	99.598
Sta12	M1	老君殿西侧道路台阶南	1004.637	999.599	99.116
	M2	老君殿西侧道路台阶中	1011.886	1000.886	100.298
	M3	老君殿西侧道路台阶北	1017.671	1001.220	102.684
	M4	老君殿西侧花墙底	1015.113	997.324	102.823

4. 灵官殿

测站名	监测点名	监测点位置	Y	X	Z
Sta7	E1	灵官殿二层1—A柱顶	996.586	993.220	105.725
	E2	灵官殿二层2—A柱顶	998.503	993.334	105.685
	E3	灵官殿二层3—A柱顶	1001.576	993.393	105.803
	E4	灵官殿二层4—A柱顶	1003.887	993.533	106.128
	E5	灵官殿一层1—A柱顶	996.238	993.828	102.837
	E6	灵官殿一层2—A柱顶	998.853	993.916	102.709
	E7	灵官殿一层3—A柱顶	1001.661	993.894	102.859
	E8	灵官殿一层4—A柱顶	1004.275	984.054	103.039
Sta8	W1	灵官殿二层4—D柱顶	995.987	991.737	103.876
	W2	灵官殿二层3—D柱顶	998.073	991.822	103.716
	W3	灵官殿二层2—A柱顶	1001.159	991.872	103.602
	W4	灵官殿二层1—D柱顶	1003.141	991.964	103.786
	W5	灵官殿一层4—D柱顶	995.399	992.388	100.986
	W6	灵官殿一层3—D柱顶	998.053	992.327	100.673
	W7	灵官殿一层2—D柱顶	1000.918	992.321	100.689
	W8	灵官殿一层1—D柱顶	1003.488	992.470	100.733

测站名	基准点名	基准点位置	Y	X	Z
Sta7	D1	灵官殿一层1—A柱西侧台阶	996.054	994.688	99.424
	D2	灵官殿一层1—A柱底	996.518	993.821	99.548
	D3	灵官殿一层1—B柱底	996.544	992.364	99.576
	D4	灵官殿一层4—A柱西侧台阶	1003.094	1002.225	98.136
Sta8	L1	灵官殿一层1—D柱东侧墙底	1003.960	998.548	98.345
	L2	灵官殿一层1—D柱底	1003.412	992.487	97.329
	L3	灵官殿一层1—C柱底	1003.336	990.886	97.373
	L4	灵官殿一层4—D柱底	995.390	990.844	97.434

5．乐楼

测站名	监测点名	监测点位置	Y	X	Z
Sta9	S1	乐楼一层1–A柱顶	1009.102	995.176	104.707
	S2	乐楼一层4–A柱顶	1008.115	999.188	104.777
	S3	乐楼一层7–A柱顶	1008.176	1004.896	104.626
	S4	乐楼一层10–A柱顶	1009.179	1009.029	104.585
Sta10	S5	乐楼二层1–A柱顶	1016.664	999.085	110.409
	S6	乐楼二层4–A柱顶	1015.939	997.216	110.173
	S7	乐楼二层7–A柱顶	1016.456	1002.889	110.157
	S8	乐楼二层10–A柱顶	1017.875	1006.803	110.139
	S9	乐楼三层4–A柱顶	1016.827	997.926	113.496
	S10	乐楼三层7–A柱顶	1017.227	1002.121	113.410
Sta11	N1	乐楼一层10–F柱顶	1009.404	991.871	95.526
	N2	乐楼一层7–F柱顶	1009.209	996.048	95.527
	N3	乐楼一层4–F柱顶	1010.636	1001.615	95.516
	N4	乐楼一层1–F柱顶	1012.714	1005.309	95.640
	N5	乐楼二层10–F柱顶	1009.336	991.918	97.802
	N6	乐楼二层7–F柱顶	1009.218	996.144	97.758
	N7	乐楼二层4–F柱顶	1010.656	1001.604	97.702
	N8	乐楼二层1–F柱顶	1012.750	1005.296	97.838
	N9	乐楼三层7–F柱顶	1010.098	996.695	101.556
	N10	乐楼三层4–F柱顶	1011.168	1000.772	101.586

测站名	基准点名	基准点位置	Y	X	Z
Sta9	Y1	下西山门柱底	999.596	984.284	99.016
	Y2	下西山门柱东侧台阶	1003.619	985.204	98.854
	Y3	乐楼南侧台阶	1008.732	1003.205	101.216
	Y4	乐楼东南角柱底	1008.080	1004.787	101.845

Sta10	Q1	下东山门东侧台阶	1009.836	1013.226	99.268
	Q2	下东山门角柱底	1021.901	1028.714	100.785
	Q3	下东山门东侧院墙底	1021.877	1031.014	100.673
	Q4	下东山门东侧院墙底	1018.99	1030.071	98.807
Sta11	P1	乐楼大门底部东侧	1010.802	997.187	92.792
	P2	乐楼大门底部西侧	1011.577	1000.001	92.753
	P3	乐楼北侧台阶西侧	1002.785	1009.939	102.123
	P4	乐楼北侧台阶东侧	997.665	1010.485	102.333

九　三维激光扫描技术在震后现场勘察工作中的应用

（一）勘察目的

在“5·12”汶川大地震中，都江堰二王庙古建筑群遭到毁灭性的损坏，而不断的余震和频繁的降雨也给震后的现场记录，以及现存文物的清理、收集、抢救带来很大困难。另一方面，古建筑构件在震后的残损数据也具有很高的科学研究价值，“断裂的构件，倒塌的塔体与墙体，变形的台基，歪闪的柱子，倾斜与扭转的梁架，劈裂或断裂的榫卯、滑落的瓦顶……它们反映了每一栋古建筑在结构上的薄弱部位和存在的问题，这是第一手的科学技术资料，蕴含着大量的科技信息”。因此，如何快速、全面和准确地做好现场信息记录，是抗震救灾的重要的第一步。

（二）技术手段选择

在这种情况下，单一的传统测绘手段难以满足需要，需要综合多种技术手段，相互配合，来实现快、全、准记录现场的目标。本次震后勘察中引入了全站仪测量、三维激光扫描、摄影测量技术等的测绘记录手段。

1．全站仪

目前工程中所使用的全站仪具有目标对准快捷准确，操作简单方便，误差小精度高，同时包含多个应用程序可以通过简单操作完成坐标测量、长度测量、高程测量等常用的测绘任务。

在这次工作中，我们采用了 Trimble M3 全站仪，完成了圣母殿、祖堂部分结构的测量，以及二王庙古建筑群扫描坐标系建立的工作。据实践经验，通过全站仪测量并记录一个点，平均用时约5秒。二王庙内建筑众多，震后情况复杂，仅仅通过全站仪来快速准确全面的记录现场是很难实现的。

2．数字近景摄影测量技术

最新的数字近景摄影测量技术改变传统的双目立体视觉为多影像计算机视觉，工作人员只需要采用普通定焦单反数码相机对测量对象拍摄照片，并以全站仪测出少量控制点的空间坐标，便可以快速自动化生成被测对象的三维模型。

我们在对大殿、二殿的震后记录用到了该项技术，然而通过近景摄影测量得到研究对象的三维空间信息，误差相对较大，特别是在单点的深度方向的误差会高于其他方向误差。其次，像对之间需要存在大量的重叠区域，才能进行准确匹配，而震后复杂的施工现场显然不适合大范围的使用这项技术。

3．三维激光扫描技术

三维激光扫描仪利用激光作为光源，采用激光与物体表面发生相互作用的物理现象来获取物体表面点三维坐标等信息，常用的三维激光扫描仪采用的原理主要有两种：基于脉冲飞行时间测距的

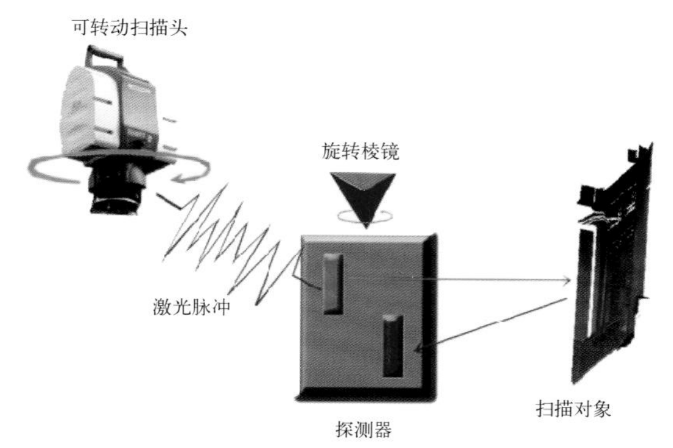

3–128　基于脉冲飞行时间测距的原理图

扫描仪，获得数据速度快，适用于扫描中程和远程的扫描仪（图3-128）；基于相位差测距原理的扫描仪，对扫描对象的细节表现得比较细致，适用于短程扫描仪。

三维激光扫描技术是一种继承了多种高新技术的新型测绘方法，它是通过每秒几万到几十万个点的高速激光扫描物体表面，获取物体表面三维空间信息，并以点云的形式表现出来。根据扫描仪远近程的不同，扫描单点精度在0.008毫米～3毫米之间，可以满足扫描不同距离物体的需要，具有高速、不接触、范围广、精度高等特点。

在震后现场记录工作中，我们主要采用三维激光扫描仪配合全站仪记录现场信息，对整个二王庙古建筑群建立统一坐标系，并进行了扫描，得到每栋建筑的三维模型，“并通过后期处理对每栋建筑的三维模型进行分析，更为直观地反映地震破坏之后建筑结构的状态，这不仅是对二王庙建筑震后状态的记录，而且也是地震对中国传统木结构建筑影响、破坏机理进行进一步研究的重要资料”。因此，这项技术成为灾后现场记录最理想的手段。

（三）工作方案制定

1. 设备选择

三维激光扫描仪的选择从仪器性能和扫描对象的特点考虑，基于相位的扫描仪较之基于脉冲的扫描仪精度高，但工作时间长，数据量大。目前，市场上常用的扫描仪类型有近距离扫描仪，如Faro测量臂，扫描范围在3.7米内，单点精度可达0.005毫米，能够清晰表现物体细节，但扫描时间长，数据量大，适合在充足时间下扫描精细物件；也有长距离和超远距离扫描仪，扫描距离可达1000米以上，如Riegl LMS-420i,在100米处的单点精度10毫米，扫描范围大，速度快，但细节表现较差，适合在隧道、矿山等场景中扫描；还有中程扫描仪，如Leica HDS Scanstation 2，扫描距离可达300米，速度50000点/秒，形成模型表面精度±2毫米，最小点间距在1.2毫米,观测角度360°×270°。

这次扫描的任务是在尽可能短的时间内，记录二王庙内震后建筑和地形的现状，以及局部建筑结构的细节。选用的扫描仪应该具有宽阔扫描范围，既能高速扫描场景，也能相对细致表现物体细节，在完整获取目标点云数据的同时尽可能节约时间和成本，并能适应狭小复杂的场地环境。我们选择基于脉冲的Leica HDS Scanstation 2扫描仪，配合PENTAX的R-300X全站仪。

2．外业工作

由于时间紧迫，不能对景区内所有建筑逐一精细扫描，最终选取了疏江亭、下东山门、下西山门、乐楼、三官殿、灵官殿、丁公祠、大照壁、上西山门，戏楼、大殿、老君殿、铁龙殿和主要游览路线的地形作为主要扫描对象。

(1) 控制测量和统一坐标系的建立

扫描仪每一测站所获得数据的坐标系是独立的，要想把每一站数据统一起来，每两连续测站之间需要通过4～6个标靶作为基准。常用的标靶为了稳定固定在物体表面，标靶底座是磁铁，二王庙内建筑为木结构，标靶只能摆放在上面，不能稳定吸附。同时，频繁的余震也常常使标靶移位晃动，造成数据配准是误差较大，多站误差累计下去，就会造成巨大误差。为了避免这种误差的产生，在设定的从疏江亭到老君殿扫描路线上，在相对稳定的地砖缝里钉入基准钉12根（A–L），并用油漆在地面上做好明显标记，用全站仪从A–L和L–A做闭合导线测量定位，减少误差，初步建立从疏江亭到老君殿的统一坐标系。在后面进行的每一站扫描中，都将以这些基准钉构成的坐标系为准，每一个独立的坐标系，都将统一到这个坐标系中，每一站与统一坐标系配准的误差均在3毫米以下，误差完全在允许范围内。

(2) 扫描站点的分布

扫描工作从2008年11月开始，外业工作时间七天半，约70小时，设置标靶103个，扫描站49站（图3–129）。扫描点间距不等，根据不同场景和细节设置不同扫描精度，共获取点云数据3.86GB，尽可能完整的记录了建筑的震后结构的现状、地形的变化、塌毁建筑柱础的位置等。

(3) 标靶的布设

由于每两个扫描站之间的配准，至少需要4个公共标靶，其中三个用于坐标系的旋转和平移，另外一个用于平差。在实际扫描

外业主要任务

工作内容	详细说明
现场分析	根据需求与实际情况，确定做控制测量的方案，确定标靶位置和扫描位置，制定扫描计划。
控制测量	统一坐标系，减少累计误差。
现场扫描	依据扫描方案，依次完成各站扫描。
数码影像采集	按照制定的方案，进行拍照。

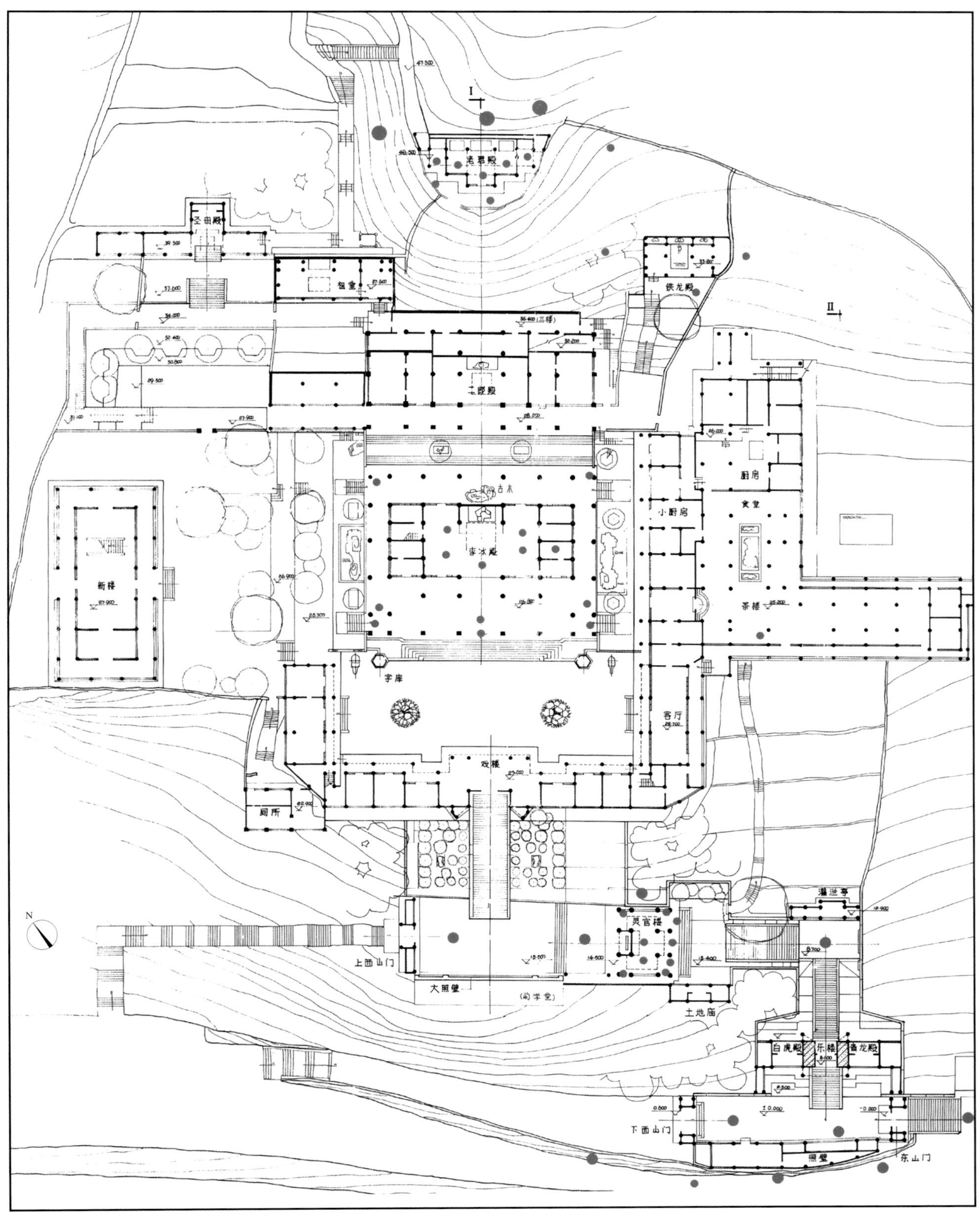

3–129　站点（红色）分布图

过程中，常常会有个别标靶因为地面震动、人为碰撞、标靶面没有正对激光束等原因，获取的标靶中心误差大，不准确，不能参与配准，所以在布设标靶时候，两站之间尽量要设多于4个标靶（图3–130）。同时，由于要对建筑内部进行扫描，所以在连接建筑内部和外部的扫描站中，要特别注意标靶和仪器的放置位置，保证至少有4个标靶是在建筑内外都能被观测到。有时会发生人眼可以观测到标靶，而仪器观测不到的情况，因此，在设置时就应通过仪器检测。只有标靶数据的准确，才能保证整体数据的精确，才更有参考和研究价值。

另外，扫描现场建筑材料大面积堆放，塌陷地面不稳定，脚手架遮挡都为扫描增加了困难。如何保证在每一站内，都能观测到最多的标靶，获取最多的有效数据，需要对仪器和标靶的放置进行合理安排，并在现场反复尝试、校核。

(4) 通过此次勘察总结的扫描力争上游业工作要点

① 做详细的扫描计划，针对场景扫描的精度和针对细节扫描的精度以及位置都要做好说明或图示，防止现场的重复工作和数据采集不全面。

② 扫描仪依靠电力驱动，保证电力的安全稳定供给，是顺利的扫描的基本条件。

③ 选取稳定的架设扫描仪和标靶的场地，充分考虑震后现场地面和结构的不稳定性，避免扫描过程中的微小震动带来的误差，甚至使整站数据作废。

④ 扫描标靶时，对标靶有规律的命名，防止出现同一标靶有不同的名称，影响后期配准。

⑤ 协调扫描工作和其他勘察工作。扫描仪在工作中，应避免周围的地面有强烈震动和人为地碰撞仪器。

3–130 Scanworld3 与 Scanworld4 通过标靶的坐标转换

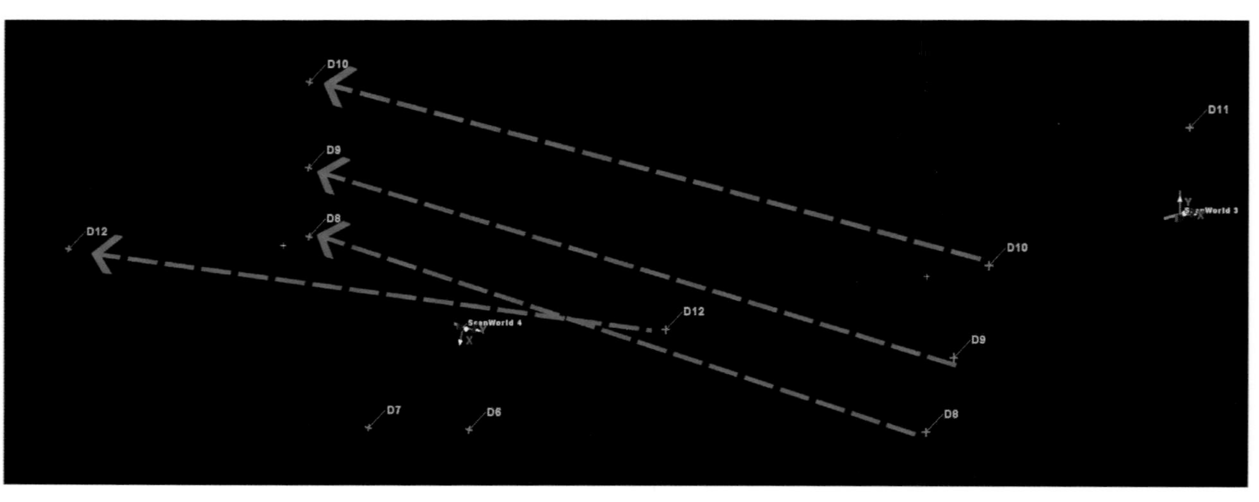

⑥ 做灵活的工作进程方案，遇到气候变化（如雨天）不适合室外作业时，可以搬至建筑内部进行扫描。

⑦ 合理分配扫描精度对于大范围场景的扫描，可以采用10米处1厘米的扫描间距，保证快速获得场景数据；对于建筑整体的扫描，可以采用3～4毫米的扫描间距，在需要特别强调的细节处，用1毫米的扫描间距，尽量不要使扫描获得太多的冗余数据。

3．内业处理工作

内业处理工作包括数据预处理以及数据分析两个部分。

为使扫描得到的数据更方便设计人员使用，采集到的数据要经过预处理，一般过程包括配准、去噪、精简、融合四个部分。

与以往扫描不同的是，本次勘察关注的对象不仅是建筑本身，还包括塌陷的地面，因此在剔除噪声时，堆放杂物的地面要被保留。

其中数据配准是最关键的一步，配准时要保证选用的标靶的准确性，参与配准的标靶的误差要在2毫米以内（图3-131、132）。配准后的数据一定要经过x、y、z三个方向切片检验后，才能通过。

经过预处理的数据，就可以对其进行直接量测和分析，如梁架变形程度、柱子歪闪方向、地面下沉数据等。本次内业工作时间两周，获得三维模型、点云切片、CAD图形等共13GB。

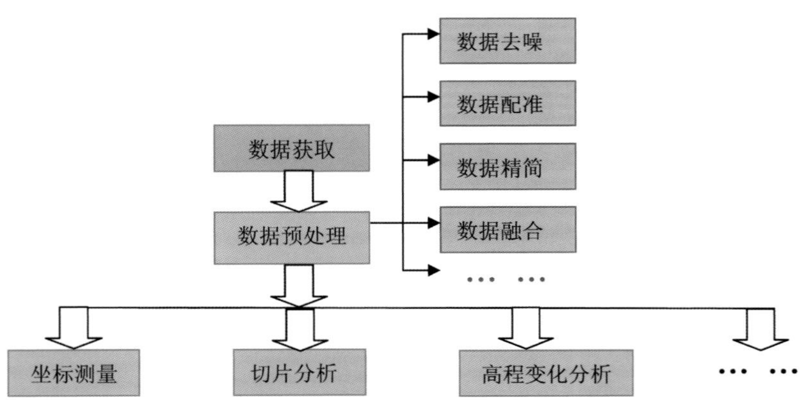

ScanWorlds/Constraint ID	Type	Status	Weight	Error
⊟ ScanWorld 2				
⊟ ScanWorld 3				
TargetID: D8	Coincident: Vertex-V...	On	1.0000	0.001 m
TargetID: D9	Coincident: Vertex-V...	On	1.0000	0.001 m
TargetID: D10	Coincident: Vertex-V...	On	1.0000	0.001 m
TargetID: D11	Coincident: Vertex-V...	On	1.0000	0.001 m
TargetID: D12	Coincident: Vertex-V...	On	1.0000	0.000 m
Cloud/Mesh 1	Cloud: Cloud/Mesh-Cl...	On	1.0000	0.001 m
⊞ ScanWorld 3				

3-131 内业工作流程

3-132 两站数据配准误差报告

3-133　点云数据对现状的记录和层次

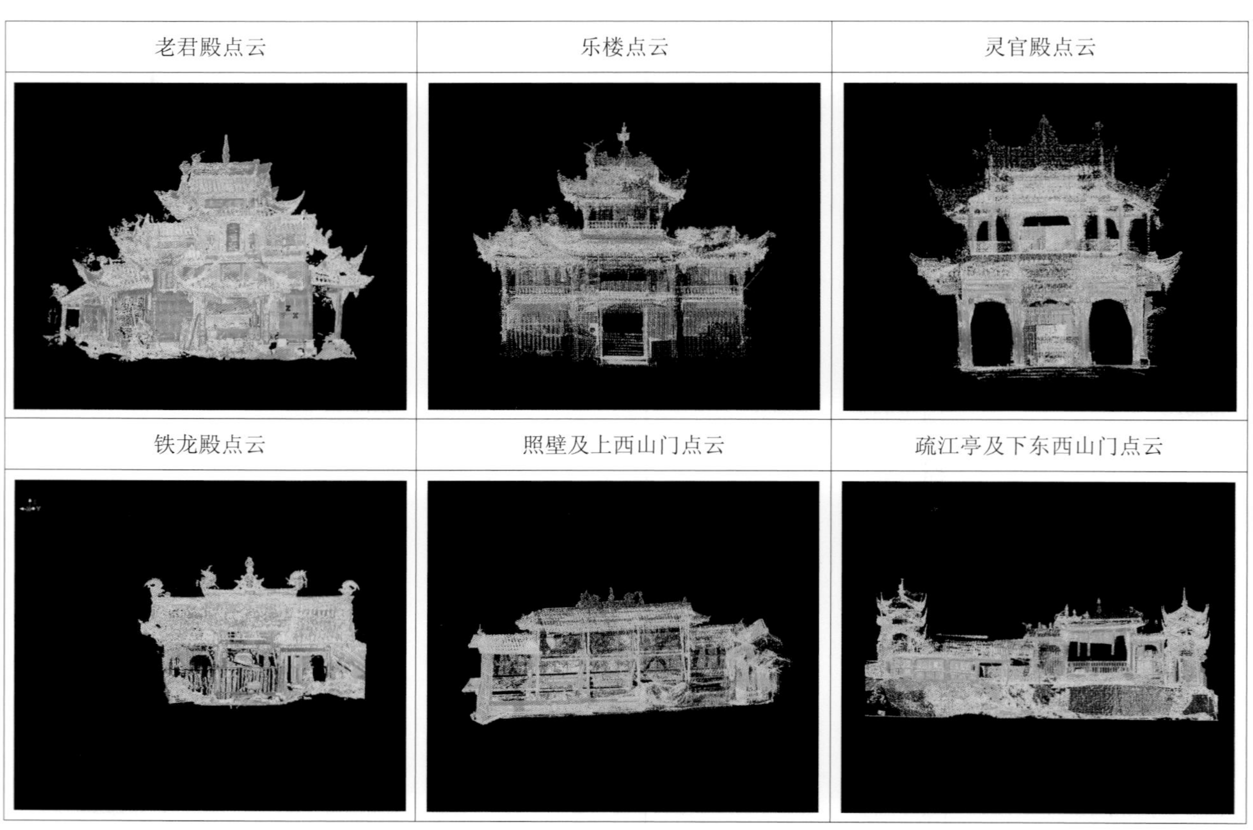

3-134　各建筑点云数据样例

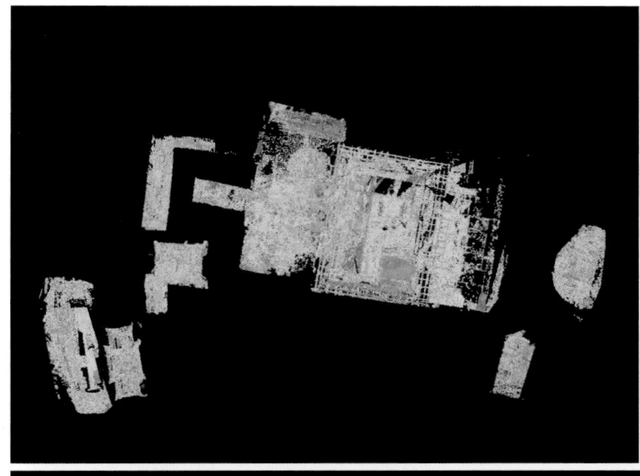

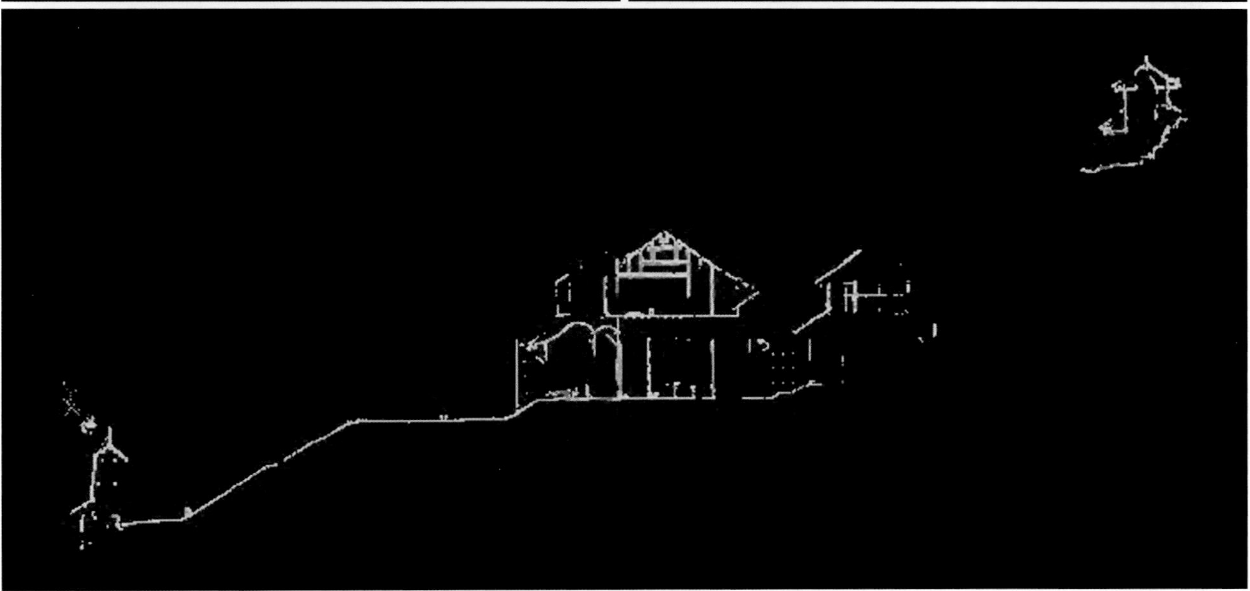

3–135　按空间位置拼合在一起的点云数据

（四）勘察成果

1．现存建筑现状的三维模型

扫描得到的每一站点云位于各自独立的坐标系下，经过配准后，可以将各站点云统一到同一个控制坐标系下，配准误差小于3毫米，去噪声后形成完整的点云模型。最终获得的点云模型包括疏江亭、下东山门、下西山门、乐楼、三官殿、灵官殿、丁公祠、大照壁、上西山门、戏楼、大殿、老君殿和铁龙殿（图3–133～135）。

2．柱子倾斜程度和方向

除去噪声点之后的点云模型，是实际建筑的真实记录和准确表现，通过在每栋建筑需要的位置上做剖面和量测，能够得到柱子的歪闪、梁架的变形、建筑整体的倾斜和地面沉降程度的数据。

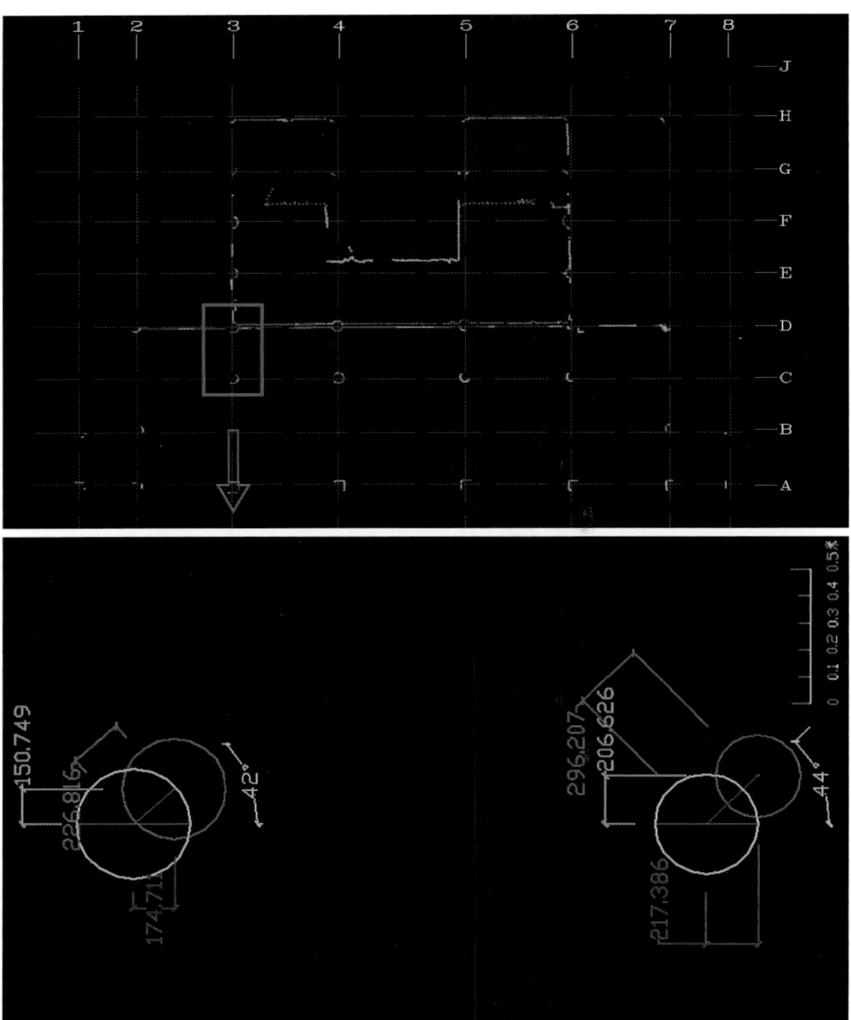

3-136 大殿一层柱子C3、D3歪闪情况

以李冰大殿为例，柱子的倾斜程度直接影响到了整体建筑的稳定程度。因此，在点云模型中每一根柱子的柱底和柱顶的位置做横切，通过柱底柱顶的圆心位置的偏移，来判断柱子的倾斜情况。此项工作的主要误差来自从点云拟合成圆形或矩形的误差，误差大小取决于柱子点云是否完整柱子本身截面形状规则，可以控制在8毫米以下。分析反映的仅是震后柱子现状的倾斜程度，究竟是原有的侧角，还是历史上的变形，还是受到地震影响造成的变形，需要进一步的研究判断。以大殿数据为例，可以看出，柱子整体都在向南、向东歪闪。

3．对作为建筑基础的地形、地貌的变形分析

地震发生后，二王庙所在山体呈东西向错位滑坡，在大殿东南角分布有东西向大裂缝，大殿所在地势明显呈现东南角下沉的现象。在截取的柱底点云切片上获取柱底的相对高程，准确地得到了殿内地面的沉降数据。

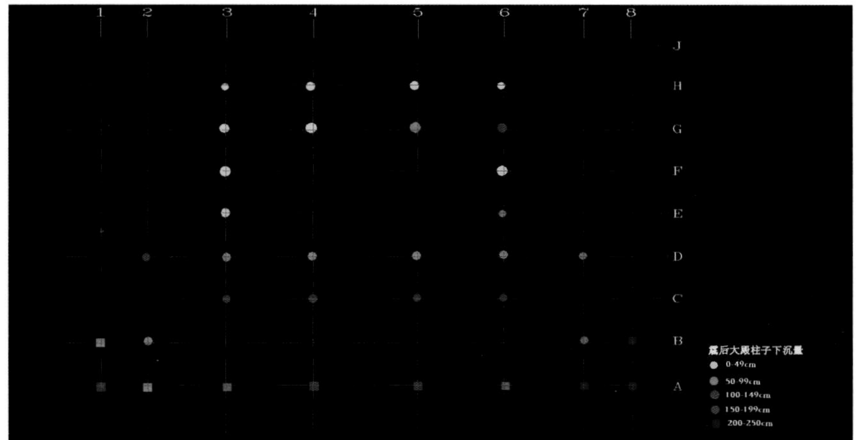

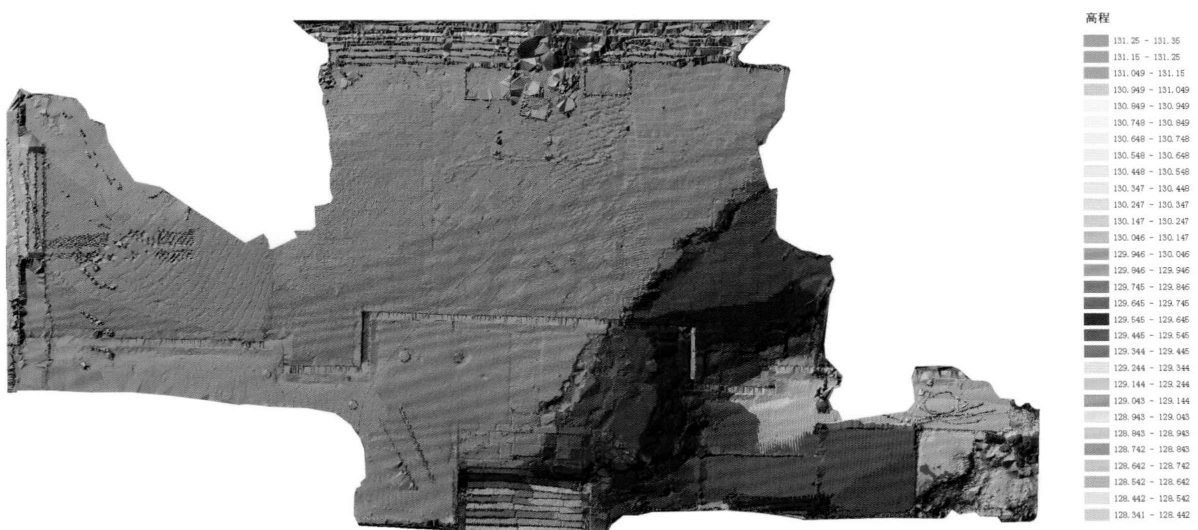

3–137　大殿地面高程

3–138　大殿前平台东南角地面下沉

据统计，大殿最高柱底与最低柱底的高差约25厘米，验证了北高南低、西高东低的目测结论事实，得出了高差的具体数值。同时，在能够扫描到的范围内，量取大殿台明四角的高程，如图所示，也完全符合上述结论（图3–136～138）。

戏楼在震中完全塌毁，通过对三维激光扫描记录的戏楼基础地形震后变形数据分析，可以清晰地了解其东南角地基塌陷的范围和程度，也可以在三维模型上清晰地看到原有柱础的位置，为戏楼的复原设计提供了参考。

（五）小结

随着修缮工程的顺利进行，二王庙景区也在逐渐恢复地震前的景观，而三维模型清晰地记录下了地震发生后的现场，为震后抢修和日后研究保留下了珍贵资料。三维激光扫描通过快速全面准确地扫描，为震后的修缮及时地提供了精确的基础数据，提高了工作效率。勘察现场的扫描人员不必长时间处于危险建筑中，提高了测绘过程的安全性。

经过扫描震后现场的实际应用，我们也发现了三维激光扫描这项技术的一些缺陷和工作中的不足：

（1）扫描仪对于特征识别的功能还不够完善，构件的边角和相对平缓的位置扫描辨识不清，细节扫描需要人工识别和人工操作，这样造成冗余数据多，数据量大，给数据的存取、显示和分析带来很大困难。

（2）很多柱子经过多年的挤压发生形变，也可能本身就不是规则的圆柱或方柱，用这样的点云拟合成圆形或矩形，会产生误差，得到的柱顶柱脚的中心同样也有一定的误差，因此对这样的柱子的偏移或歪闪进行定量描述时误差会偏大。怎样获得不规则物体的重心，还需要进行不断的实验和研究。另外，怎样在缺少原始的侧角准确数据的情况下对柱子震后的倾斜进行分析，也需要进一步研究。

（3）山体滑坡造成架设仪器地面的不稳定，很多位置不能架设仪器等问题，使部分点云模型不完整。因此，怎样在作业中提高仪器的抗震性，需要在实践中继续探索。

（4）由于脚手架、大量植物的遮挡，个别构件在关键位置的点云不完整，如此次大殿西侧檐下点云缺失，这给分析工作带来了误差。因此，对于点云不完整的构件，能否根据已有数据和构件的几何特征生成缺少部分的点云，并尽可能地保证与原状一致性，也需要进一步研究。

（5）在扫描工作之前，已经开始了现场清理工作，大量塌毁建筑的材料堆放在大殿前平台和戏楼原址上，扫描仪无法完整获取这片重要场地的三维数据，其实也丧失了获取一手震损资料的机会。因此，制定周全的工作计划或灾后工作预案，并在实际工作中果断实施是十分必要的。

（6）每一种类型的扫描仪都有各自的优缺点，如果能同时使用两台不同性能的设备，分别针对场景和细节扫描，得到的数据将更能满足实际的需要。

（7）由于时间仓促，没有对二殿、圣母殿、祖堂进行详细扫描，是本次扫描工作的一个遗憾。

一〇　秦堰楼结构勘察检测

（一）基本概况

秦堰楼建筑物位于都江堰市二王庙景区内，约建于1992年，现存有部分原设计图纸，主体结构内部为六层现浇钢筋混凝土框架结构，外部为木结构。根据现场勘察，秦堰楼建筑物一、二层顶板为格构式木地板，三～五层顶板为混凝土现浇板。秦堰楼建筑物一、二、三层层高均为3.6米，四、五、六层层高均为3.9米。主体结构内部混凝土柱网尺寸为4500×3000毫米、4500×4500毫米。框架柱的截面尺寸为600×600毫米，500×500毫米、400×400毫米，框架梁的截面尺寸为300×600毫米、250×450毫米、250×380毫米等。其主体结构平面布置参见图3－139。

查阅相关设计资料，秦堰楼建筑物主体结构框架柱、梁的混凝土设计强度等级为250#，屋顶为木结构坡式瓦屋顶。

“5·12”汶川地震的发生，对秦堰楼造成严重损坏（图3－140～142），为了解秦堰楼建筑物震后的损坏情况及安全状态，

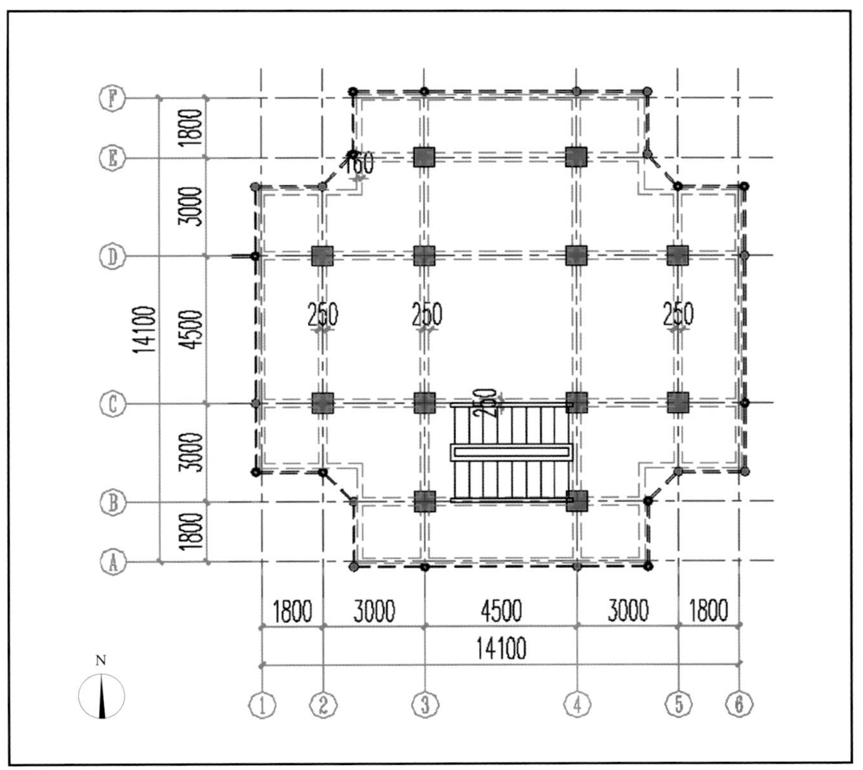

3－139　秦堰楼标准层结构平面示意图

3–140　秦堰楼（东—西）
3–141　秦堰楼（西—东）
3–142　秦堰楼（北—南）

有关部门委托清华大学房屋安全鉴定室对秦堰楼建筑物进行结构检测及鉴定评估，并对该建筑物的后期维修提出结论性意见及建议。

（二）检测鉴定依据

（1）《建筑结构检测技术标准》（GB/T50344–2004）
（2）《建筑结构荷载规范》（GB50009–2001，2006年版）
（3）《民用建筑可靠性鉴定标准》（GB50292–1999）
（4）《木结构设计规范》（GB50005–2003，2005年版）
（5）《古建筑木结构维护与加固技术规范》（GB50165–92）
（6）《危险房屋鉴定标准》（JGJ125–99）
（7）《建筑抗震鉴定标准》(GB50023–95)
（8）《建筑抗震设计规范》(GB50011–2001)
（9）“关于发布国家标准《建筑抗震设计规范》局部修订的公告”建设部第71号令
（10）清华大学房屋安全鉴定室现场检测的有关数据
（11）委托方提供的部分设计图纸资料

（三）检测鉴定目的及内容

1．检测目的

“5·12”汶川地震的发生，造成都江堰市二王庙景区部分建筑发生严重震害，目前有关部门正陆续对景区内的地震损害建筑进行灾后修复。为确定受损建筑物目前的结构损害程度，以选取较为合理的修复方式，需对景区中的受损建筑物进行结构检测及安全性鉴定。为此，北京清华城市规划设计研究院委托清华大学房屋安全鉴定室对二王庙景区中的秦堰楼建筑物进行结构检测及安全性鉴定，对结构的损伤状况及安全性作出结论性意见及相关建议。

2．检测内容

（1）对秦堰楼建筑物的承重体系进行查勘及复核，确定建筑物结构体系现状、承重构件尺寸、布置情况等。

（2）对秦堰楼建筑物主体结构的材料强度进行检测（主要包括框架柱、承重梁的混凝土推定强度等），据此确认主体结构承重构件材料及其强度的目前状况，对建筑物的安全鉴定评估提供必要的依据。

（3）对秦堰楼建筑物主体结构中所含钢筋混凝土承力构件的钢筋配置情况进行抽检（钢筋数量、箍筋间距、有无加密区及保护层厚度等）。

（4）对秦堰楼建筑物现有损伤情况进行检测（包括混凝土结构损伤情况、木结构杆件及节点损伤情况、木结构变位等情况），判定损伤对构件承载力及整体结构安全的影响程度。

（5）依据委托方所提供的相关资料，结合现场检测数据及震害情况，依照现行的有关规范及抗震设防标准对建筑物结构进行抗震鉴定，以确认秦堰楼建筑物的抗震设防能力及安全性是否可以满足现行国家规范的要求。

（6）根据上述检测鉴定结果，对秦堰楼建筑物的结构进行安全鉴定及评估，并出具安全鉴定评估报告。

（四）结构体系及设计参数

根据现场勘察及查阅现存部分原始图纸，秦堰楼建筑物一、二层顶板为格构式木地板，三～五层顶板为混凝土现浇板。秦堰

建筑物主体结构主要设计参数

楼 层	主要柱网尺寸（米×米）	柱截面尺寸（毫米×毫米）	梁截面尺寸（毫米×毫米）	楼板形式	层高（米）	混凝土设计强度
一层 二层	4.50×4.50 4.50×3.00	600×600	300×450	木制	3.90	柱：250# 梁：250#
三层 四层	4.50×4.50 4.50×3.00	500×500	250×380	混凝土	3.90	柱：250# 梁：250#
五层 六层	4.50×4.50 4.50×3.00	400×400	250×380	混凝土	3.90	柱：250# 梁：250#

混凝土强度检测结果

测试构件	强度换算值的平均值 $m_{f^c_{cu}}$（MPa）	强度换算值的标准差 $S_{f^c_{cu}}$（MPa）	构件混凝土的强度推定值 $f_{cu,e}$（MPa）	设计强度等级
二层柱	30.0	3.59	24.1	250#
三层柱	28.2	3.46	22.5	250#
四层柱	28.2	2.78	23.6	250#
五层柱	21.9	2.05	18.5	250#
六层柱	20.0	1.43	17.6	250#
二层梁	22.7	2.76	18.2	250#
三层梁	27.7	1.97	24.5	250#
四层梁	33.4	5.07	25.1	250#
五层梁	38.1	3.61	32.2	250#
六层梁	24.9	1.85	21.9	250#

楼建筑物一、二、三层层高均为3.6米，四、五、六层层高均为3.9米；主体结构内部混凝土柱网尺寸为4500×3000毫米、4500×4500毫米。框架柱的截面尺寸为600×600毫米、500×500毫米、400×400毫米，框架梁的截面尺寸为300×600毫米、250×450毫米、250×380毫米等。框架柱、梁的混凝土设计强度等级为250#，屋顶为木结构坡式瓦屋顶。

（五）现场检测结果

1. 混凝土强度回弹检测

现场采用ZC3－A型混凝土回弹仪对秦堰楼框建筑物架柱、框架梁的混凝土进行了现场抽样检测。根据相关规定并结合本工程的现场实际条件，在秦堰楼建筑物主体结构框架柱、梁的混凝土检测单元上布置了规程所要求的回弹测区，并进行了混凝土的回弹检测。

检测结果表明，秦堰楼建筑物框架柱的混凝土强度推定值约在17.6MPa～24.1MPa 左右，部分抽检柱混凝土强度低于设计值。框架梁的混凝土强度推定值约在18.2MPa～32.2MPa之间，也有部分抽检框架梁的混凝土强度推定值低于设计值。

2．秦堰楼主体结构的钢筋检测

采用瑞士 PROFOMETER 5 SCANLOG 型钢筋扫描仪对秦堰楼主体结构的框架柱、梁及板的钢筋配置情况进行了无损抽样检测。钢筋检测内容主要为钢筋配置间距及混凝土保护层厚度等。

秦堰楼框架柱钢筋检测记录表

构件编号	截面尺寸（毫米×毫米）	主筋数量（根）	端部箍筋平均间距（毫米）	中部箍筋(毫米)		保护层（毫米）	轴线	层数
				平均间距	最大间距			
柱1	600×600	3单面	170（100）	225（200）	240	50	3/D	二层
柱2	600×600	3单面	175（100）	165（200）	200	50	2/E	二层
柱3	600×600	3单面	165（100）	145（200）	270	50	3/E	二层
柱4	500×500	8	90（100）	115（200）	150	25	2/A	四层
柱5	500×500	8	11（100）	125（200）	140	20	3/C	四层
柱6	500×500	8	90（100）	95（200）	200	20	2/D	四层
柱7	400×400	8	10（100）	120（200）	140	20	1/C	五层
柱8	400×400	8	100（100）	95（200）	100	20	2/D	五层
柱9	400×400	8	120（100）	130（200）	140	20	4/C	五层
柱10	400×400	8	100（100）	90（200）	90	25	2/D	五层
柱11	400×400	8	90（100）	95（200）	100	20	3/D	六层

秦堰楼框架梁钢筋检测记录表

构件编号	截面尺寸（毫米×毫米）	主筋数量（根）	端部箍筋平均间距（毫米）	中部箍筋(毫米)		保护层（毫米）	轴线	层数
				平均间距	最大间距			
梁1	宽 250	2	100（100）	100（200）	120	25	2—3/C	三层
梁2	宽 250	2	100（100）	135（200）	140	25	4/B—C	三层
梁3	宽 250	2	100（100）	125（200）	160	20	1/B—C	三层

秦堰楼顶板钢筋检测记录表

轴线	保护层（毫米）	南北向配筋（毫米）	东西向配筋（毫米）	层数
B－C／1 悬挑板	30	200	150	三层顶
B－C／3－4	25	140	145	三层顶
B－C／4悬挑板	25	150	145	三层顶

检测结果表明，秦堰楼建筑物主体结构框架柱钢筋的配置情况与设计图纸大致相符，且框架柱中部箍筋亦进行了适当加密，但有部分框架柱端部加密区间距偏大且部分构件钢筋保护层偏大。秦堰楼建筑物主体结构框架梁的钢筋配置情况与设计图纸基本相符，梁中部箍筋亦进行了适当加密，构件钢筋保护层厚度也与设计基本相符。秦堰楼建筑物大致主体结构混凝土楼盖板的钢筋配置情况可基本满足设计要求。

（六）建筑物现状（损伤）检查

（1）秦堰楼建筑物各层混凝土框架柱柱顶目前均普遍存在横向裂缝，但损伤程度较轻。此类裂缝出现的主要原因为水平地震力所致。

（2）秦堰楼建筑物相应楼层框架梁存在着竖向裂缝，此种裂缝多分布于梁端，属非剪切状裂缝，部分框架梁存在环梁截面裂缝，裂缝形态呈U形，多分布于梁端，最大宽度约为0.45毫米。此类裂缝主要位于二层、三层和四层框架梁上，属于震害损伤。

（3）秦堰楼建筑物一、二层北侧依托的山体护坡存在开裂、滑动及局部脱落现象。

（4）秦堰楼建筑物外部木结构与主体结构混凝土框架柱连接处震害较为严重，部分连接点处已脱开。现场检查该连接节点情况，发现木梁与混凝土框架的连接方式为M10膨胀螺栓后锚固做法，连接强度偏弱，不符合相关构造要求。

（5）秦堰楼建筑物外部木结构的吊顶、装饰、飞檐等均存在严重震害，多处附件脱落损伤，部分楼层损伤比较严重。

（6）秦堰楼建筑物部分现浇混凝土楼板有渗水迹象，木楼板普遍存在变形（下陷）。

（七）建筑物主体结构抗震鉴定

除对秦堰楼进行了常规的工程检测外，还按照《抗震鉴定标准》

（GB50023—95）中的相关要求对秦堰楼进行了抗震鉴定。根据“关于发布国家标准《建筑抗震设计规范》局部修订的公告”——中华人民共和国住房和城乡建设部公告第71号令中相关修订条文，都江堰市的抗震设防烈度由“5·12”汶川地震前的7度（0.1g）修改为8度（0.2g）（2008年7月30日开始实施），故本次对秦堰楼建筑物的抗震鉴定按照8度（0.2g）的设防烈度进行。

综上所述，都江堰市的抗震设防烈度由“5·12”汶川地震前的7度（0.1g）修改为8度（0.2g）（2008年7月30日开始实施）后，相应的本次对秦堰楼建筑物的抗震鉴定也应按照8度（0.2g）设防烈度进行。因此，秦堰楼建筑物综合抗震能力无法满足都江堰地区现行的抗震设防标准。

秦堰楼框架结构抗震鉴定结果

结构类型 / 鉴定结果 / 鉴定内容	六层框架结构	
	符合项目《建筑抗震鉴定标准》（GB50023－95）	不符合项目《建筑抗震鉴定标准》（GB50023－95）
外观质量（一般规定）	梁、柱及其节点混凝土仅有少量微小开裂或局部剥落，钢筋无露筋、锈蚀。 主体结构构件无明显变形、倾斜或歪扭。	梁端竖向裂缝较多，梁、柱节点开裂、露筋、损坏。 外部木结构与主体结构的连接节点脱开、破坏。
第一级鉴定	平面内的抗侧力构件及质量分布宜基本均匀对称。	一、二、三层抗侧力构件质量、刚度分布不均匀。 主体结构与附属木结构连接节点采用螺栓锚固做法，连接强度偏弱，不符合相关构造要求。
结 论	综合第一级抗震鉴定结果，秦堰楼建筑物主体结构多项指标无法满足GB50023—95的规定要求，故可不再进行第二级鉴定，应对建筑物结构采取合理有效的措施，进行整体抗震加固。	

秦堰楼木结构抗震鉴定结果

结构类型 / 鉴定结果 / 鉴定内容	六层框架结构	
	符合项目《建筑抗震鉴定标准》（GB50023－95）	不符合项目《建筑抗震鉴定标准》（GB50023－95）
外观及内部质量	柱、梁、屋架、檩、椽、穿枋、龙骨等受力构件无明显的变形、歪扭、腐朽、蚁蚀、影响受力的裂缝和弊病。 木构件的节点无明显松动或拔榫。	柱、梁等受力构件歪扭、变形，严重影响受力。木构件的节点多处出现明显松动或拔榫现象周边承重木结构与主体结构的连接、锚固等存在缺陷，不符合相关规范要求。

（八）房屋危险性鉴定

秦堰楼建筑物在地震中多处损伤严重，除按照《抗震鉴定规范》进行了抗震鉴定外，还需进一步按照《危险房屋鉴定标准》对建筑物进行房屋危险性鉴定。

危险性鉴定分级标准

鉴定对象	等级	分级标准
秦堰楼	a	结构承载力能满足正常使用要求，未发现危险点，房屋结构安全。
	b	结构承载力基本能满足正常使用要求，个别结构构件处于危险状态，但不影响主体结构，基本满足正常使用要求。
	c	部分承重结构承载力不能满足正常使用要求，局部出现险情，构成局部危房。
	d	承重结构承载力已不能满足正常使用要求，房屋整体出现险情，构成整幢危房。

按照上述危险性鉴定分级标准，结合秦堰楼建筑物的构件损伤情况及其损伤数量，秦堰楼建筑物目前状态下应属C级房屋建筑。由于地震力荷载作用下建筑物的破坏程度局部较严重（主体混凝土结构与外部承重木结构的连接节点损伤破坏及木结构本身的损伤），秦堰楼部分承重结构的承载力及构件连接状态，不能满足正常使用的安全要求，建筑物局部出现险情，构成局部危房。

（九）安全鉴定结论及建议

（1）秦堰楼建筑物框架柱的混凝土强度推定值在17.6MPa～24.1MPa，部分抽检柱混凝土强度低于设计值。框架梁的混凝土强度推定值在18.2MPa～32.2MPa，也有部分抽检框架梁的混凝土强度推定值低于设计值。

（2）秦堰楼建筑物钢筋配置检查结果

① 秦堰楼建筑物主体结构框架柱钢筋的配置情况与设计图纸基本相符，柱中部箍筋亦进行了适当的加密，但部分框架柱端部加密区箍筋间距偏大及部分构件钢筋保护层偏大。

② 秦堰楼建筑物主体结构框架梁的钢筋配置情况与设计图纸基本相符，梁中部箍筋亦进行了适当的加密，构件钢筋保护层厚度也与设计相基本相符。

③ 秦堰楼建筑物主体结构混凝土楼盖板的钢筋配置情况可基本满足设计要求。

（3）秦堰楼建筑物主要存在损伤

① 秦堰楼建筑物各层混凝土框架柱柱顶均普遍存在横向裂缝。此类裂缝出现的主要原因为水平地震力所致。

② 秦堰楼建筑物相应楼层框架梁存在着竖向裂缝。此种裂缝多分布于梁端，属非剪切状裂缝，部分框架梁存在环梁截面裂缝，裂缝形态呈U形，多分布于梁端，最大宽度约为0.45毫米。该类裂缝主要位于二层、三层和四层框架梁上，属于震害损伤。

③ 秦堰楼建筑物一、二层北侧的山体护坡存在开裂、滑动及局部脱落现象。

④ 秦堰楼建筑物外部木结构与主体结构混凝土框架柱连接处震害较为严重，部分连接点处已脱开。现场检查该连接节点，木梁与混凝土框架的连接方式为M10 膨胀螺栓后锚固做法，连接强度偏弱，不符合相关构造要求。

⑤ 秦堰楼建筑物外部木结构的吊顶、装饰、飞檐等均存在严重震害，多处附件脱落损伤，部分楼层损伤比较严重。

⑥ 秦堰楼建筑物部分现浇混凝土楼板有渗水迹象，木楼板普遍存在变形（下陷）。

综上所述，秦堰楼建筑物震害损伤较为严重。此外，因抗震设防烈度等级的调整等。目前，秦堰楼建筑物的综合抗震能力无法保证都江堰地区现行的抗震设防标准，须对秦堰楼建筑物主体结构采用适当合理的方案进行整体抗震加固。同时，也需对其损伤严重的外部木结构部分进行整体修复。考虑到上述的加固修复方案，从技术经济的角度考虑，委托方也可采取对秦堰楼进行整体翻建的方案。

一一　总体勘察结论

（一）震后二王庙区域的地质状况

根据对该区域及其四周的地质勘察，二王庙老滑坡堆积体整体基本稳定，没有重新复活，但稳定性较差，存在表层蠕动变形和局部地段的浅层滑坡危险。

地震灾害在二王庙周边区内形成了多处不稳定区段，主要有沿成阿公路外缘分布的滑塌破坏区、老君殿崩滑破坏区、大殿北西侧滑坡区、大殿前及南东侧滑坡区、江边公路至江边表层蠕动沉降区、主建筑群之外崩塌区等。这些区段内不良地质作用的发育，对场地的稳定性和游客的安全构成了严重的威胁。

（二）二王庙古建筑群建筑震损状况评估

1. 建筑主体受损状况

完全坍塌的建筑：戏楼及东西配楼、东客堂、东西字库塔。

结构完全损伤的建筑：疏江亭及附廊、乐楼西配殿。

结构严重损伤的建筑：老君殿、祖堂、文物陈列室、二王庙陈列馆、膳堂、灵官店、丁公祠、乐楼东配殿、秦堰楼。

结构出现明显损伤的建筑：大殿、二殿、铁龙殿、上西山门、大照壁、三官殿、下东山门。

结构轻微受损的建筑：乐楼、圣母殿、下西山门。

2. 建筑人工基础受损状况

垮塌或严重倾斜的建筑：老君殿、膳堂、东客堂、戏楼、疏江亭。

有明显裂缝及不均匀沉降的建筑：大殿、祖堂、大照壁、上西山门、灵官殿、丁公祠。

有可见裂缝及不均匀沉降的建筑：铁龙殿、乐楼、三官殿、下东山门、下西山门。

基础基本完好的建筑：二殿、圣母殿、文物陈列馆、二王庙陈列馆、秦堰楼。

3. 建筑装饰构件受损状况

二王庙建筑脊饰受损普遍较严重，大部分脊饰被震落，散碎，其他仍在建筑上的也普遍出现断裂，再利用的难度较大。

二王庙建筑木雕装饰总体保存相对较好，除部分坍塌建筑外，大部分木雕装饰仍保留在建筑上，但位置上的变形较普遍，少量构件有劈裂，大部分木雕装饰可再利用。

（三）二王庙重要碑刻、题记及壁画受损状况

六字真言刻石，按原石刻的分块分解为八块，总体上较完整，各字均有碎裂，“滩”字碎裂较严重，部分角部和细节上有残缺。

清光绪二十三年吴涛“乘势利导，因时制宜”刻石，除“时”、“导”字较完整，“因”字中间断裂外，其余大部分碎裂严重，“乘”、“利”、“制”、“宜”可基本拼合，“势”字残缺较严重。

清光绪胡圻题写的“三字经”刻石，基本完好，边缘有局部破损。

清同治杨重雅《都江堰赋》刻石，两块较完整，一块中间断裂，另一块半部碎裂，角部有残缺。

清同治何咸宜《都江堰赋》刻石，基本完整。

清杨作钠“离堆观涨”刻石，基本完整，中部断裂。

清同治周盛典《选拔将赴都门同人饯于二王庙赋此（七律二首）志别》刻石，基本完整。

清同治曾宝光《七律》二首刻石，基本完整。

1941年，冯玉祥“继承大禹……”刻石，中间断裂，无残缺，基本完整。

1941年，冯玉祥“继禹大业……”刻石，基本完整。

清光绪贾教政“蓬莱”、“仙境”刻石，碎裂，破损残缺严重，难以拼接完整，看残迹震前所存有较多后期用水泥修补痕迹。

清张香海“饮水思源”碑，断裂。

清冯绍俊“安流顺轨”碑，碎裂，破损残缺严重。

1999年，“公祭李公冰暨李二郎父子文”刻石，上部碎裂残缺较严重，下部较完整。

1999年，“四川各界公祭李冰父子”刻石，上部较完整，下部碎裂残缺严重。

宣统元年“龙”、“虎”大字，随墙体倒塌完全损毁。

清宣统谢鹄显“旧治重来”刻石，震后处于原位，保存完整。

清宣统宝森氏“过渡时代”刻石，震后处于原位，保存完整。

清光绪吏隐“天回玉垒”刻石，基本保存完整。

清宣统都江堰灌区图壁画，随照壁倒塌完全粉碎。

大照壁邓小平“造福万代”题词，随照壁倒塌完全粉碎。

（四）主要残损致因

1．地震力的破坏

汶川大地震是造成此次二王庙古建筑群遭受严重破坏的主要原因，特别是穿越二王庙建筑群的二王庙断裂带在地震中出现了较大幅度的错动，对沿线山体及建筑造成了严重的破坏。

2．震前各历史时期的不当处理

由于建筑物的建造及对山体地形进行挖方填方等工程时，对基础处理的疏忽，很多不稳固的人工台地、建筑基础、道路边坡出现垮塌，给上部建筑带来了巨大的破坏作用。

近现代对传统建筑的改造中加入的砖砌体结构，在材料和工艺做法上未能达到抗震标准，有些做工较为粗糙，使得这部分砖砌体承重建筑在地震中普遍遭受了十分严重的破坏。

部分建筑柱础在后期的改造维修中没有沿用较为坚实稳固的传统石材柱础，而是以砖砌体甚至水泥替代，这部分柱础大部分在地震中遭受严重破坏，并导致建筑主体木结构的沉降歪闪。

部分建筑内部功能格局改变，后檐延长紧贴山体，又无良好的排水系统，导致了建筑内部通风不畅，加剧了建筑糟朽及虫害的程度。

3．不利的气候环境

二王庙所在区域雷雨较多，降水量大，温湿度大，导致建筑木结构腐朽加速，承载力受损。同时，也加剧了病虫害的发展。

4．严重的病虫害

白蚁病害一直是这一地区对木结构建筑破坏极大，且难以根治的病虫害，在二王庙建筑群中也非常普遍。白蚁的蛀蚀直接导致了大量木结构丧失了结构承载力。

5．建筑本身结构构造上存在薄弱环节

传统建筑做法的瓦面较容易松动漏雨。同时，由于建筑形态和地势的关系，日常维护有一定困难。在当地气候的作用下，大量建筑屋面漏雨，导致木结构糟朽，影响建筑结构性能。

传统建筑屋脊构造上强度较弱，又处于建筑结构体系的鞭梢位置，大量建筑屋脊经受不住地震带来的外力作用，在地震中大量折断、坠落，并对屋面及相邻建筑构件造成进一步破坏。同时，也造成大量安全隐患。

（五）“保全”因素

二王庙内除了大量建筑在地震中遭受了严重的破坏之外，也有如圣母殿等部分建筑呈现出较完好的保全状态。通过勘察可以在此类建筑中发现以下特征：

（1）基础稳固，无论是建筑选址的地质条件，还是建筑底部的人工基础，都比较坚固。

（2）结构的整体优势，平面格局较方正，高宽比适当，建筑荷载分布均匀，中心稳定。

（3）传统木构技术的优势，保持了完整的传统结构体系和工艺做法，没有后期的不当改动。

（4）相对较好的保存环境，建筑周边较开敞，易于通风，建筑周边排水系统顺畅。

（5）没有不当的使用，日常维护工作相对到位。

一二　灾后保护与维修的策略建议

通过对二王庙历史的梳理和震前遗存的研究，我们可以分析出二王庙古建筑群的遗产价值及其各方面特征。通过震后两个阶段的现场勘察研究，我们也较为清晰地了解到此次震灾给二王庙古建筑群带来的破坏情况，各类遗存的残损特征，以及这些残损的致因。同时，我们也可以从部分幸存建筑中发现传统建筑对这类重大灾害有效的抵御方式。综合以上研究分析，我们对灾后二王庙古建筑群的保护和维修提出了几项建议。

（一）　震后维修保护原则

在综合考虑了二王庙此次地震受灾的情况和其文化价值的基础上，本阶段勘察后对二王庙的维修保护提出以下原则：

1．尽可能保护和强化遗产地的完整概念

将二王庙建筑群作为都江堰文化遗产整体构成中的一个有机组成部分来理解，并指引恢复、保护工作和展示利用。同时，关注二王庙建筑群自身形态和积淀信息的完整性，对地震中损毁消失的重要组成部分应考虑必要的恢复，并结合震后维修尽可能展现遗产的全部价值和历史信息，包括此次地震的历史痕迹。

2．以保存遗产本体的真实性的原则对遗产的干预措施进行决策

在灾后恢复中突出对二王庙原有建筑空间布局结构特征的恢复，尽可能清理削减环境中的不利因素，所有有价值的信息载体都不应被忽视。在灾后抢险清理和修缮中尽可能保留并利用原有构件，利用的方式不仅限于复原。

3．对遗产本体的干预措施应遵循最小干预及可逆的基本原则

尽可能减少对现存文物本体的干预，在灾后的清理保护过程中应以尽可能全面的保存真实的历史信息为原则决定修缮措施。在保护中应考虑采取科学的方法，适当加强遗产本体的结构抗震性能，对确定为不利于遗产本体保存及有安全隐患的原有做法可进行适当改进。所有改进措施应进行科学论证及必要的试验，并保证对文物本体的最小干预和措施的可逆。

（二）总体保护措施

第一，对都江堰二王庙区域进行全面的灾后勘察，包括测绘和文物各类古迹震损记录归档。

第二，为研究、保护的需要，尽可能广泛的收集以往相关的档案记录资料。

第三，根据风险大小和紧急程度划分抢救保护工作优先级，抢救保护的各个阶段都应首先解决该阶段面临的排险工作。

第四，考虑到对此次地震灾害在遗产地遗留信息的真实记录，应在具体维修工作开展之前确定需现场保留的地震遗迹，并予以适当保护。

第五，依照相关法律法规对各类灾后抢救、保护和恢复工作开展方案设计和工程实施。

第六，各阶段抢救保护处理前需对每个处理对象的现位置、原址、保存状况进行详细记录。

第七，针对可能出现的特殊情况，编制相应的应急预案。

第八，编制并执行监测计划。

（三） 可持续地保护与灾害防御

以下防御措施不仅针对当前危害因素，也针对在灾后恢复期内可能发生的相关危害因素。

1．对余震的防御

对现状勘察到的危险结构进行加固，并对可能继续导致危险的因素制定应急措施。对相关地质、水文、气候环境进行监测，并及时预警。

2．对地质及地震次生灾害影响的消除预防

对滑坡等地质危害因素采取地质加固等预防措施；建筑维修时对不稳定的地基进行加固；尽快恢复并改善地表径流排疏，防止其下渗引发地质变化；定期对周边环境进行勘察监测，对次生灾害发生的预兆提高警惕。

3．对危险结构隐患的清除

对所有有结构隐患的建筑物构筑物采取紧急措施，或临时支护，或拆解；尽快对建筑基础进行勘察评估，对其中结构不稳定的及时采取加固措施；对景区区域内已经形成的危岩体进行排险清理；对可能倾倒的大型树木进行拉牵或支护，对无法通过防护手段进行保护，且对文物建筑造成威胁的，应由文物主管部门、所有者及景区和林业管理部门协商适当的解决措施。

4．对雨水侵害的预防

对确定要保留或暂时保留的建筑进行屋面受损勘察，修补漏雨部分或进行临时遮护；及时疏导地表水，防止大量雨水渗入地下；对正在或可能遭受雨水侵害的附属文物予以转移或临时封护，存放地应具有安全的防雨防潮措施。

5．对过高的温湿度进行控制

采取措施增强建筑内部通风排湿；采用人工设备保持存放转移的附属文物及建筑材料的空间的温湿度；对建筑材料进行充分的防腐、干燥处理，维修时对外饰面采用传统工艺。

6．对白蚁等虫害的治理

参照上述内容降低局部不利环境的温湿度；制定并实施综合的白蚁防治措施；定期对木结构进行检测，及时应对新的白蚁病害，并保证此项工作的长期执行。

7．对火灾的防范

详细评估规划期内各类火灾隐患；针对火灾隐患制定或补充防火制度，提高防火意识；对易于遭受火灾侵害的可移动文物及时迁移至尽可能安全的地方；检查现场消防设施，如不能满足防火要求应及时补充；加强防火警戒，制定火灾应急预案，保证外部救援渠道的通畅。

8．对人为故意破坏的防治

加强景区警戒和安全管理；将易于被盗取的附属文物转移至安全的区域谨慎看护；确保应急报警系统的正常运行状态。

9．对人为不当干预的预防

委托具有专业资质的单位承担相关的工作任务；提倡多学科合作和利益相关者的广泛参与，提高保护决策的科学性和实际操作的规范化；加强监督与专业咨询力量。

10．对档案记录欠缺的弥补

收集整理现有的资料档案，并保证档案的备份及安全；对各保护工作阶段制定详细的档案记录要求，并责成相关单位监督执行；拓展向广泛的公众收集相关资料的有效渠道；为档案收集、保护、应用工作配备相关人员、经费及配套设施设备。

（四）二王庙区域的地质加固

第一，出于对二王庙古建筑群安全性的考虑，对二王庙区域古滑坡体采取根治措施，由具有相关资质和经验的单位进行设计，并结合二王庙建筑区的抢救保护工程实施。

第二，对现有地面排水系统进行恢复，并加强维护管理，有效地减少坡面径流的冲刷及入渗。

第三，对于沿成阿公路外缘破坏区段及二王庙下沿江公路至江边地段应责成有关部分负责加固防护。

第四，地质加固之后仍需建立长期的监测机制，对二王庙区域的地质地貌变化进行分析研究。

（五）针对文物建筑及重要历史建筑的保护措施

1．原址重建

对于在此次地震灾害中倒塌的建筑群中重要的组成部分，在公众心目中有较深印象的，或留存有可靠形象资料的，或因地质加固等工程措施的实施先行拆解的建筑，应进行原址重建，包括戏楼及东西配殿、东客堂、东西字库塔、乐楼西配殿、疏江亭、怀禹亭。

2．重点修缮

主要针对灾后紧急抢救中被部分拆解的以及建筑主体结构受损严重的建筑，包括老君殿、大殿、二殿、祖堂、文物陈列馆、二王庙陈列馆、灵官殿、大照壁、上西山门、丁公祠、三官殿、乐楼东配殿、下东山门。

3．现状修整

主要针对结构受损不严重，但需将有险情的结构和构件恢复到原来稳定安全的状态的，以及需要去除近代添加的无保留价值的建筑和杂乱构件的，包括圣母殿、铁龙殿、膳堂、乐楼、下西山门。

4．日常保养

主要针对轻微受损或经过上述保护措施之后的建筑，对其轻微损害所作的日常性、季节性的养护，目的是及时排除隐患，避免更多干预。

（六）对地震遗迹的保护

对于能够清晰突出地反映此次地震灾害特征的遗迹，经过妥善处理后不会对文物古迹安全造成隐患，不会给使用功能带来障碍的，建议结合灾后抢救保护工作予以适当保留。根据地震造成的灾害状况，建议保留的地震遗迹包括以下类别：

第一，二王庙断裂带在此次地震中发生巨大错动的变化痕迹，建议适当保留并展示戏楼北侧排水沟因错动导致的沉降状态；

第二，二王庙区域山体滑坡坠石等形成的遗迹，建议保留南苑山下步道坠石遗迹；

第三，二王庙建筑群中受地震影响而变形的护坡、台阶等，建议保留三官殿和乐楼之间的台阶现状，并适当保留一两处有安全保障的护坡变形痕迹；

第四，二王庙建筑结构体系中受地震影响形成的变形痕迹，建议适当保留乐楼檐柱柱脚垫木（櫍木）错动痕迹；

第五，地震灾害在附属文物及碑刻题记等造成的损伤痕迹，建议在断碑复位加固后予以说明展示。

对于确定要保留和展示的地震遗迹，应首先作好准确记录，研究妥善的保存方式，并对相关的地质加固、建筑修缮、附属文物修缮等工作预先提出技术要求。

参考文献

1．四川省灌县志编纂委员会编纂《灌县志》，四川人民出版社，1991年。
2．冯广宏主编《都江堰文献集成·历史文献卷》，巴蜀书社，2007年。
3．谭徐明《都江堰史》，中国水利水电出版社，2009年。
4．（清）王来通《灌江备考》，都江堰二王庙道观藏书。
5．（清）王来通《灌江定考》，都江堰二王庙道观藏书。
6．《二王庙庙谱》，都江堰二王庙道观藏书。
7．灌县志编纂委员会、灌县文物保管所编《都江堰文物志》，都江堰文管所（内部资料）。
8．都江堰市青城山道教协会编《二王庙道观概述》（内部资料）。
9．王安明《二王庙道教事业的开拓者——王来通》，《中国道教》第2期，2006年。
10．李维信《四川灌县青城山风景区寺庙建筑》，《建筑史论文集》第5辑，1981年。
11．汪智洋《二王庙建筑群研究》，重庆大学硕士学位论文，2005年。
12．张小古《都江堰二王庙建筑装饰研究》，北京大学硕士学位论文，2009年。
13．罗智成译，Enrst Boerschmann，《西风残照故中国》，台北：时报出版社，1984年。
14．Bernard Feilden，*Between Two Earthquakes: Cultural Property in Seismic Zones*, Getty Conservation Institute 1987.
15．Herb Stovel，*Risk preparedness: a management manual for World Cultural Heritage*，ICCROM 1998.
16．北京清华城市规划设计研究院文化遗产保护研究所《都江堰二王庙古建筑群震后紧急抢救性清理及排险方案》，2008年。
17．北京清华城市规划设计研究院文化遗产保护研究所《世界文化遗产都江堰二王庙片区灾后抢救保护专项规划》，2009年。
18．北京清华城市规划设计研究院文化遗产保护研究所《都江堰二王庙震后抢救保护工程勘察报告》（一、二、三期），2009～2010年。

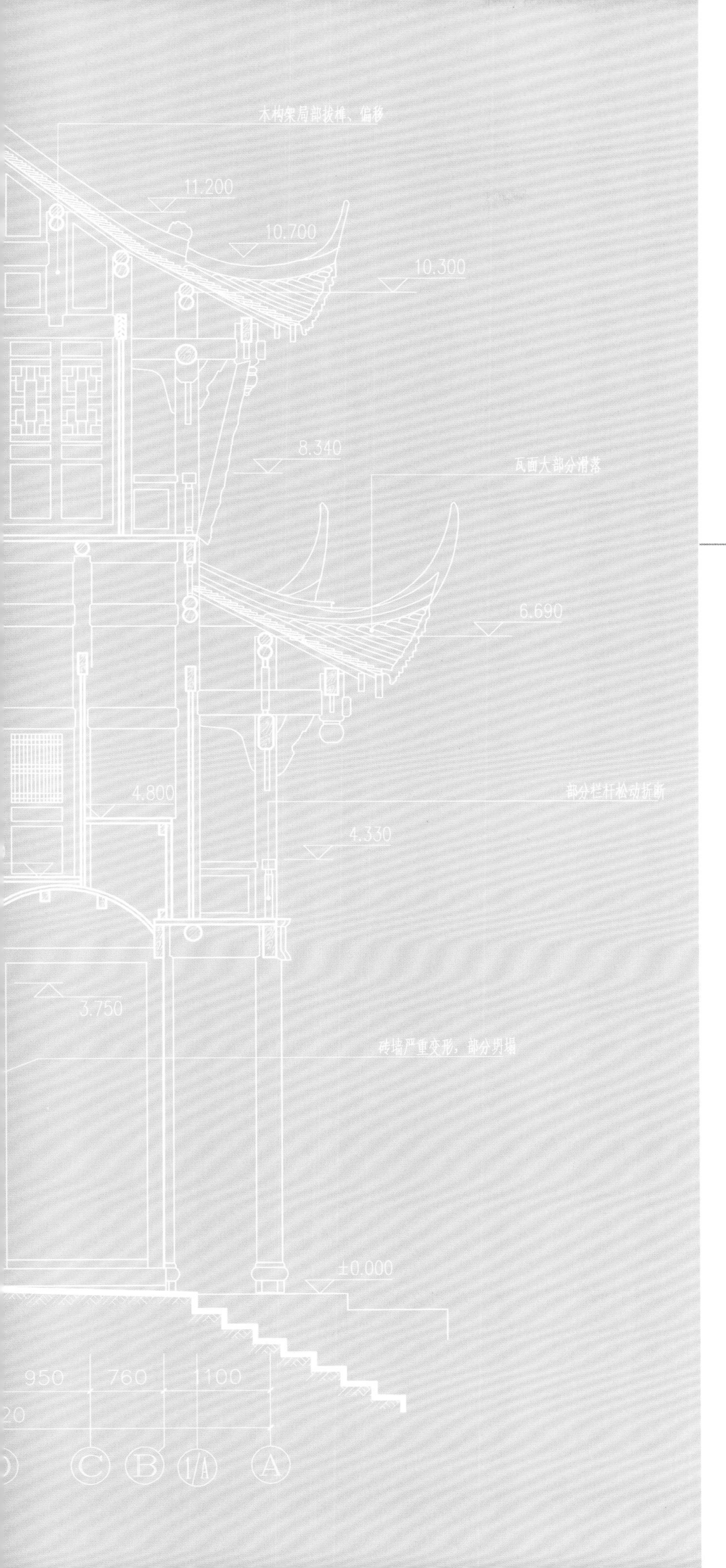
木构架局部拔榫、偏移
11.200
10.700
10.300
8.340
瓦面大部分滑落
6.690
4.800
部分栏杆松动折断
4.330
3.750
砖墙严重变形，部分坍塌
±0.000
950
760
1100
C
B
1/A
A

图版

一 二王庙北侧平台裂缝
二 东苑内的山体滑坡
三 东侧山坡上滚落的巨石
四 后山体局部滑坡

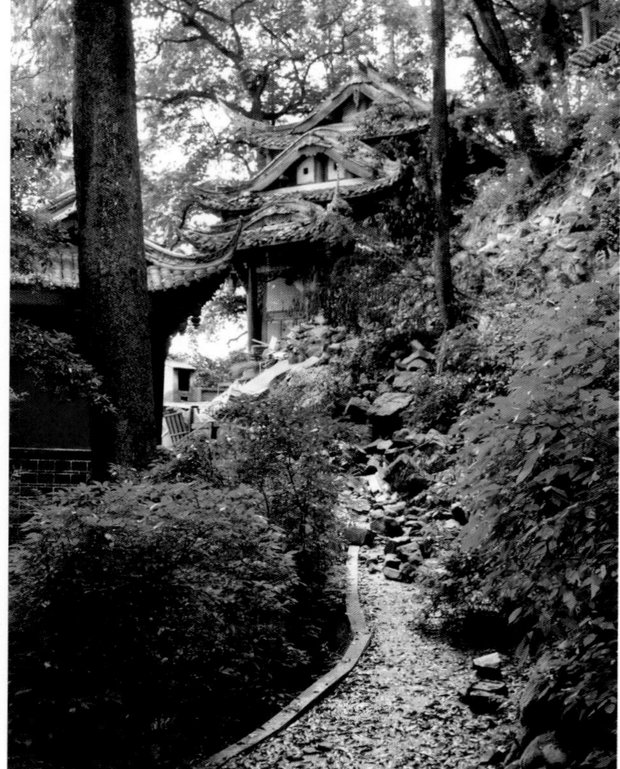

五　老君殿前坍塌的平台

六　后山门下局部塌陷的台阶

七　老君殿东侧被滑坡掩埋的步道

八 楠苑内垮塌的步道
九 东苑内垮塌的步道
一〇 震后西侧排水渠现场
一一 震后西侧排水渠及围墙现场

一二　西院墙倒塌现场

一三　震后乐楼残存的照壁（旁边的龙虎壁已完全倒塌）

一四　断裂的“过渡时代”拱门

一五　铁龙殿旁断裂的院墙及院门

一六　堰功堂旁新砌的单皮砖墙倒塌现场

一七　沿山坡的空斗墙体倒塌现场

一八 震后大殿现场
一九 震后大殿现场
二〇 震后大殿现场

二一　震后大殿东侧字库塔现场
二二　震后大殿西侧字库塔现场
二三　震后大殿内部现场

二四　震后二殿现场

二五　震后戏楼现场

二六　震后戏楼东客堂现场

二七　震后戏楼西客堂现场

二八　震后老君殿现场

二九　震后圣母殿现场
三〇　震后圣母殿现场
三一　震后祖堂现场

三二　震后祖堂现场
三三　震后铁龙殿现场
三四　震后大照壁现场
三五　震后大照壁现场
三六　震后上西山门现场
三七　震后灵官殿现场
三八　震后灵官殿现场

三九　震后灌澜亭现场

四〇　震后灌澜亭现场

四一 震后乐楼及两厢现场

四二　震后乐楼现场

四三　震后水利图照壁现场

四四　震后水利图照壁现场

四五　震后水利图照壁现场

四六　震后疏江亭现场

功施萬禩

金堤重鎮

四七　震后疏江亭现场
四八　震后下东山门现场
四九　震后下东山门现场
五〇　震后下西山门现场

五一　震后堰功堂现场
五二　震后秦堰楼现场

五三　震后秦堰楼现场
五四　震后后山门现场
五五　震后后山门现场

实测图

木构架局部拔榫、偏移

11.200

10.700

10.300

8.340

瓦面大部分滑落

6.690

部分栏杆松动折断

4.800

4.330

3.750

砖墙严重变形，部分坍塌

±0.000

950 760 1100

乐楼1-1剖面图 1:50

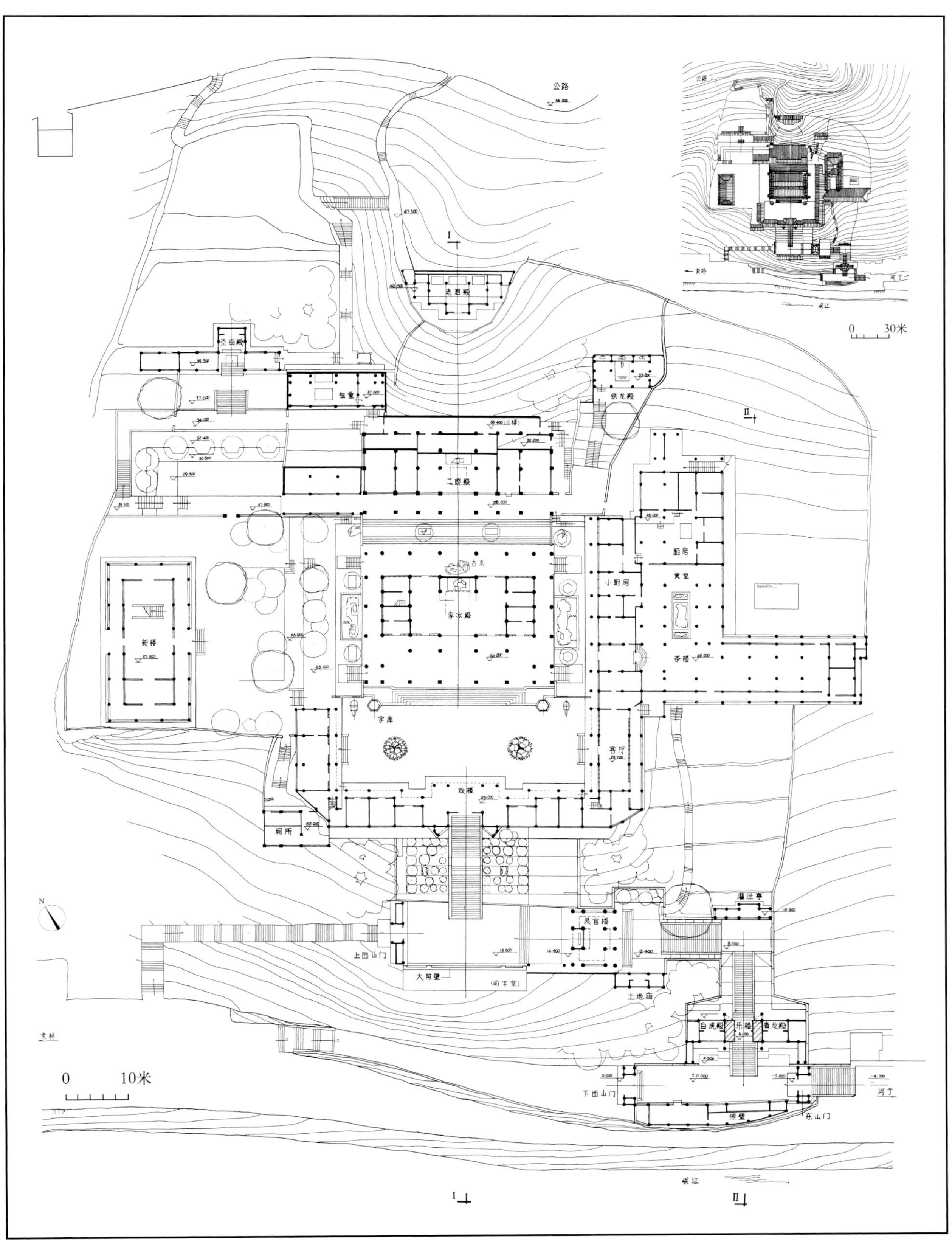

一　二王庙总平面图

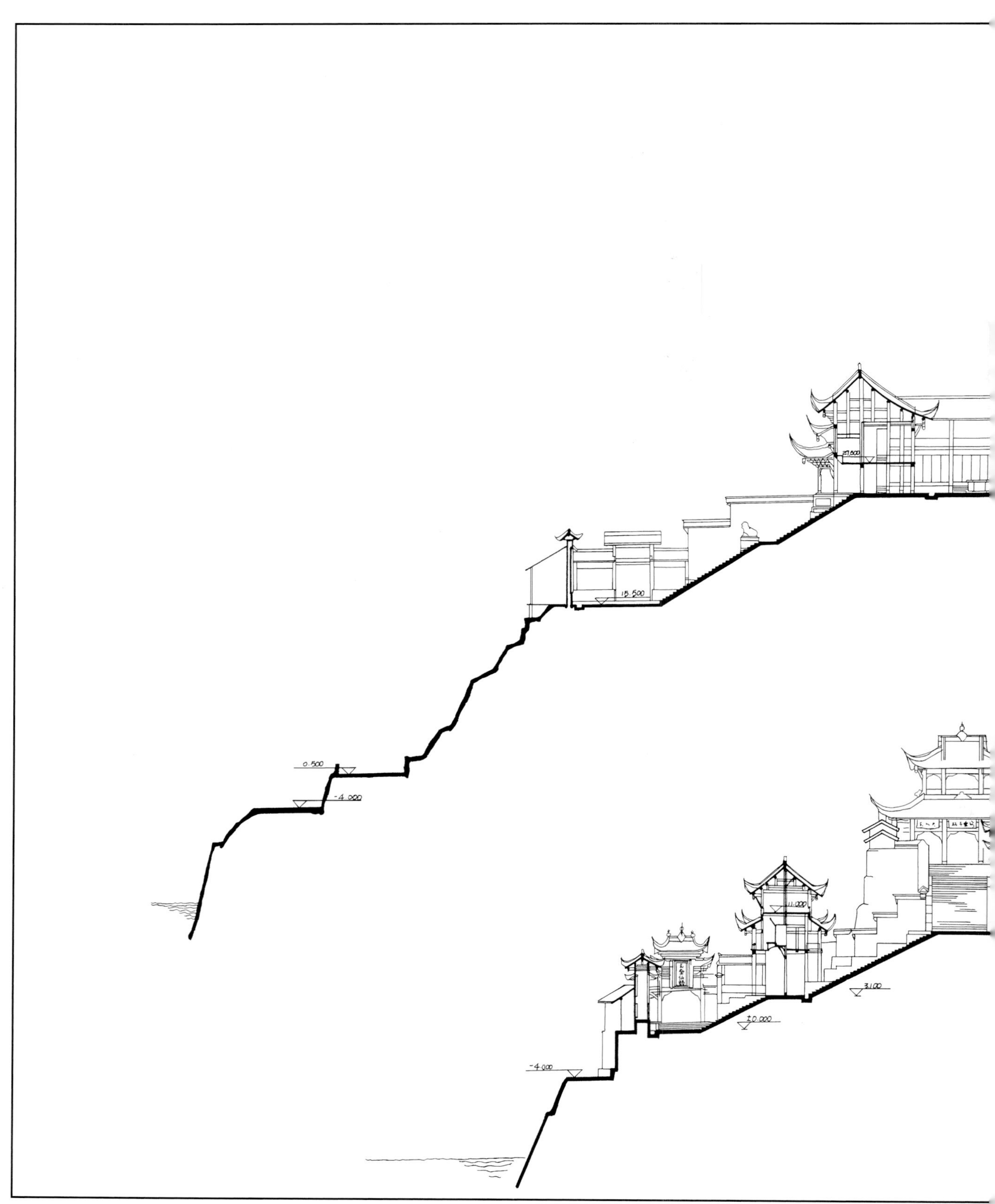

二　二王庙剖面图

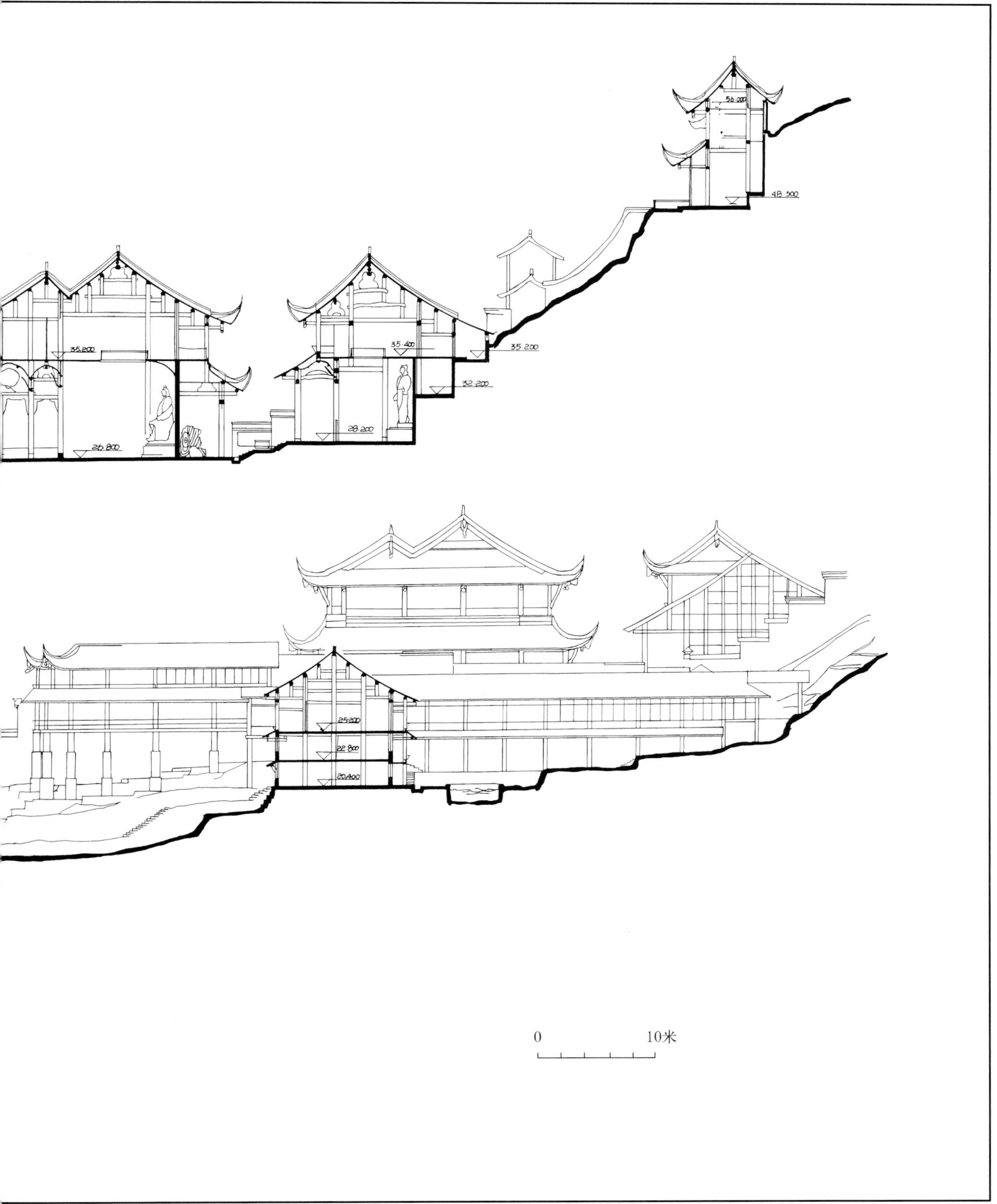
56.000
48.500
35.200
35.400
35.200
32.200
28.200
26.800
25.200
22.800
20.400
0
10米

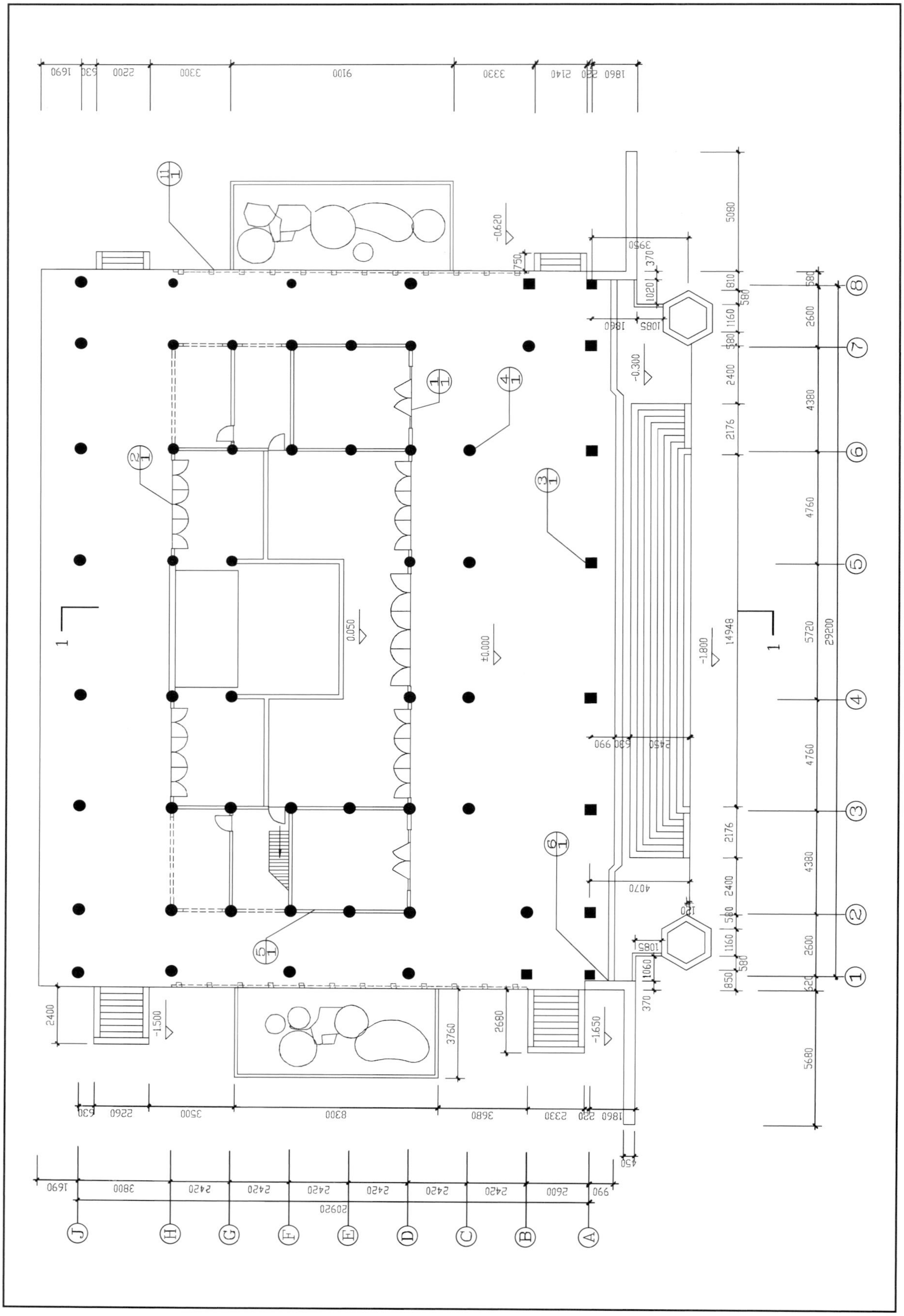

三 大殿一层平面图

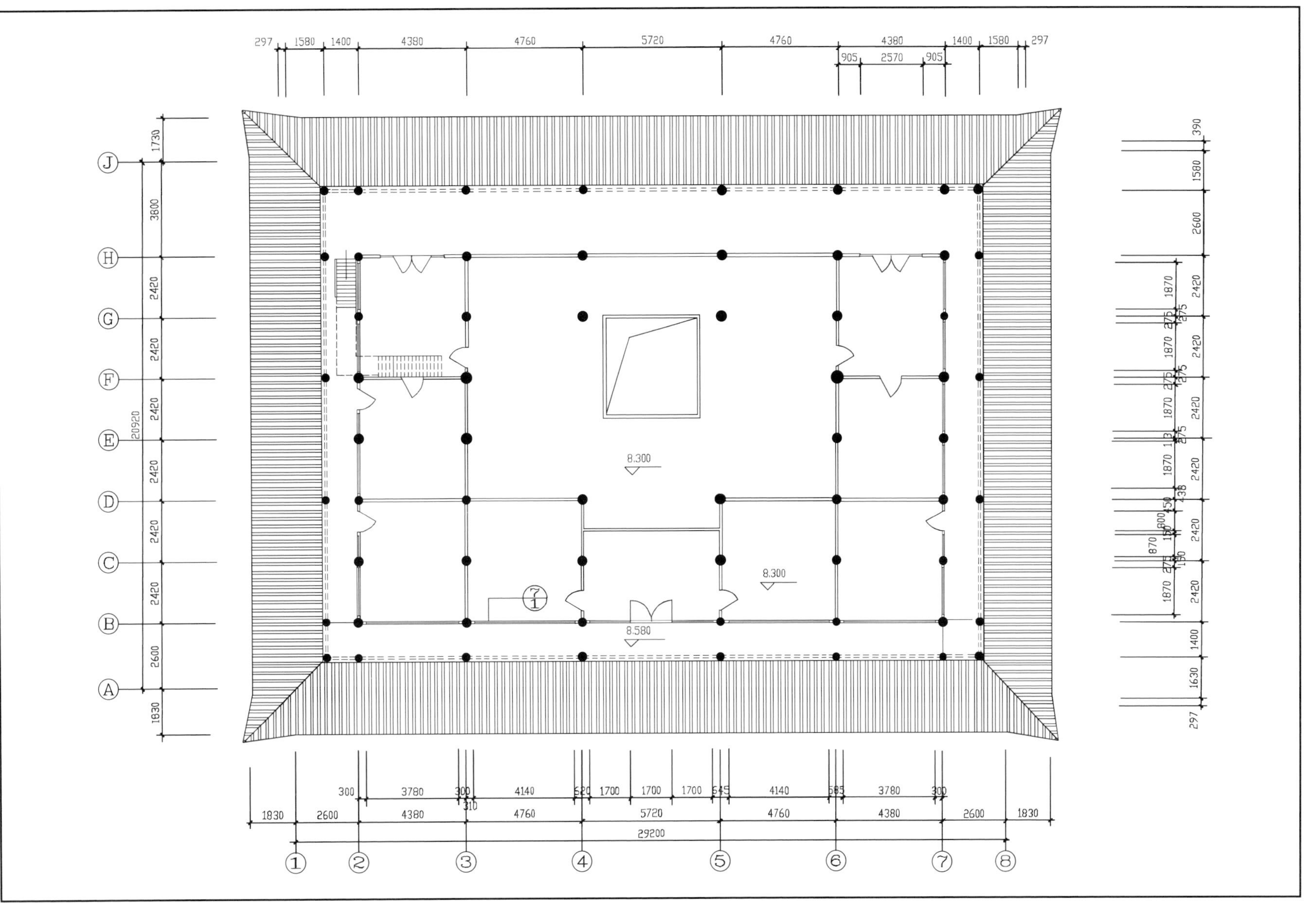

四　大殿二层平面图

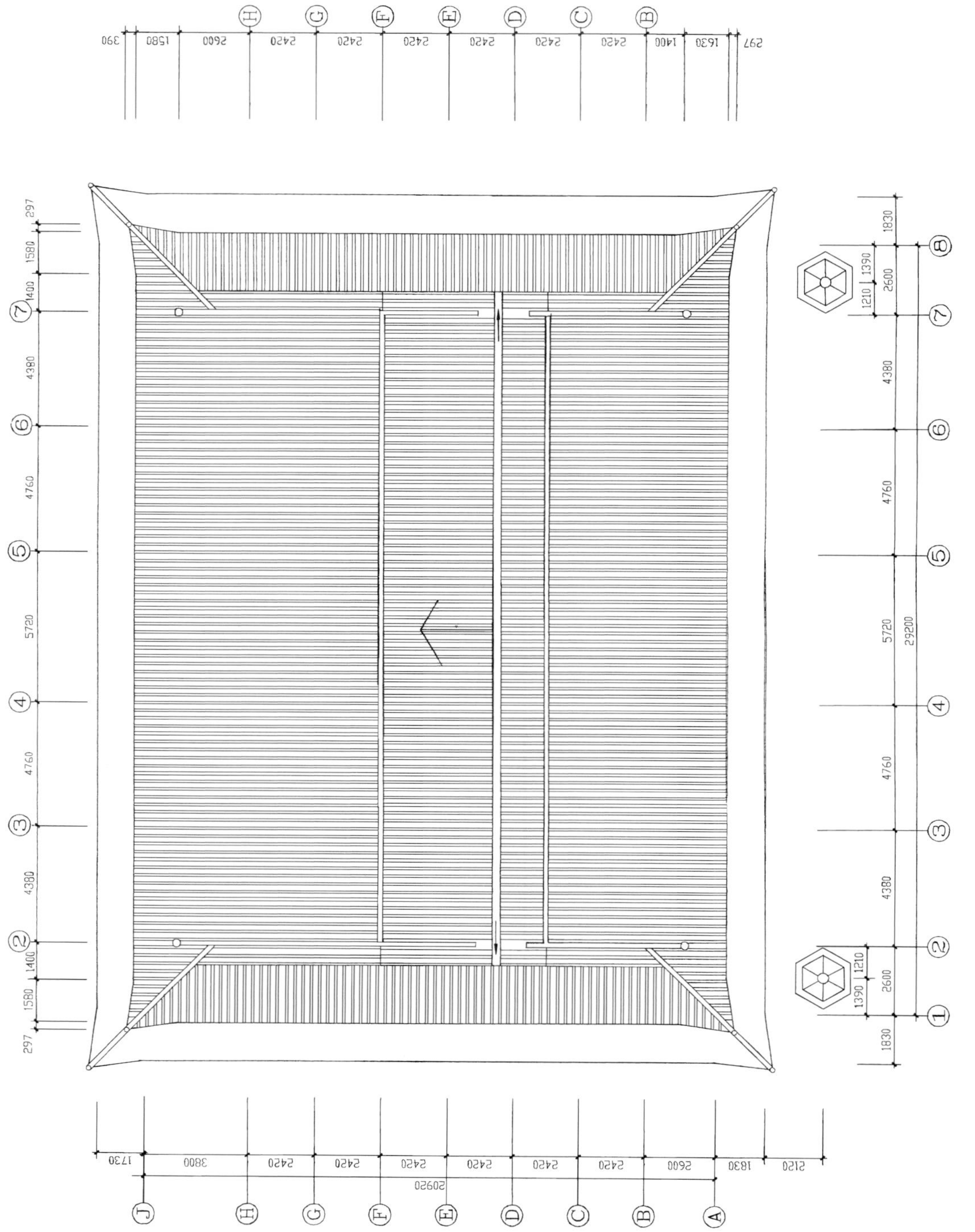

五 大殿屋顶平面图

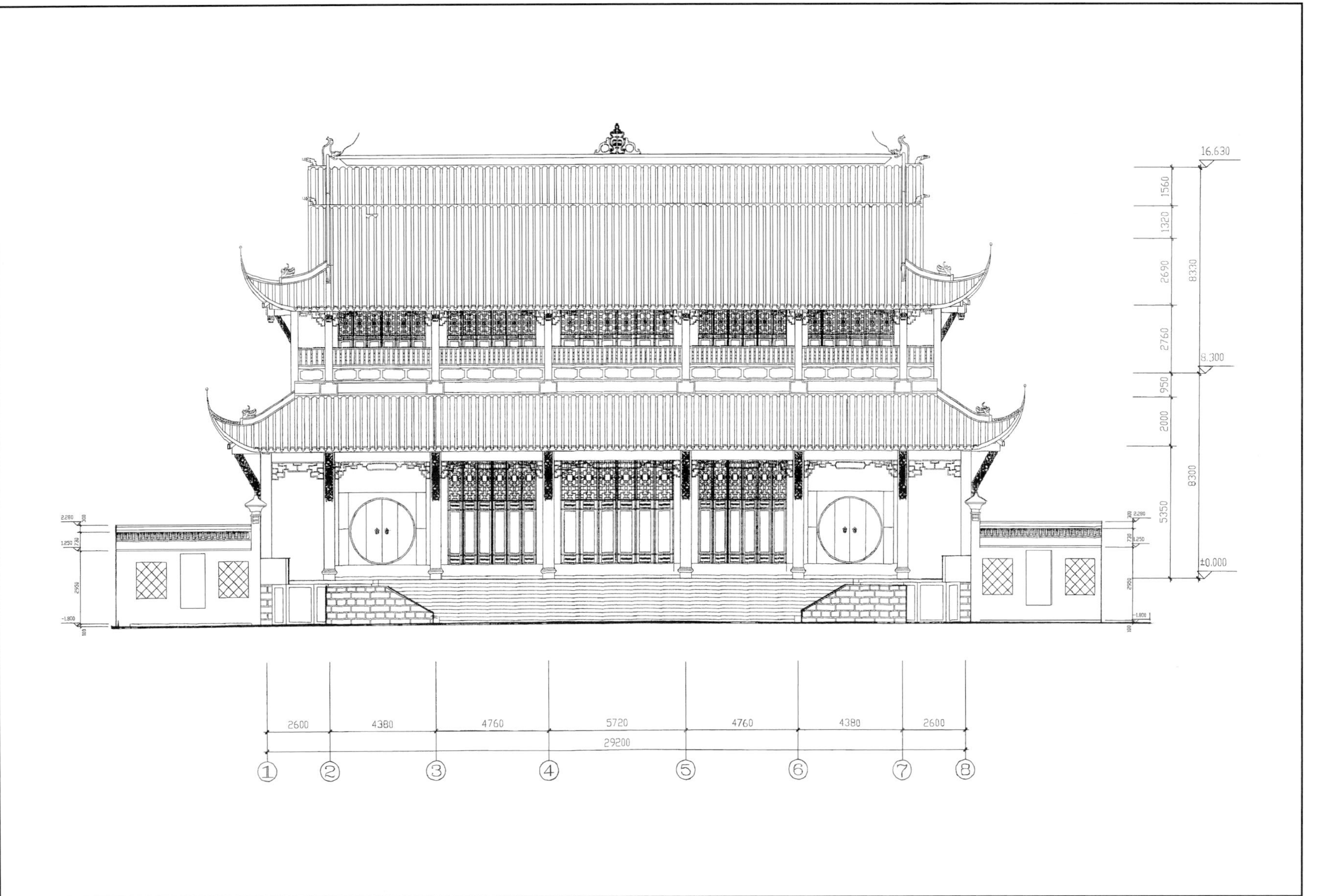
16.630
8.300
±0.000
1560
1320
2690
2760
950
2000
5350
8330
8300
2600
4380
4760
5720
4760
4380
2600
29200
①
②
③
④
⑤
⑥
⑦
⑧

六　大殿正立面图

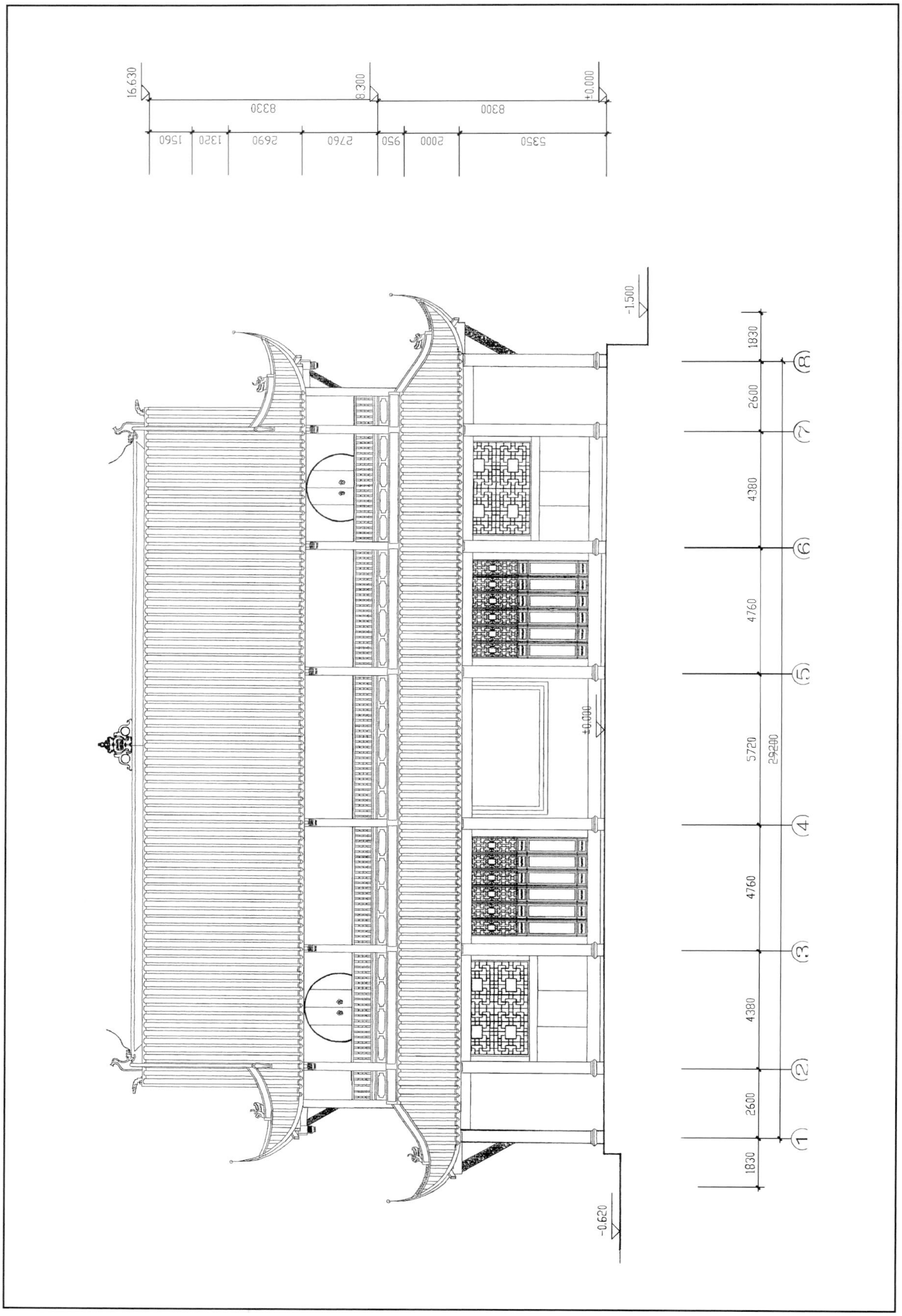

七　大殿背立面图

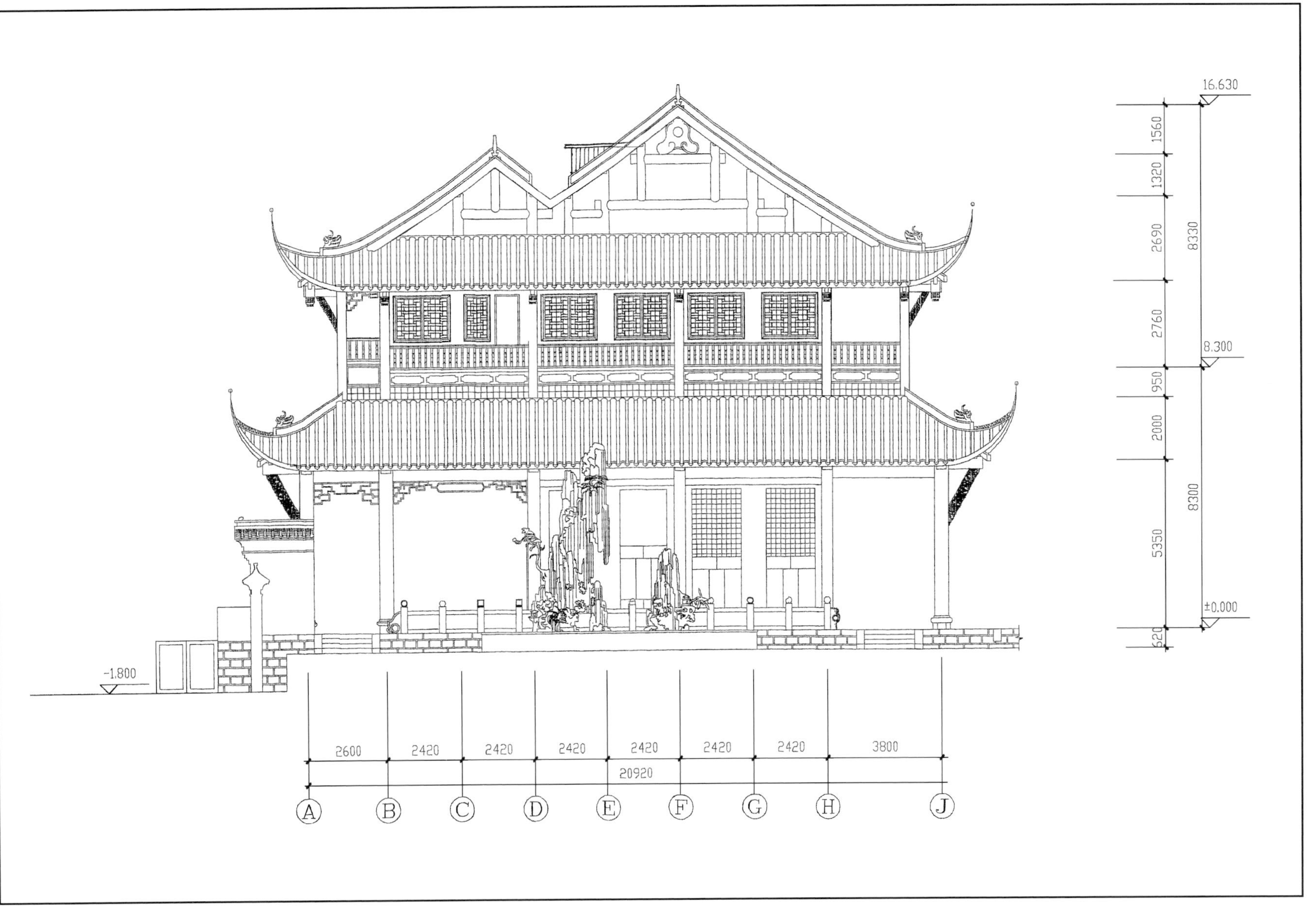
16.630
8.300
±0.000
-1.800
1560
1320
2690
2760
950
2000
5350
620
8330
8300
2600
2420
2420
2420
2420
2420
2420
3800
20920
A
B
C
D
E
F
G
H
J

八　大殿侧立面图

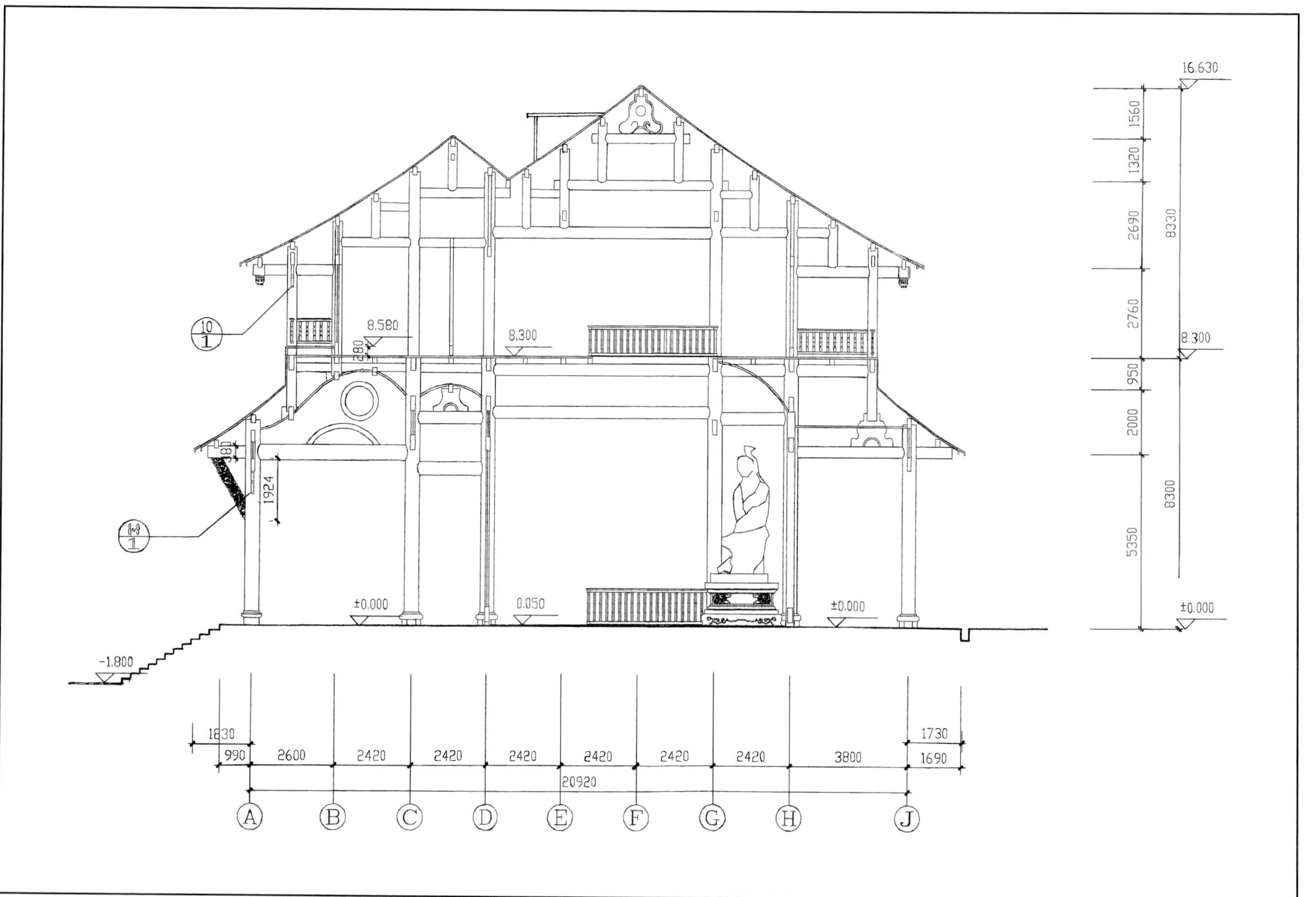
16.630
1560
1320
2690
8330
2760
8.300
950
2000
8300
5350
±0.000
8.580
280
8.300
380
1924
±0.000
0.050
±0.000
-1.800
1830
990
2600
2420
2420
2420
2420
2420
2420
3800
1730
1690
20920
A
B
C
D
E
F
G
H
J

九　大殿剖面图

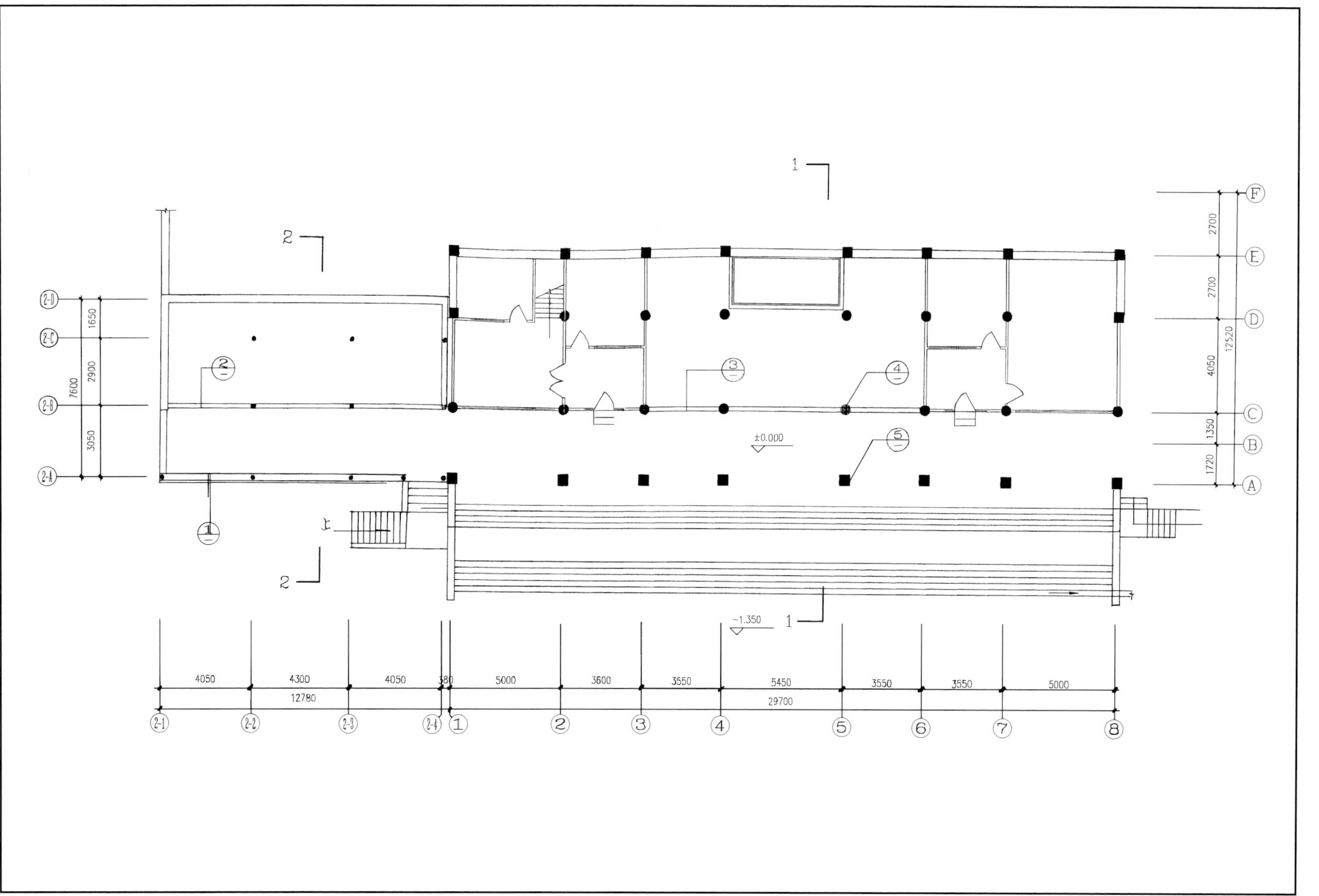
2700
2700
4050
12520
1350
1720
1650
2900
3050
7600
±0.000
-1.350
上
4050
4300
4050
380
12780
5000
3600
3550
5450
3550
3550
5000
29700

一〇 二殿一层平面图

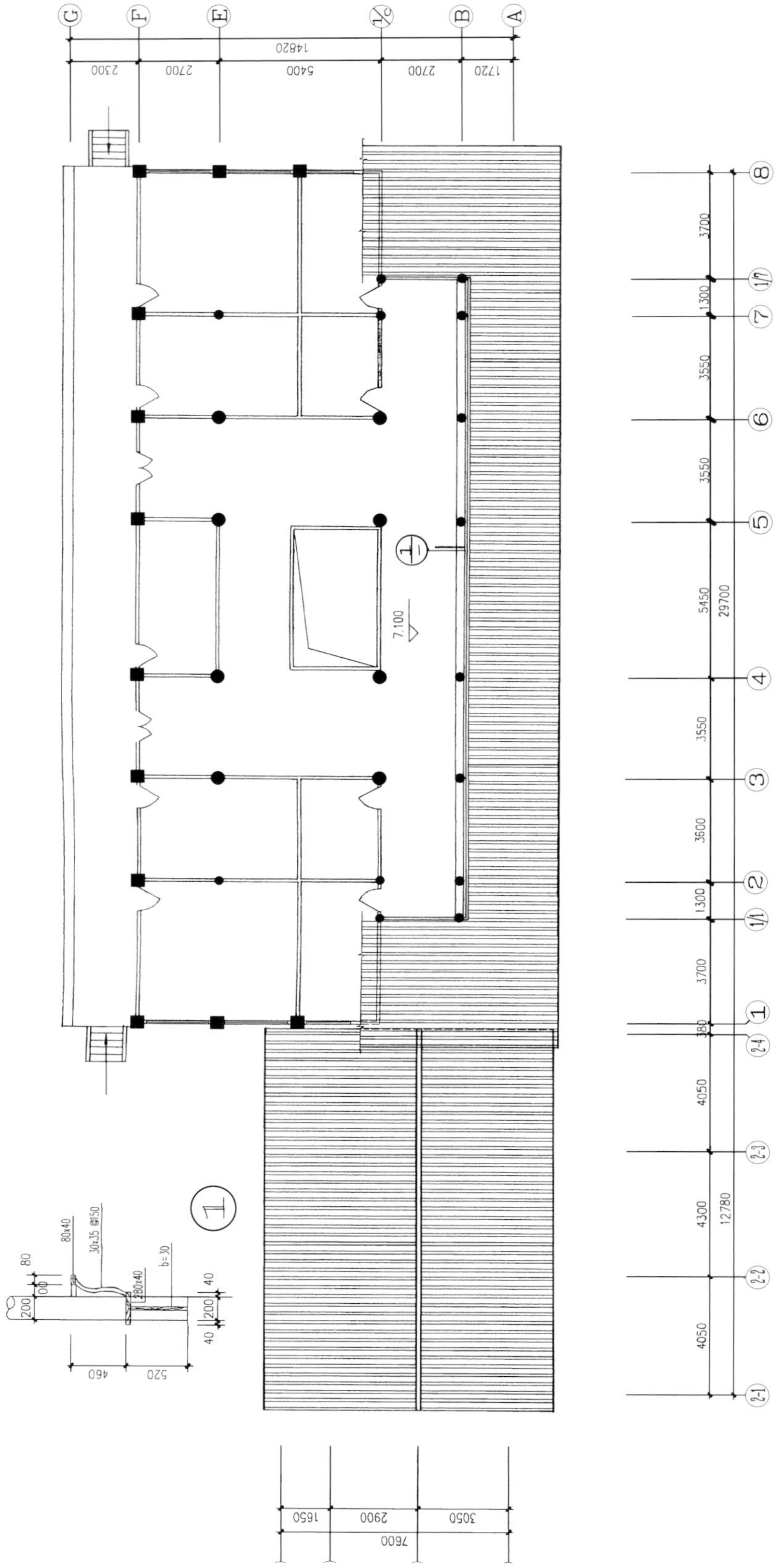

一一　二殿二层平面图

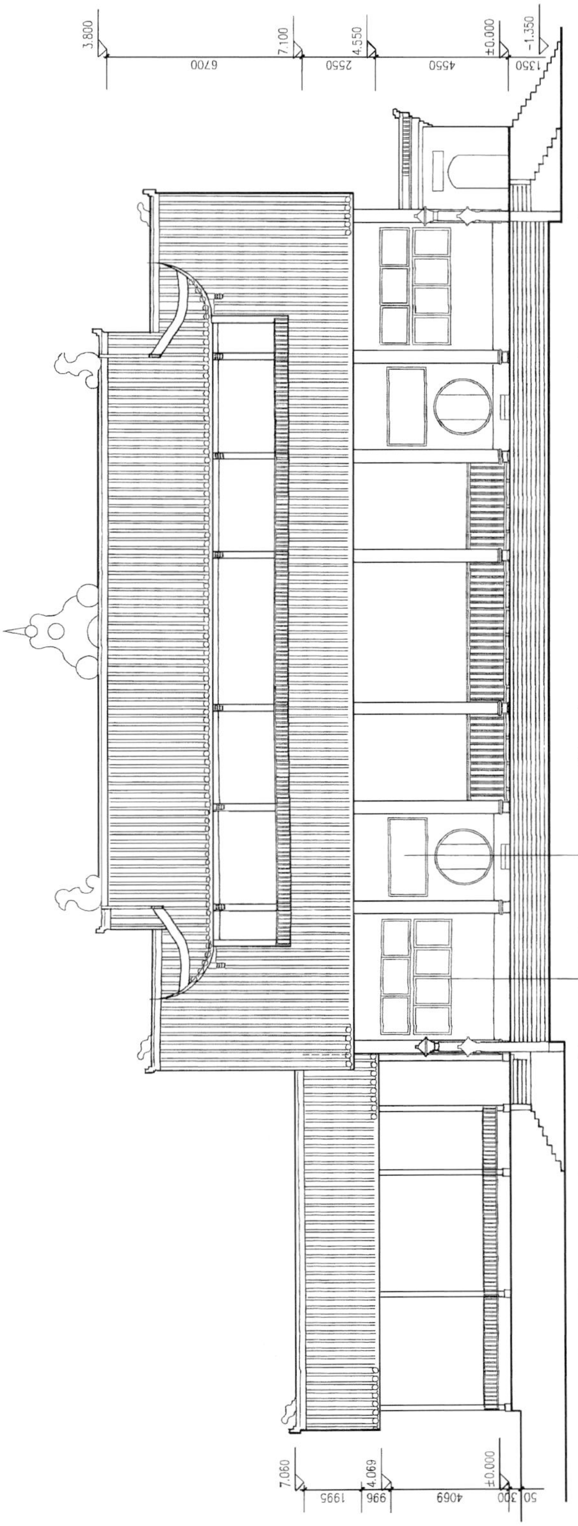

二殿正立面图

二三 二殿侧立面图

一四 二殿剖面图

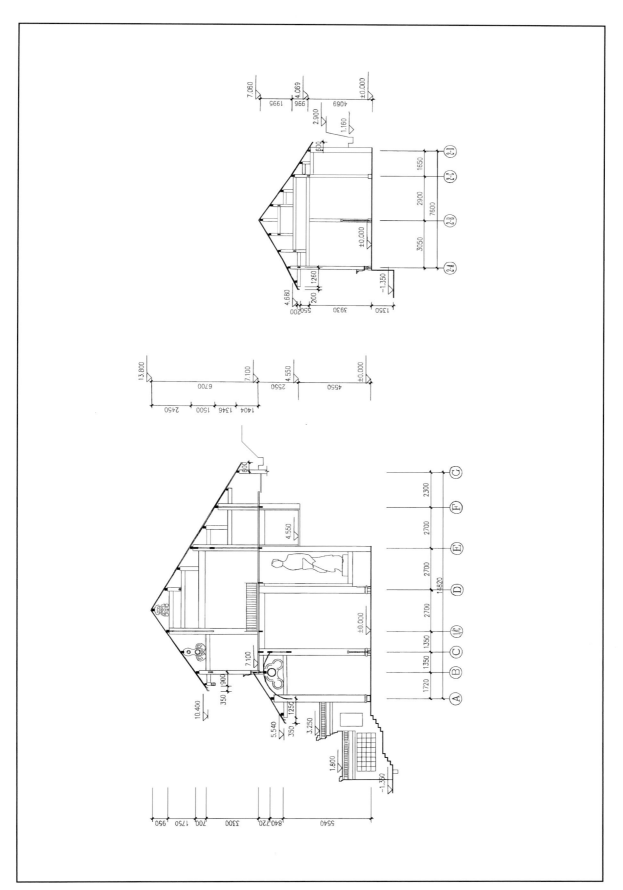

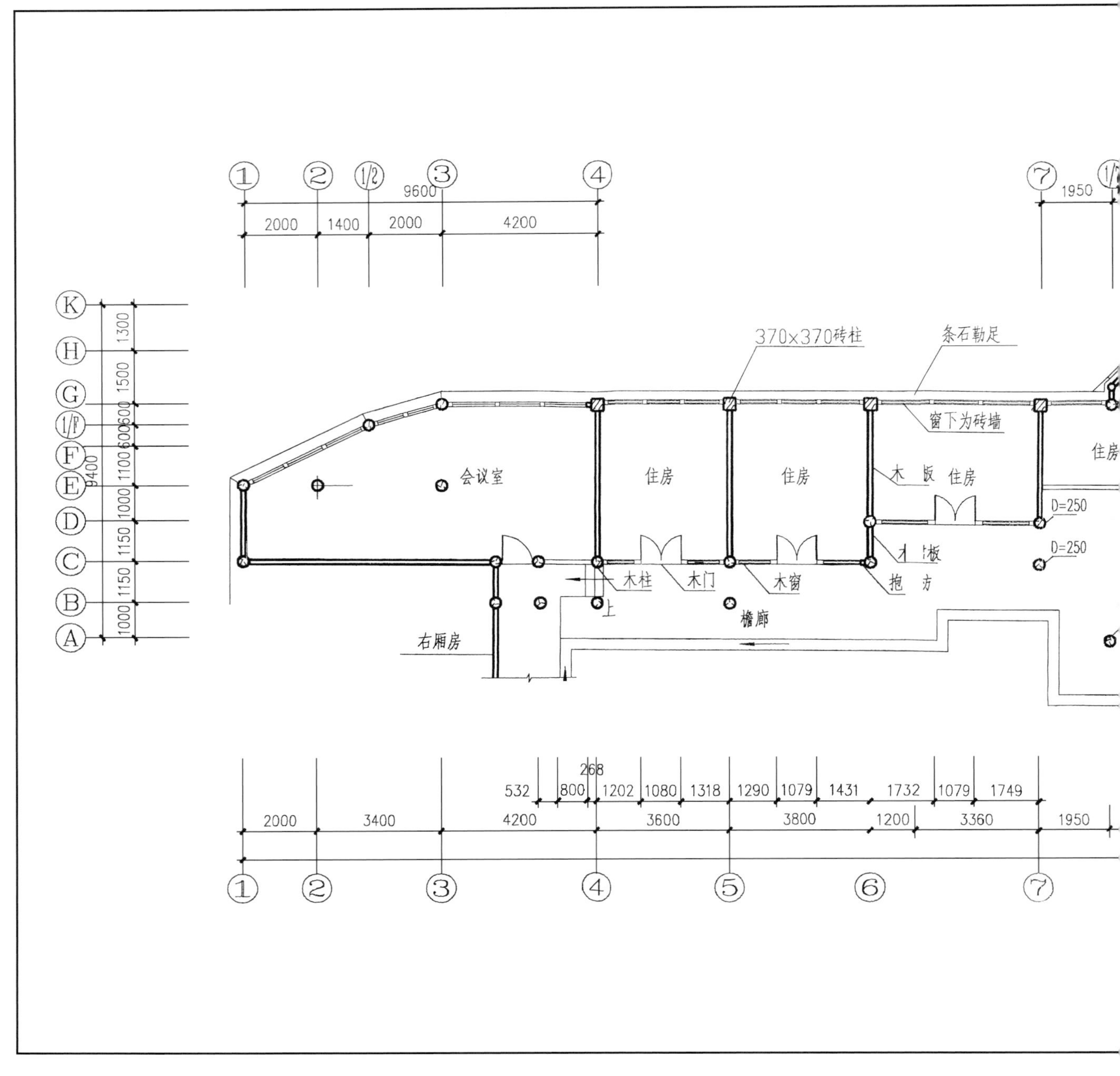

会议室
住房
住房
住房
住房
370×370砖柱
条石勒足
窗下为砖墙
木柱
木门
木窗
檐廊
右厢房
D=250
D=250
9600
2000
1400
2000
4200
1950
9400
1300
1500
600
600
1100
1000
1150
1150
1000
532
800
268
1202
1080
1318
1290
1079
1431
1732
1079
1749
2000
3400
4200
3600
3800
1200
3360
1950

一五　戏楼一层平面图

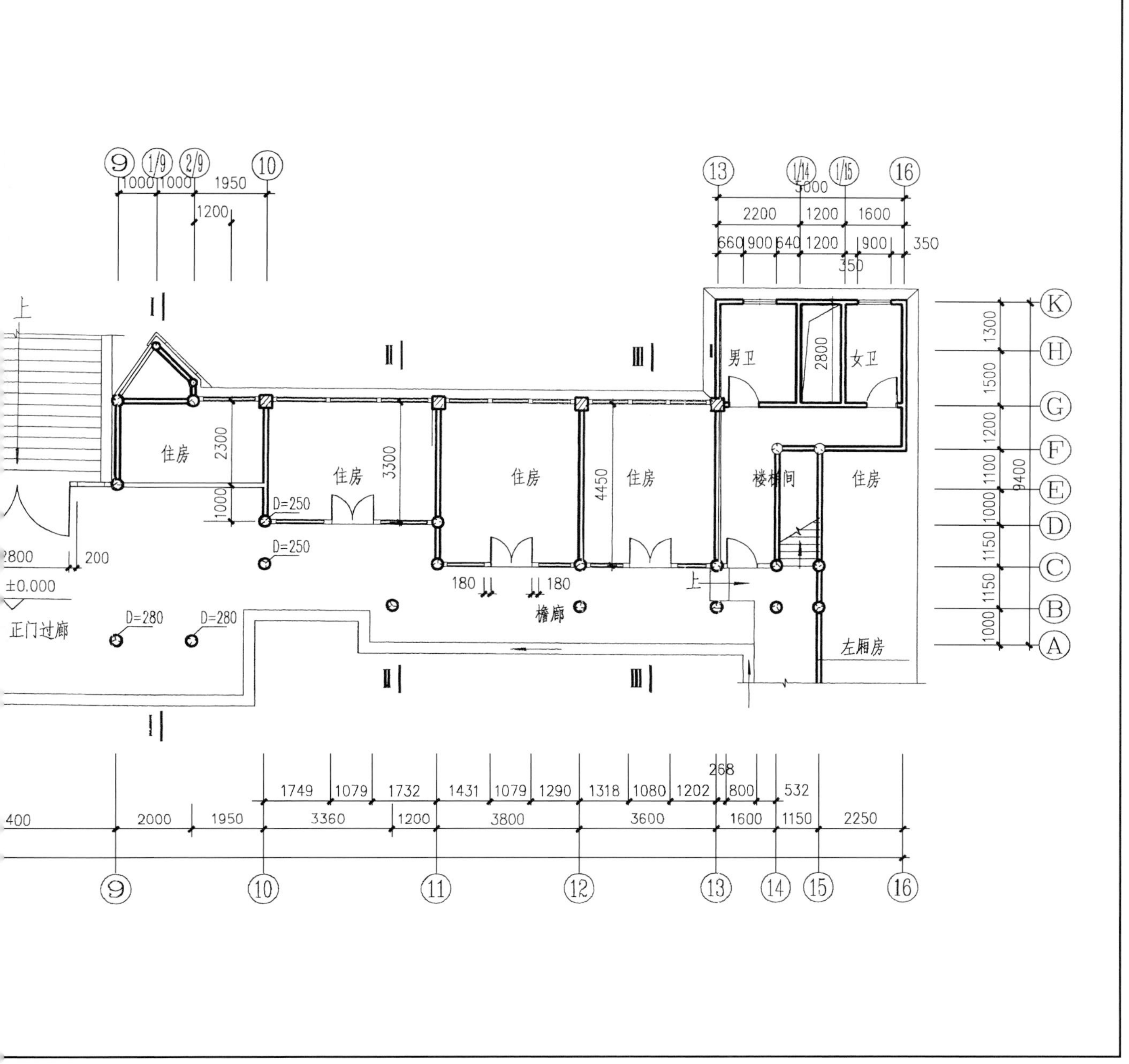

住房
楼梯间
男卫
女卫
左厢房
檐廊
正门过廊
±0.000
D=250
D=280
上

一六　戏楼二层平面图

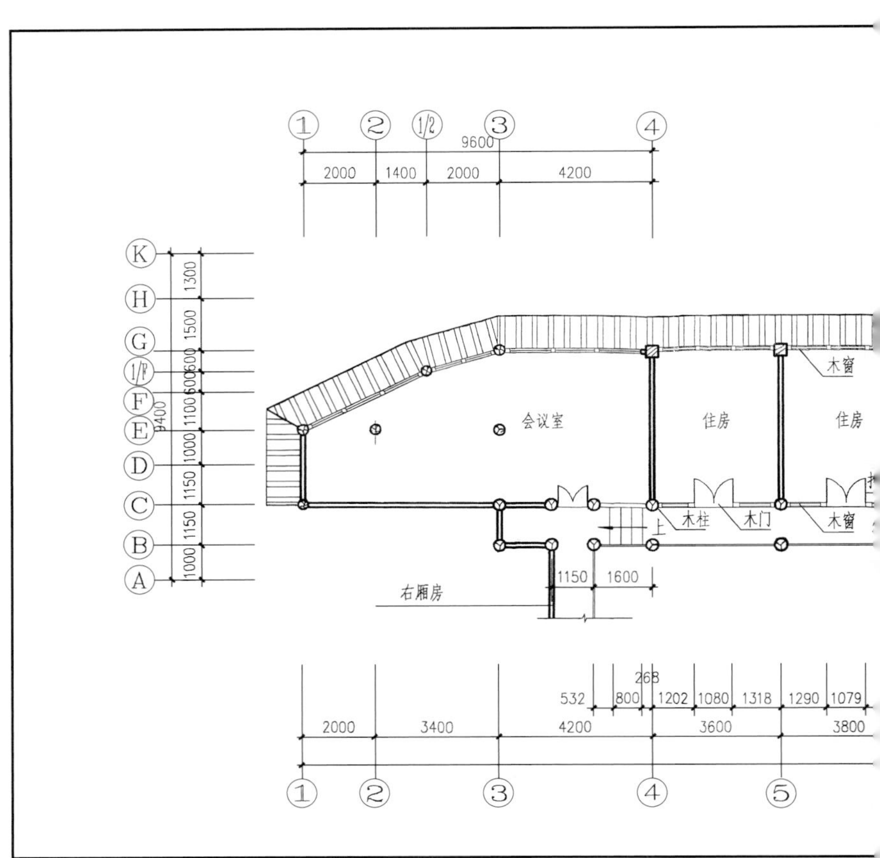

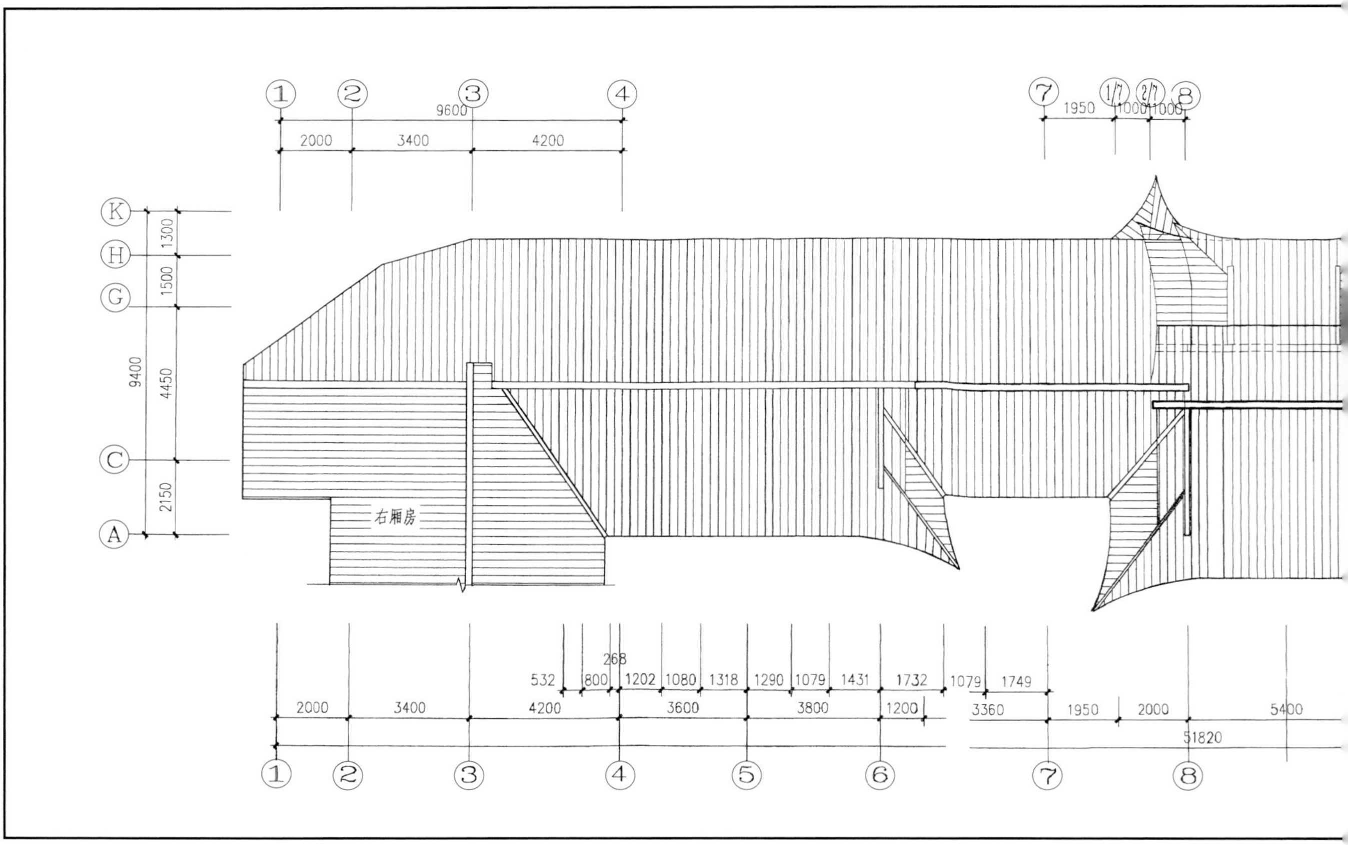

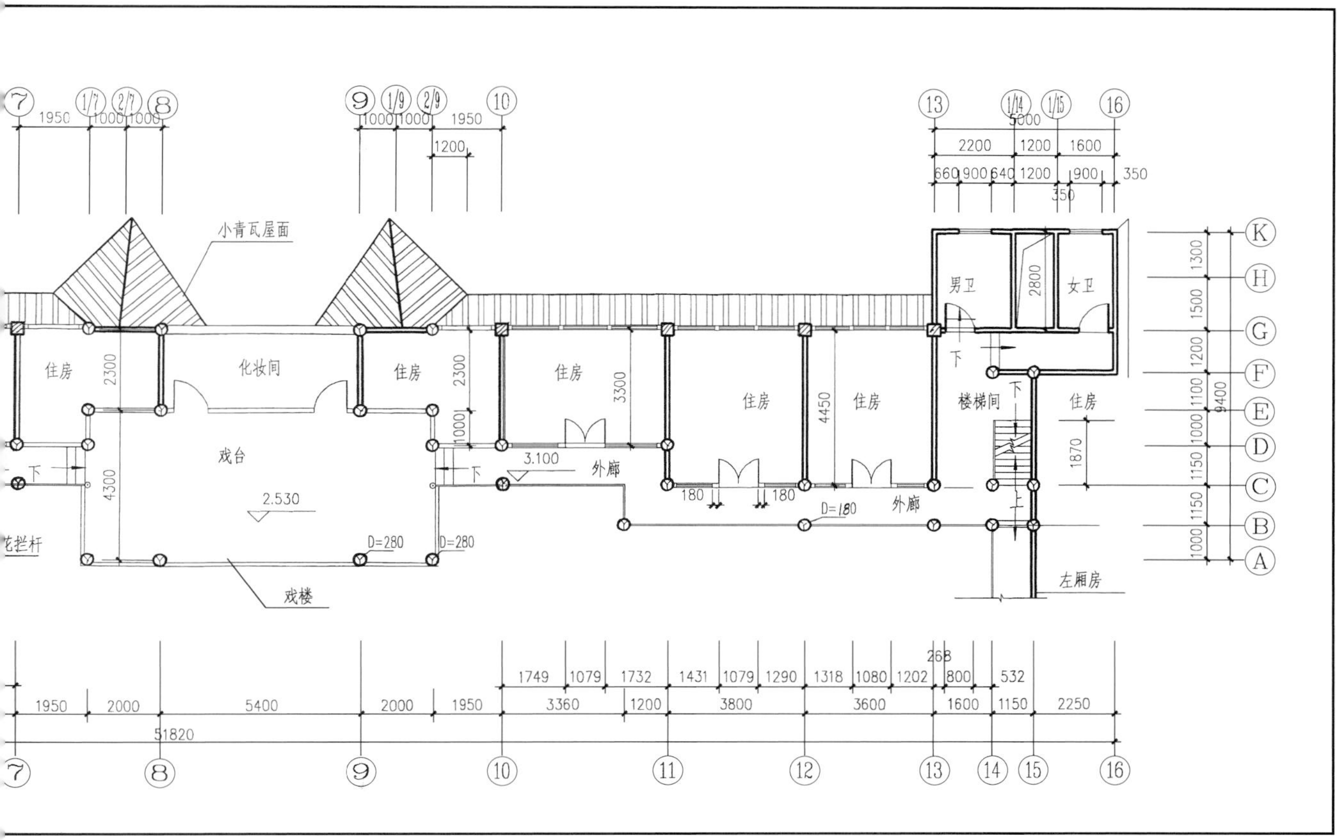

小青瓦屋面

住房

化妆间

住房

住房

住房

住房

男卫

女卫

楼梯间

住房

戏台

2.530

3.100

外廊

外廊

D=280

D=280

D=180

戏楼

左厢房

花栏杆

51820

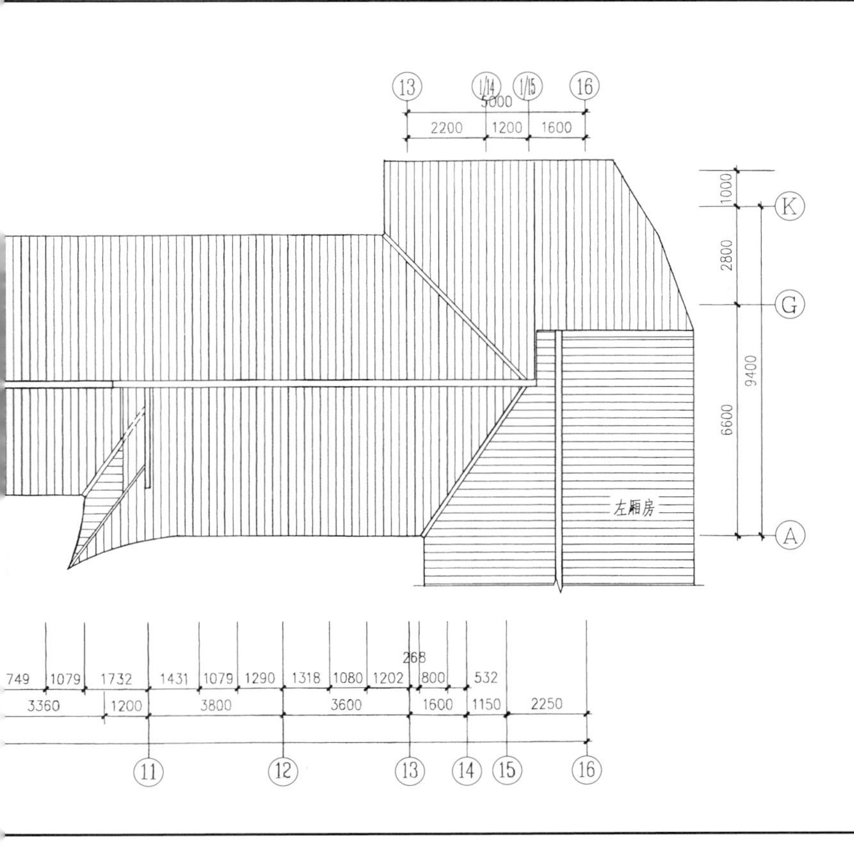

一七 戏楼屋顶平面图

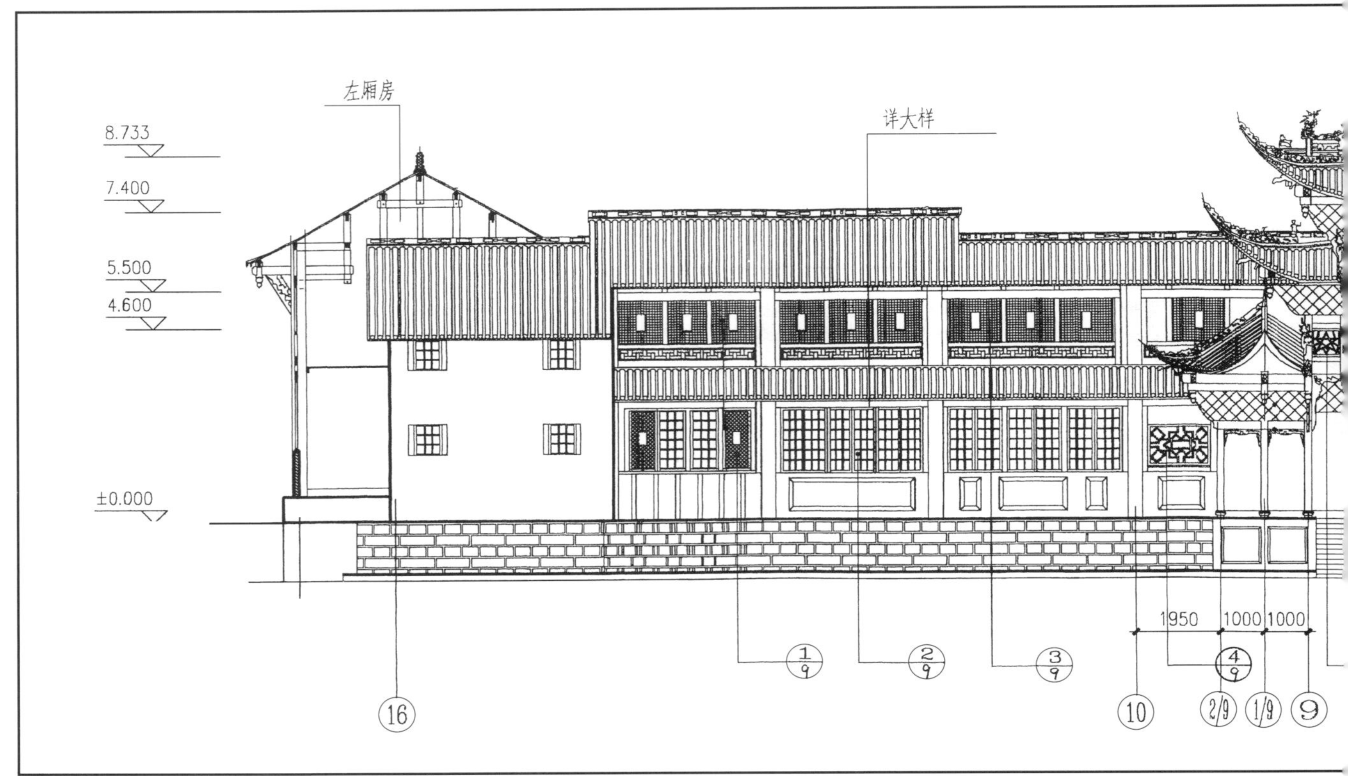

一八　戏楼正立面图

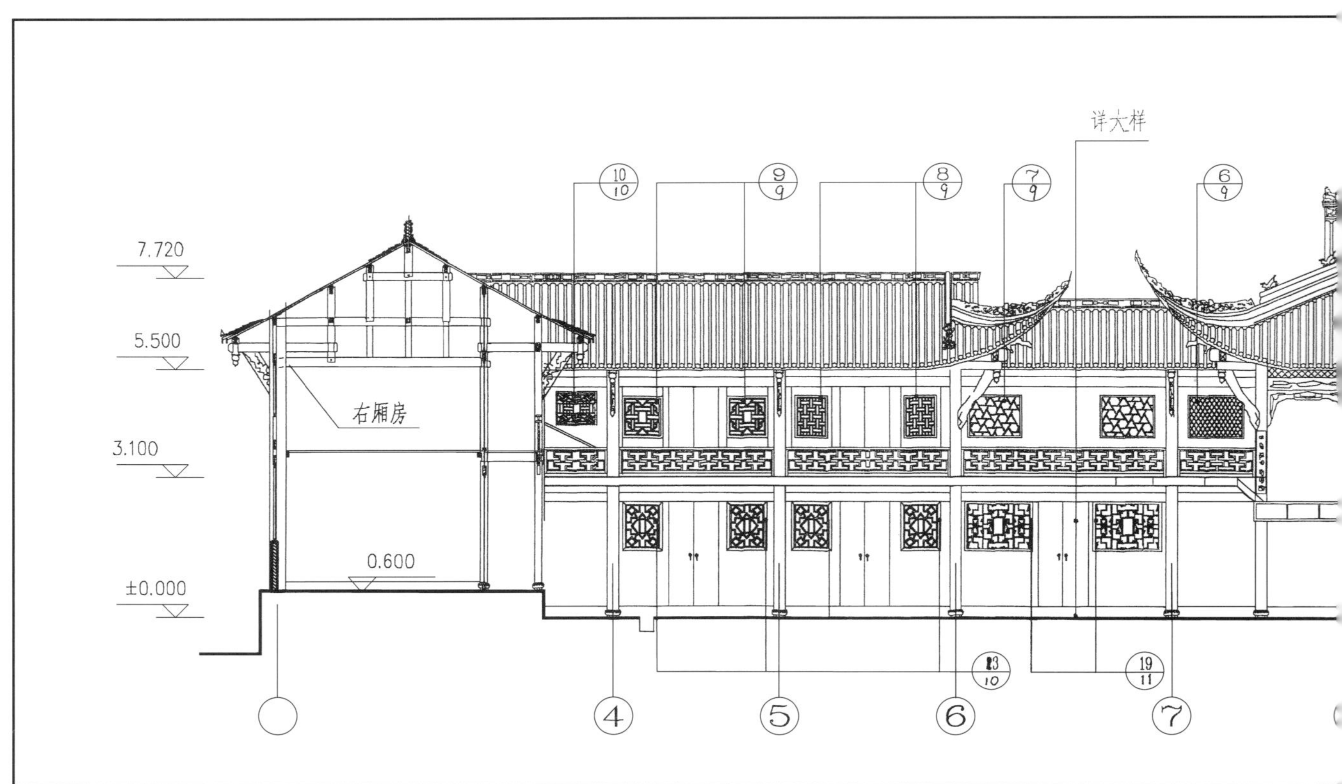

一九　戏楼背立面图

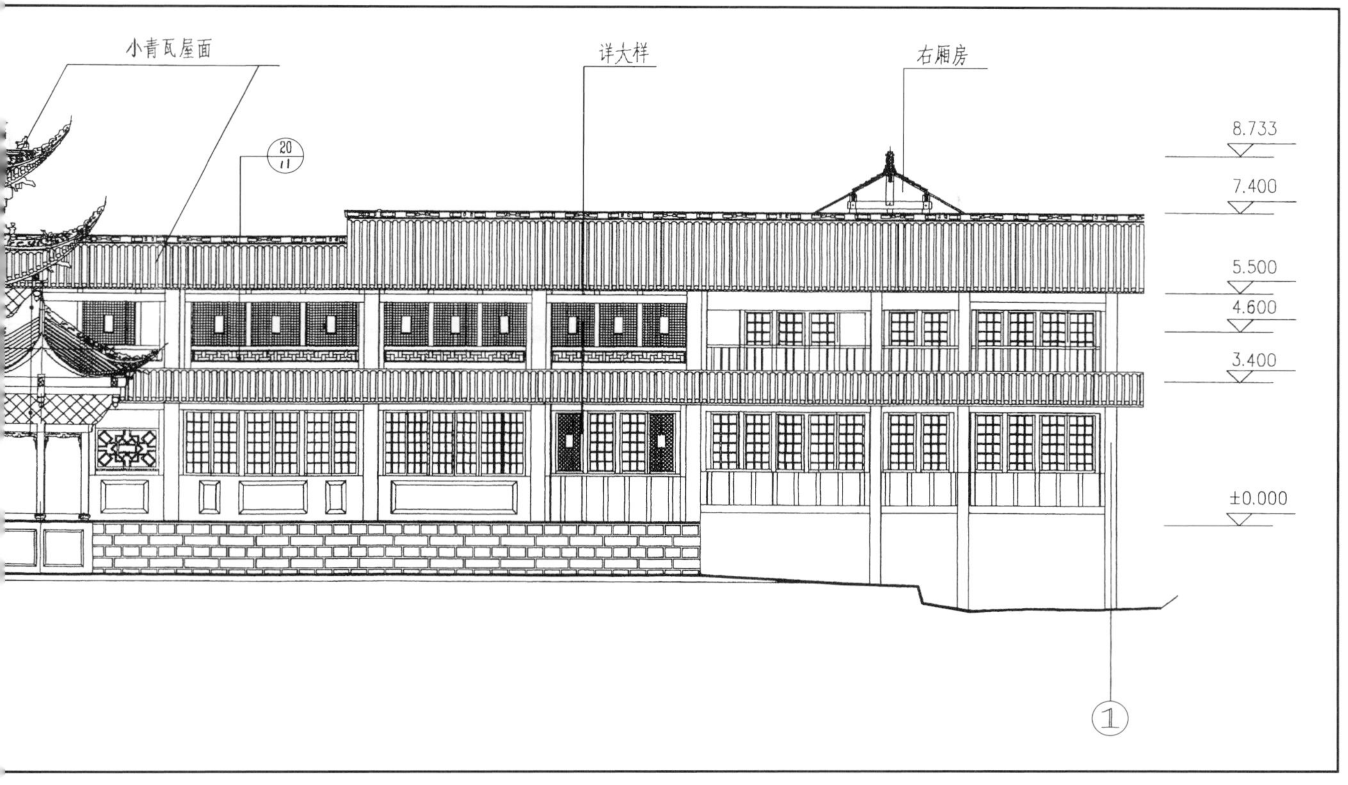
小青瓦屋面
详大样
右厢房
20
11
8.733
7.400
5.500
4.600
3.400
±0.000
1

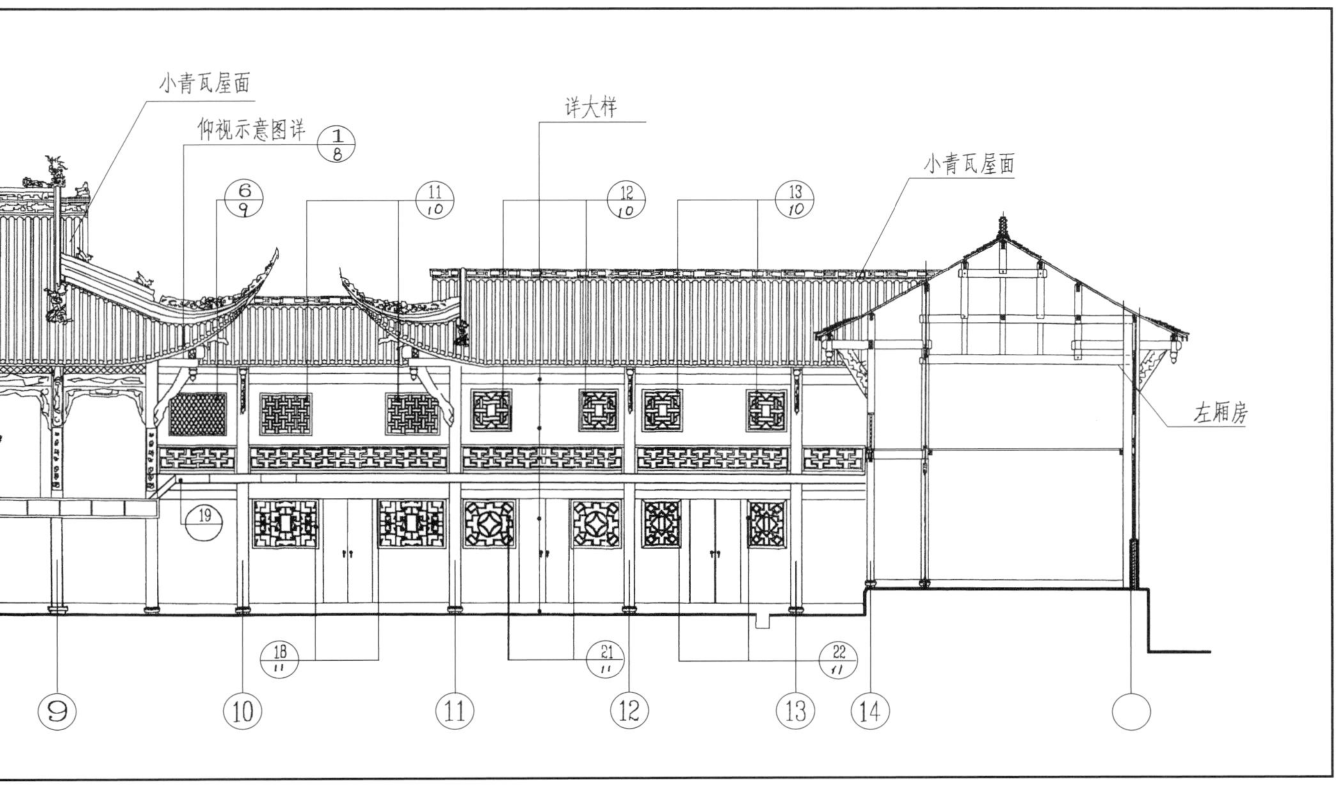
小青瓦屋面
仰视示意图详
1
8
详大样
小青瓦屋面
6
9
11
10
12
10
13
10
左厢房
19
18
11
21
11
22
11
9
10
11
12
13
14

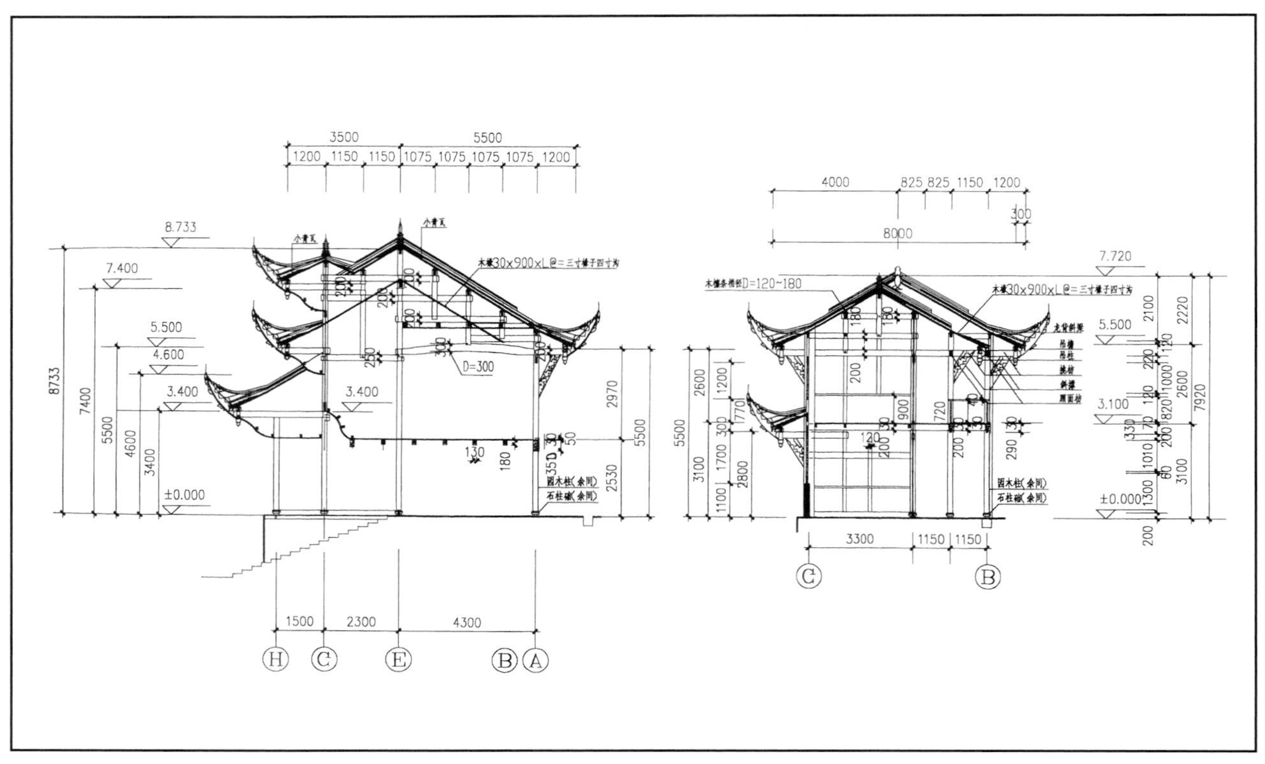

二〇　戏楼剖面图

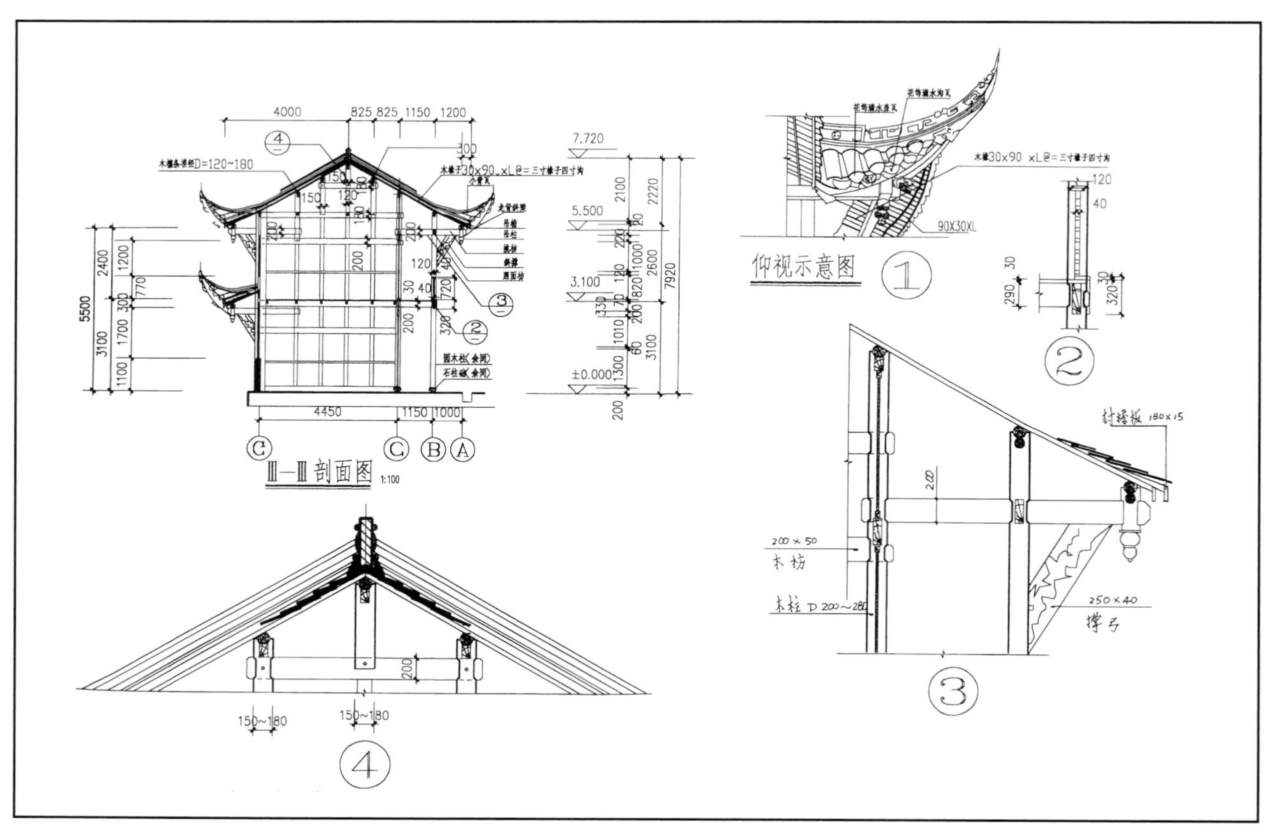

二一　戏楼连廊剖面图

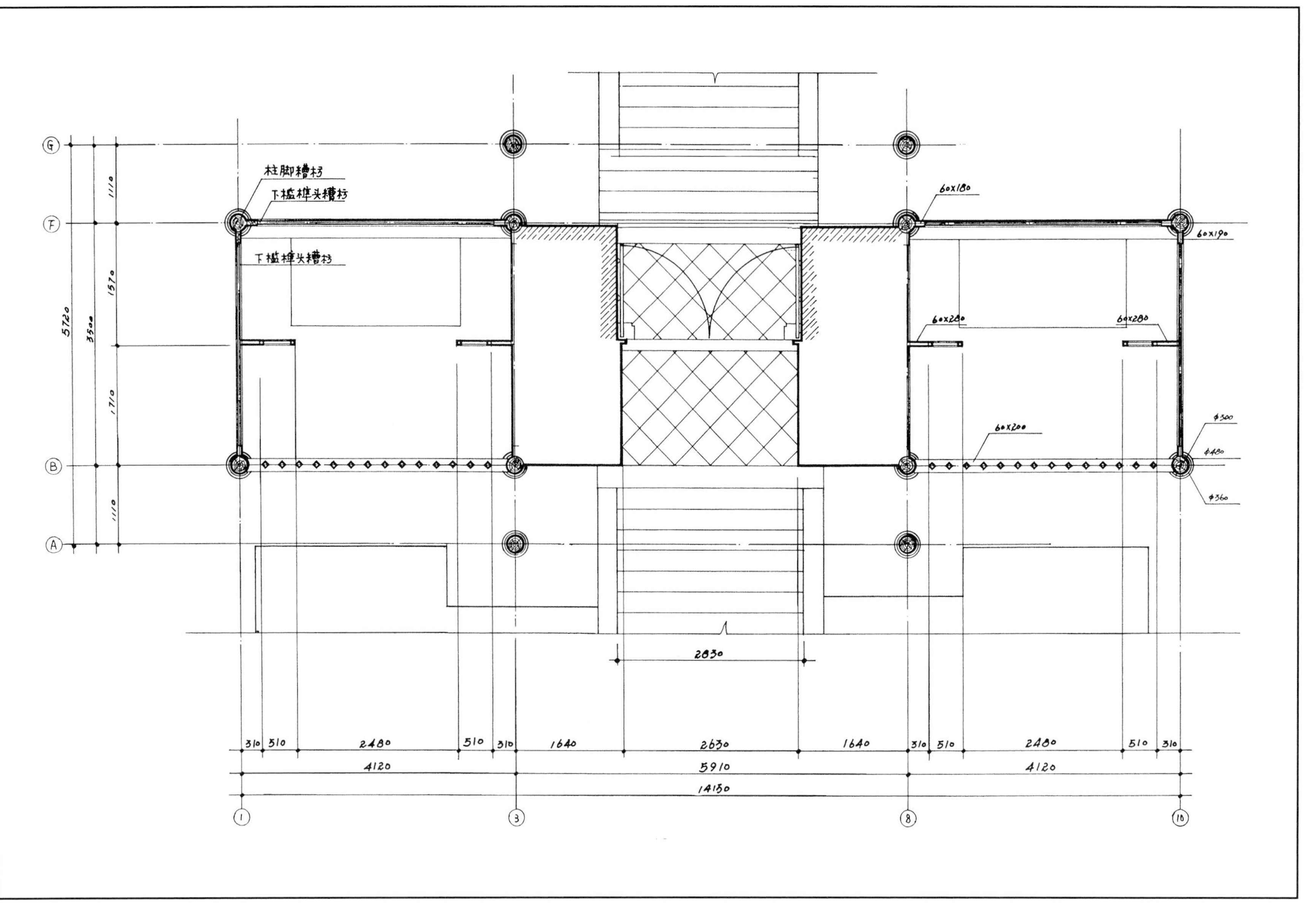
柱脚槽杉
下槛榫头槽杉
下槛榫头槽杉
60x180
60x190
60x280
60x280
60x200
φ300
φ480
φ360
2830
310 510 2480 510 310 1640 2630 1640 310 510 2480 510 310
4120 5910 4120
14180
1110 1570 1710 1110
3500
5720
G F B A
1 3 8 10

二二　乐楼一层平面图

二三　乐楼二层平面图

二四 乐楼三层平面图

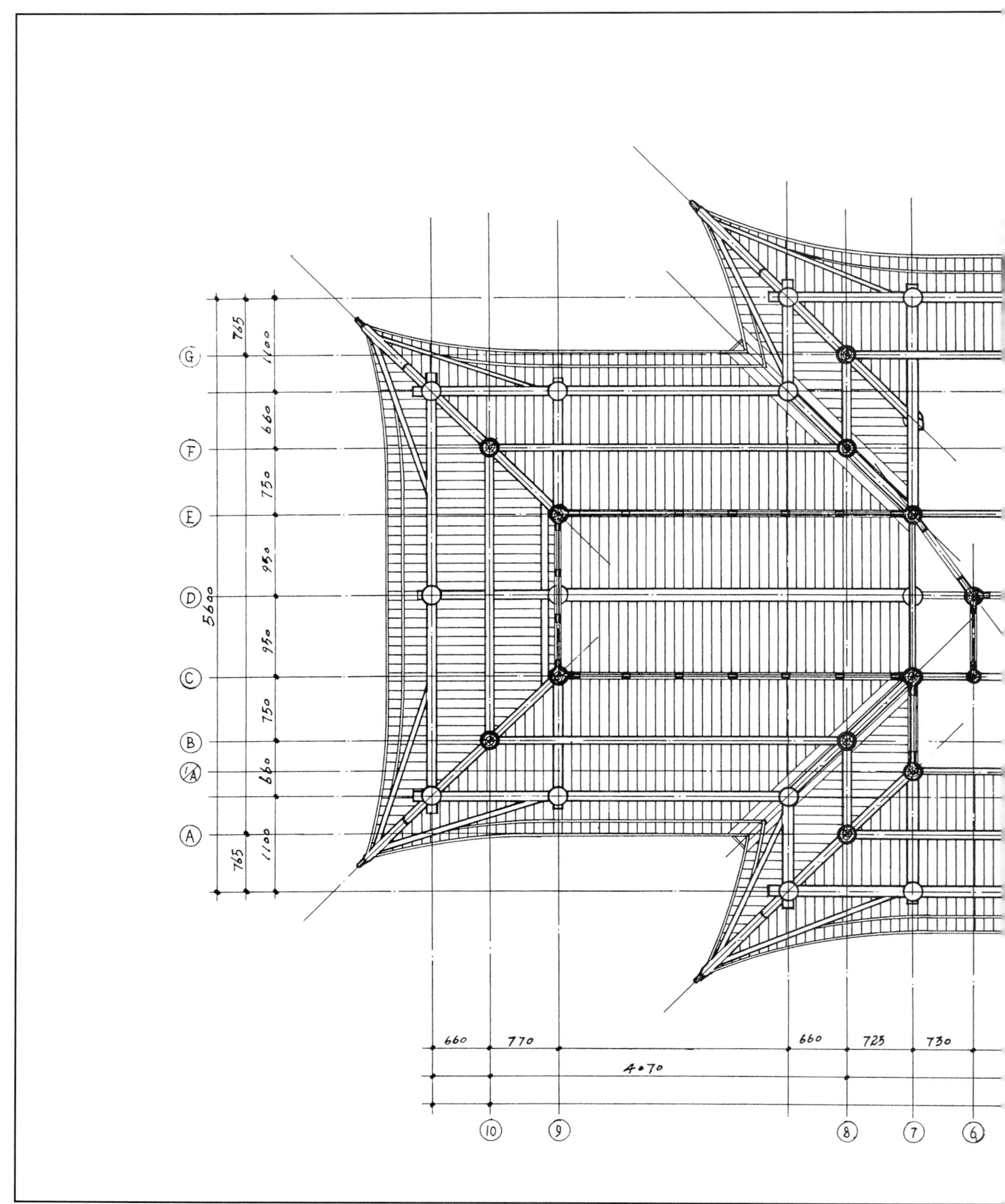

二五　乐楼二层结构仰视图

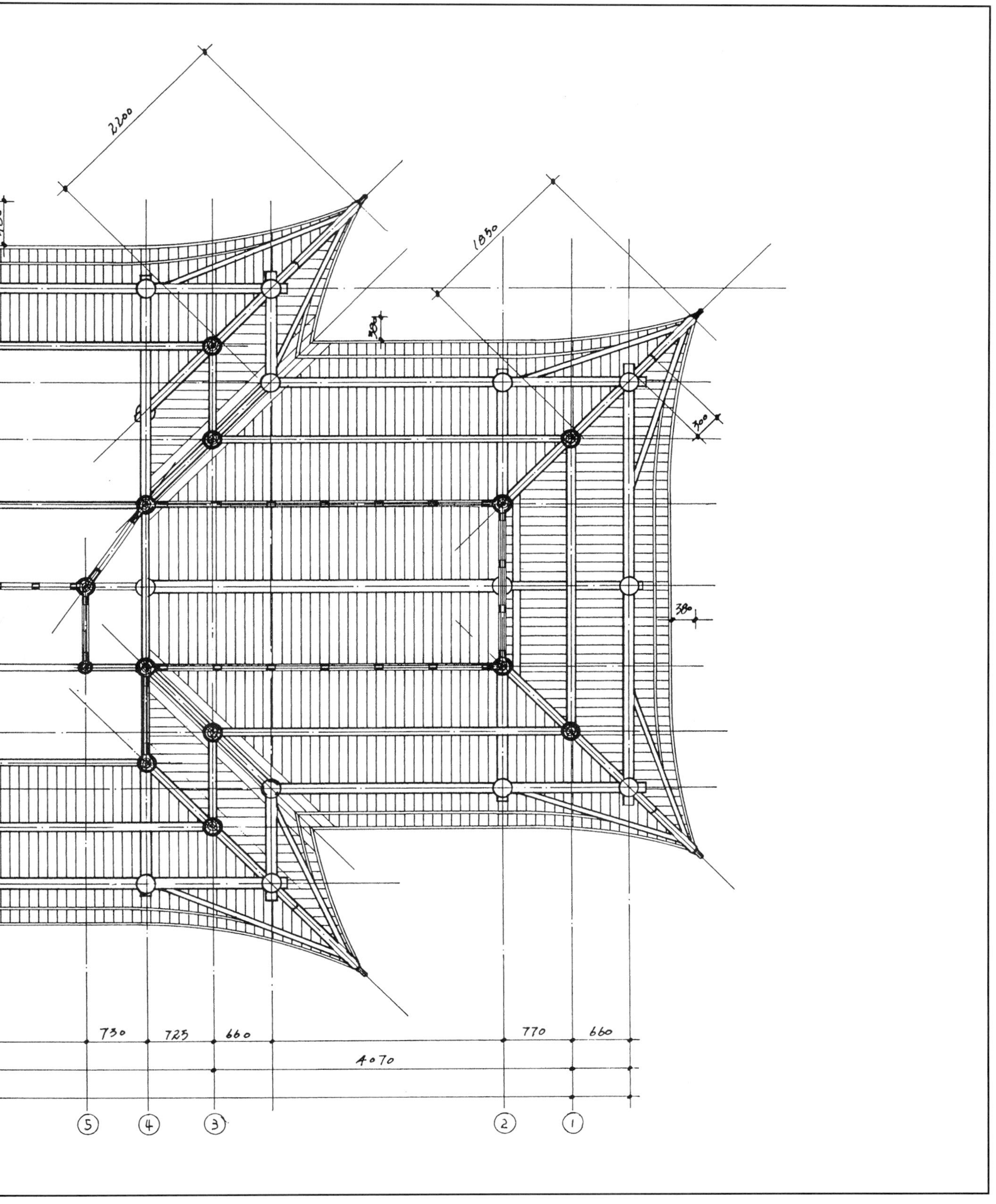
2200
1850
380
300
380
730
725
660
770
660
4070
5
4
3
2
1

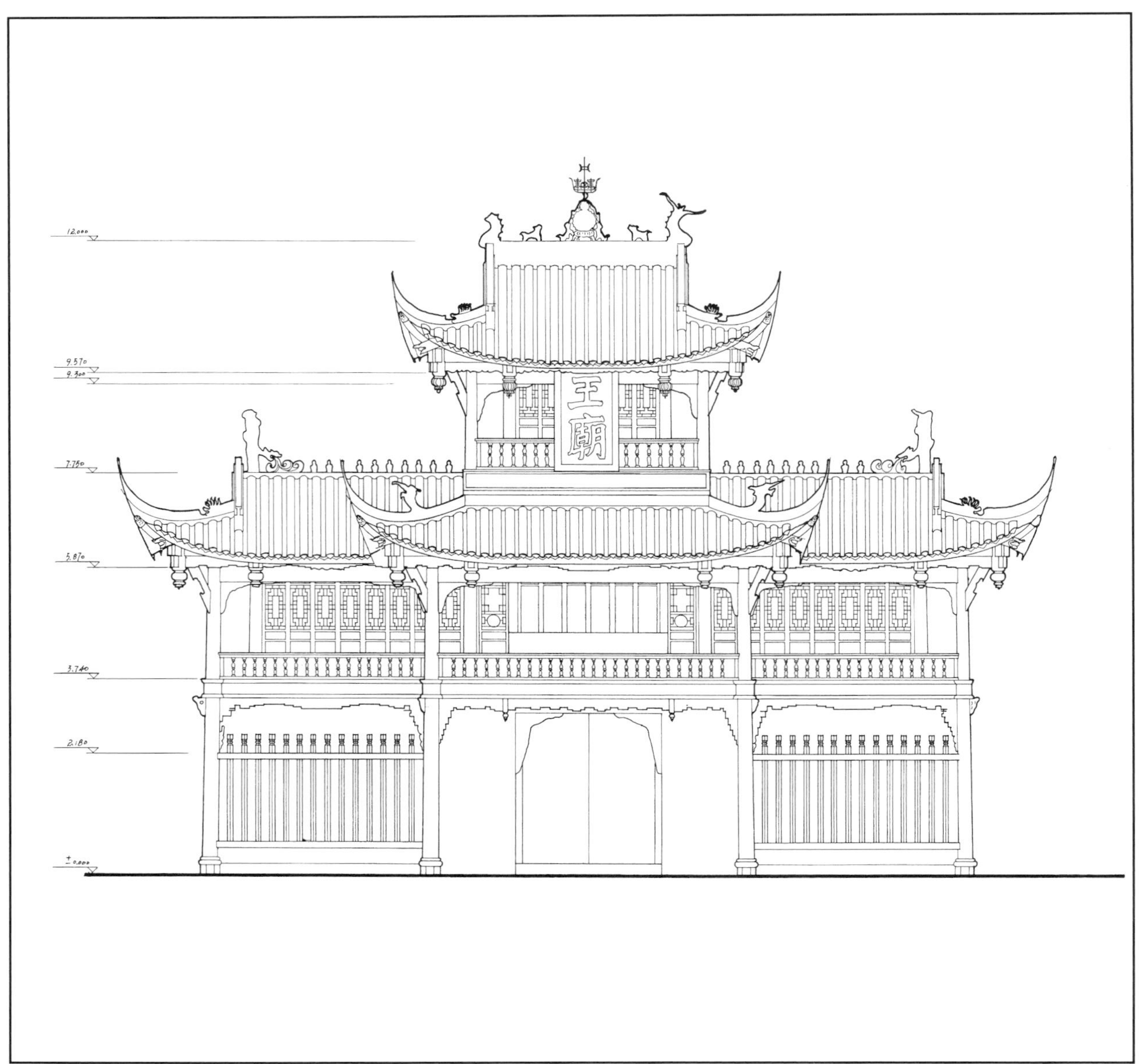

二六　乐楼正立面图
二七　乐楼背立面图
二八　乐楼剖面图

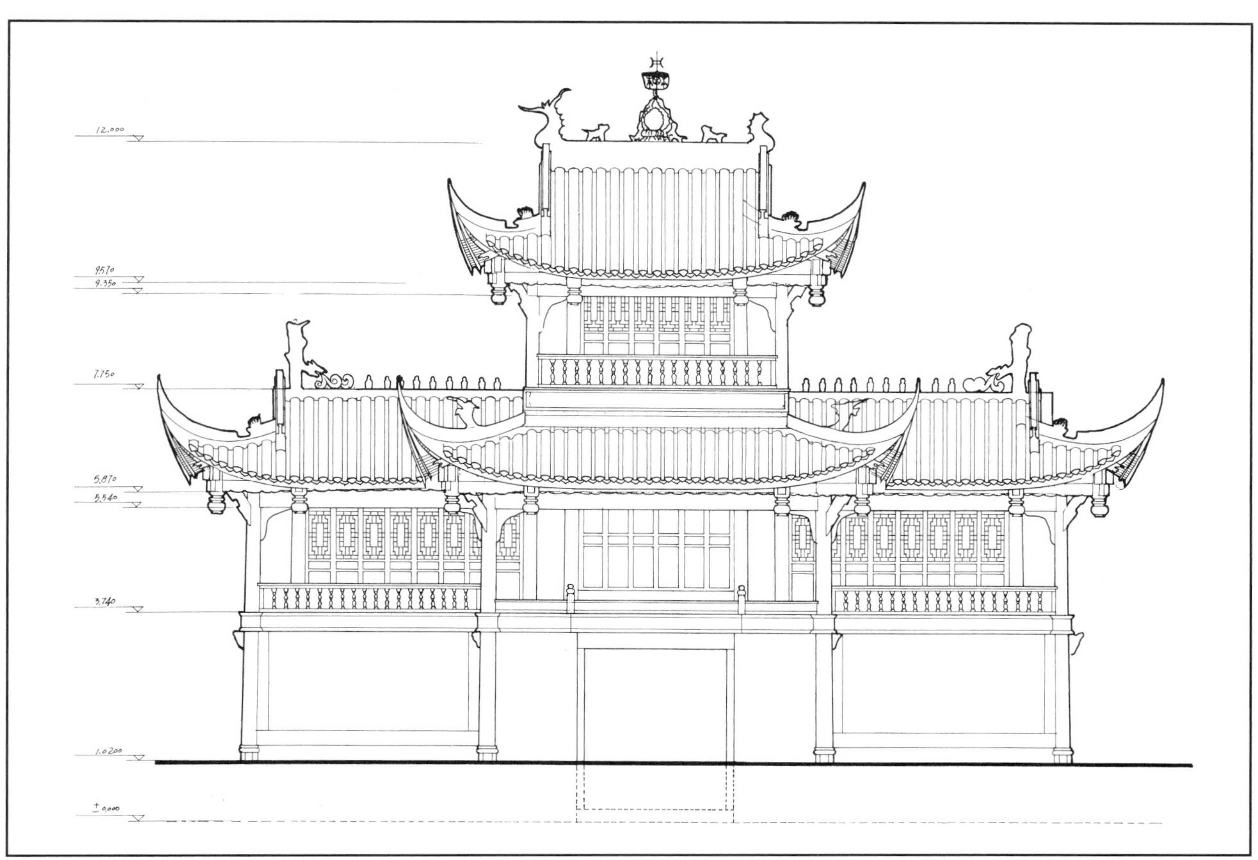

12.000
9.570
9.350
7.750
5.870
5.540
3.740
2.660
2.180
0.600
±0.000

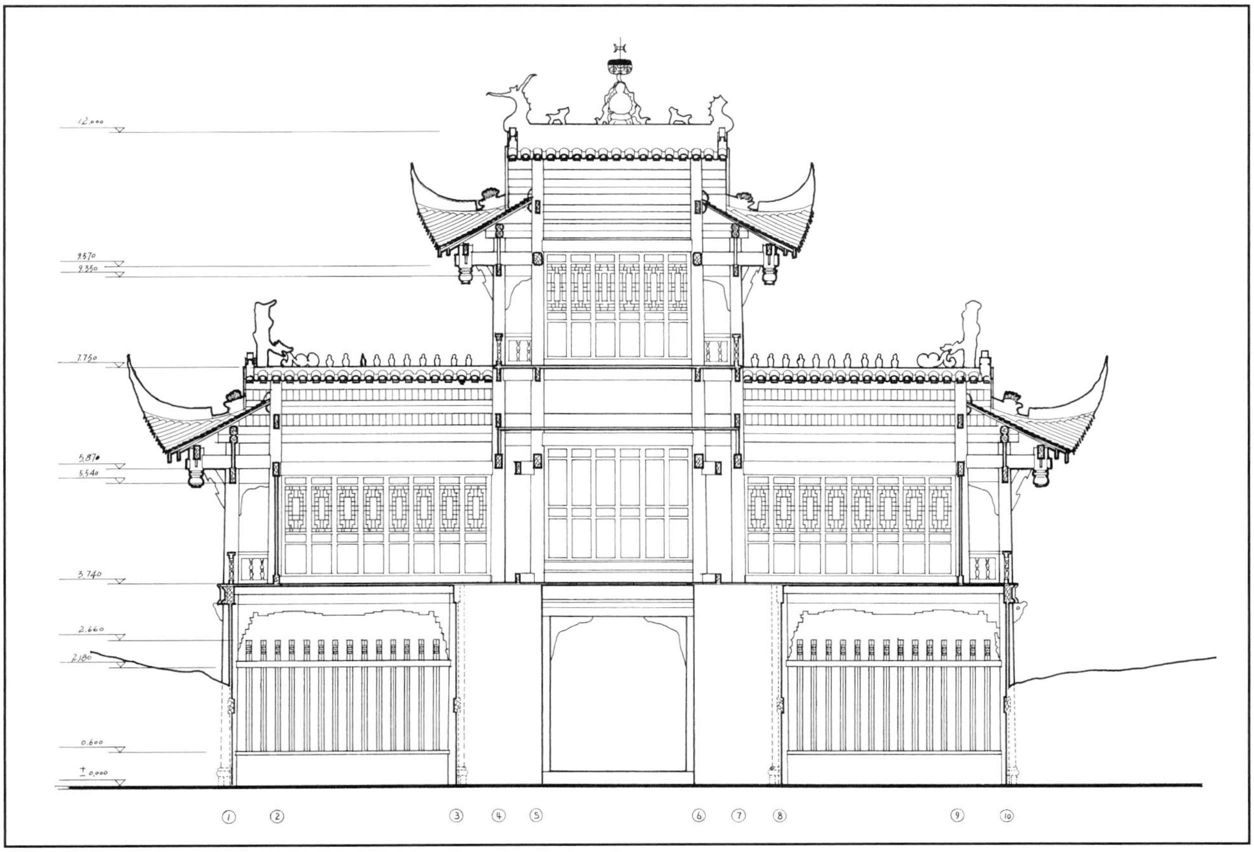

① ② ③ ④ ⑤ ⑥ ⑦ ⑧ ⑨ ⑩

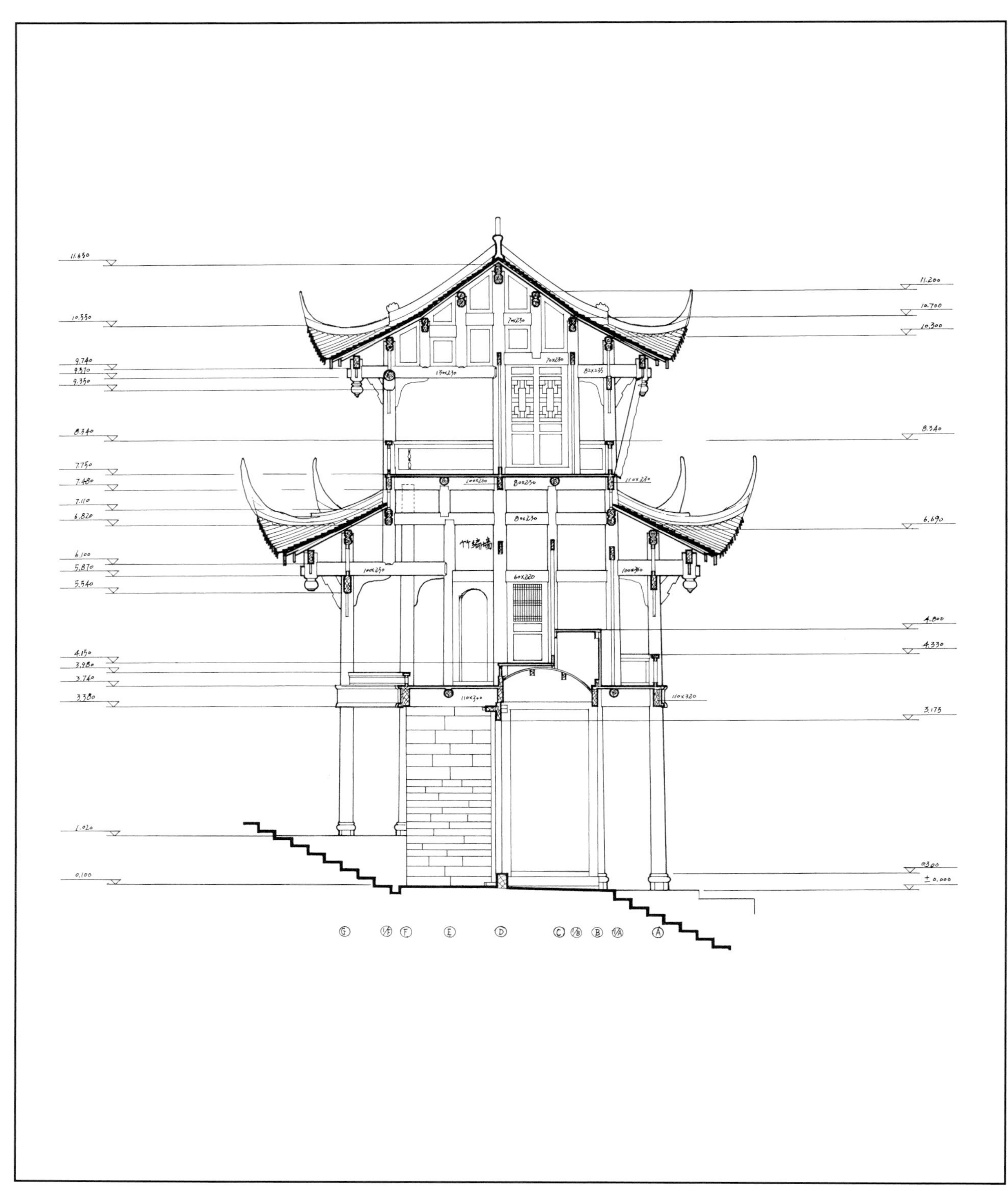

二九　乐楼剖面图

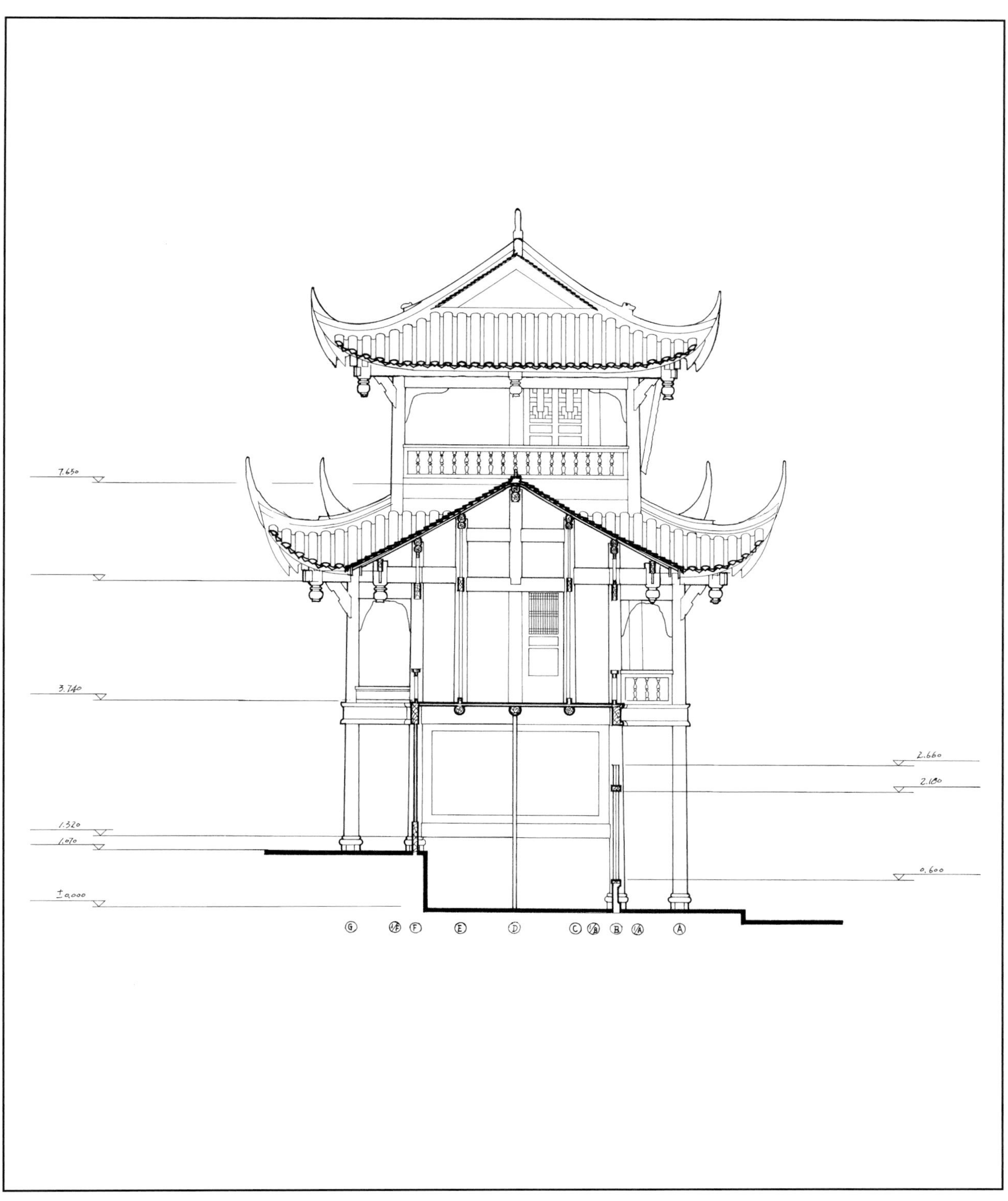

三〇　乐楼剖面图

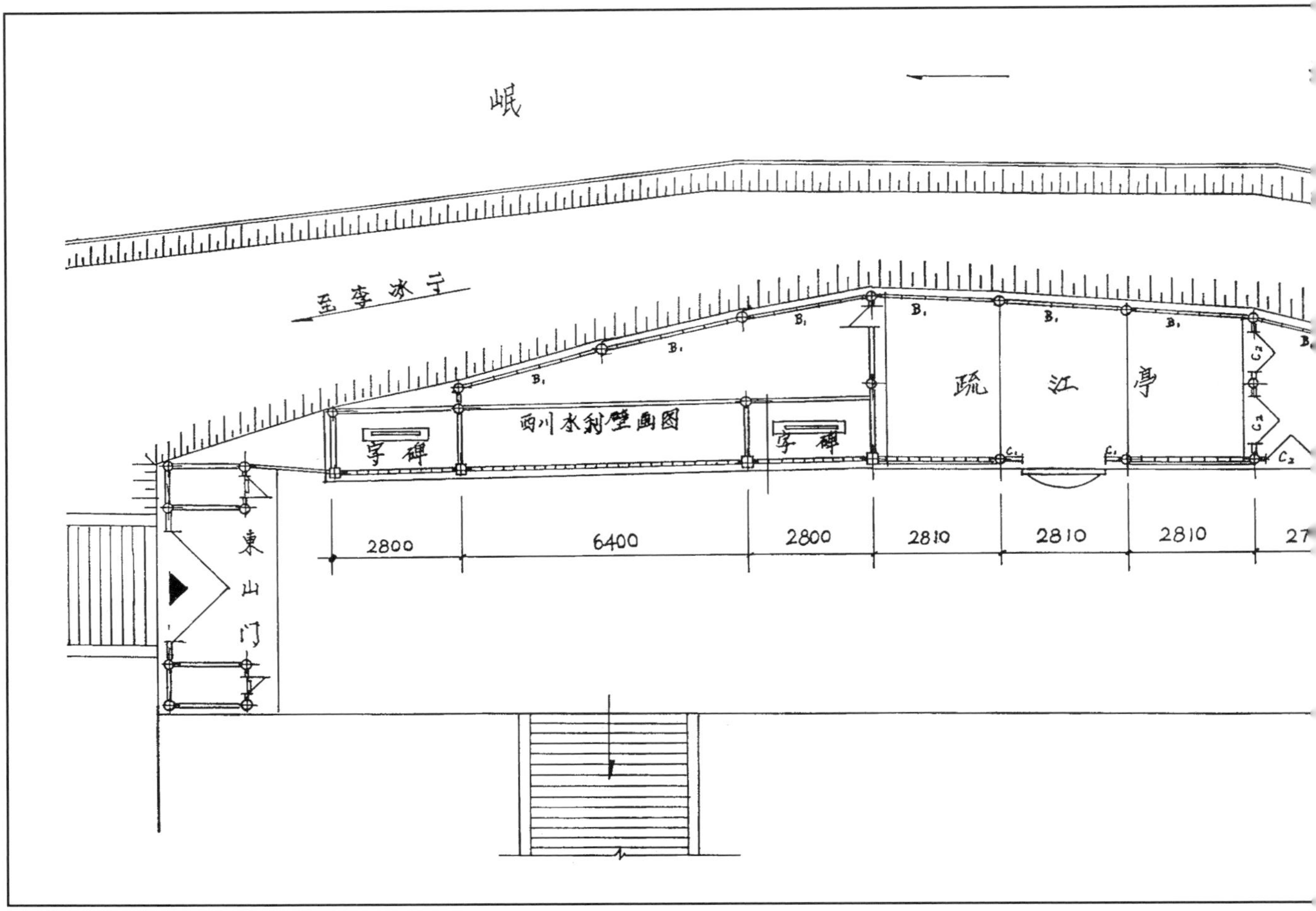

岷

至李冰亍

西川水利壁画图

字碑 字碑

疏 江 亭

東山门

2800 6400 2800 2810 2810 2810 27

三二　疏江亭和水利图照壁背立面图

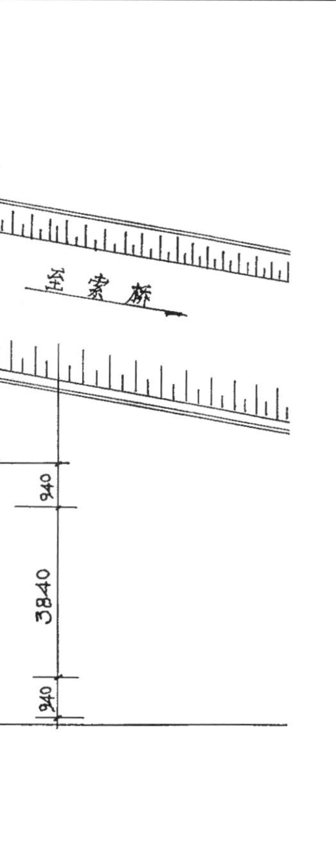

三一　疏江亭和水利图照壁平面图

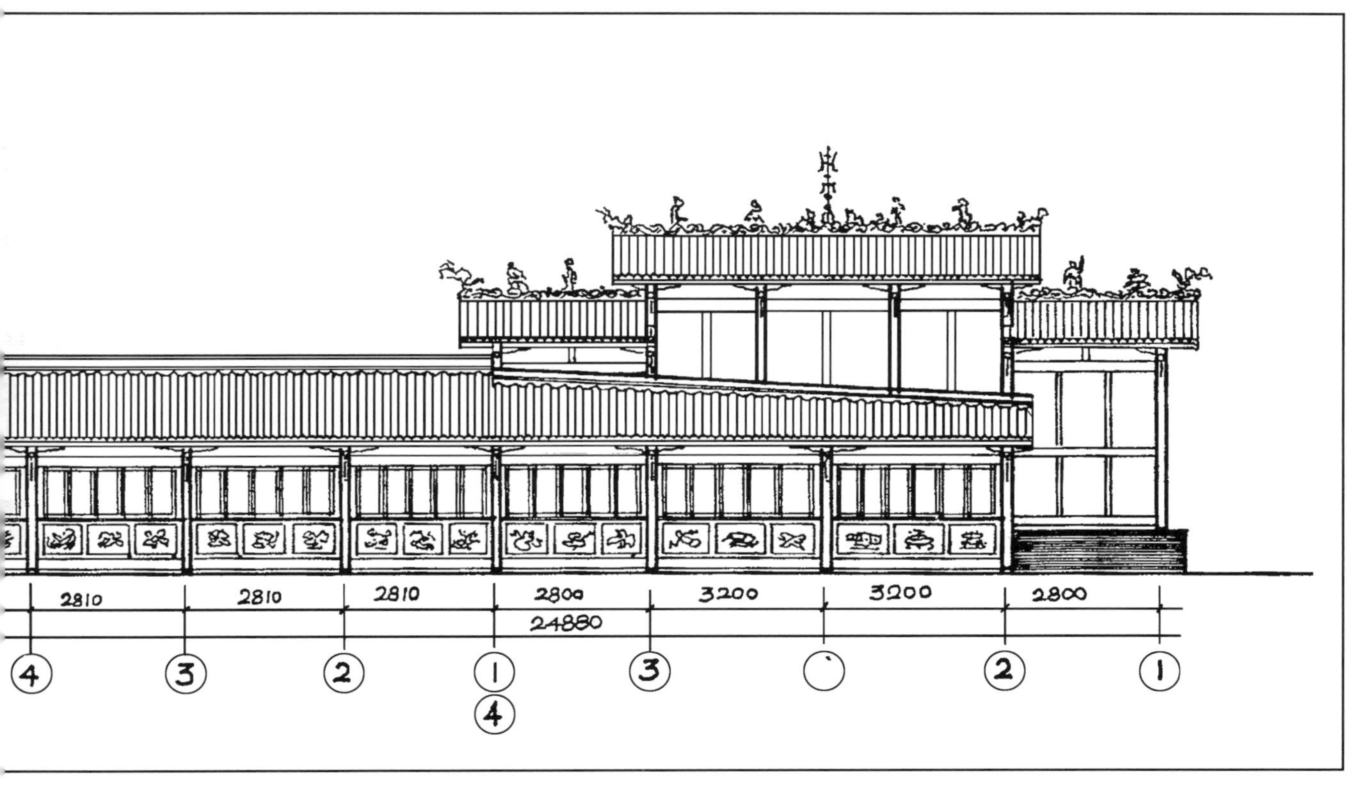

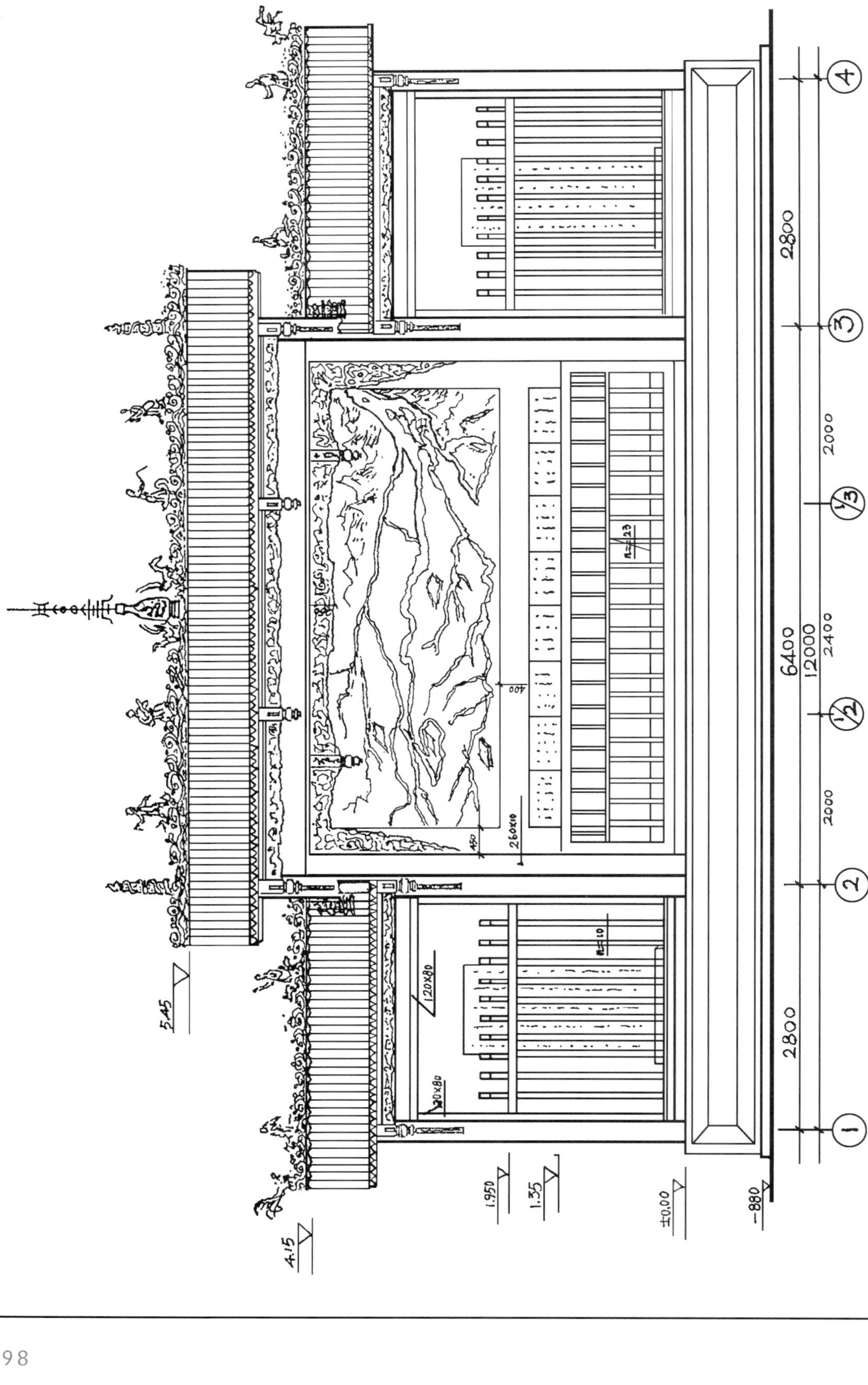

三三　水利图照壁正立面图

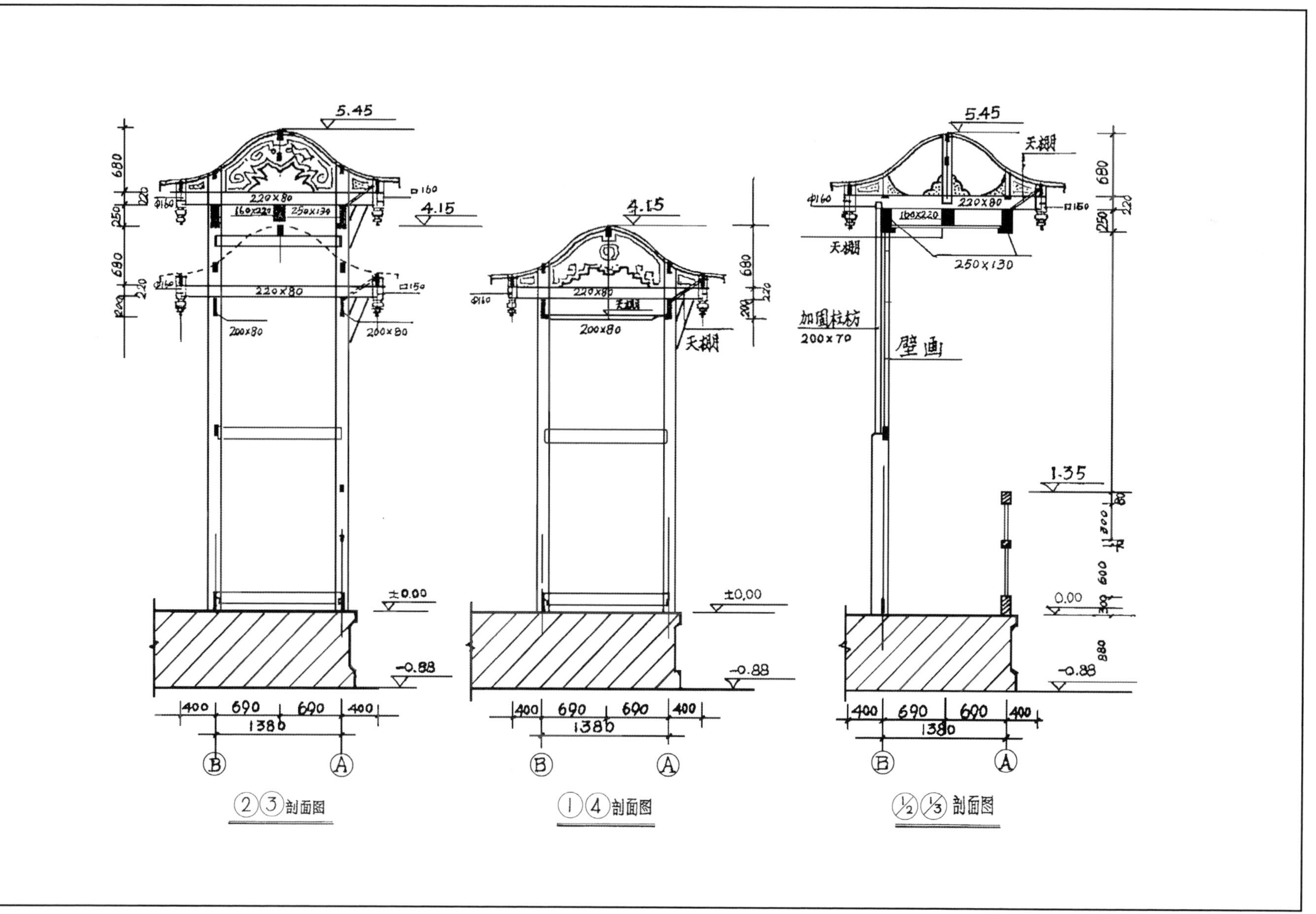

5.45
4.15
±0.00
-0.88
220x80
250x130
200x80
天棚
加固柱枋
200x70
壁画
1.35
400
690
600
1380
②③剖面图
①④剖面图
½⅓剖面图

三四　水利图照壁剖面图

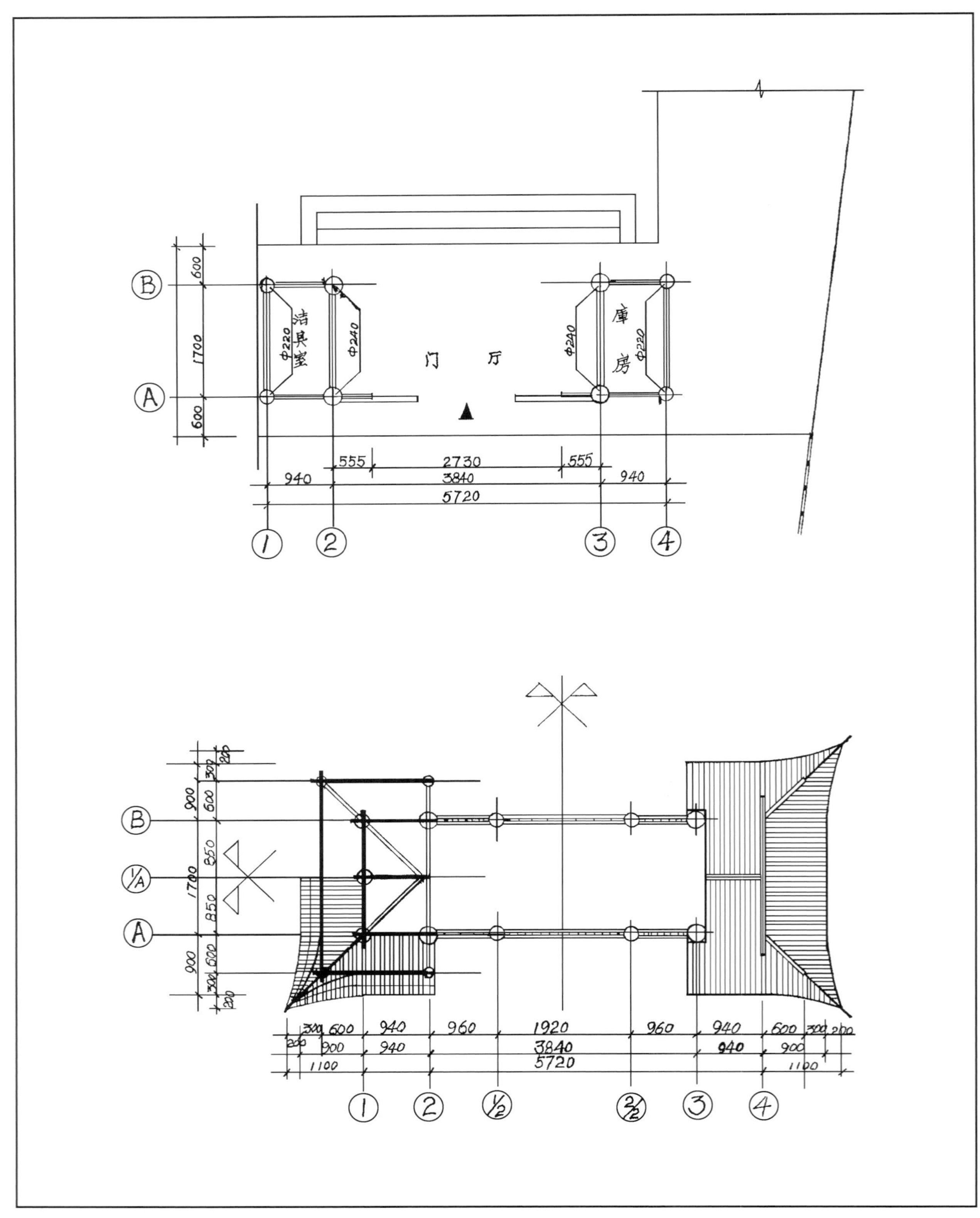

三五　下西山门底层平面及底层屋面结构平面图

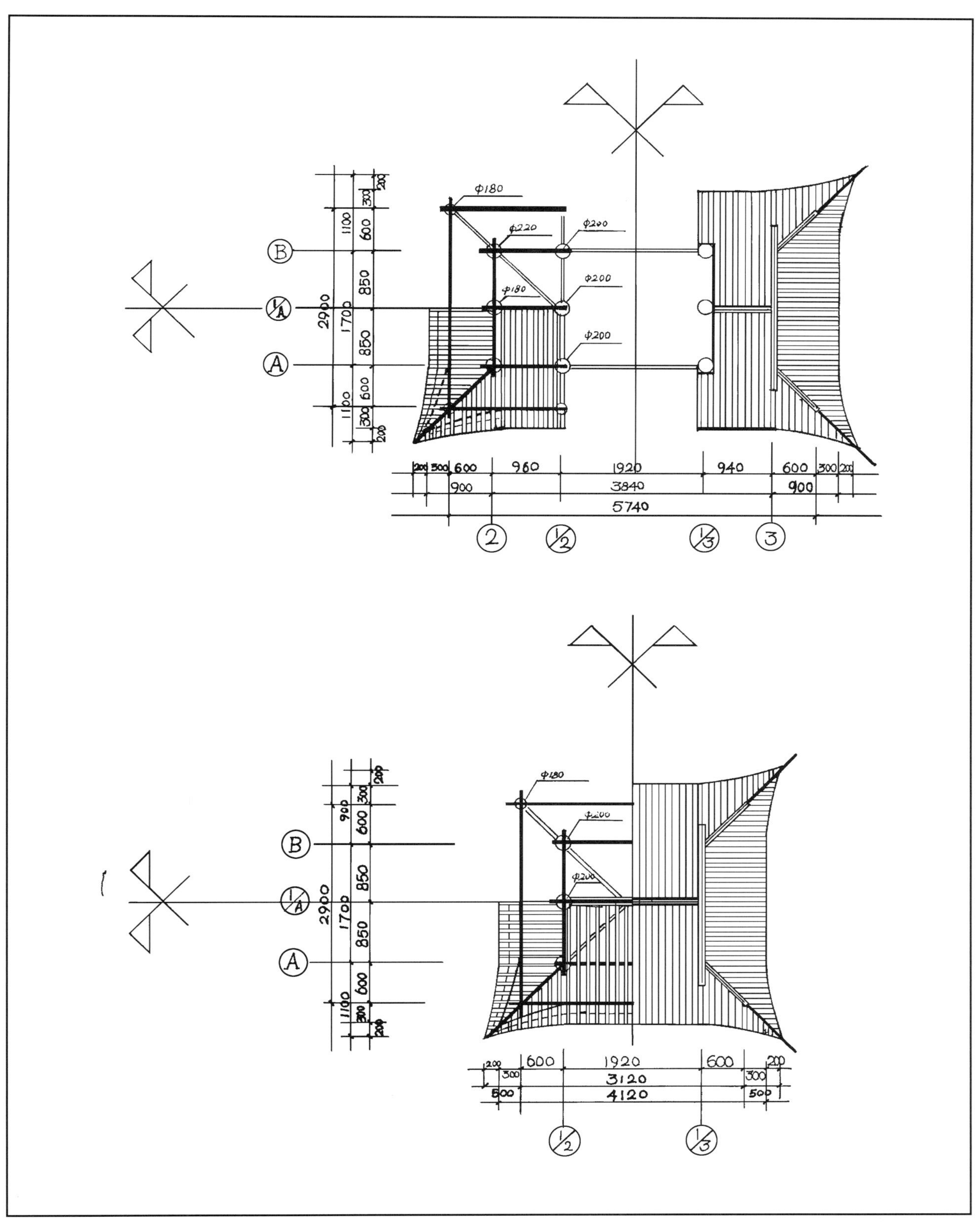

三六 下西山门二层屋面及屋顶结构平面图

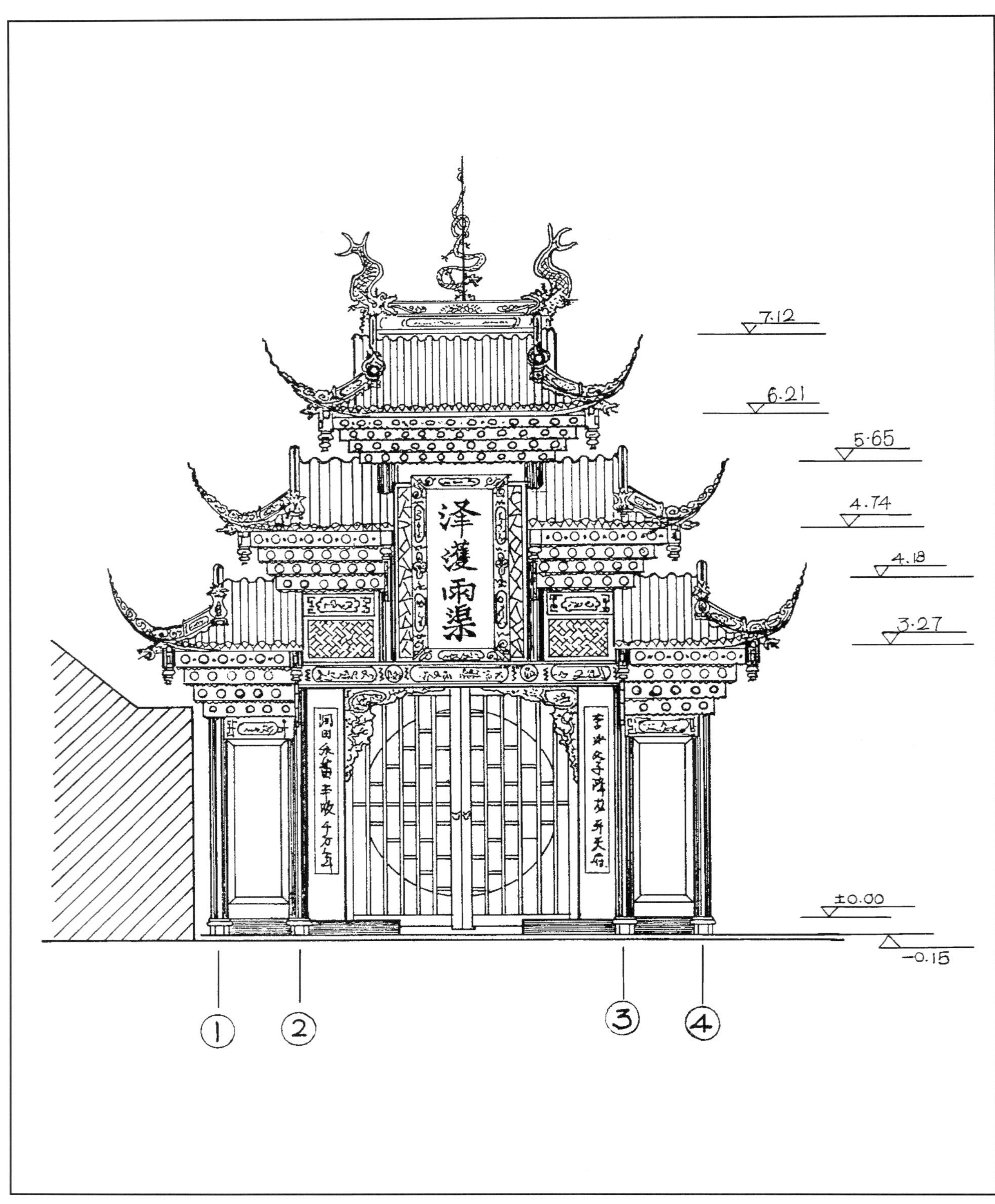

三七　下西山门正立面图
三八　下西山门剖面图
三九　下西山门剖面图

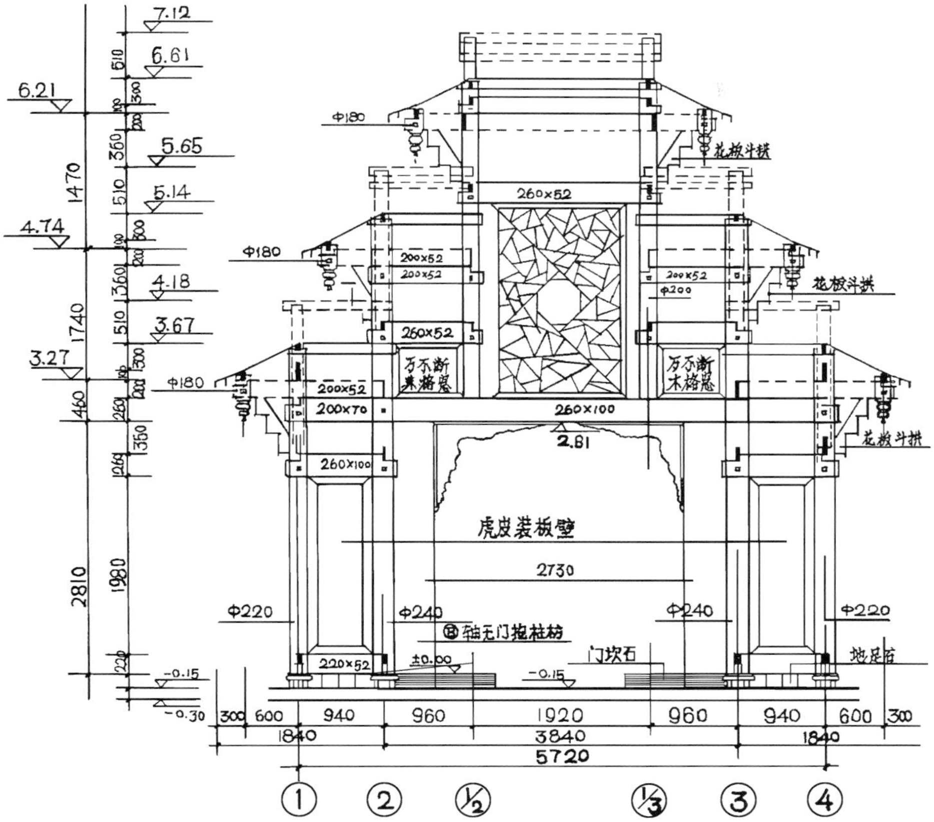

7.12
6.61
6.21
5.65
5.14
4.74
4.18
3.67
3.27
±0.00
-0.15
-0.30
2.81
510 300 100 200 360 510 300 100 200 360 510 300 100 200 350 260 1980 220
1470 1740 460 2810
Φ180
花板斗拱
260×52
200×52
Φ200
260×52
万不断木格窗
200×70
260×100
虎皮装板壁
2730
Φ220
Φ240
⑫轴无门抱柱枋
220×52
门坎石
地足石
300 600 940 960 1920 960 940 600 300
1840 3840 1840
5720
① ② ½ ⅓ ③ ④

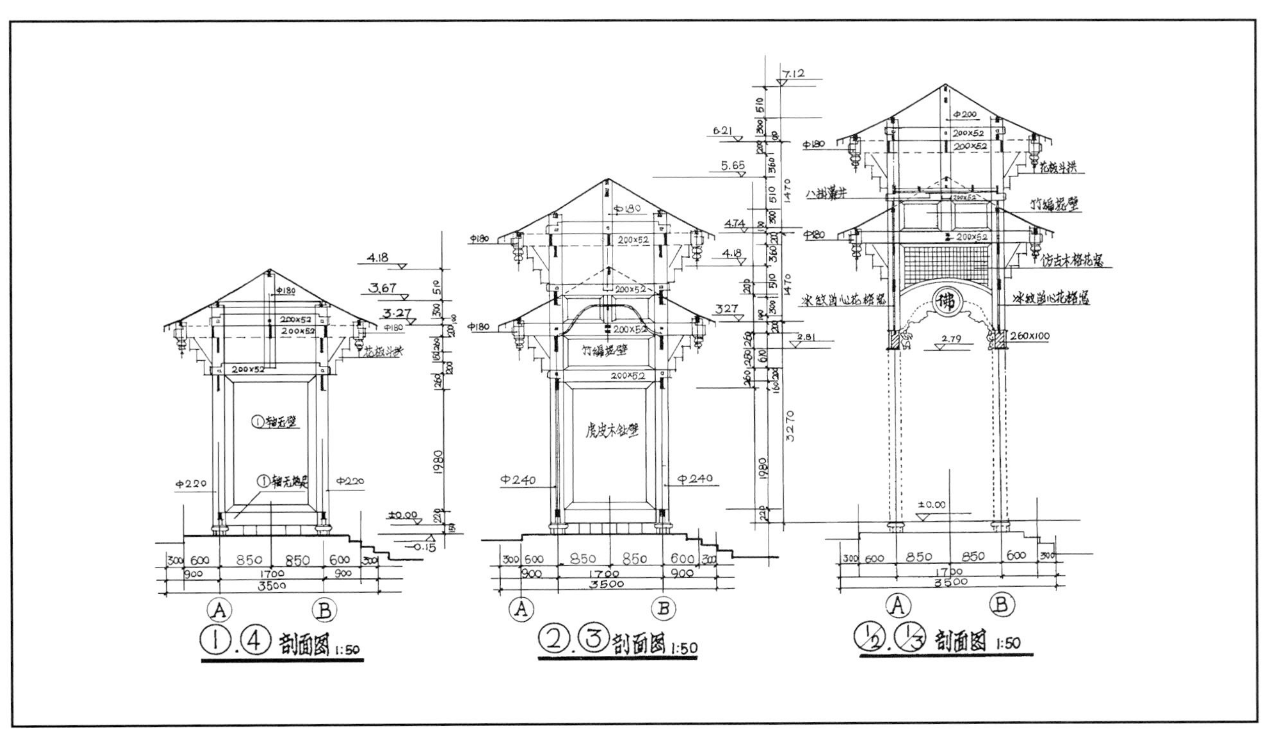

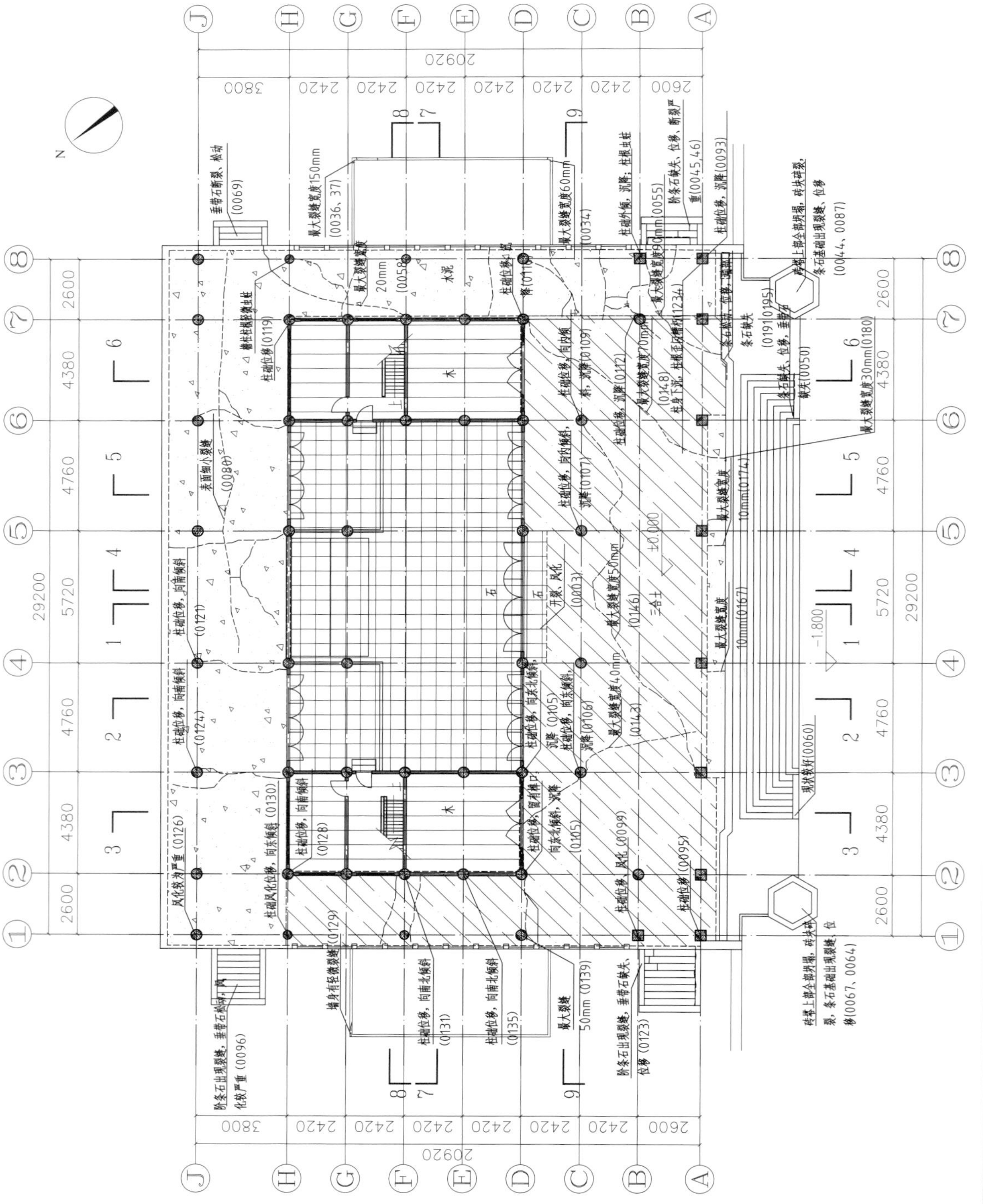

四〇 震后大殿一层地面残损勘察图

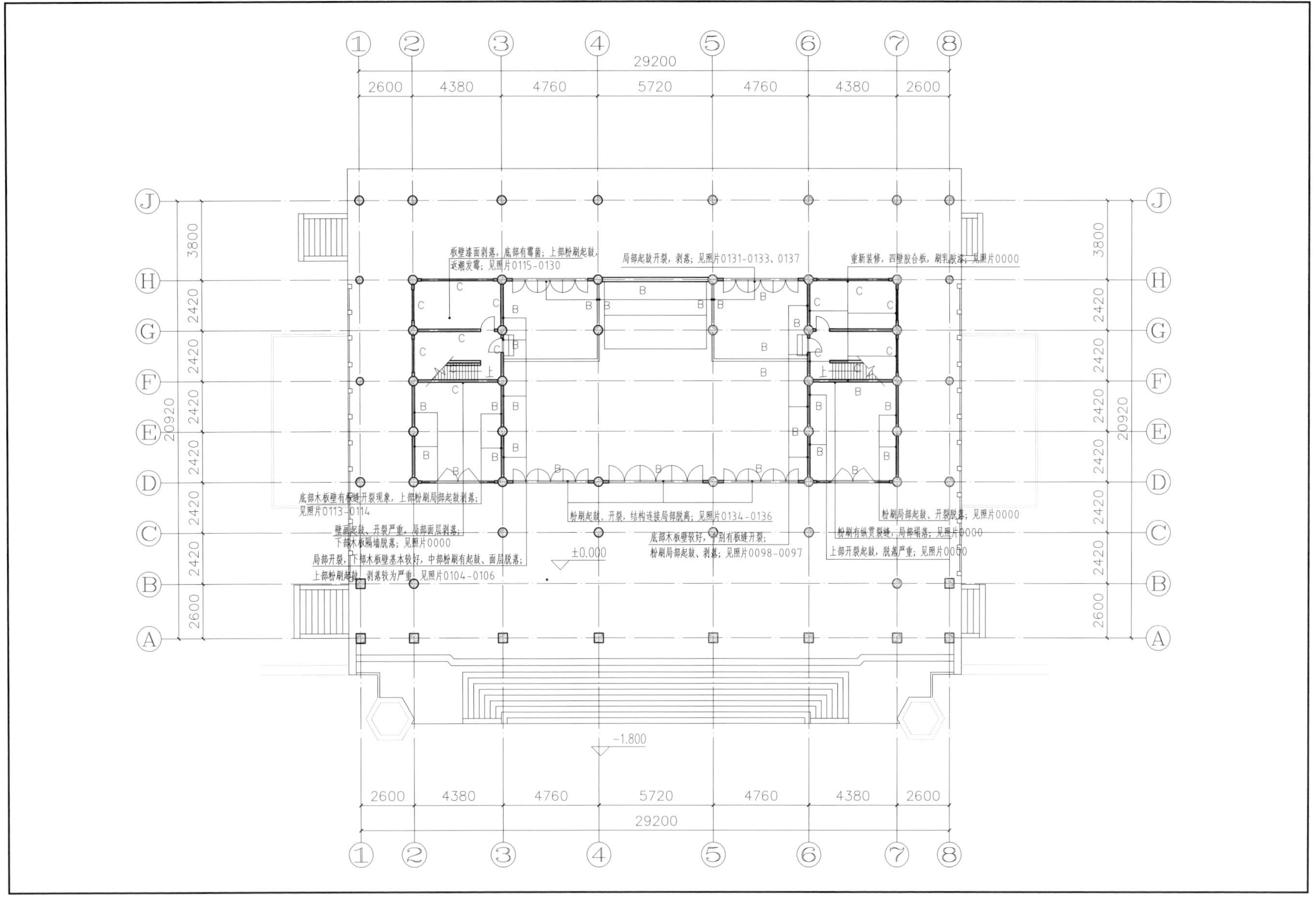

四一　震后大殿一层墙壁残损勘察图

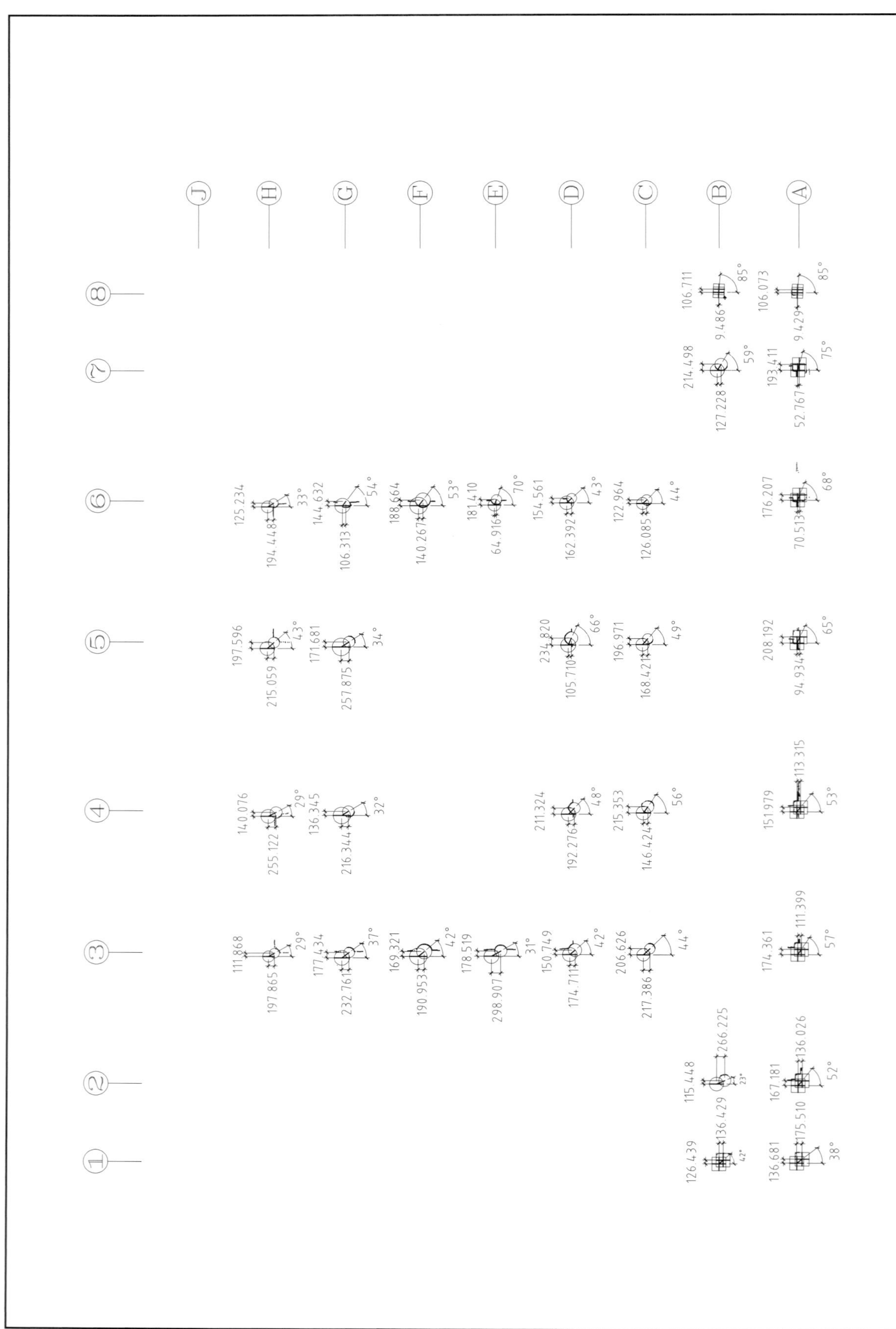

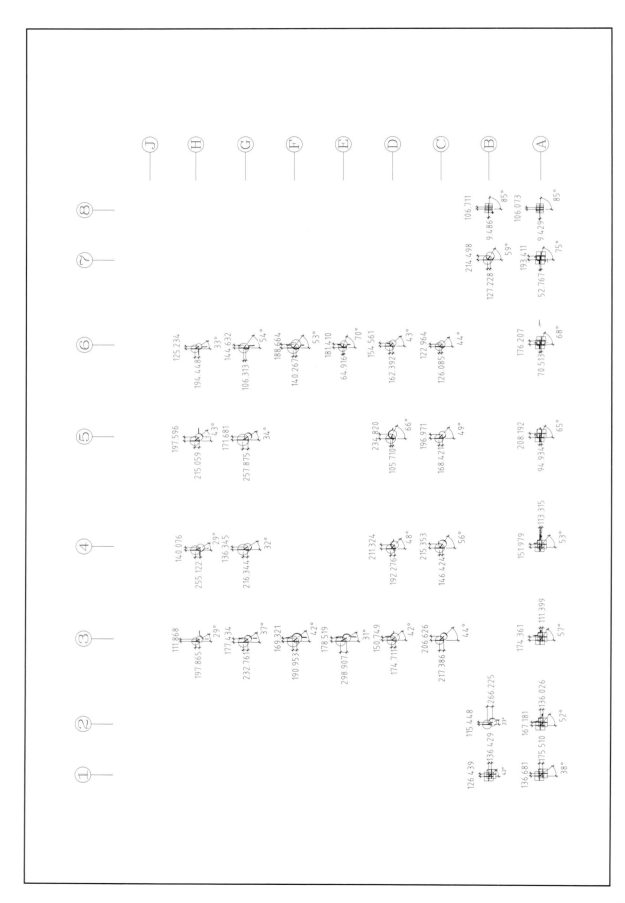

四二　震后大殿一层柱位变形勘察图

四三　震后大殿残损勘察正立面图

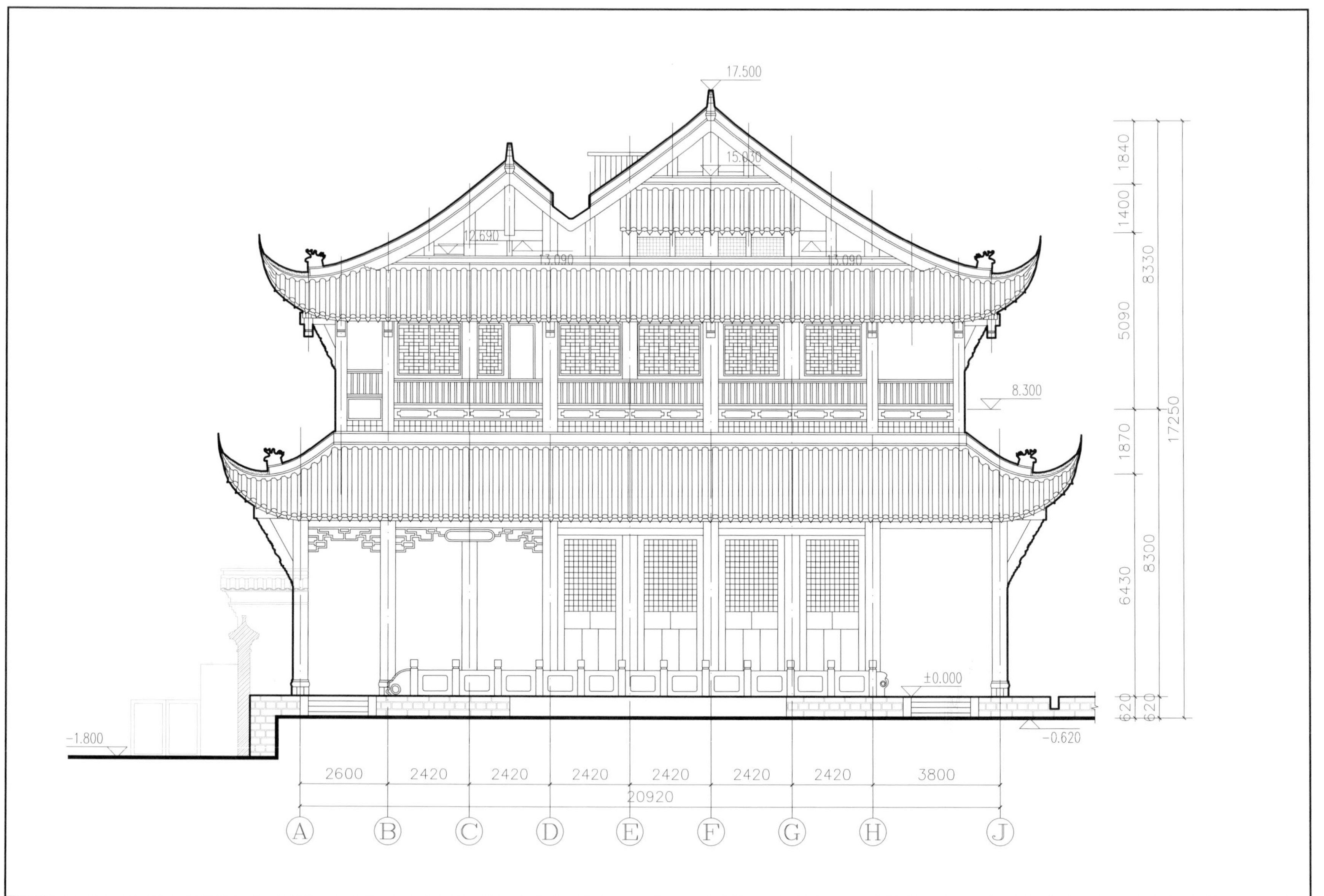

四四　震后大殿残损勘察侧立面图

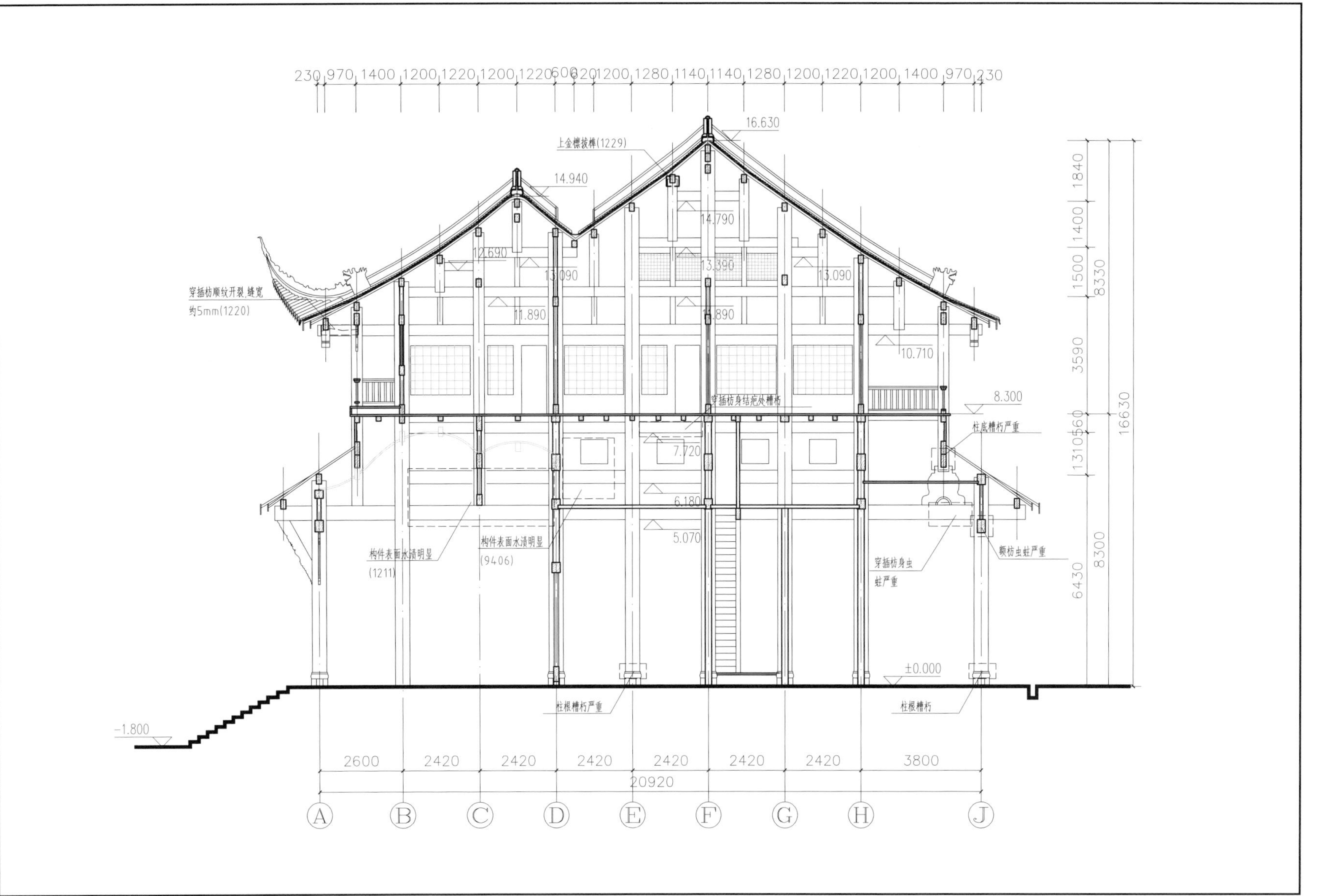

四五　震后大殿残损勘察3－3剖面图

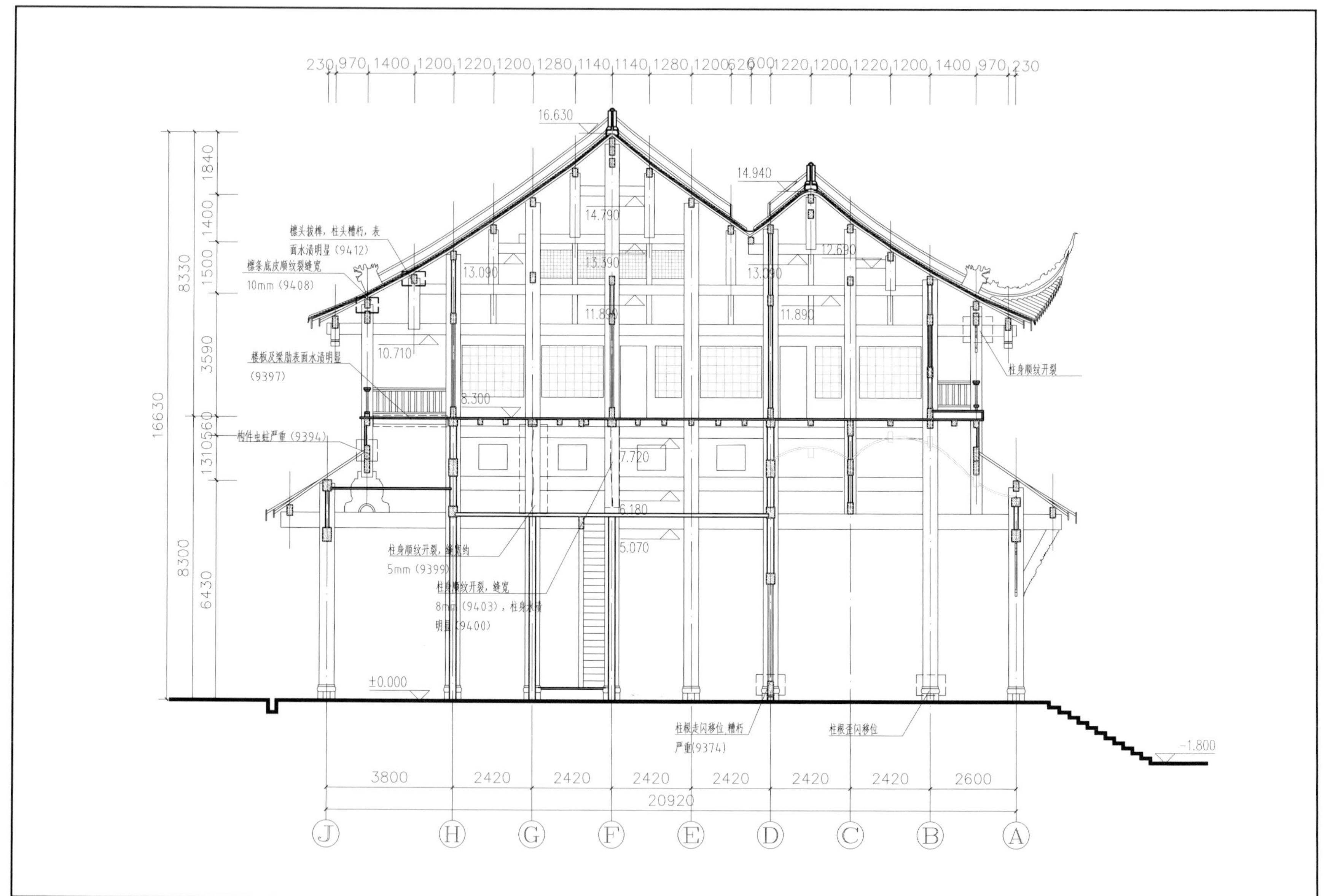

四六　震后大殿残损勘察6–6剖面图

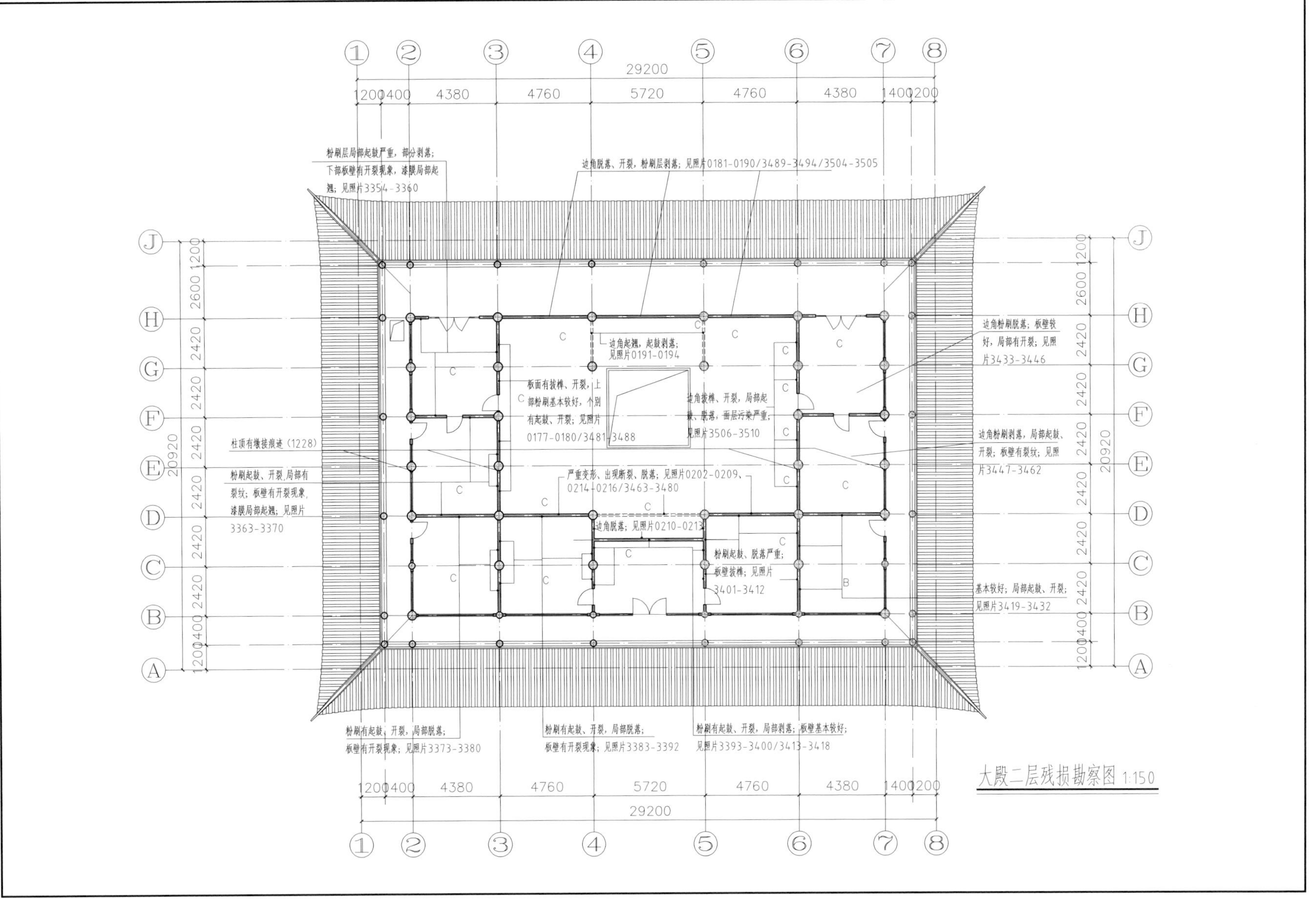

四七　震后大殿残损勘察二层平面图

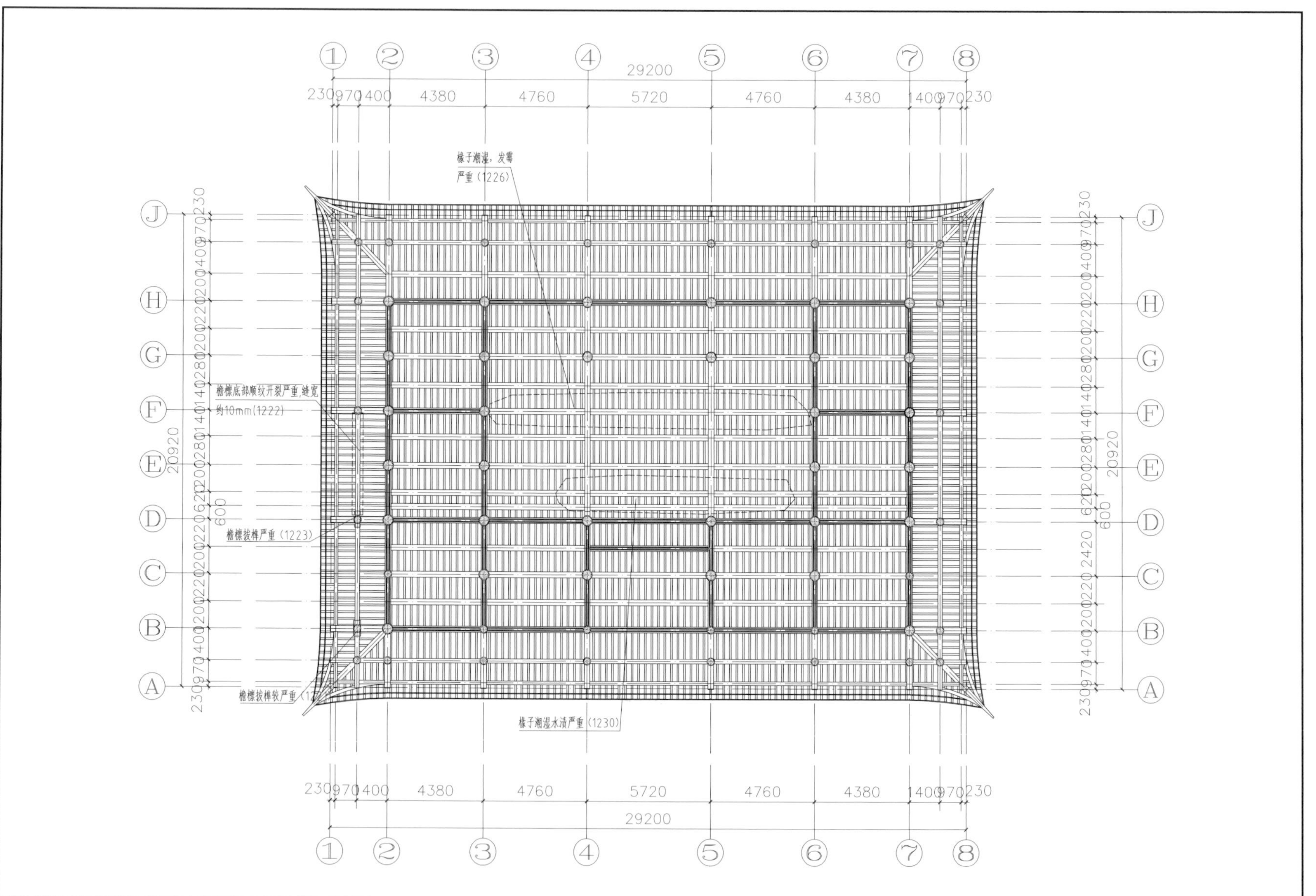

四八　震后大殿残损勘察二层梁架仰视图

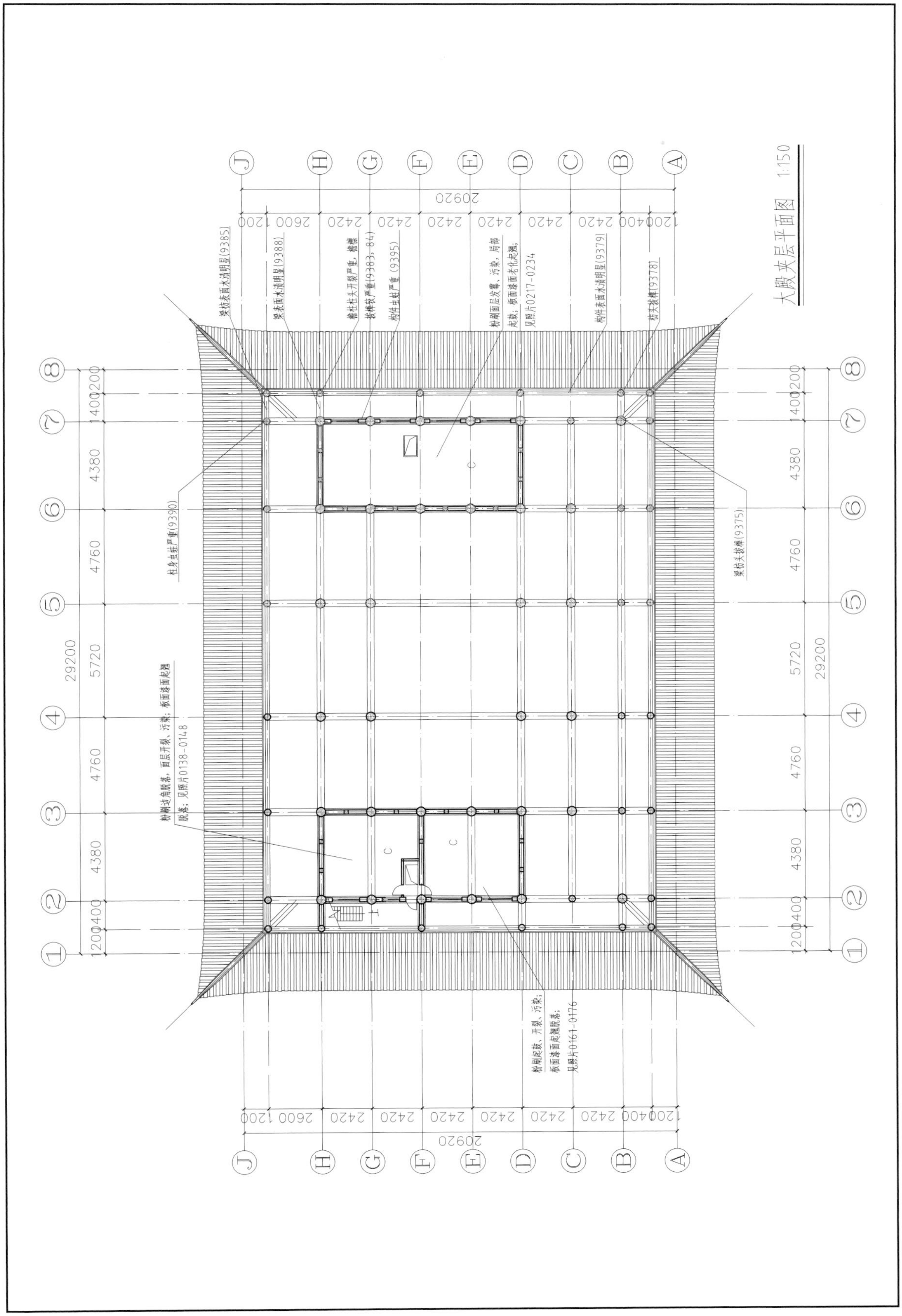

粉刷边角脱落，面层开裂、污染；板面漆面起翘脱落；见照片0138-0148

柱身虫蛀严重(9390)

梁枋表面水渍明显(9385)

梁表面水渍明显(9388)

檐柱柱头开裂严重，檐檩拔榫较严重(9383、84)

构件虫蛀严重(9395)

粉刷面层发霉、污染，局部起鼓；板面漆面老化起翘；见照片0217-0234

粉刷起鼓、开裂、污染；板面漆面起翘脱落；见照片0161-0176

构件表面水渍明显(9379)

枋头拔榫(9378)

梁枋头拔榫(9375)

大殿夹层平面图 1:150

四九 震后大殿残损勘察夹层平面图

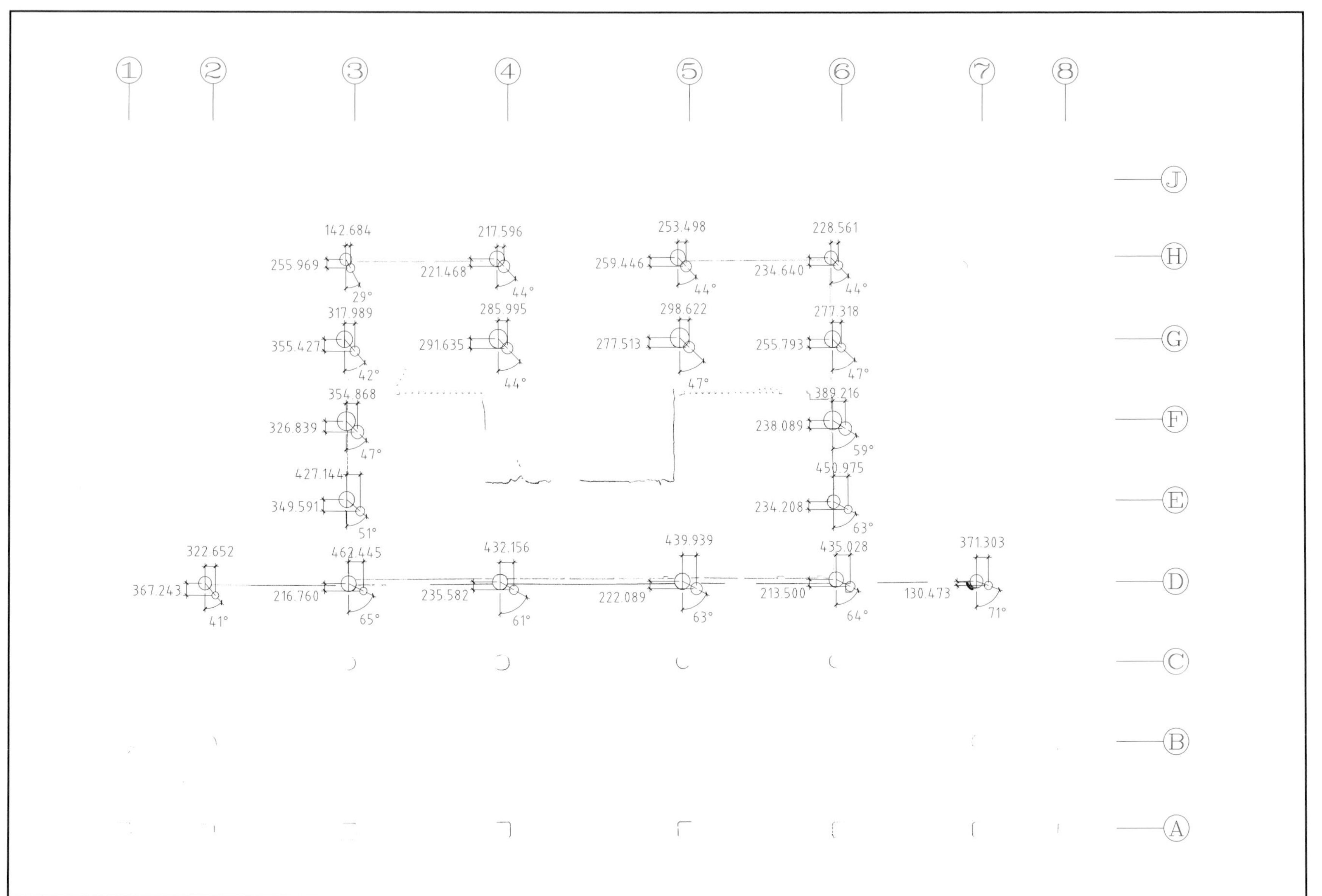

五〇　震后大殿通柱柱根、柱顶偏移量统计图

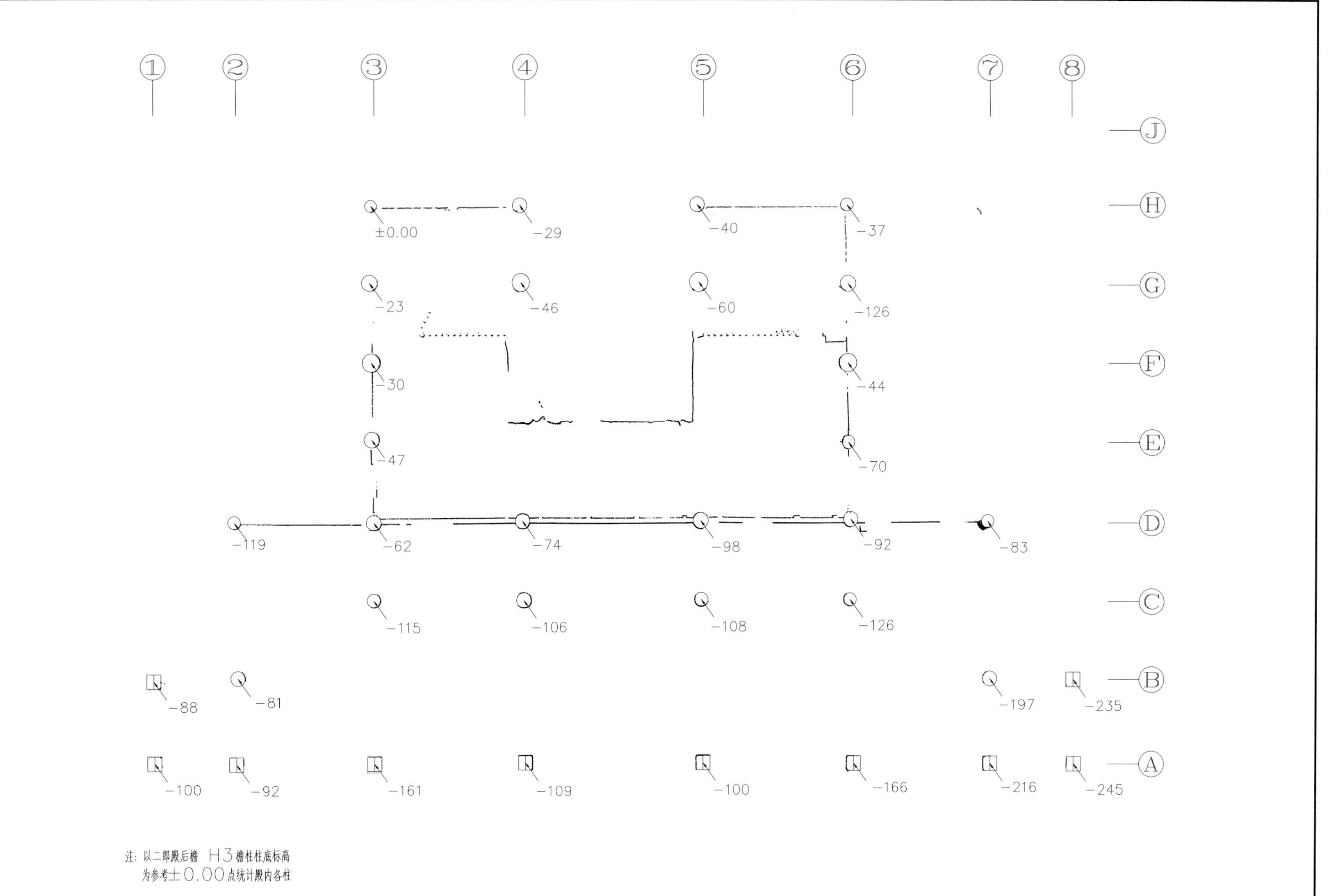

五一　震后大殿一层柱根相对标高统计图

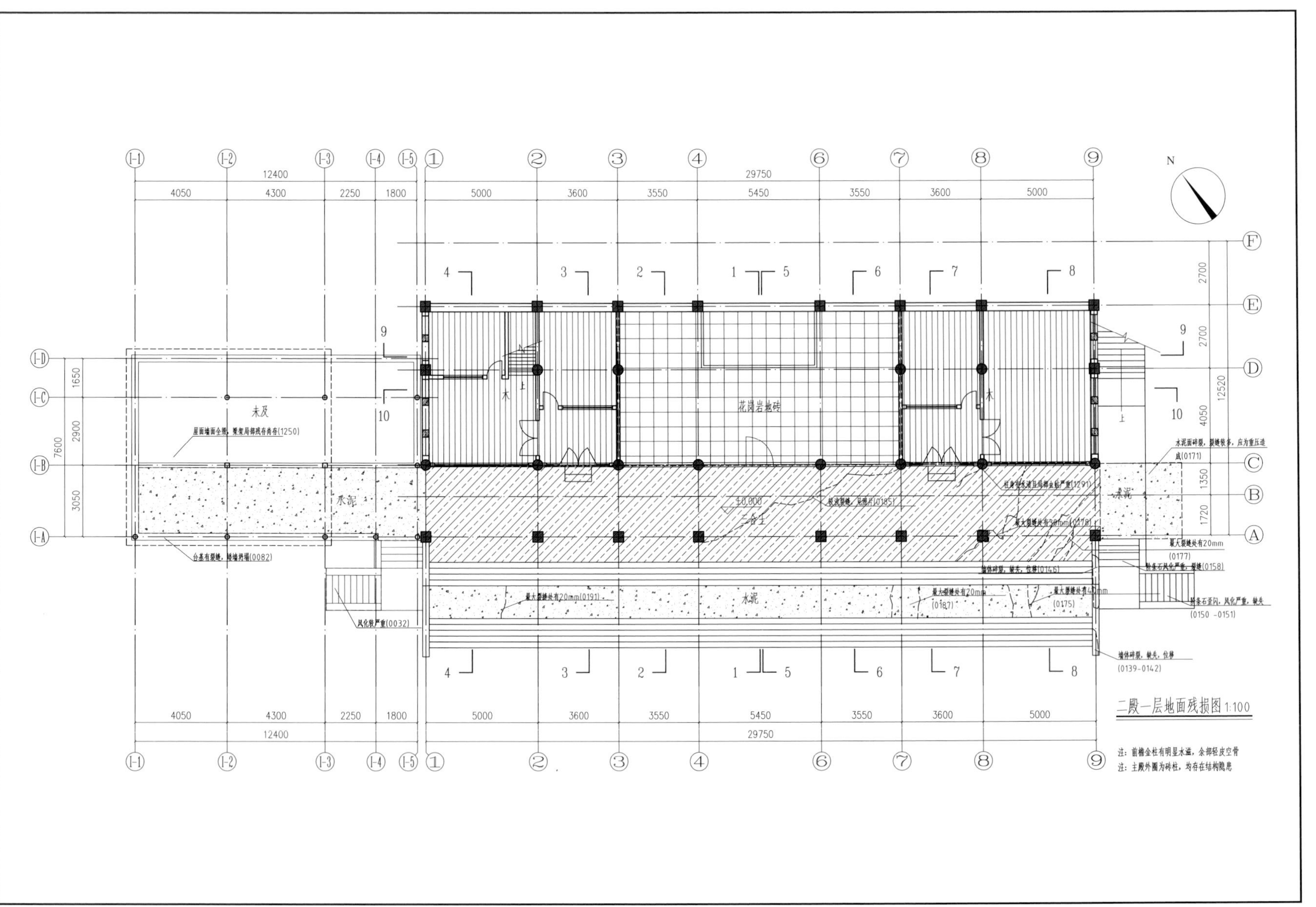

五二　震后二殿一层地面残损勘察图

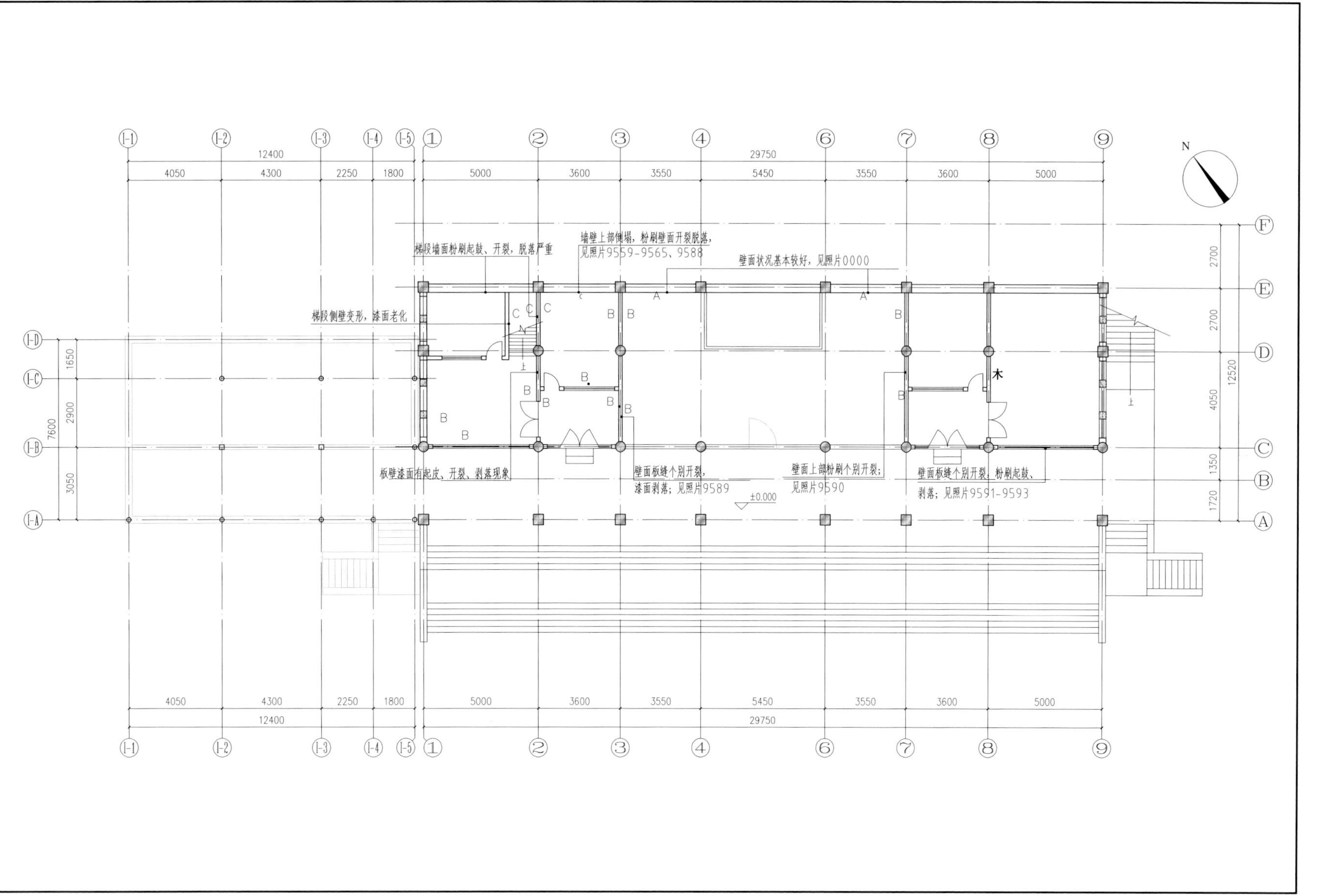

五三　震后二殿一层墙壁残损勘察图

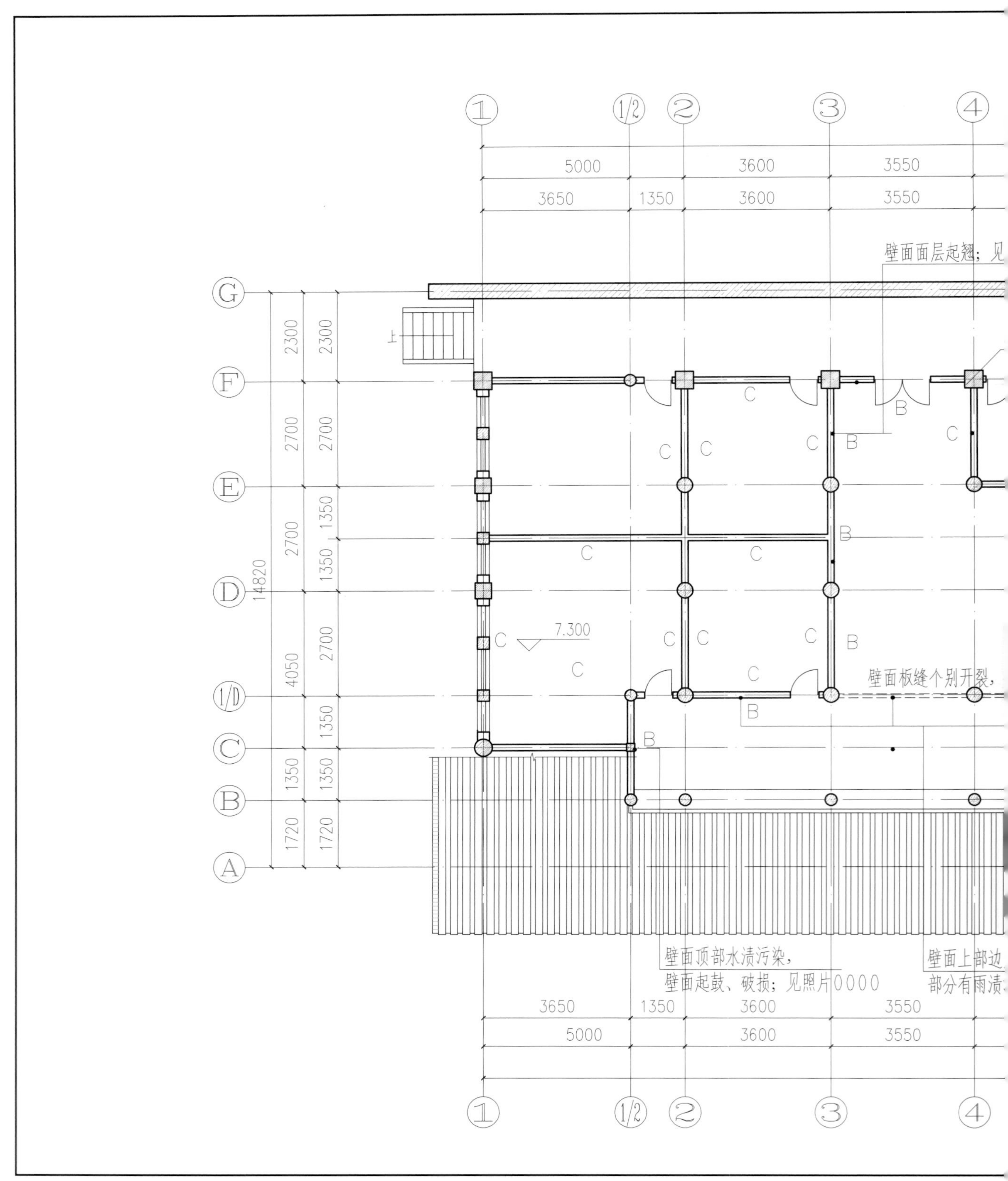

五四　震后二殿二层平面残损勘察

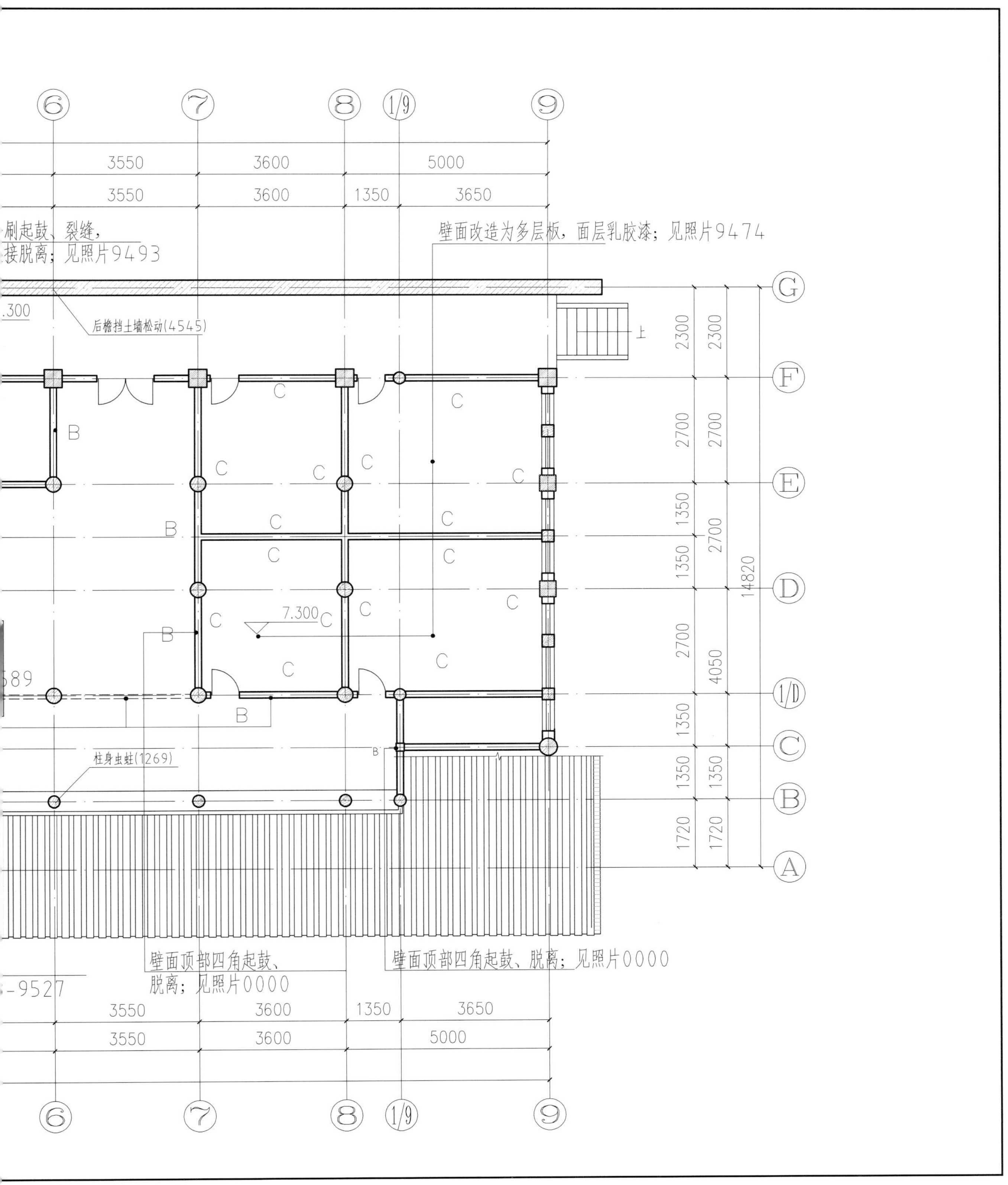

刷起鼓、裂缝，
接脱离；见照片9493
壁面改造为多层板，面层乳胶漆；见照片9474
后檐挡土墙松动(4545)
柱身虫蛀(1269)
壁面顶部四角起鼓、
脱离；见照片0000
壁面顶部四角起鼓、脱离；见照片0000
.300
7.300
589
-9527
3550
3600
5000
1350
3650
2300
2700
1350
4050
1720
14820
上

五五　震后二殿夹层墙壁残损勘察图

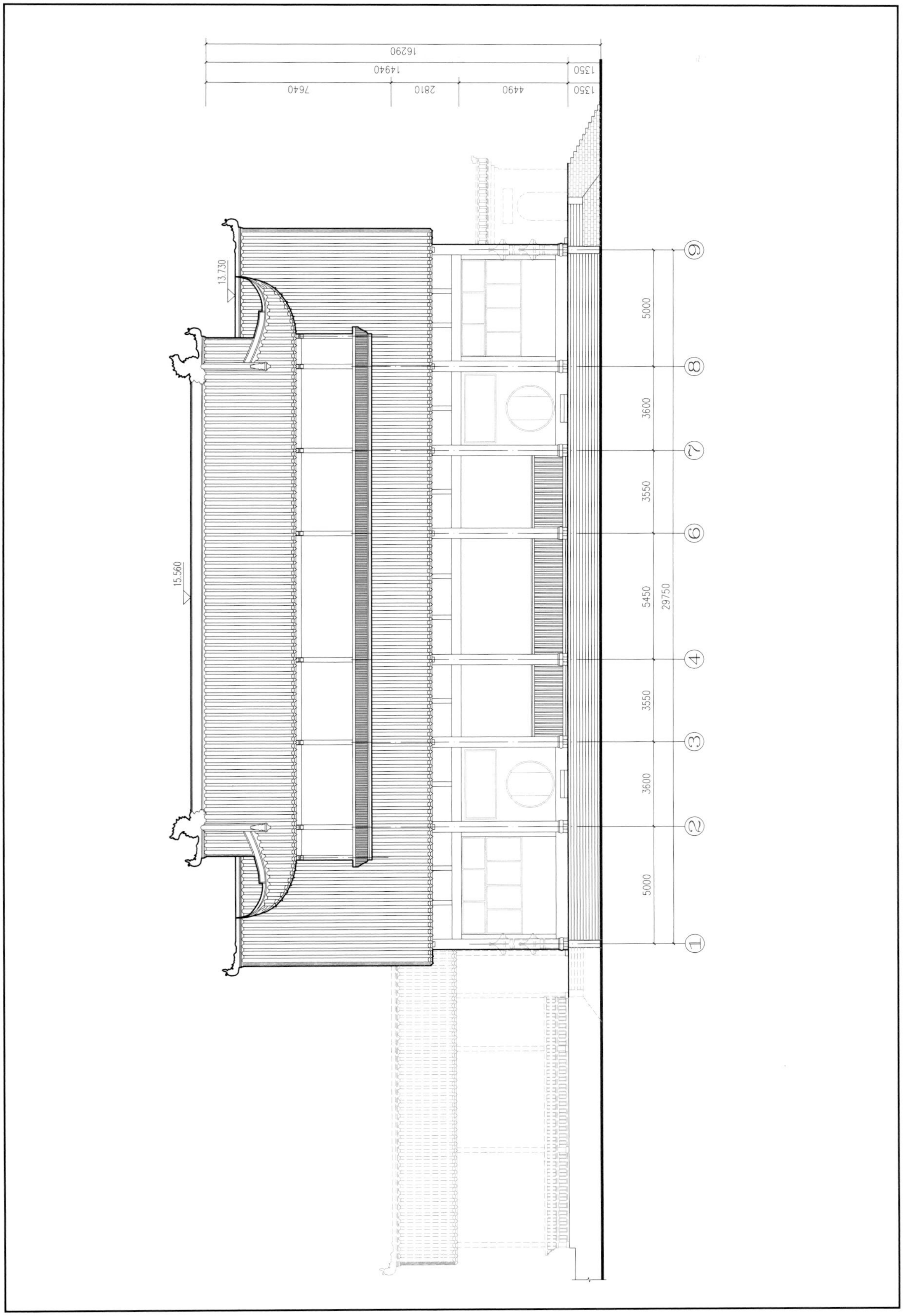

五六　震后二殿残损勘察正立面图

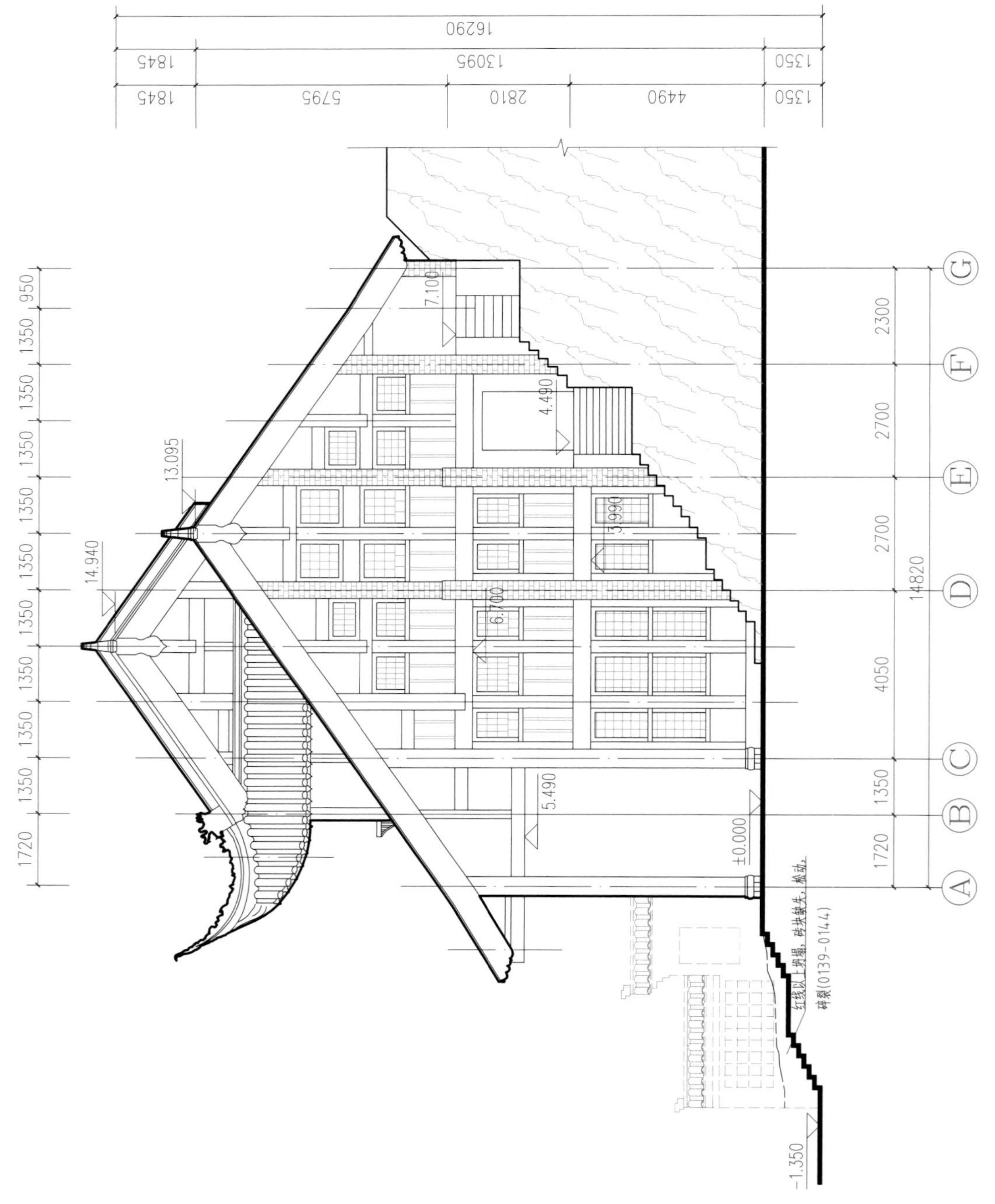

五七　震后二殿残损勘察侧立面图

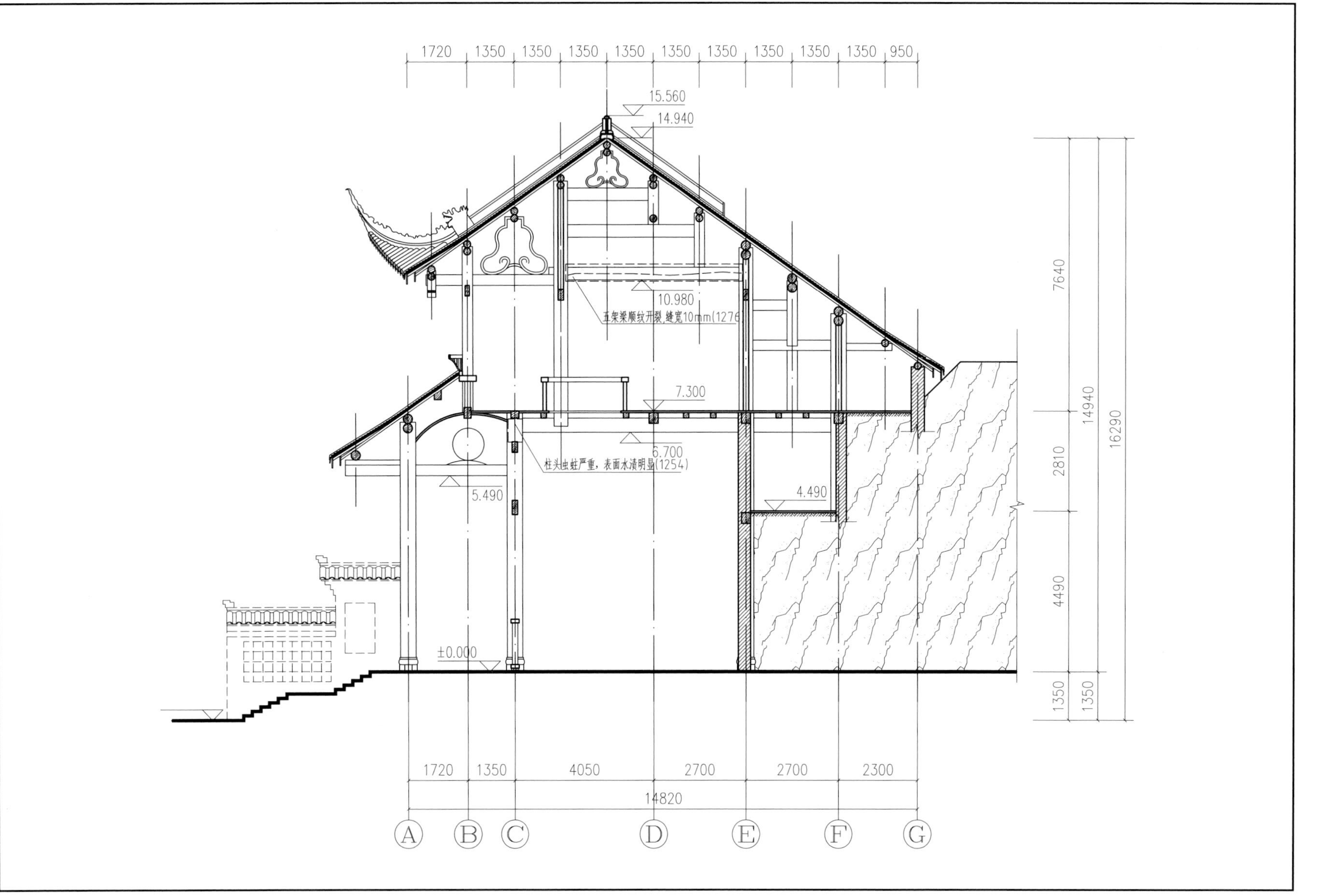

五八 震后二殿残损勘察1-1剖面图

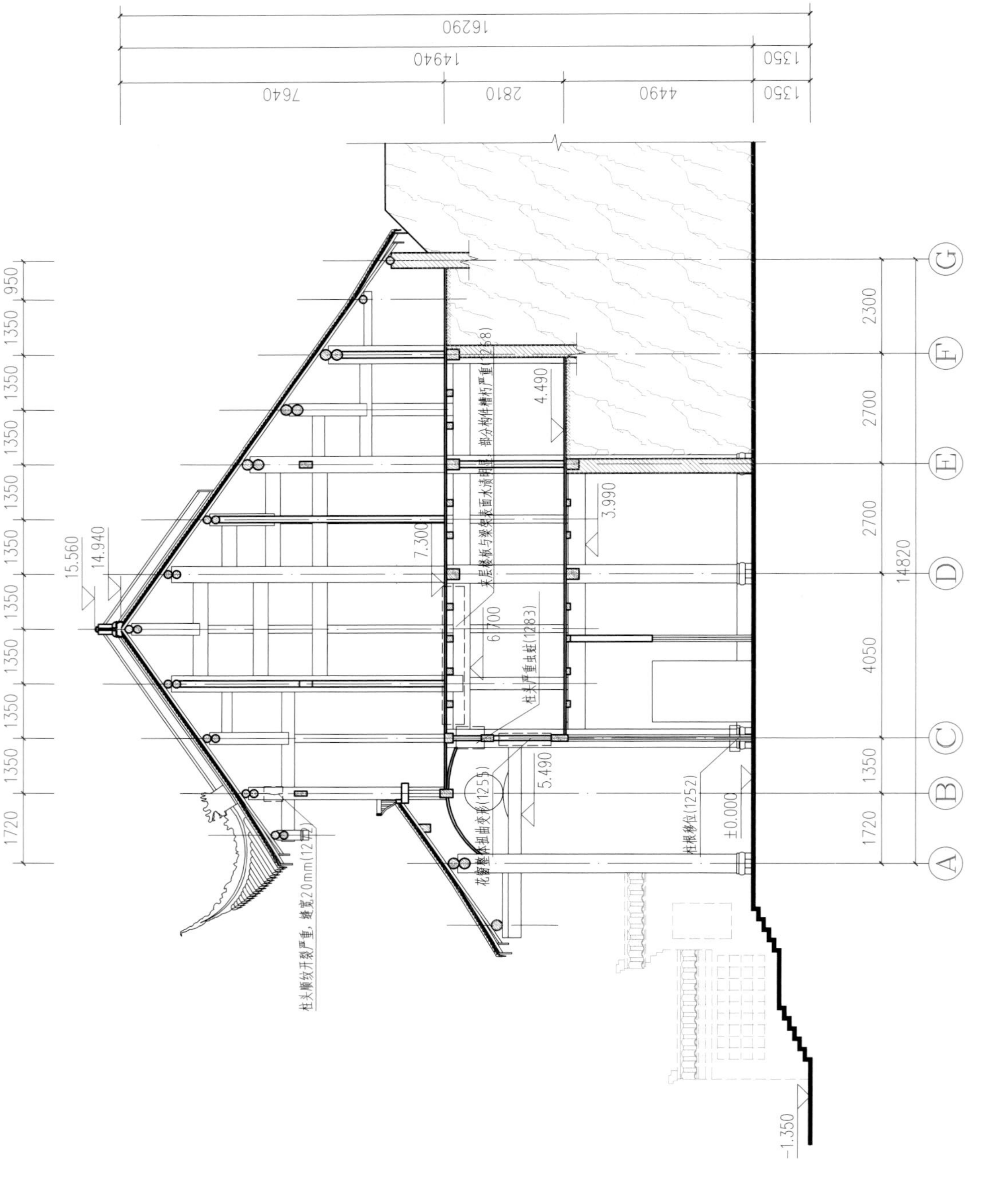

五九　震后二殿残损勘察3-3剖面图

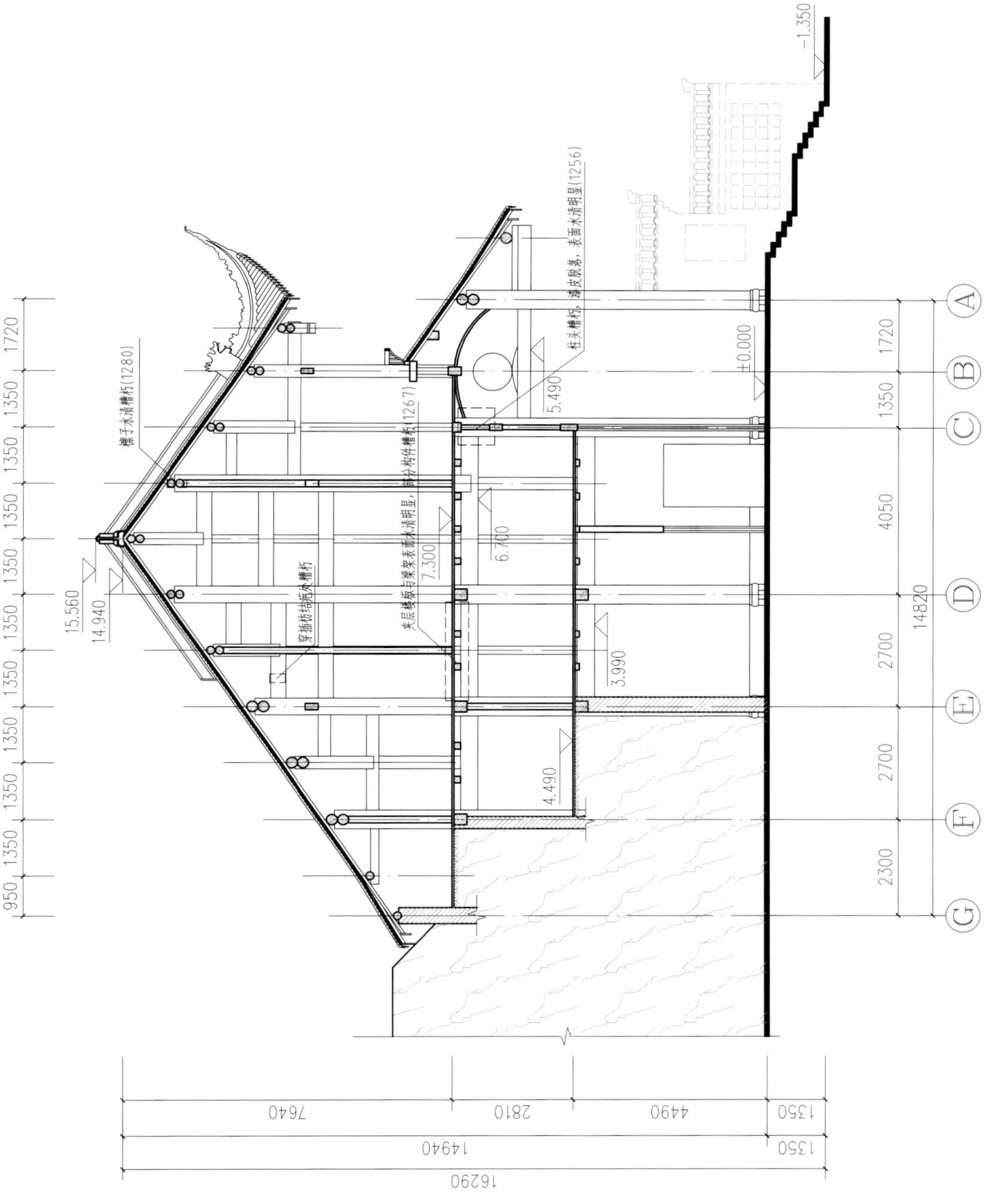

六〇 震后二殿残损勘察7-7剖面图

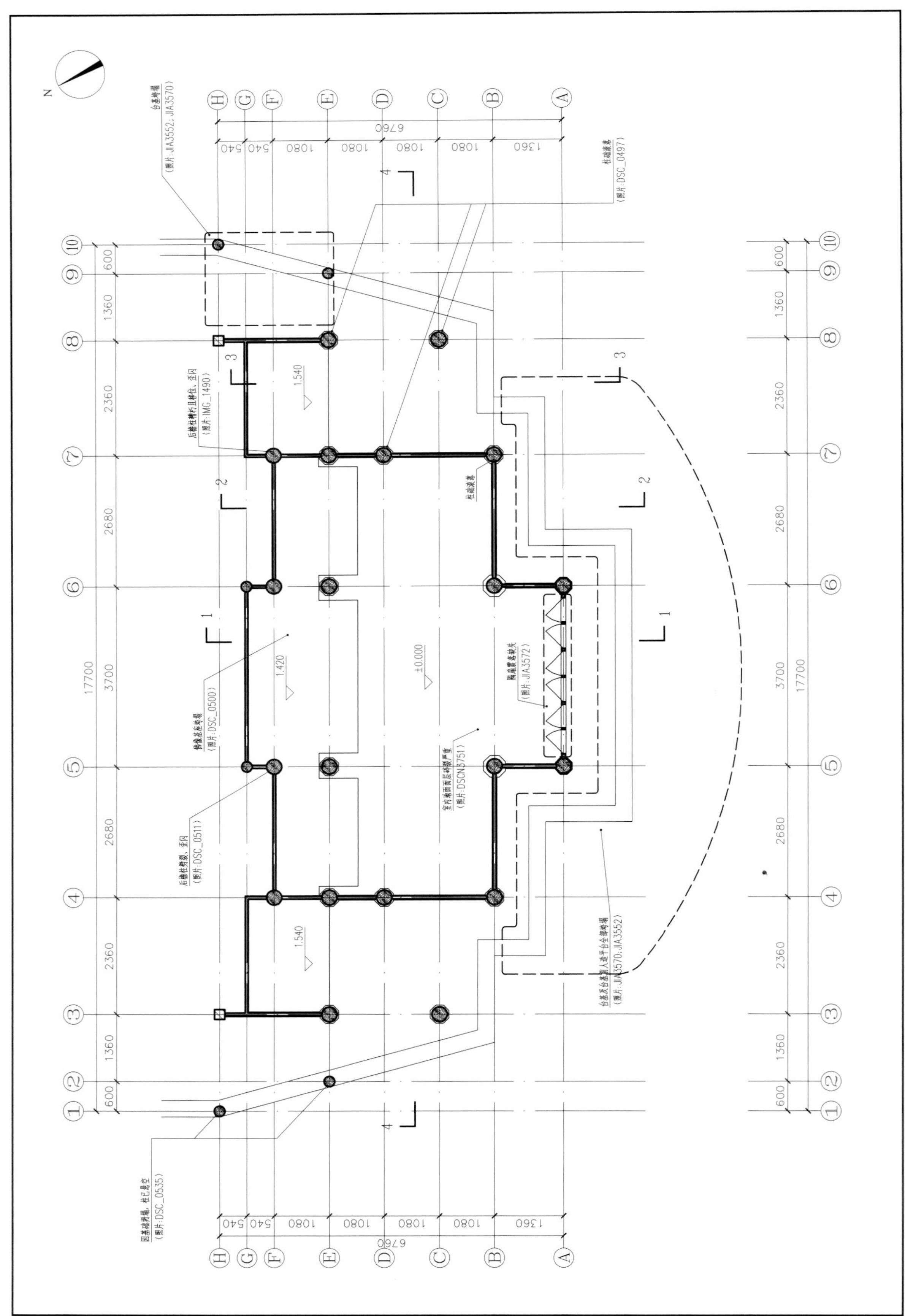

六一　震后老君殿残损勘察平面图

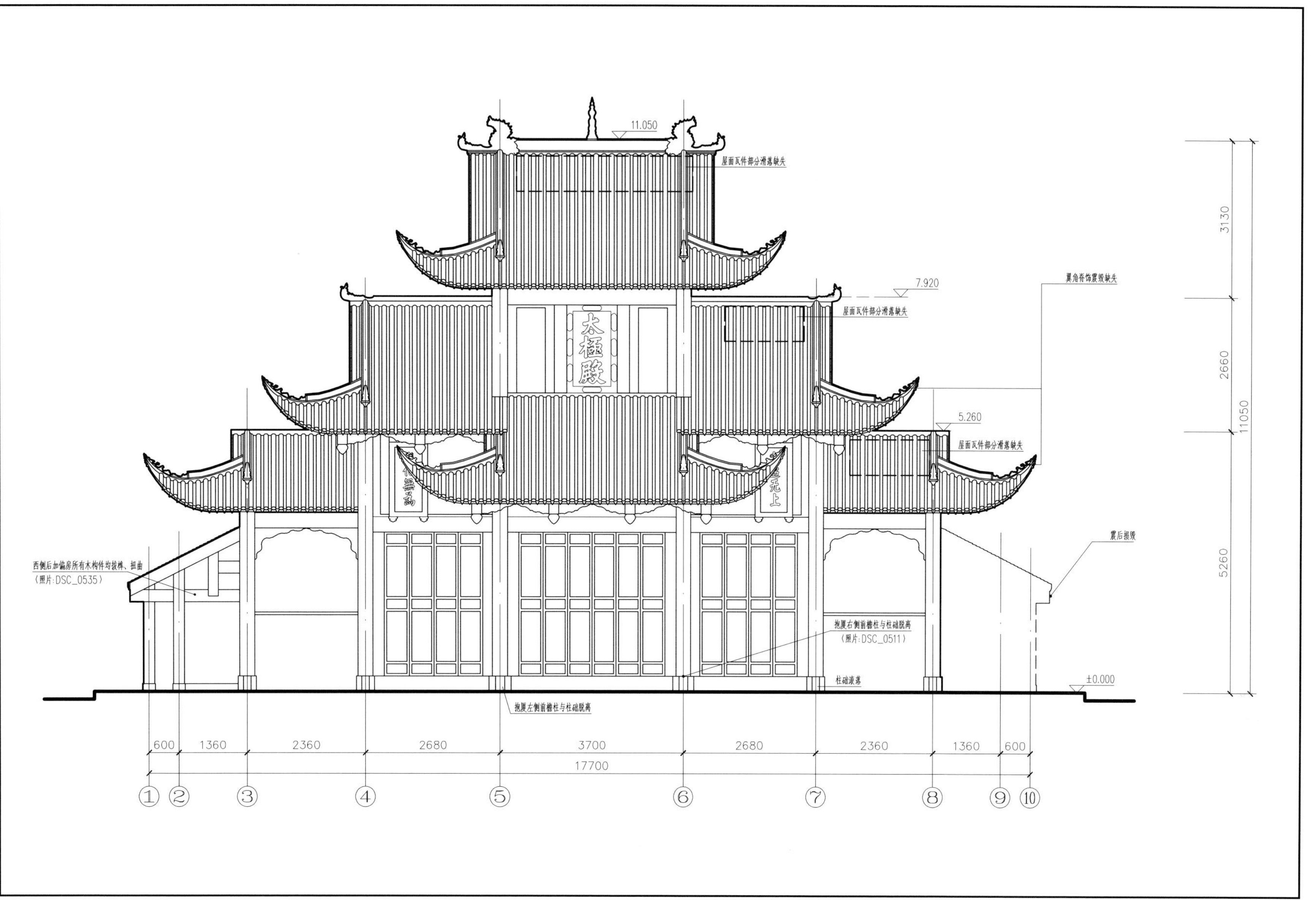

六二　震后老君殿残损勘察立面图

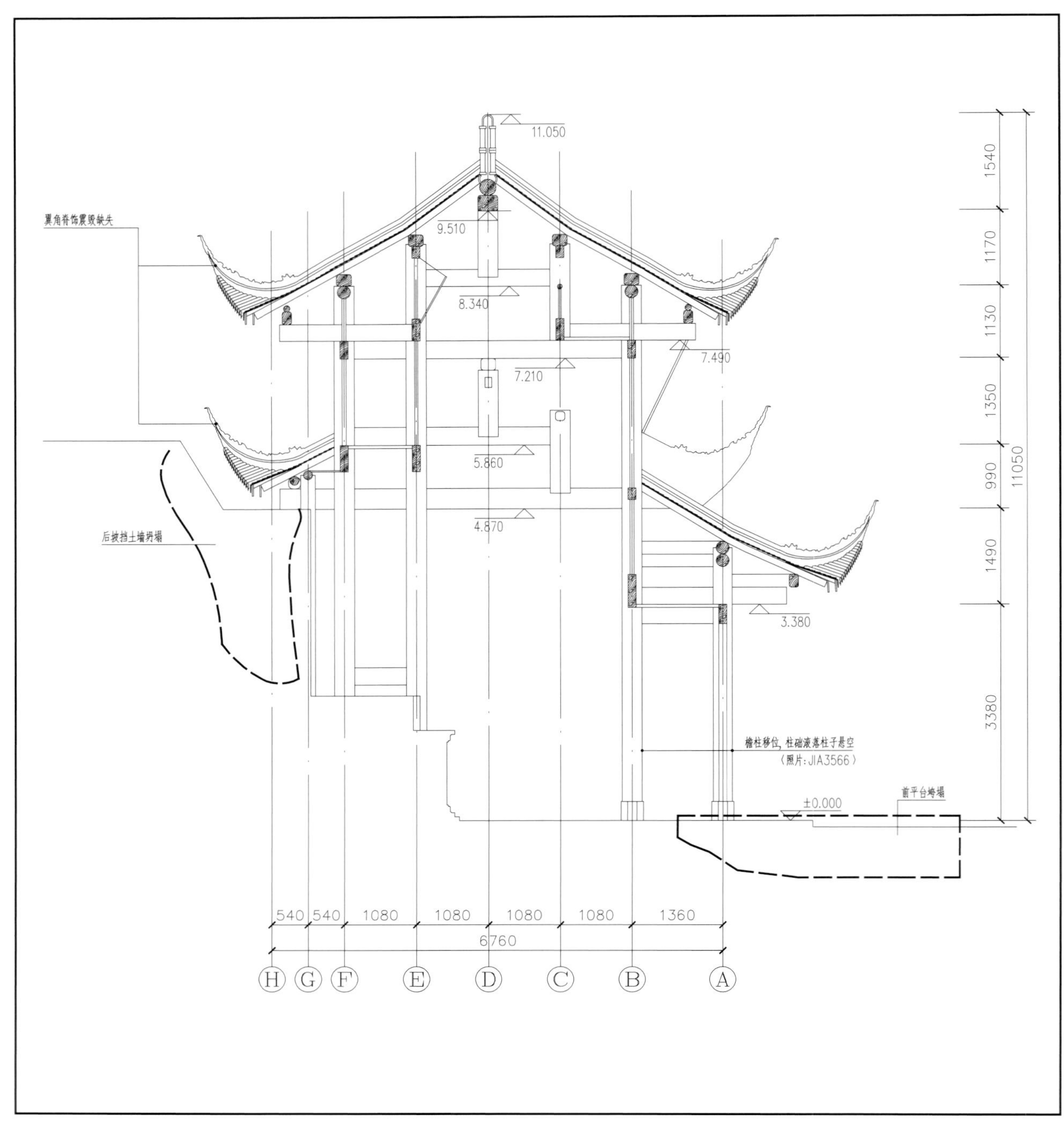

六三　震后老君殿残损勘察剖面图

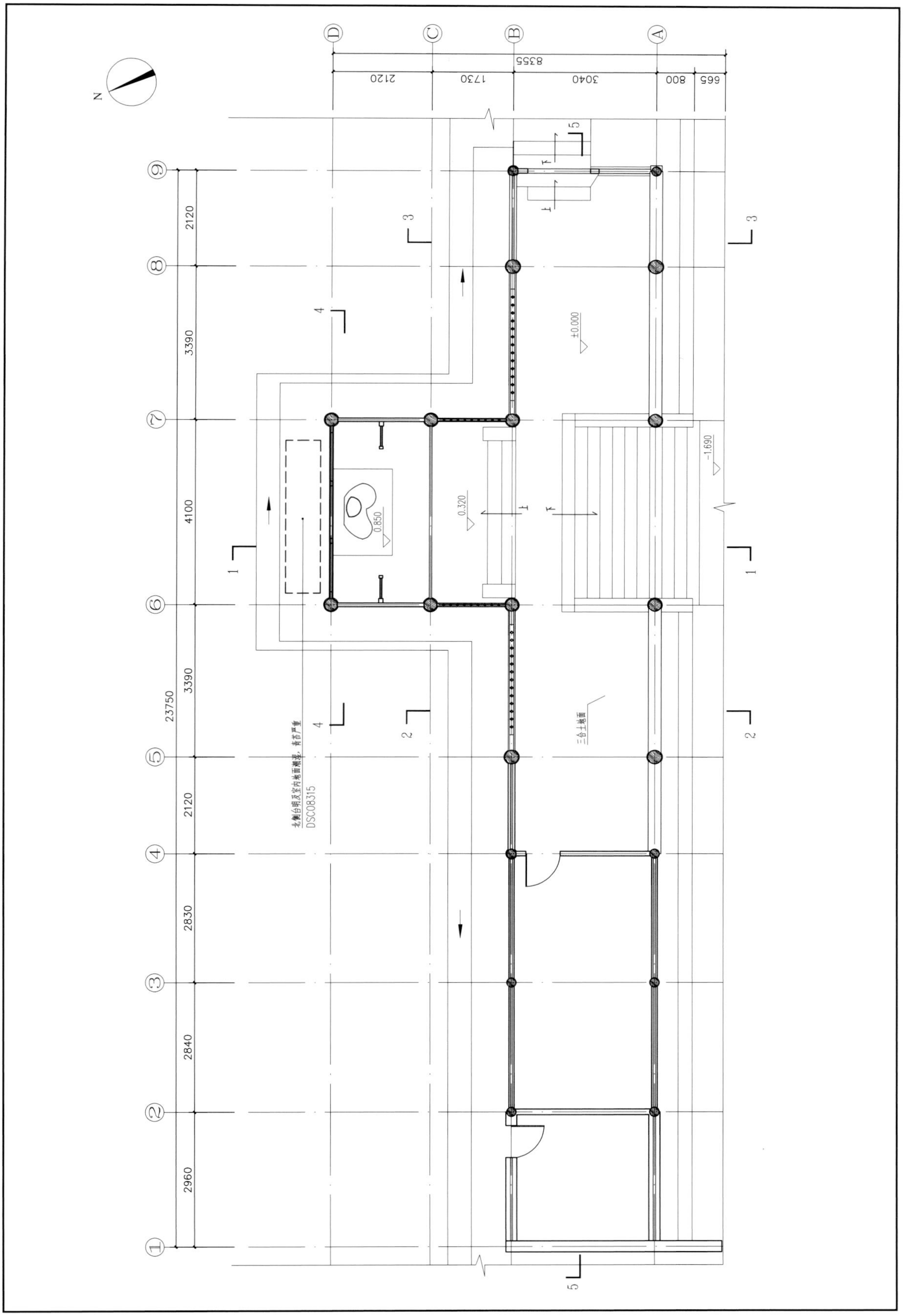

六四　震后圣母殿残损勘察平面图

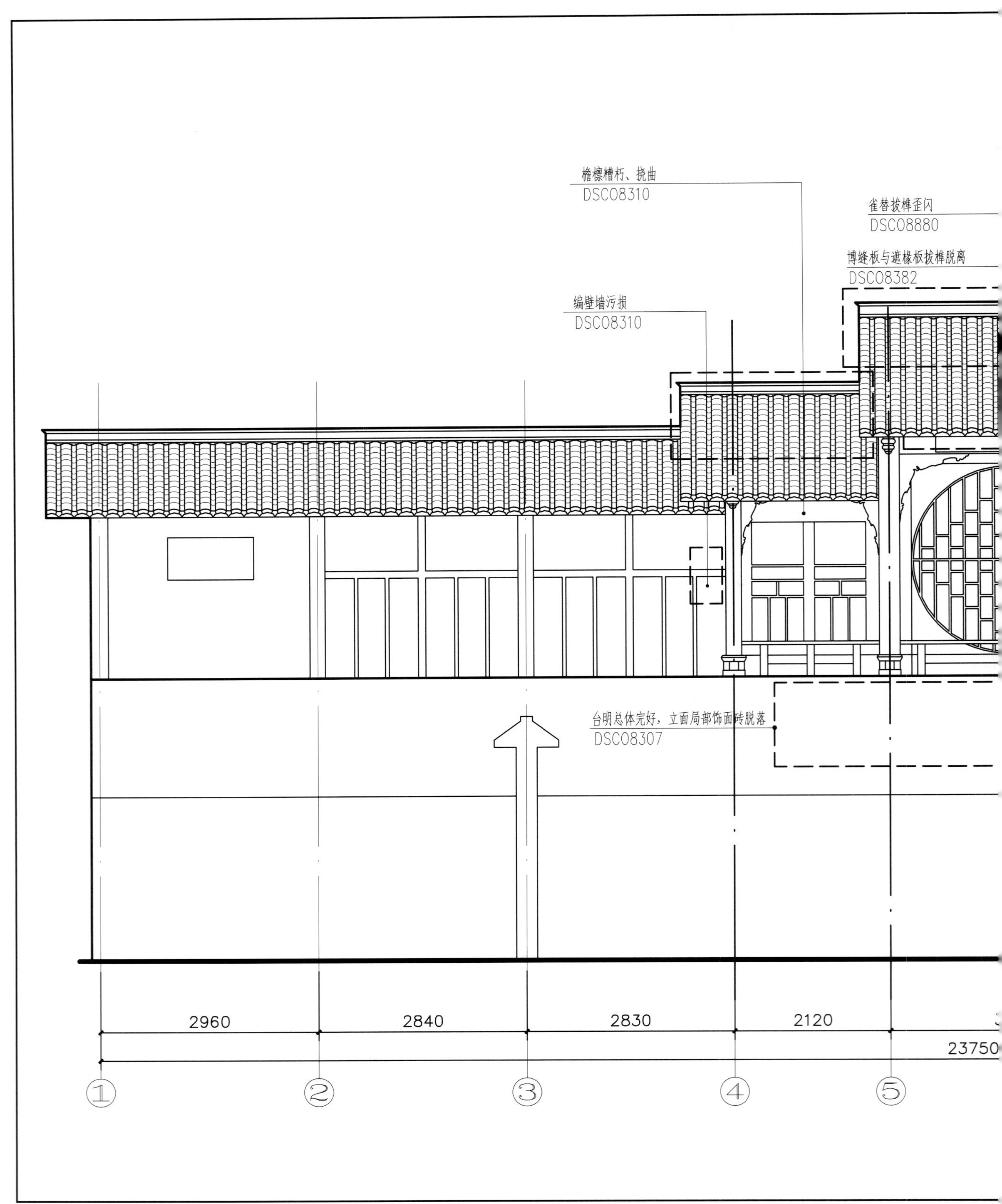

六五　震后圣母殿残损勘察立面图

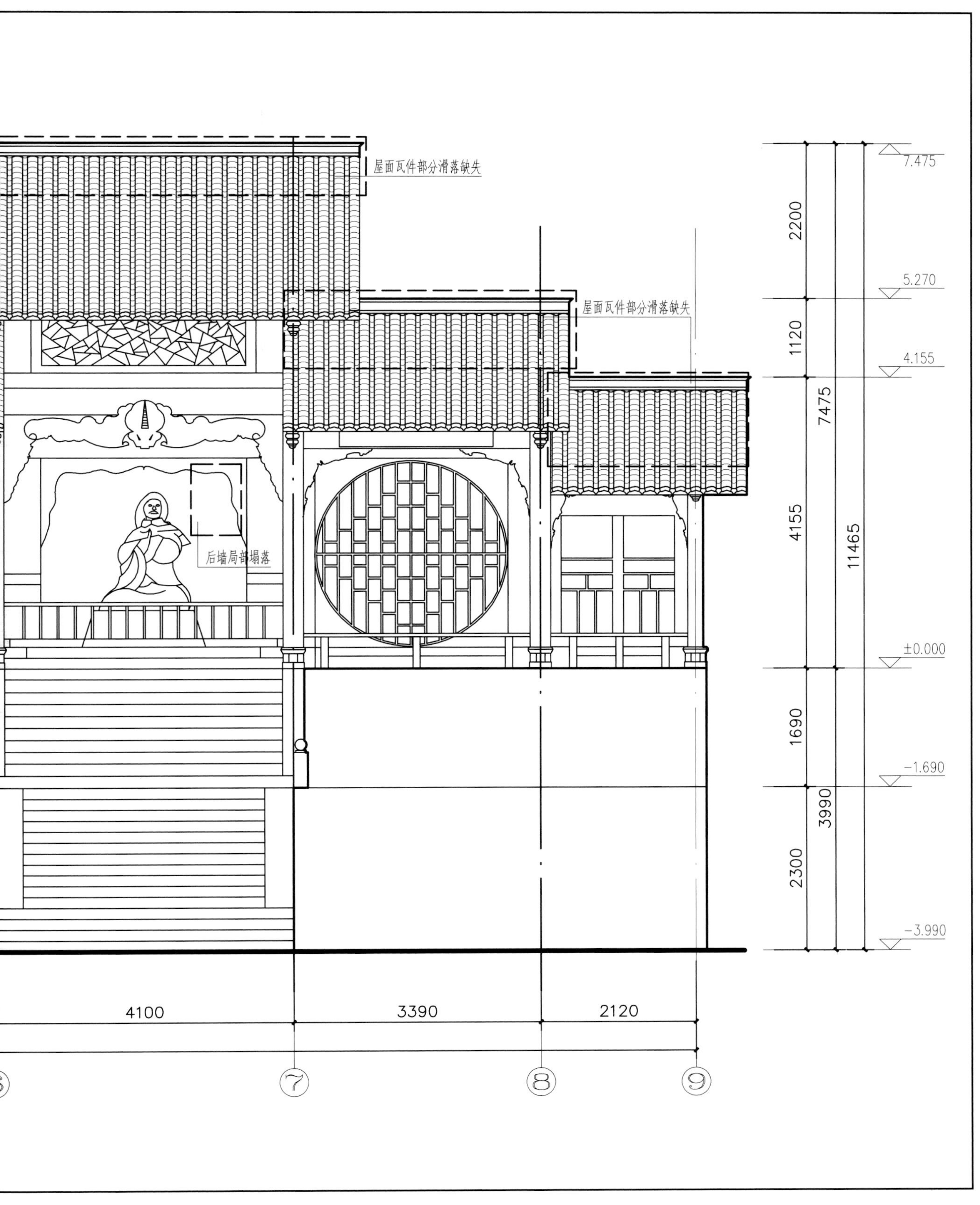
屋面瓦件部分滑落缺失
屋面瓦件部分滑落缺失
后墙局部塌落
7.475
5.270
4.155
±0.000
−1.690
−3.990
2200
1120
4155
1690
2300
7475
3990
11465
4100
3390
2120
7
8
9

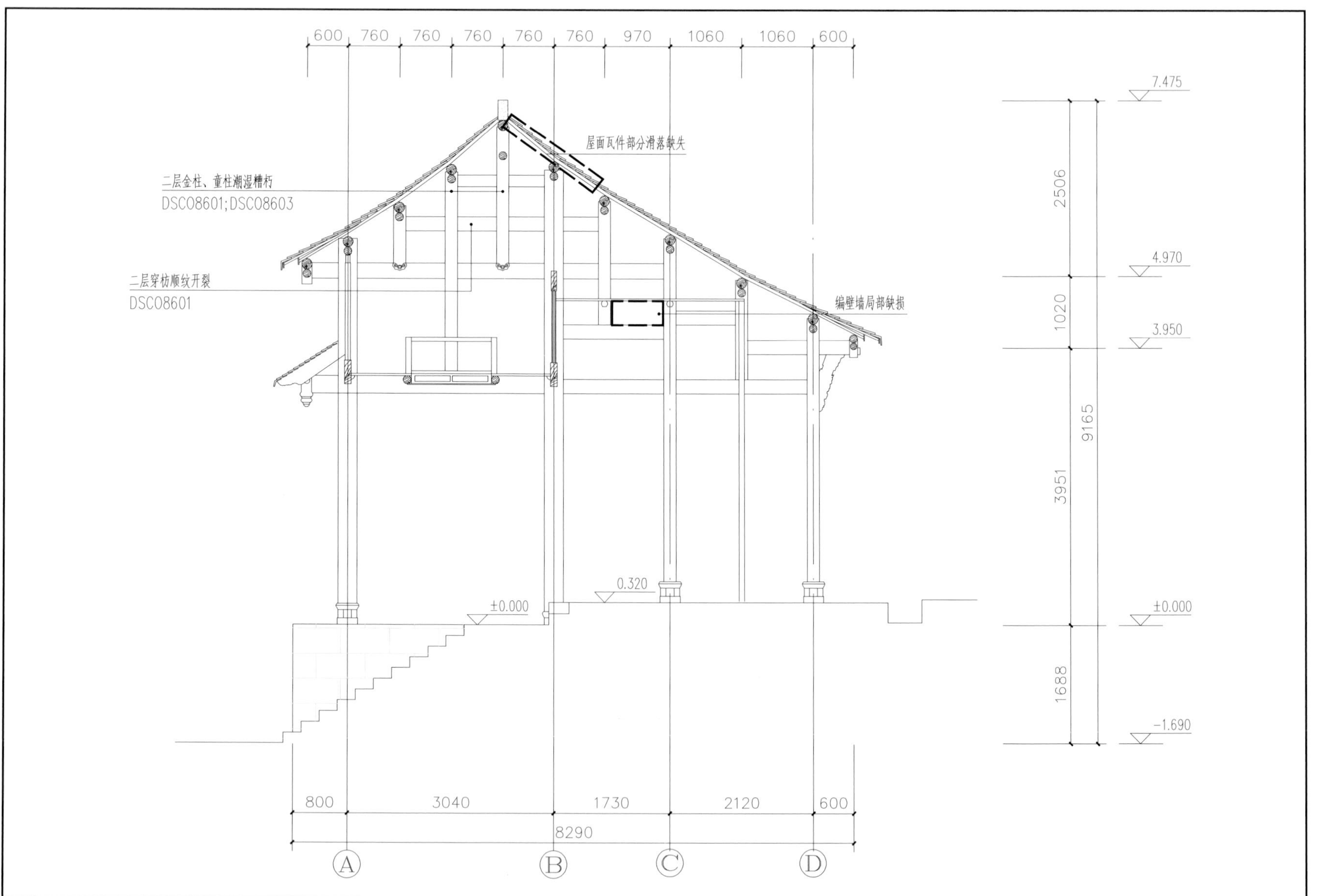

六六 震后圣母殿残损勘察剖面图

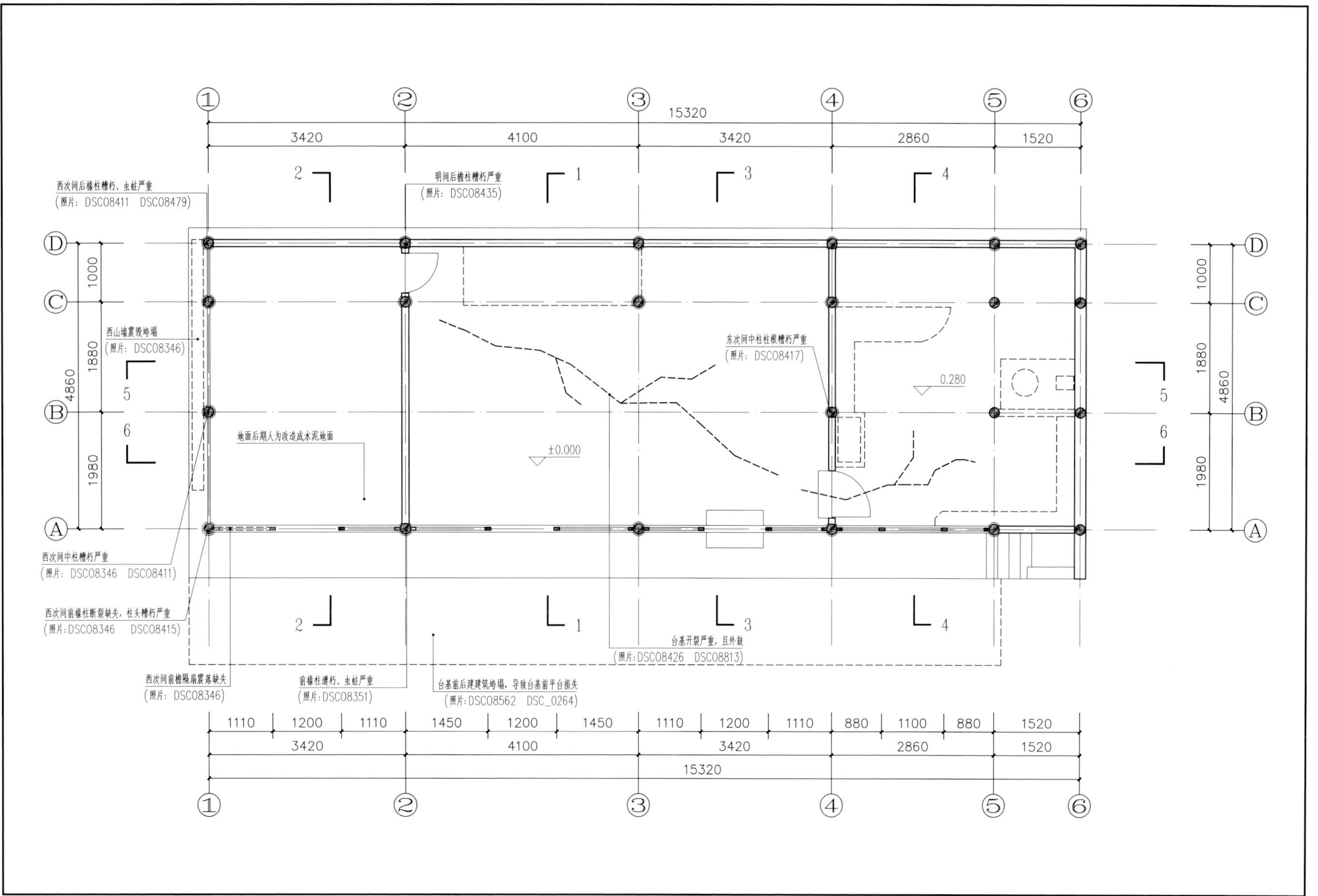

六七 震后祖堂残损勘察平面图

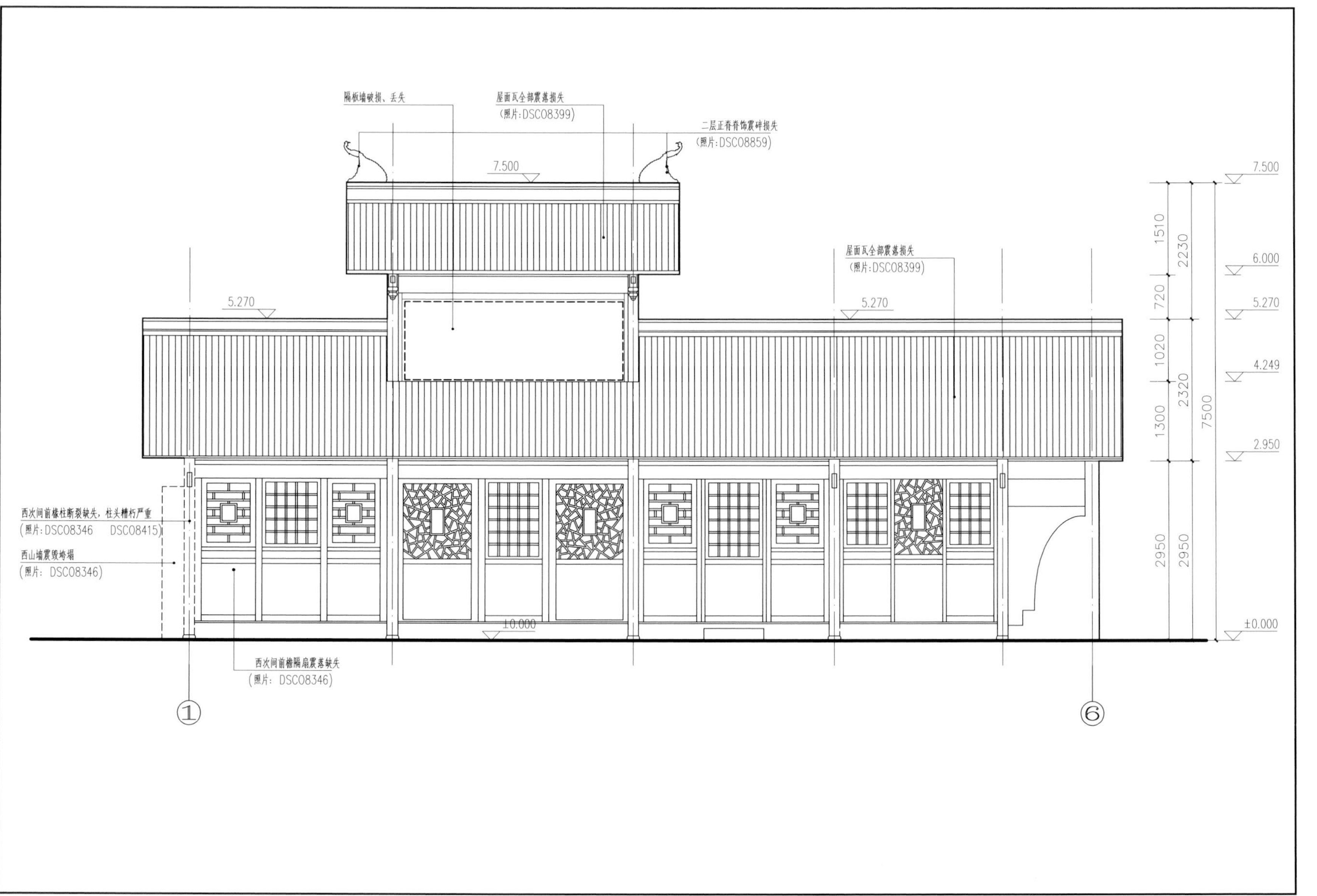

六八　震后祖堂残损勘察立面图

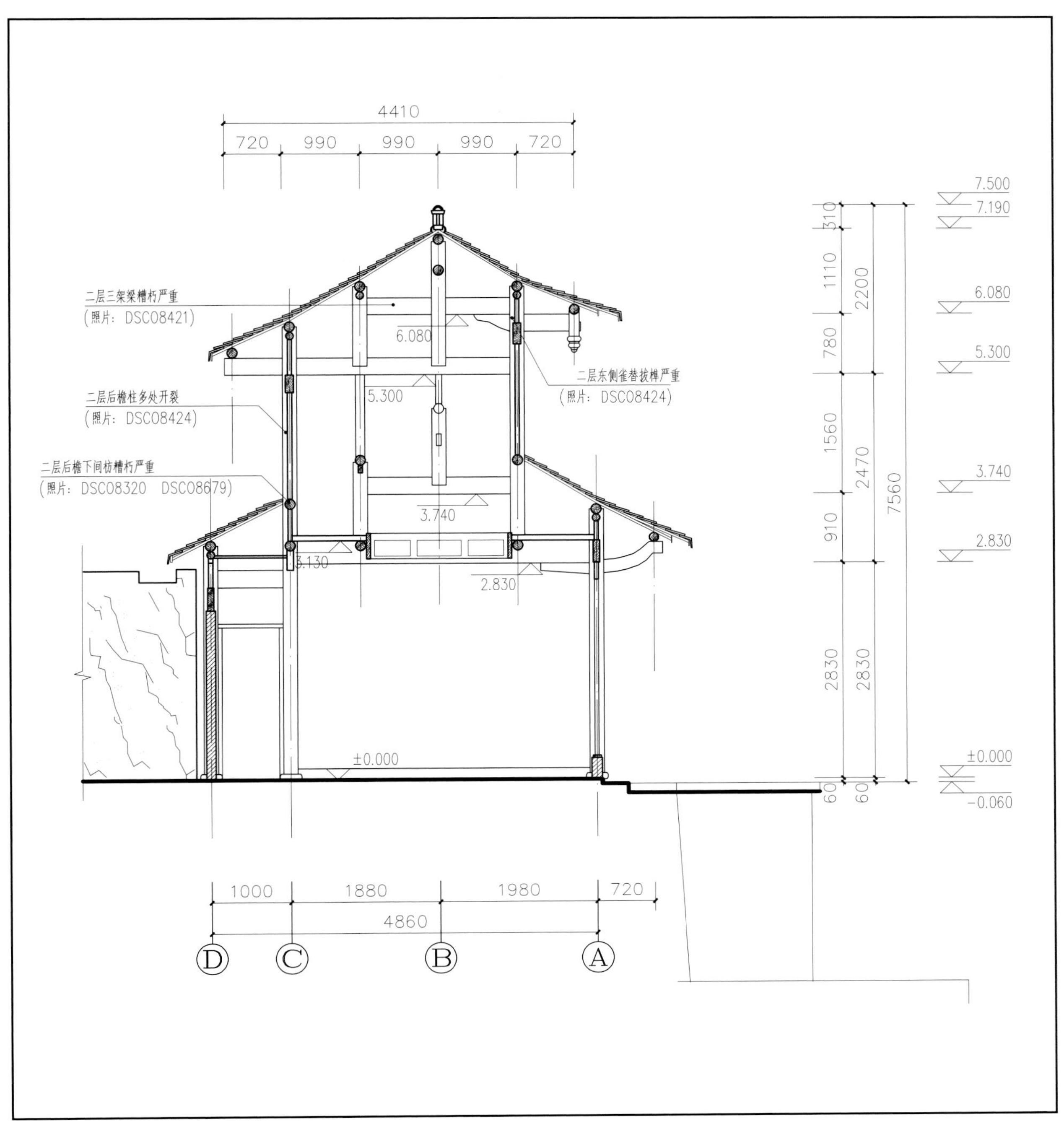

六九　震后祖堂残损勘察剖面图

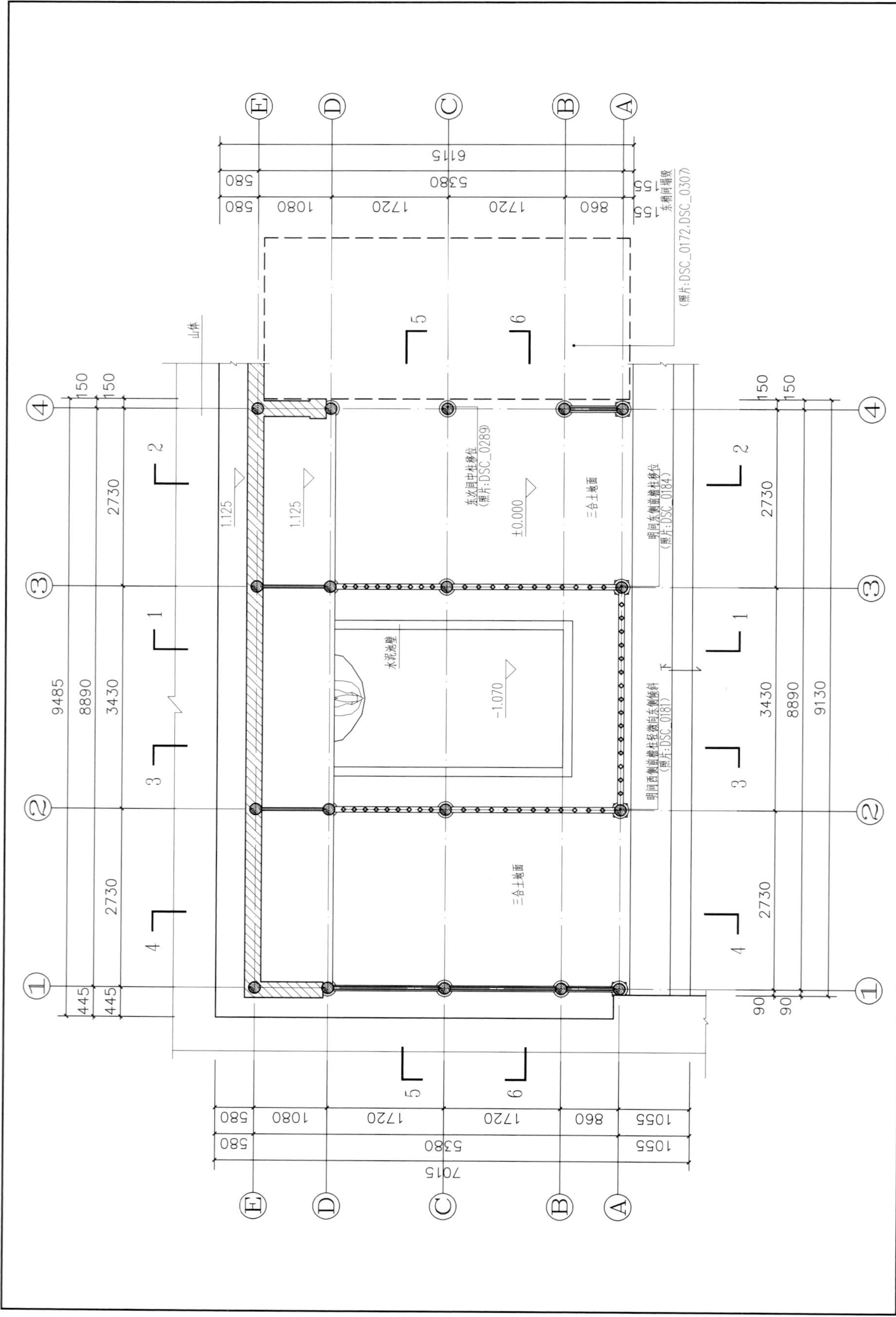

七〇 震后铁龙殿残损勘察平面图

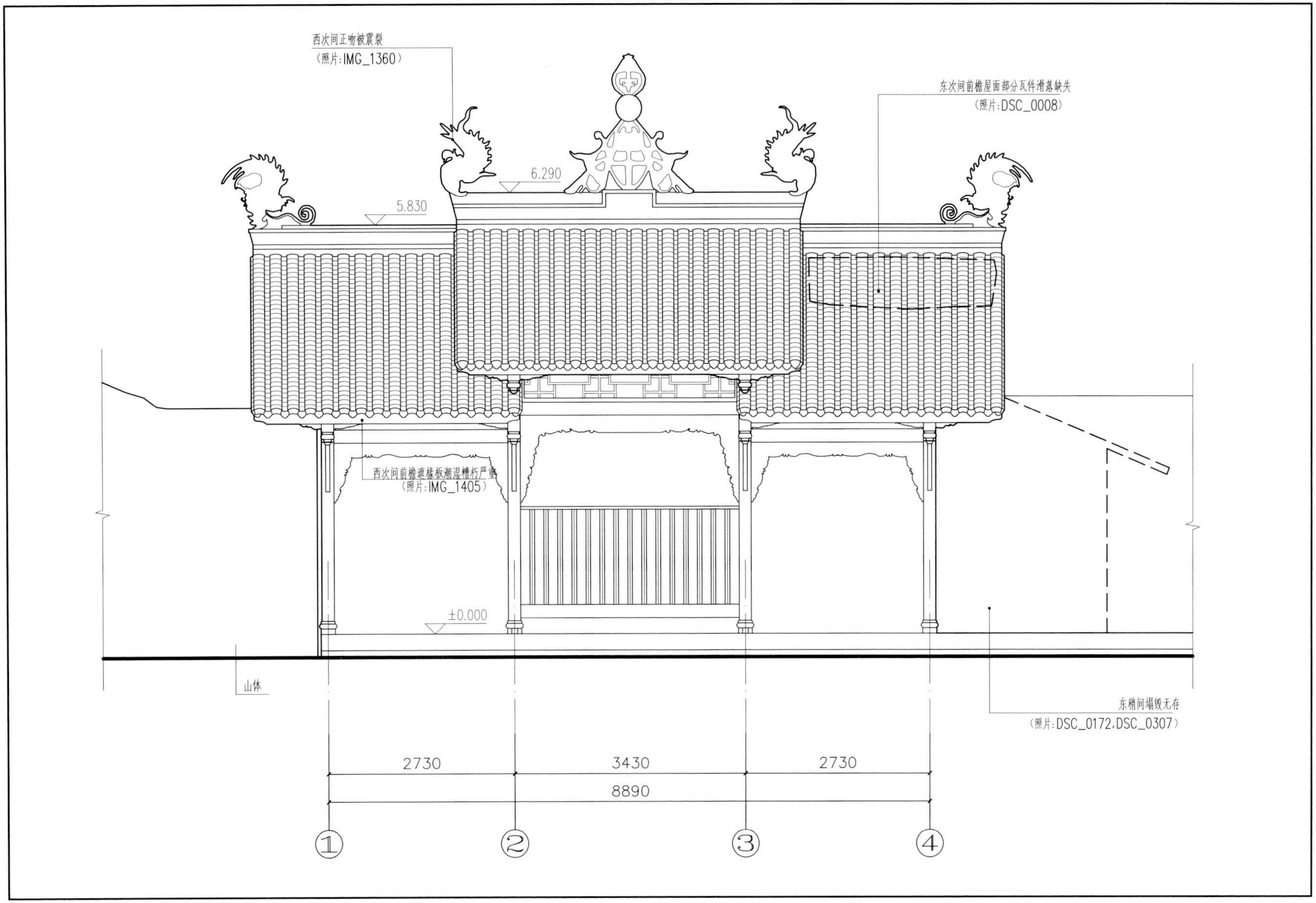

七一　震后铁龙殿残损勘察立面图

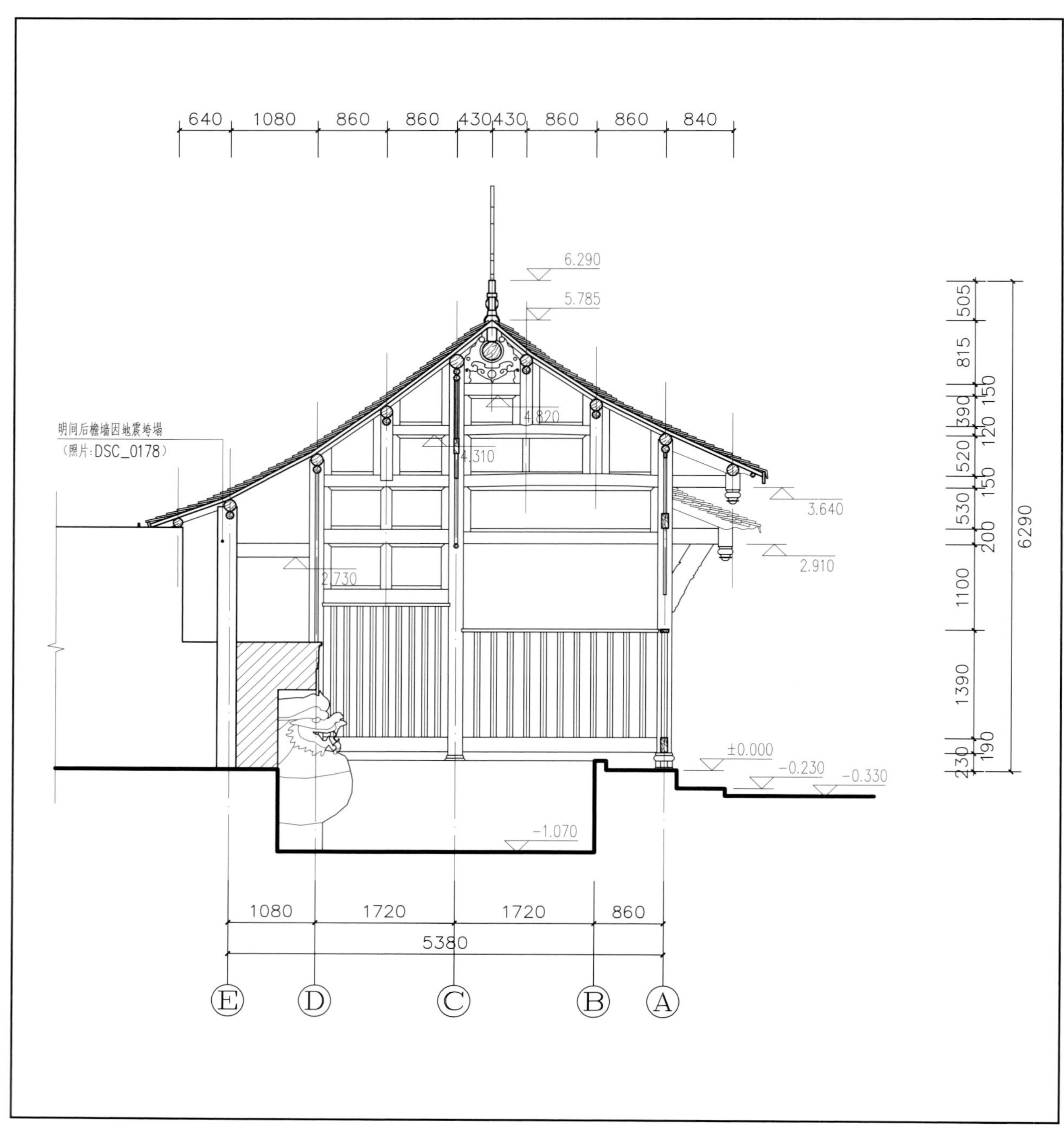

七二　震后铁龙殿残损勘察剖面图

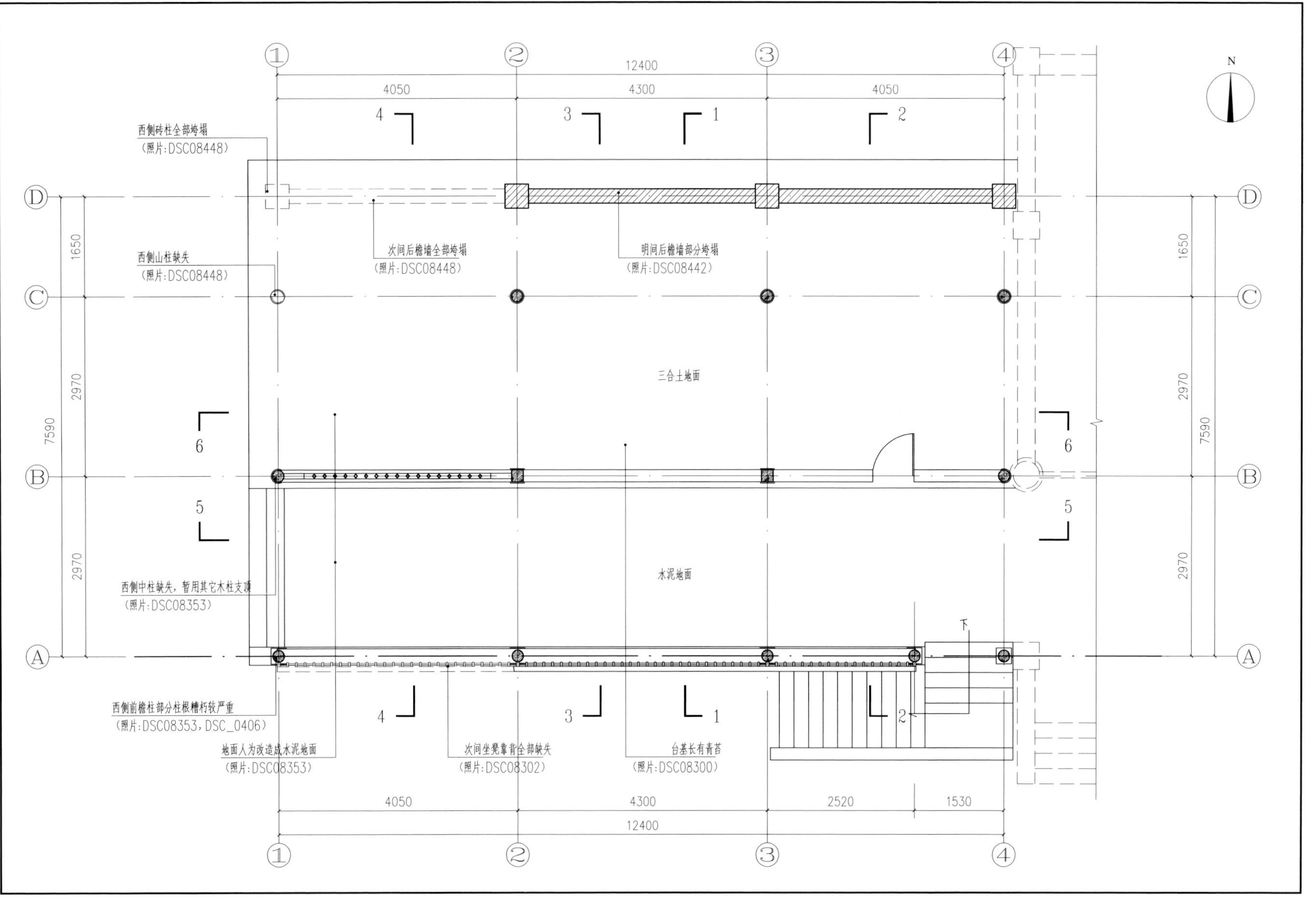

七三　震后文物陈列室残损勘察平面图

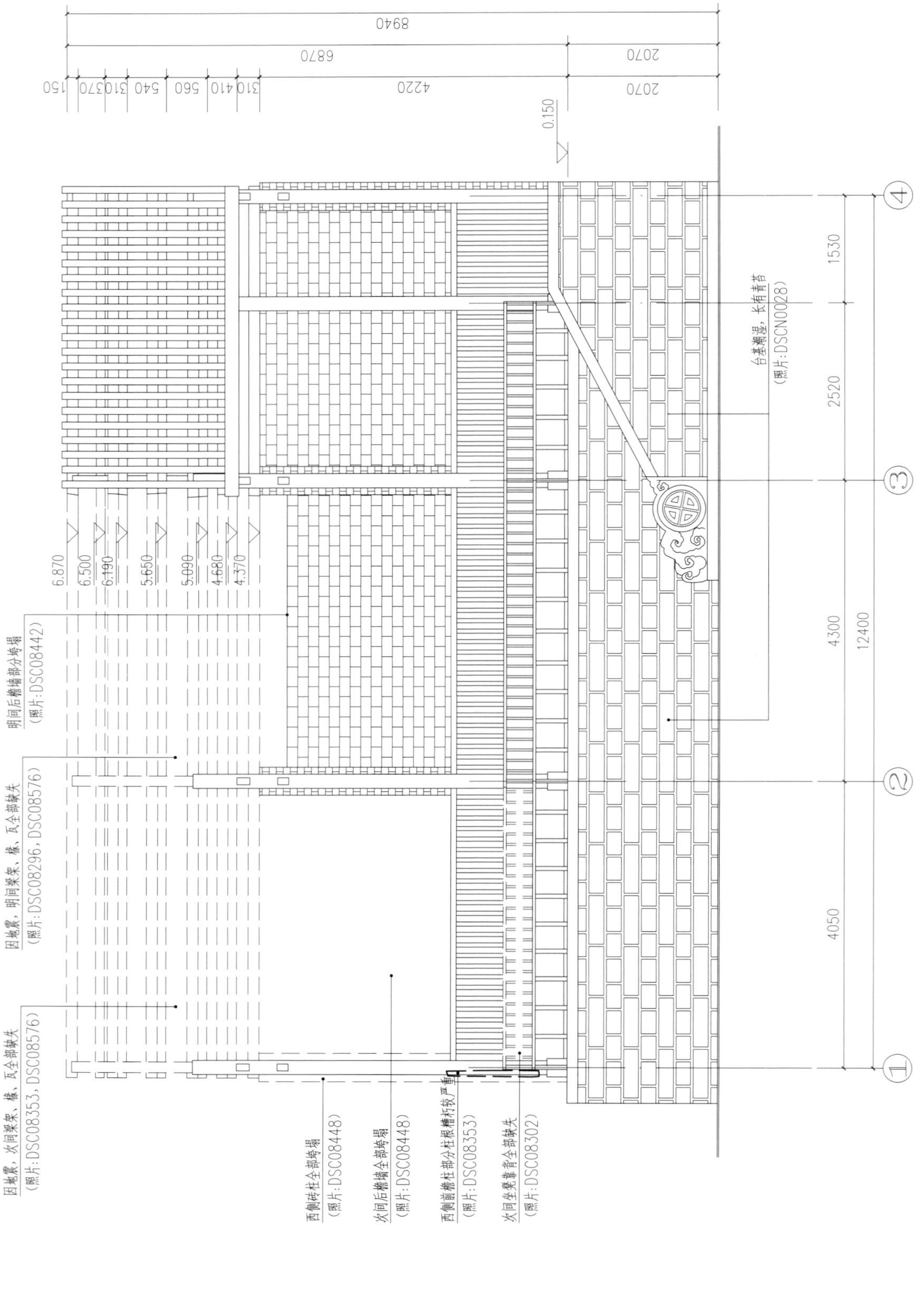

因地震，次间梁架、椽、瓦全部缺失
（照片：DSC08353，DSC08576）

因地震，明间梁架、椽、瓦全部缺失
（照片：DSC08296，DSC08576）

明间后檐墙部分垮塌
（照片：DSC08442）

西侧砖柱全部垮塌
（照片：DSC08448）

次间后檐墙全部垮塌
（照片：DSC08448）

西侧前檐柱部分柱根糟朽较严重
（照片：DSC08353）

次间坐凳靠背全部缺失
（照片：DSC08302）

台基潮湿，长有青苔
（照片：DSCN0028）

6.870
6.500
6.190
5.650
5.090
4.680
4.370
0.150

150 370 310 540 560 410 310 4220 2070
6870 2070
8940

4050 4300 2520 1530
12400

① ② ③ ④

七四 震后文物陈列室残损勘察立面图

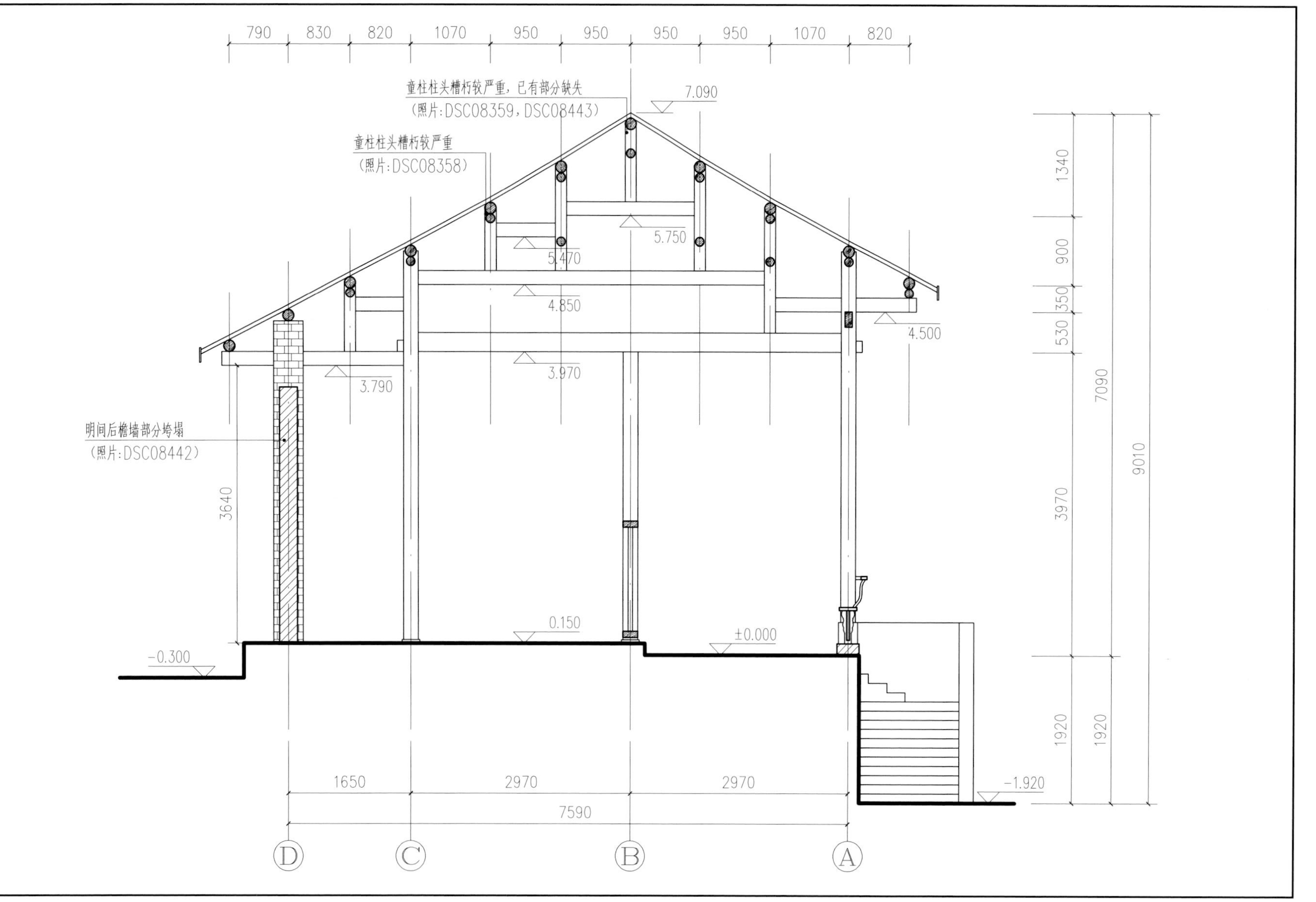

七五　震后文物陈列室残损勘察剖面图

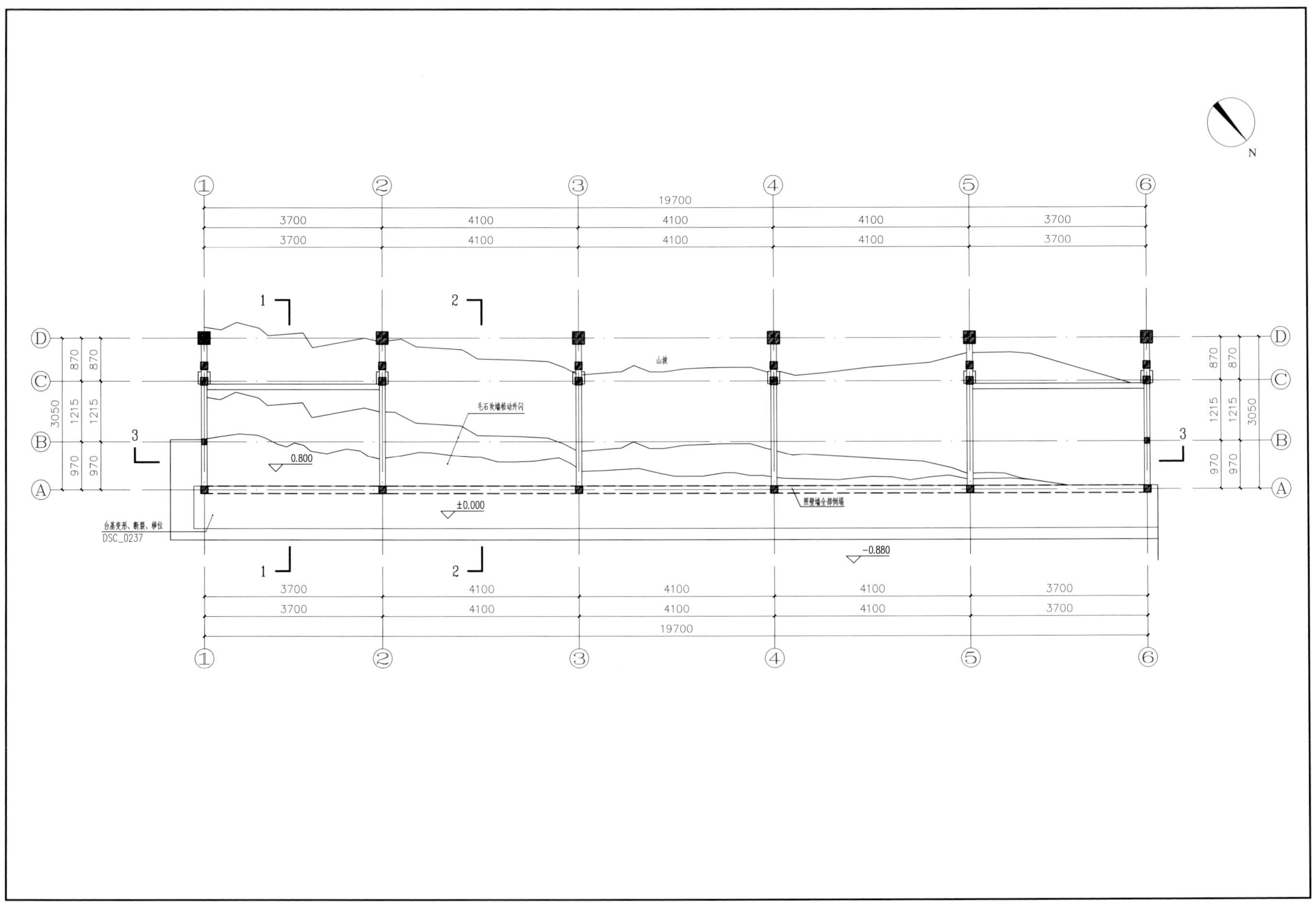

七六 震后大照壁残损勘察平面图

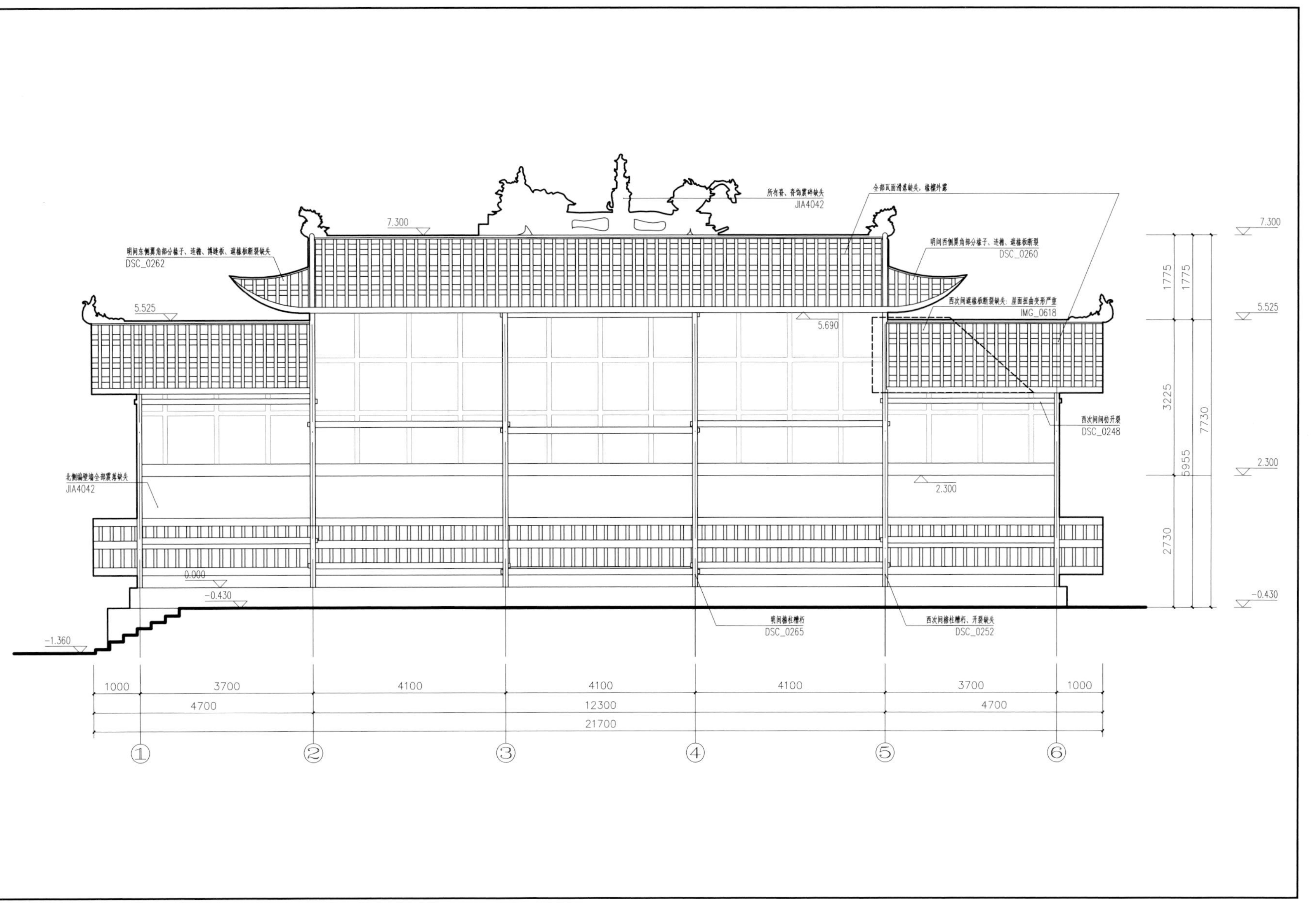

七七 震后大照壁残损勘察立面图

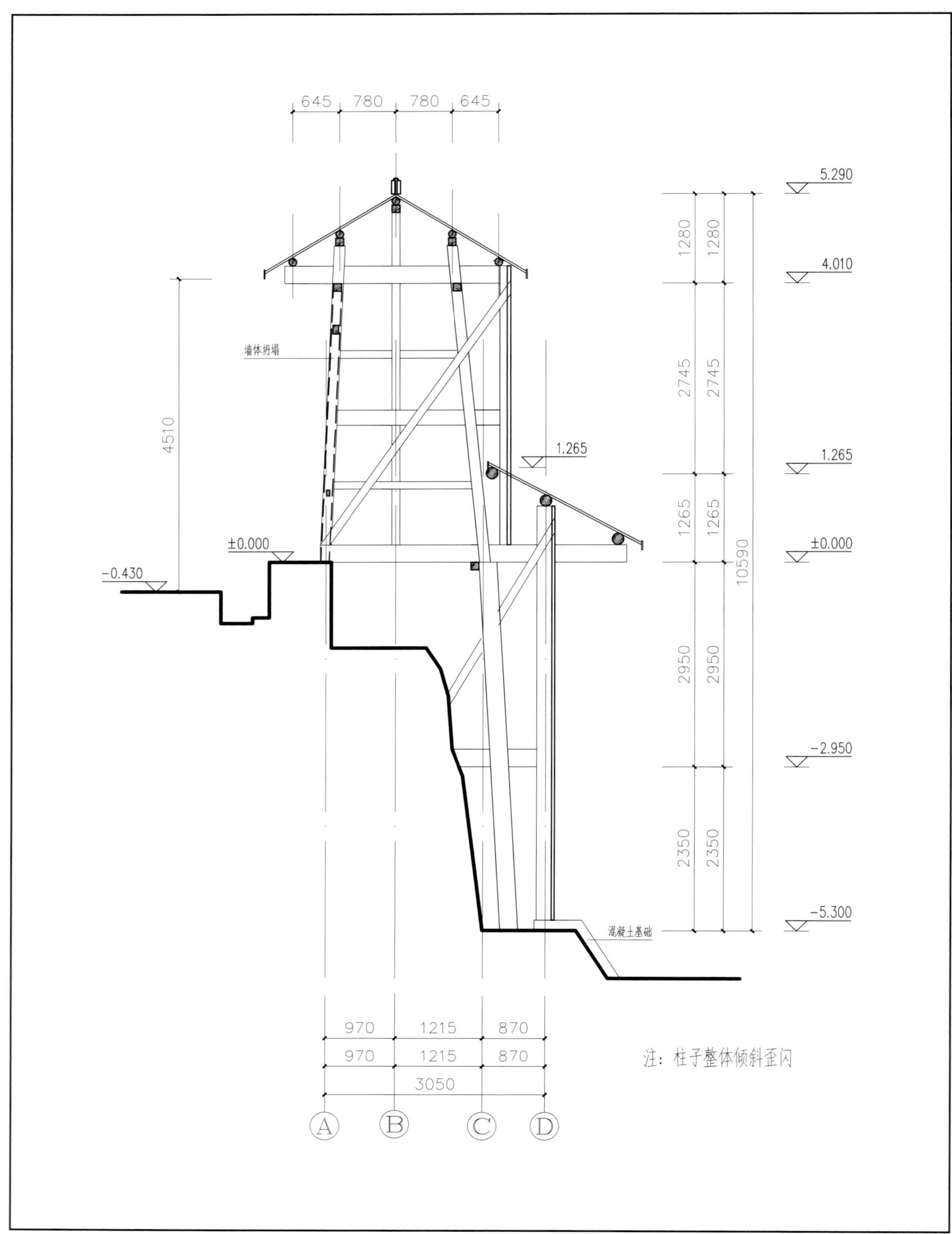

七八　震后大照壁残损勘察剖面图

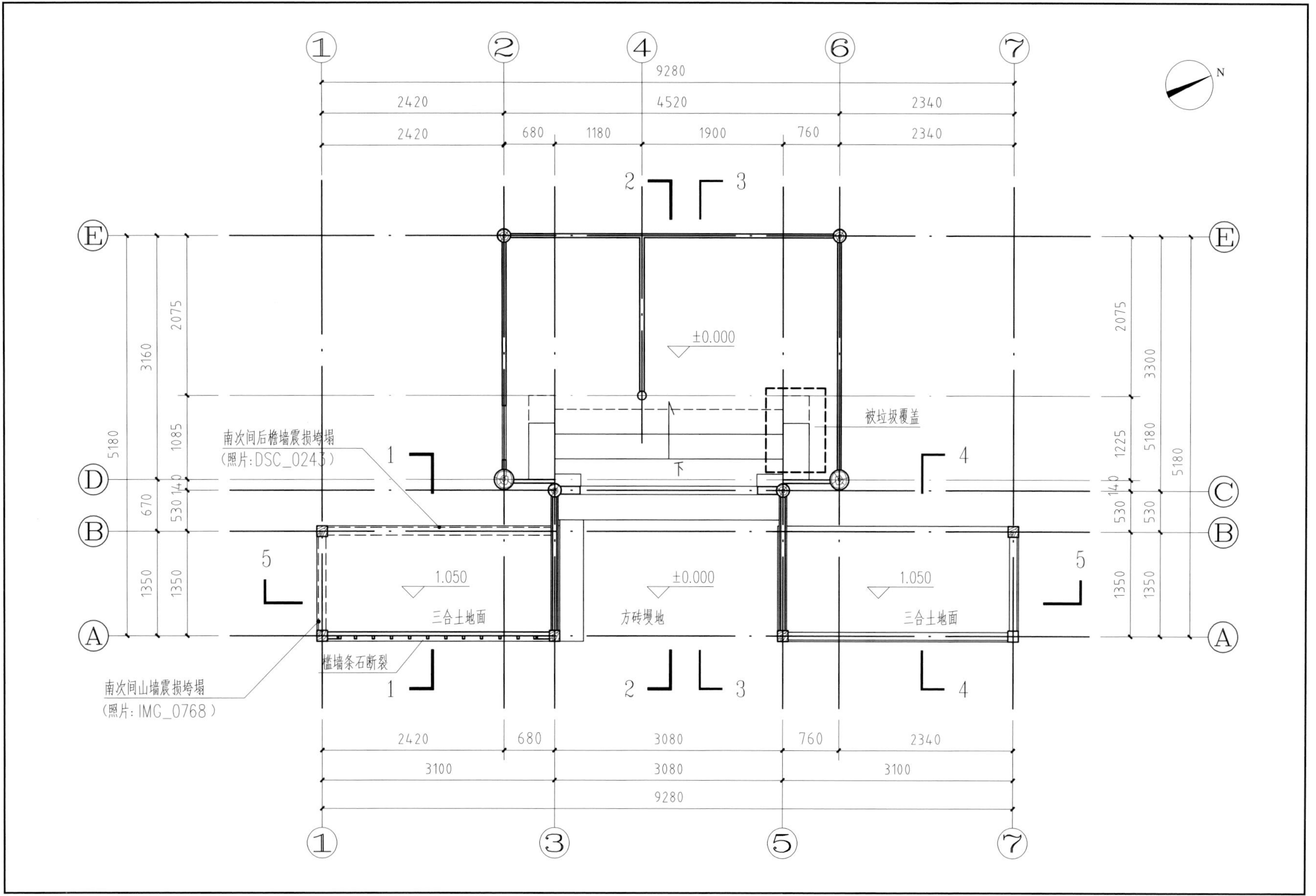

七九　震后上西山门残损勘察平面图

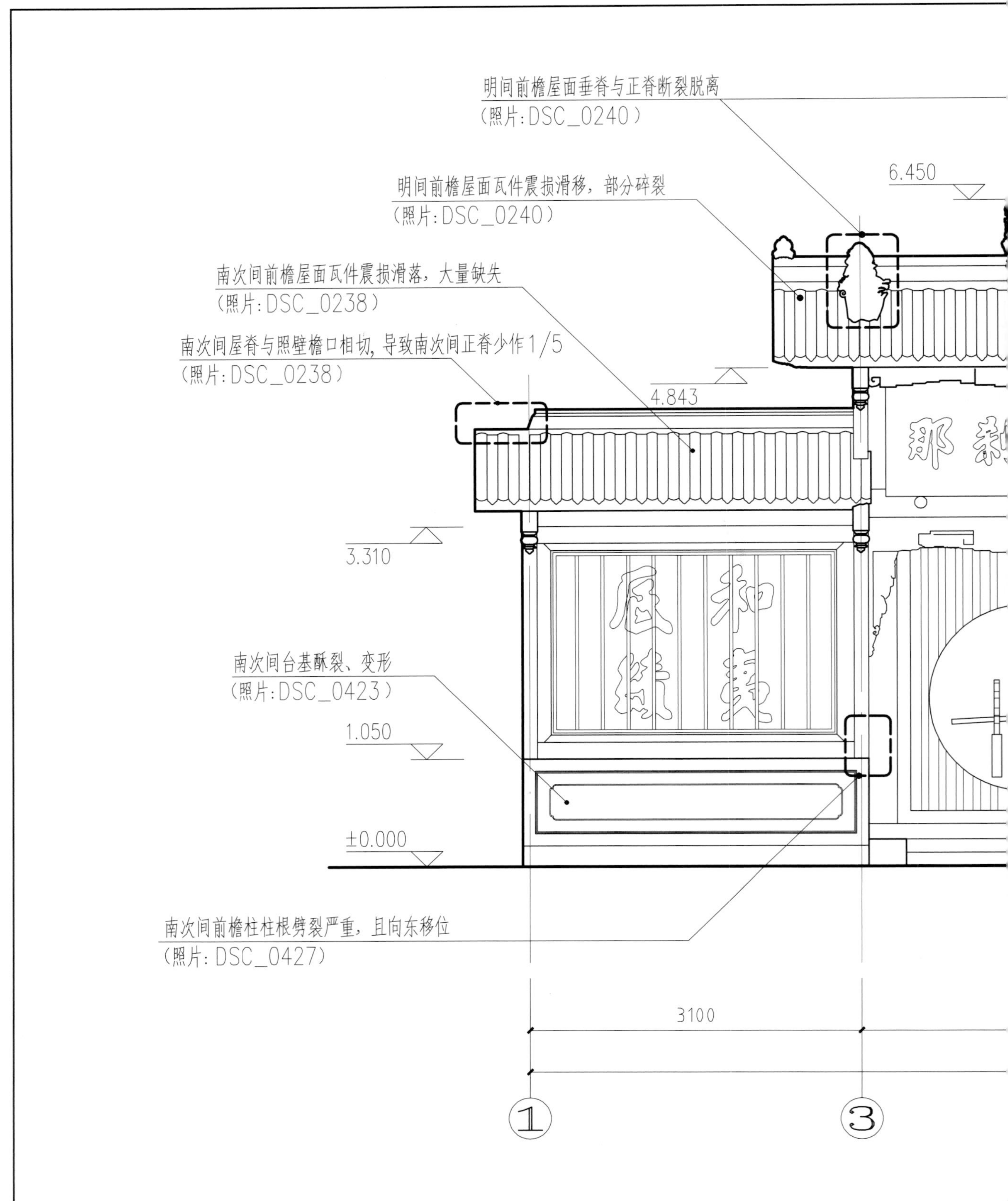
明间前檐屋面垂脊与正脊断裂脱离
（照片:DSC_0240）
明间前檐屋面瓦件震损滑移，部分碎裂
（照片:DSC_0240）
南次间前檐屋面瓦件震损滑落，大量缺失
（照片:DSC_0238）
南次间屋脊与照壁檐口相切，导致南次间正脊少作1/5
（照片:DSC_0238）
6.450
4.843
3.310
南次间台基酥裂、变形
（照片:DSC_0423）
1.050
±0.000
南次间前檐柱柱根劈裂严重，且向东移位
（照片:DSC_0427）
3100
1
3

八〇　震后上西山门残损勘察立面图

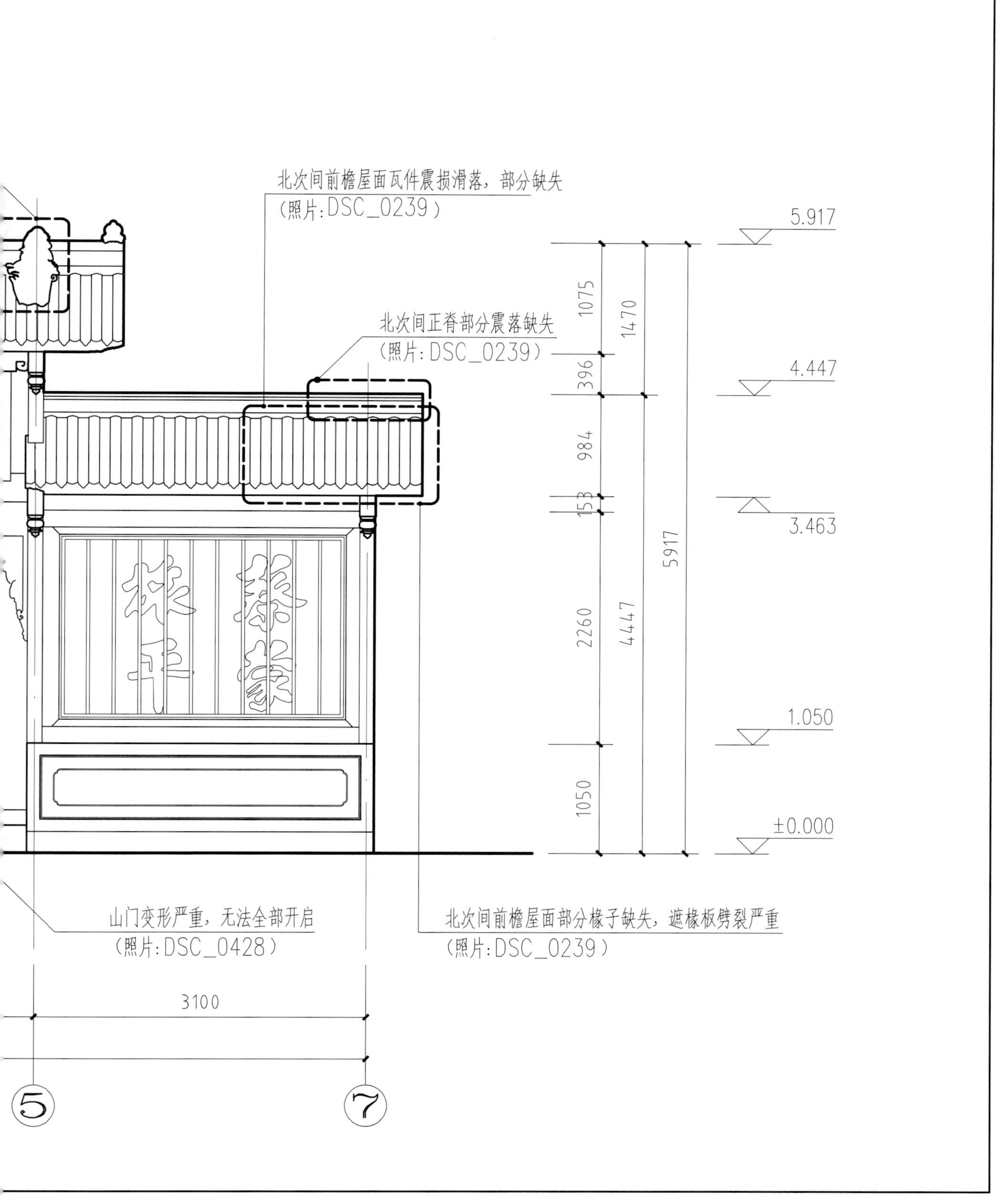
北次间前檐屋面瓦件震损滑落，部分缺失
（照片:DSC_0239）
北次间正脊部分震落缺失
（照片:DSC_0239）
5.917
4.447
3.463
1.050
±0.000
1075
396
984
153
2260
1050
1470
4447
5917
山门变形严重，无法全部开启
（照片:DSC_0428）
北次间前檐屋面部分椽子缺失，遮椽板劈裂严重
（照片:DSC_0239）
3100
5
7

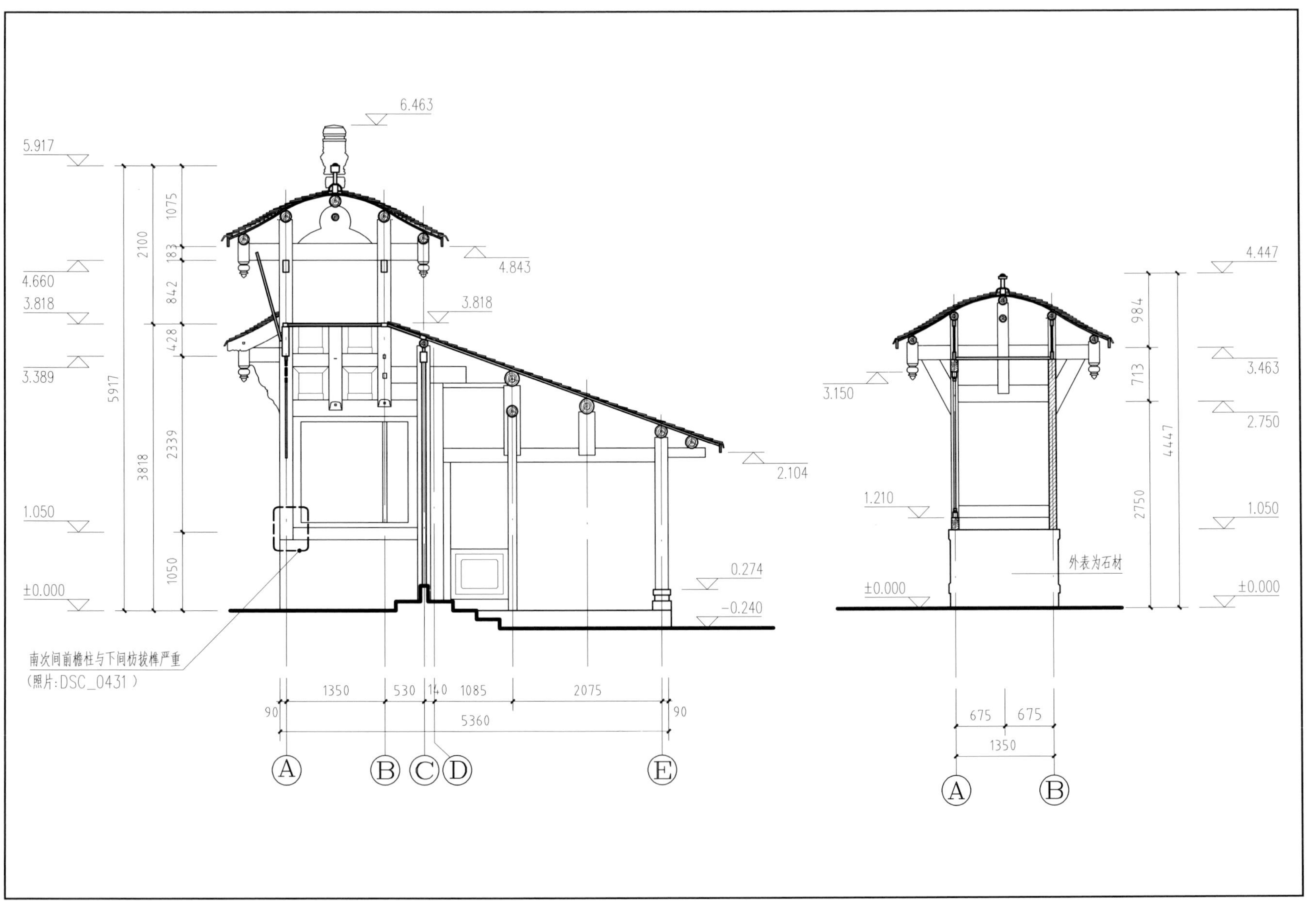

八一　震后上西山门残损勘察剖面图

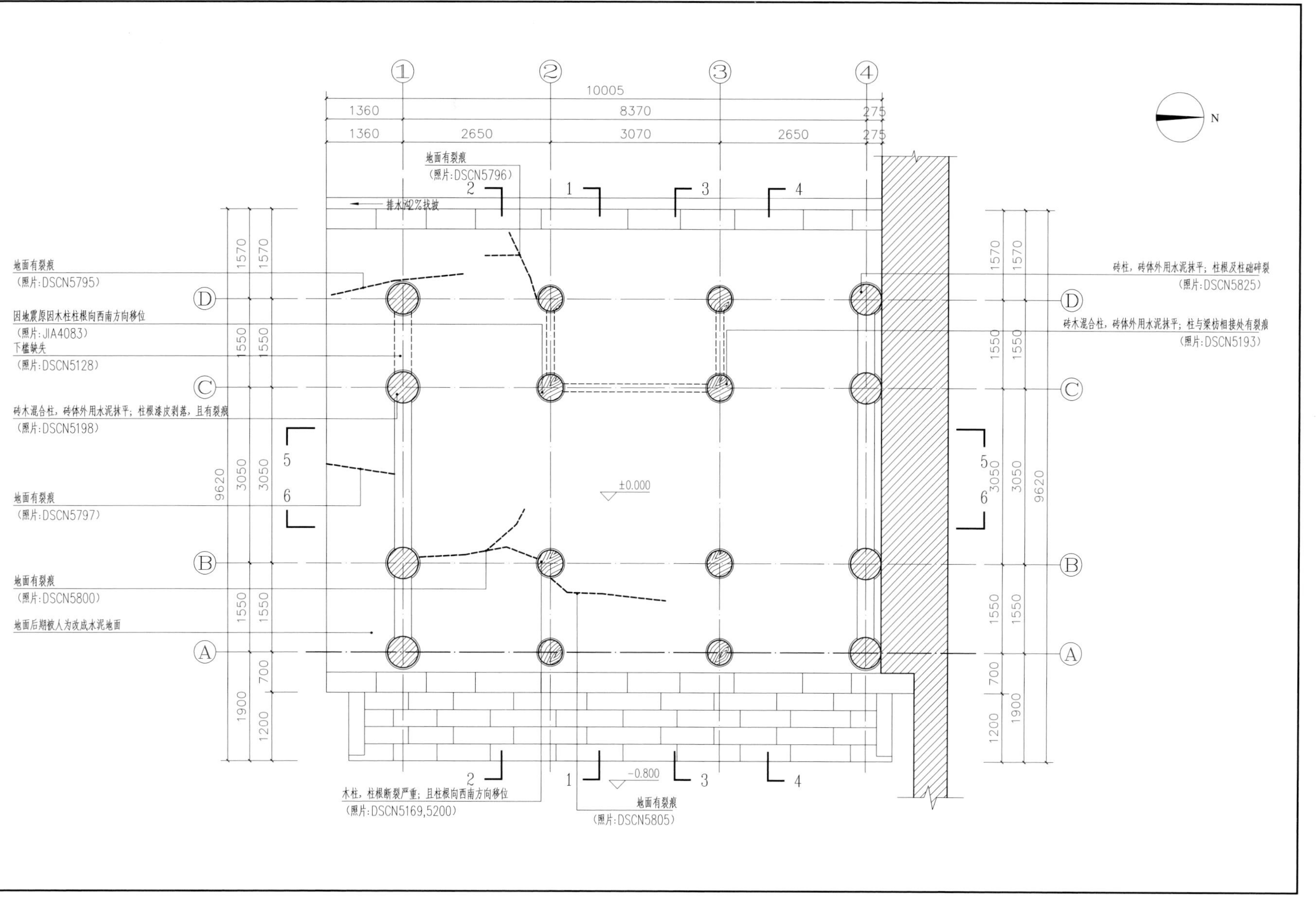

八二　震后灵官殿残损勘察平面图

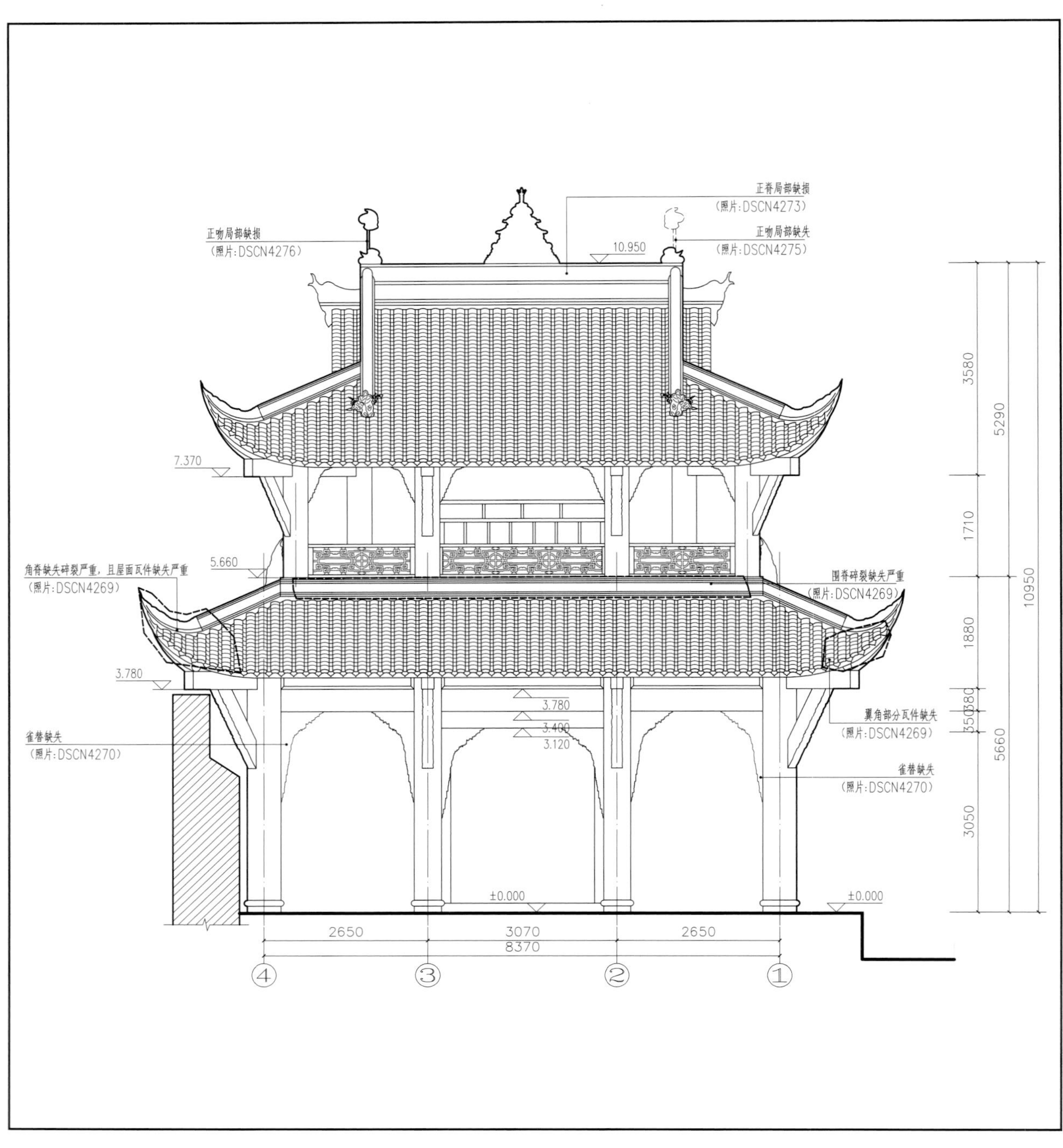

正脊局部缺损
(照片:DSCN4273)
正吻局部缺损
(照片:DSCN4276)
正吻局部缺失
(照片:DSCN4275)
10.950
7.370
5.660
角脊缺失碎裂严重，且屋面瓦件缺失严重
(照片:DSCN4269)
围脊碎裂缺失严重
(照片:DSCN4269)
3.780
3.780
3.400
3.120
翼角部分瓦件缺失
(照片:DSCN4269)
雀替缺失
(照片:DSCN4270)
雀替缺失
(照片:DSCN4270)
±0.000
±0.000
3580
5290
1710
10950
1880
350
380
5660
3050
2650
3070
2650
8370
④
③
②
①

八三　震后灵官殿残损勘察立面图

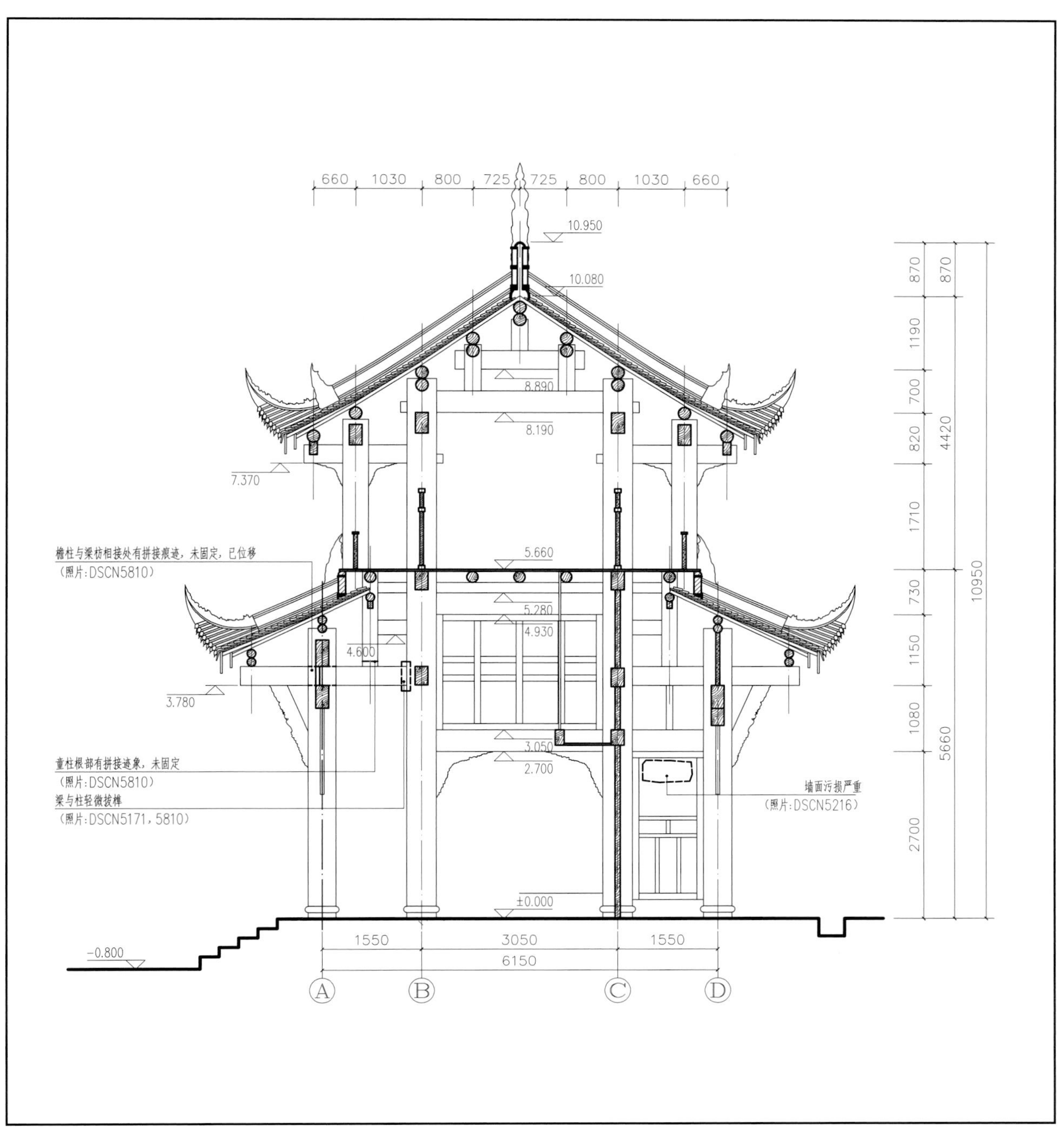

八四　震后灵官殿残损勘察剖面图

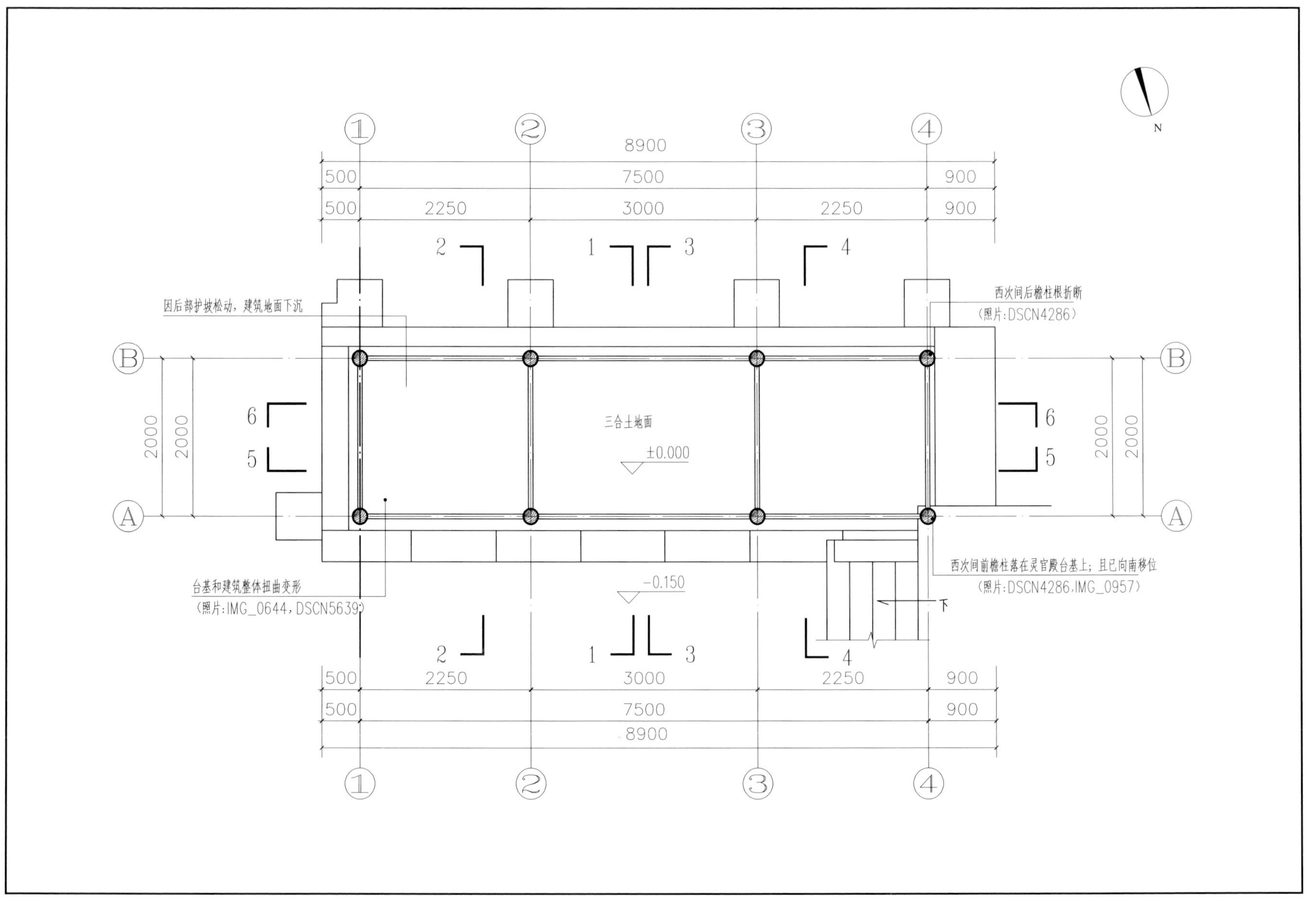

八五　震后丁公祠残损勘察平面图

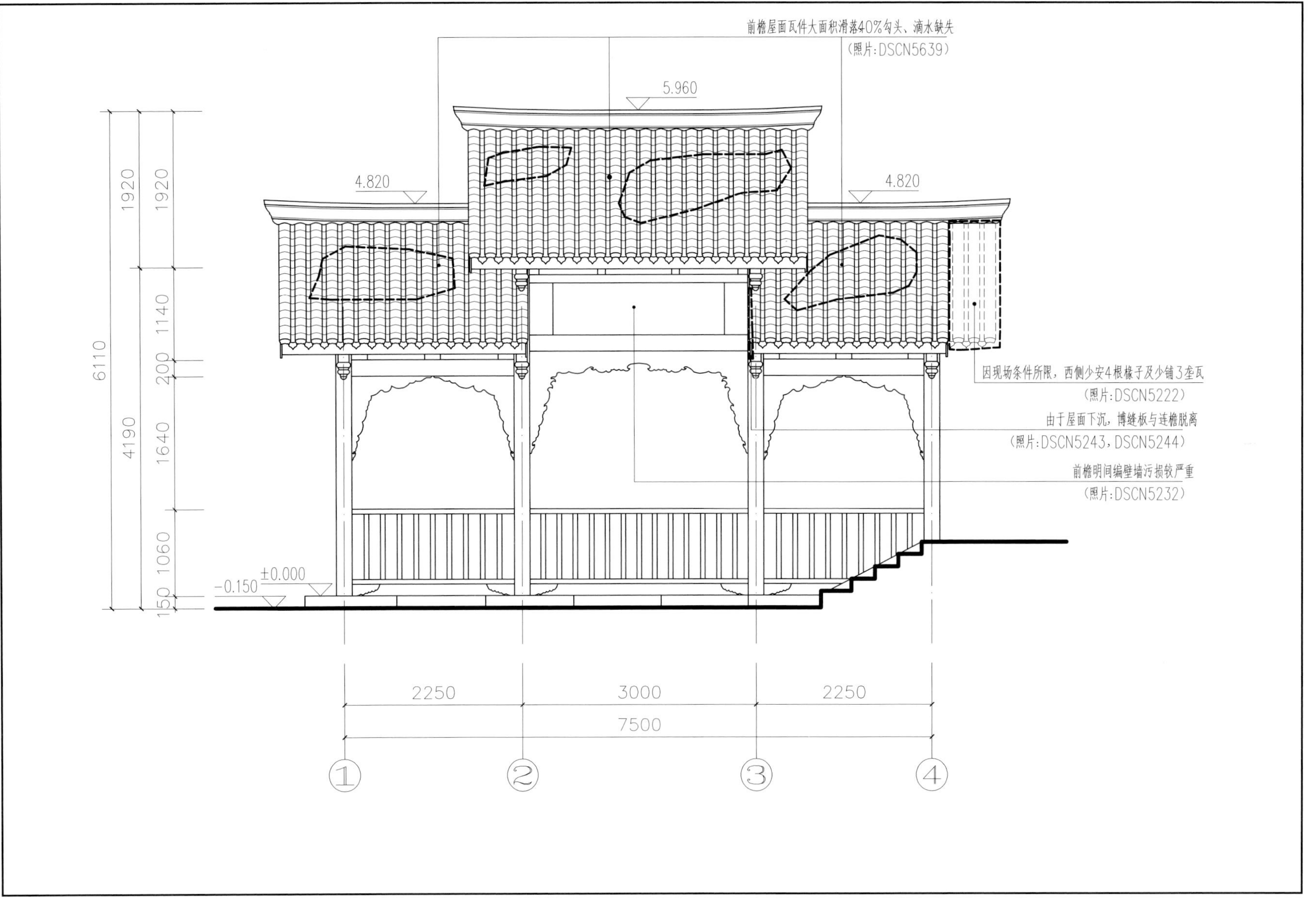

八六　震后丁公祠残损勘察立面图

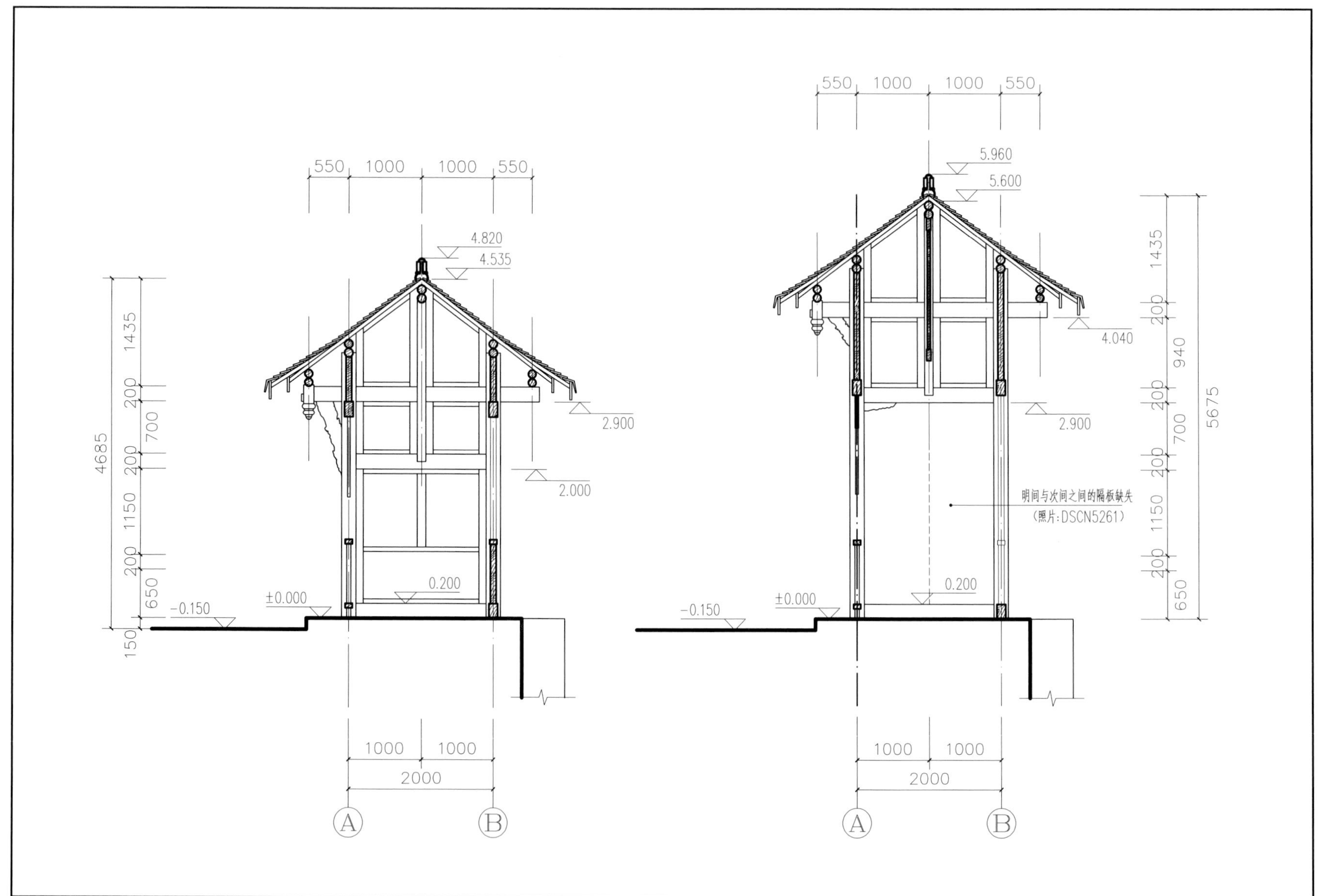

八七　震后丁公祠残损勘察剖面图

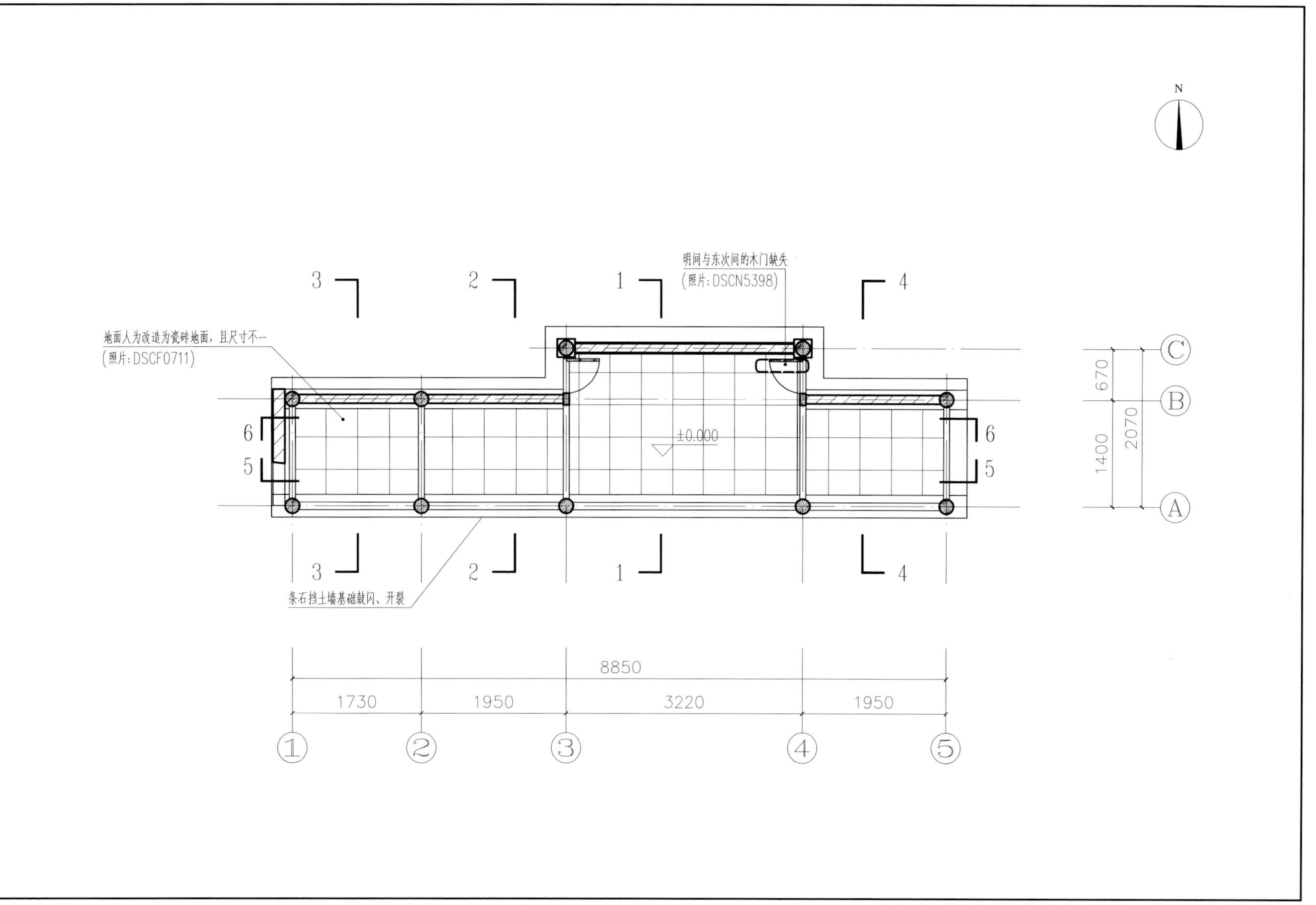

八八　震后三官殿残损勘察平面图

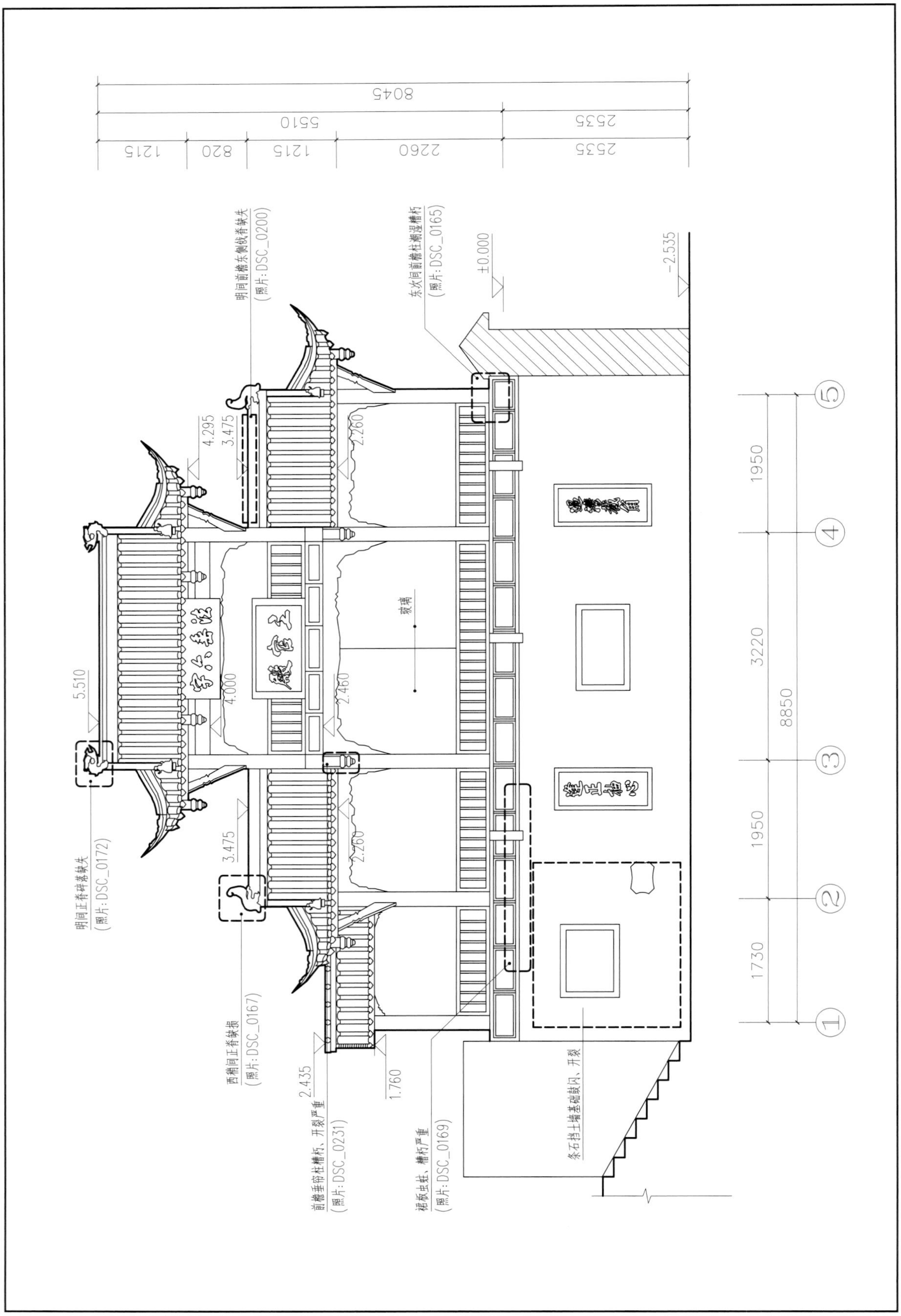

八九　震后二官殿残损勘察立面图

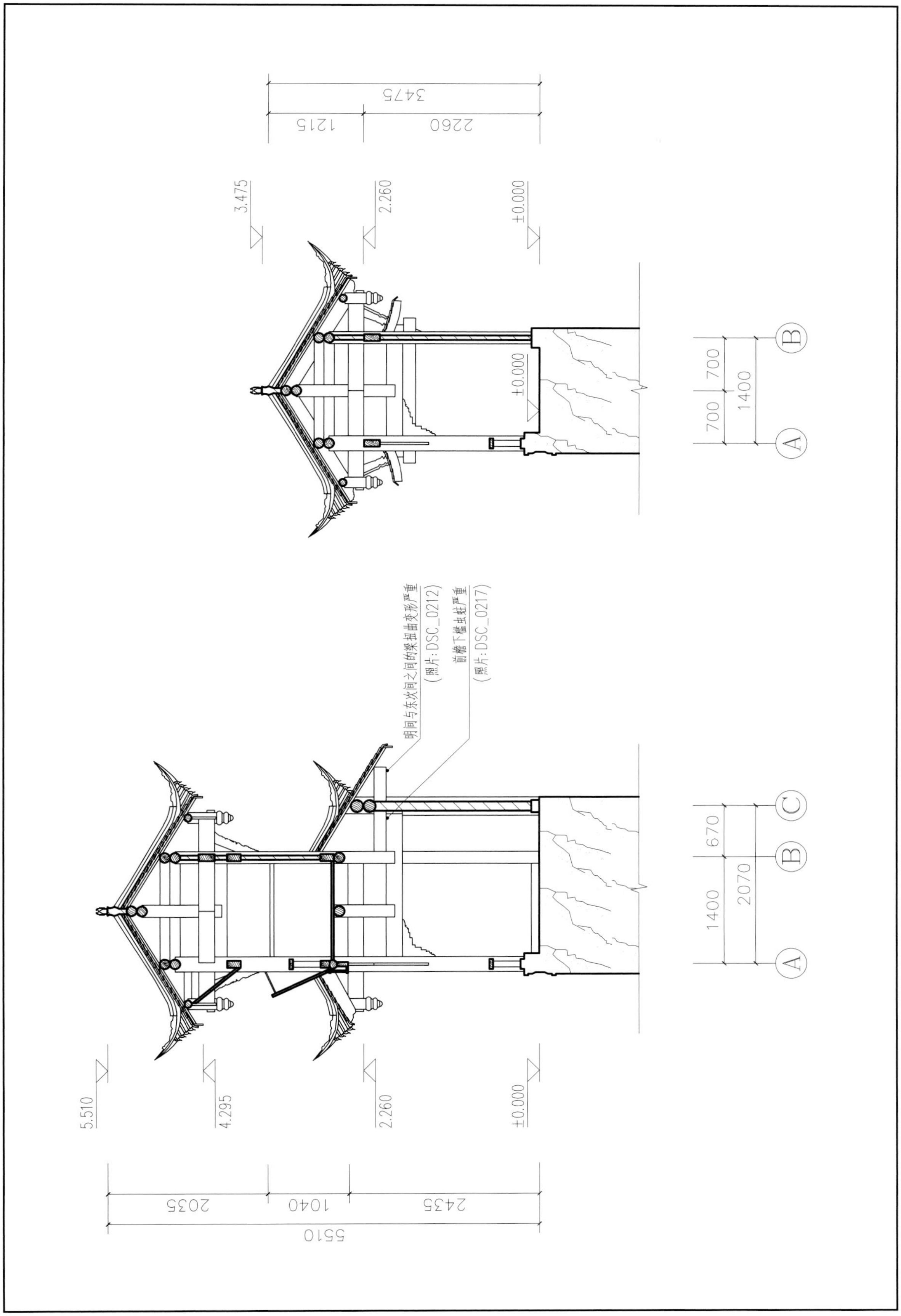

九〇 震后三官殿残损勘察剖面图

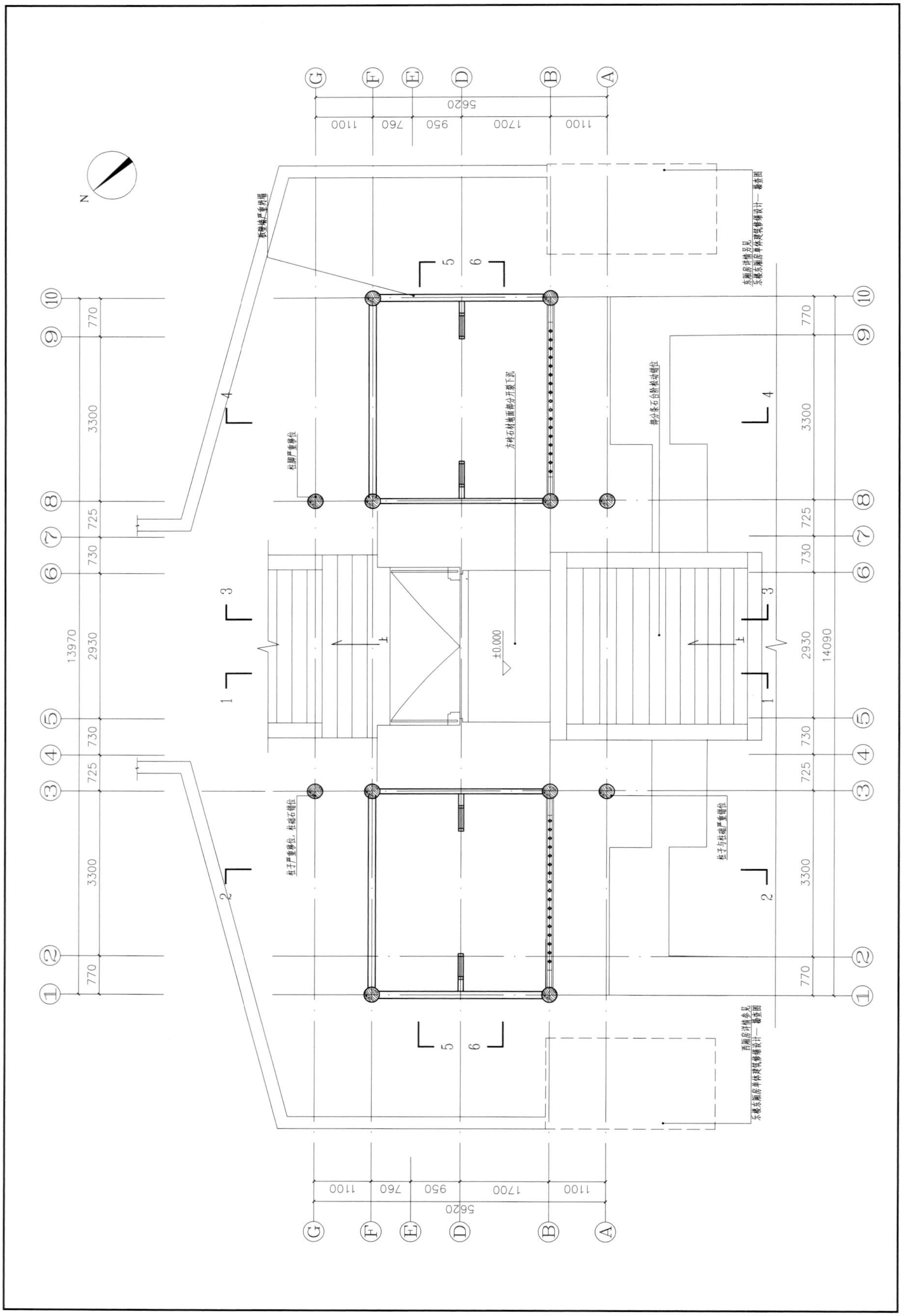

九一 震后乐楼残损勘察平面图

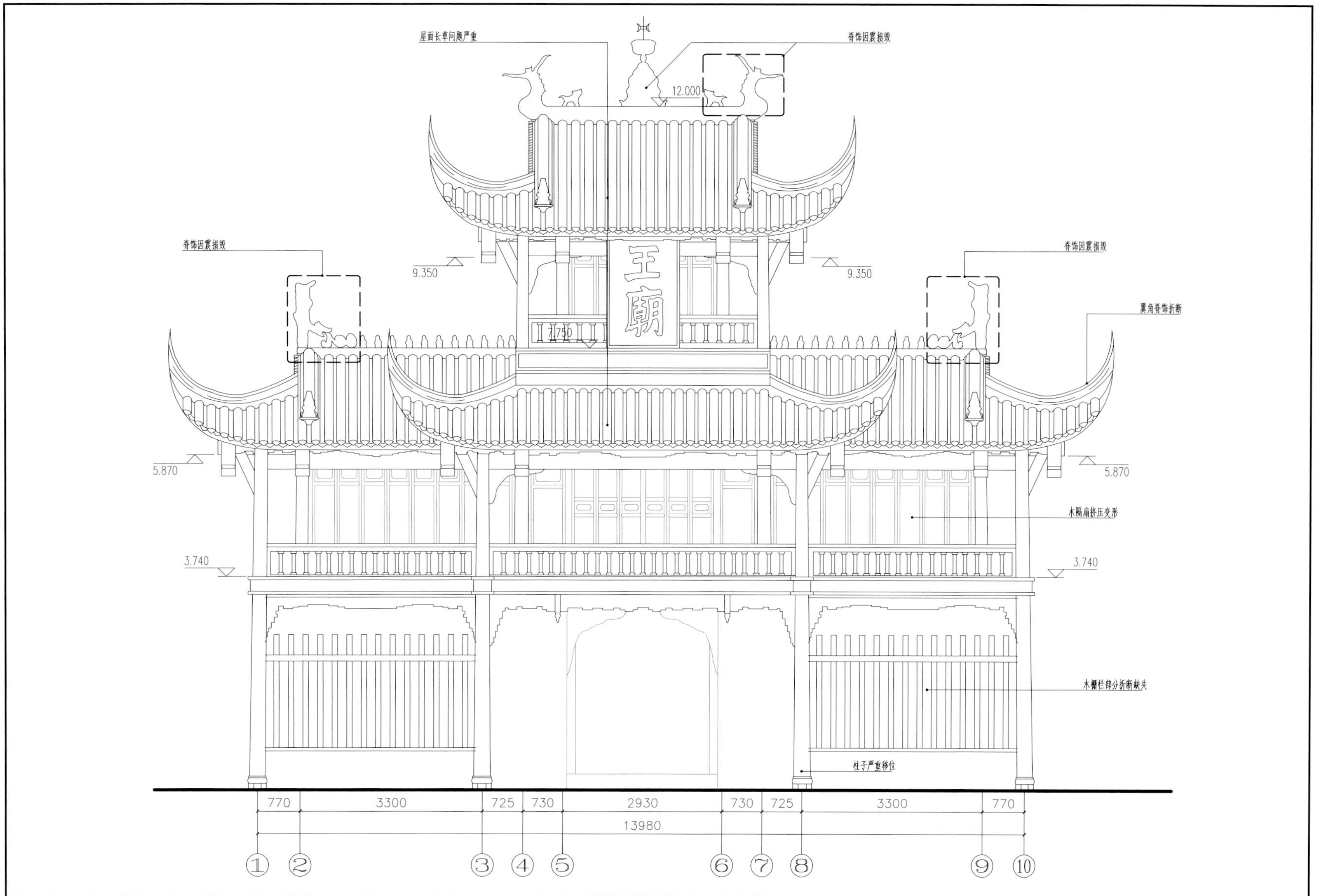

九二　震后乐楼残损勘察立面图

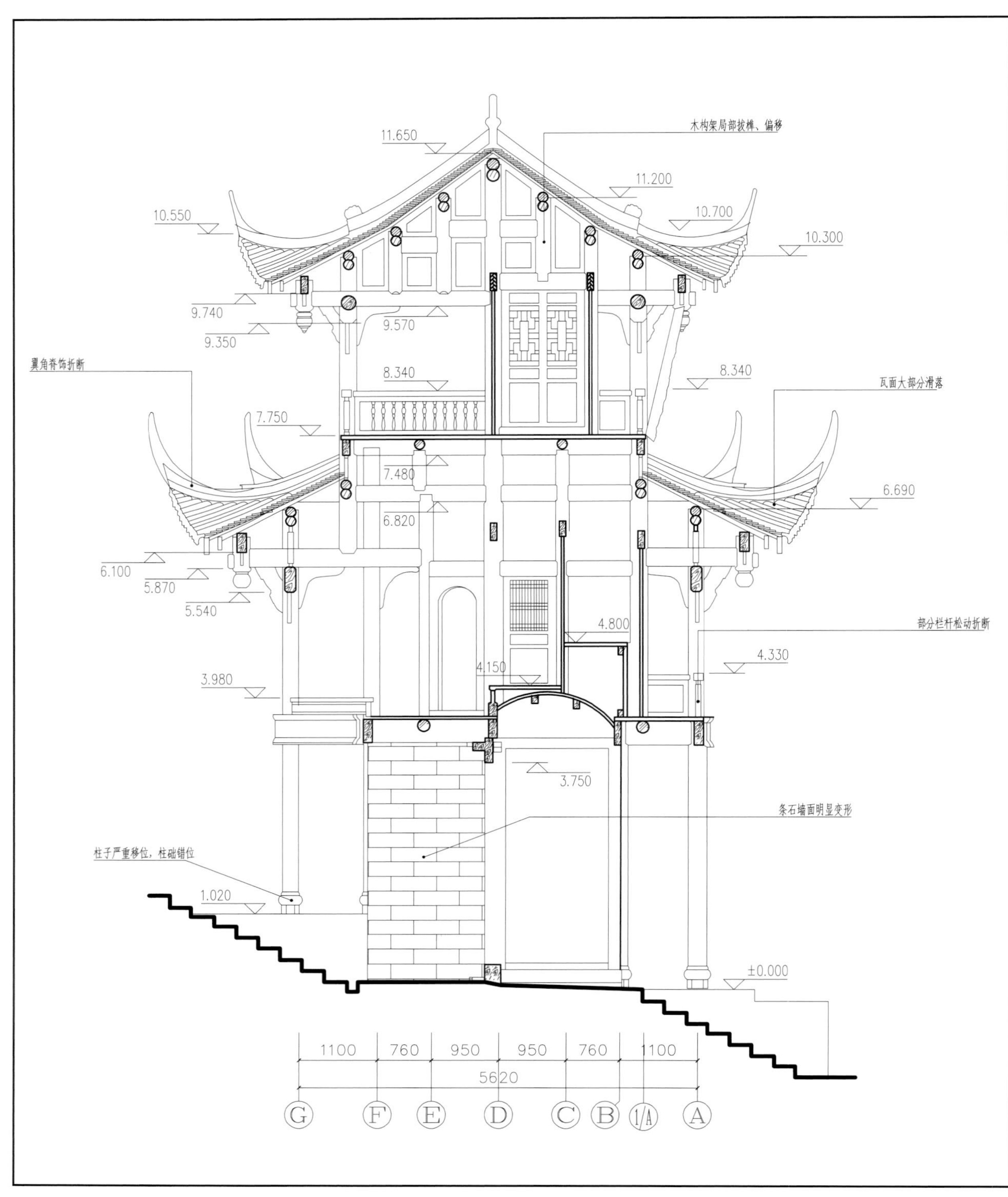

九三　震后乐楼残损勘察剖面图

九四　震后乐楼东厢房残损勘察平面图

九五　震后乐楼东厢房残损勘察立面图

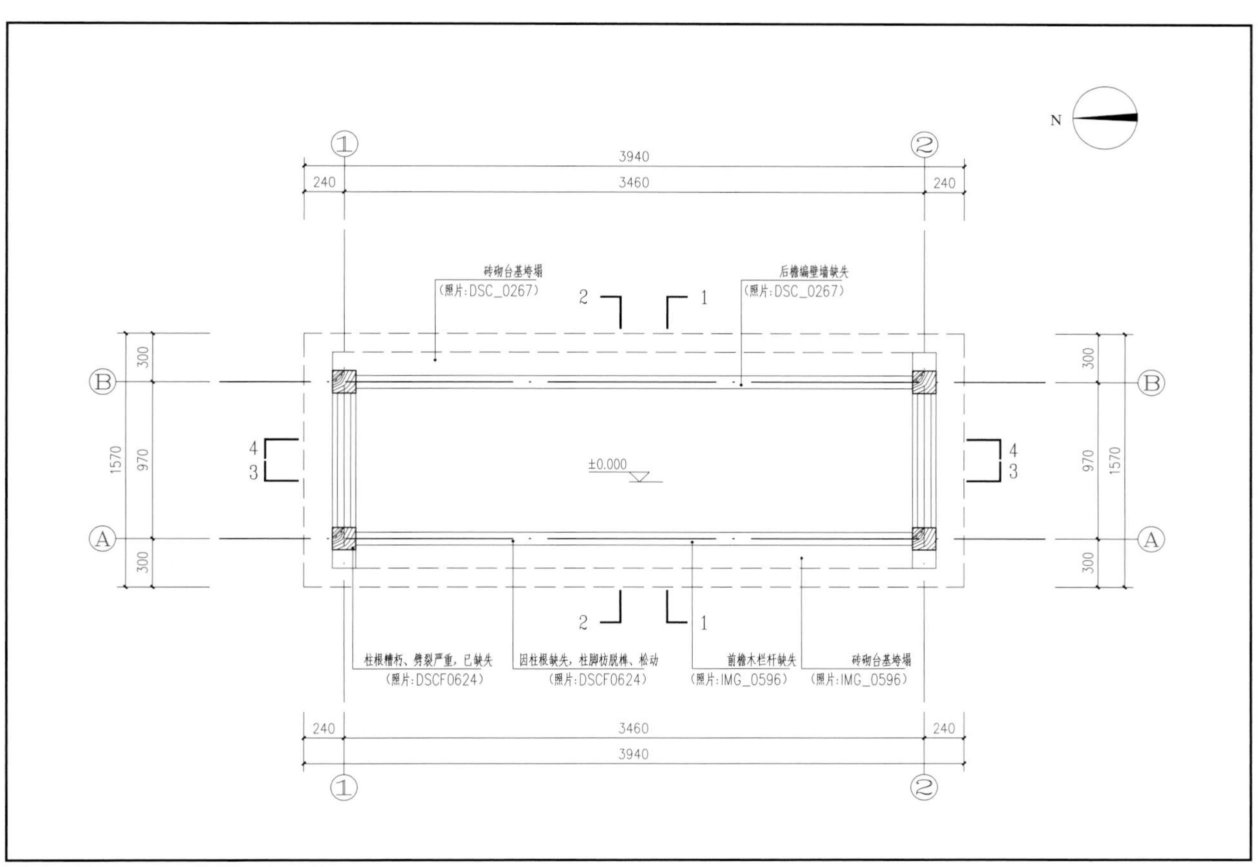
N
①
②
3940
240
3460
240
砖砌台基垮塌
(照片:DSC_0267)
后檐墙壁墙缺失
(照片:DSC_0267)
2
1
B
A
300
970
1570
300
4
3
±0.000
柱根糟朽、劈裂严重，已缺失
(照片:DSCF0624)
因柱根缺失，柱脚枋脱榫、松动
(照片:DSCF0624)
前檐木栏杆缺失
(照片:IMG_0596)
砖砌台基垮塌
(照片:IMG_0596)

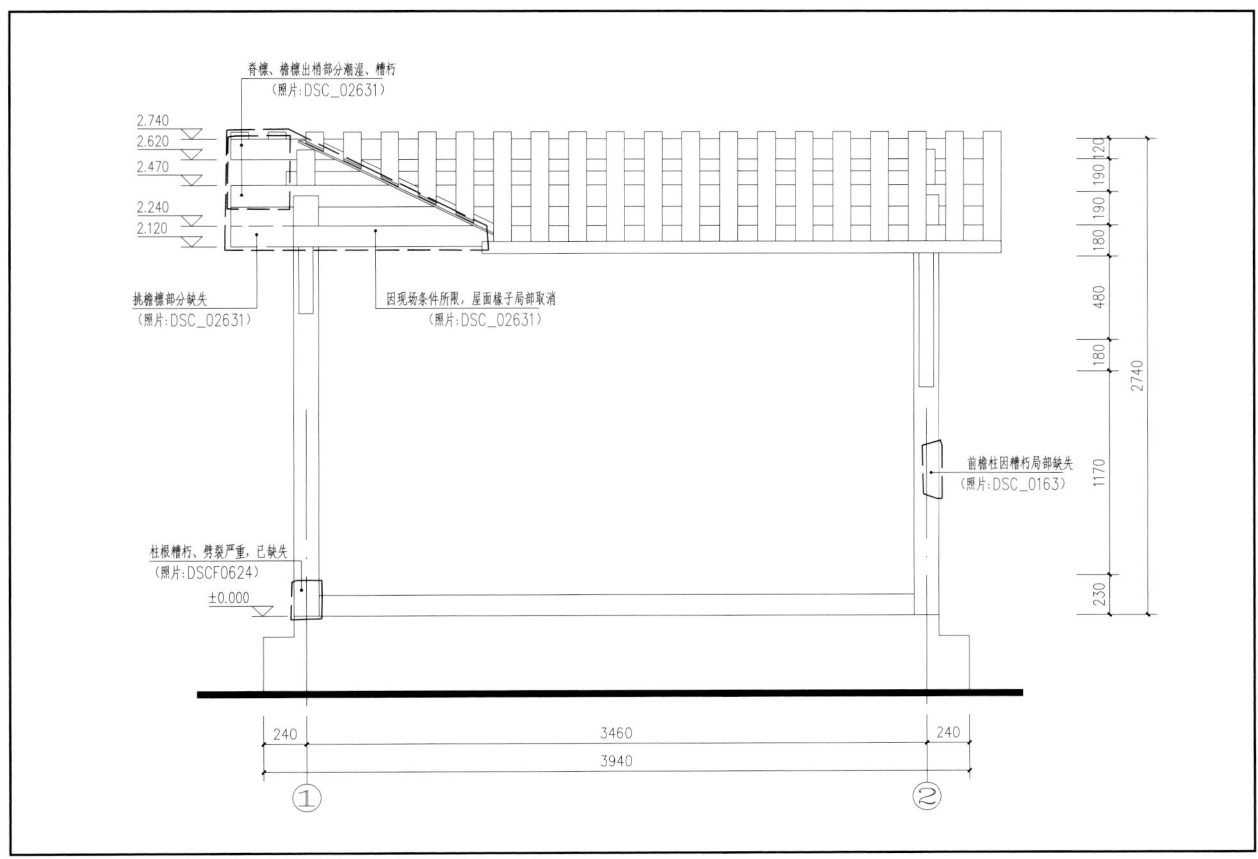
脊檩、檐檩出梢部分潮湿、糟朽
(照片:DSC_02631)
2.740
2.620
2.470
2.240
2.120
挑檐檩部分缺失
(照片:DSC_02631)
因现场条件所限，屋面椽子局部取消
(照片:DSC_02631)
120
190
190
180
480
180
1170
230
2740
前檐柱因糟朽局部缺失
(照片:DSC_0163)
柱根糟朽、劈裂严重，已缺失
(照片:DSCF0624)
±0.000
240
3460
240
3940
①
②

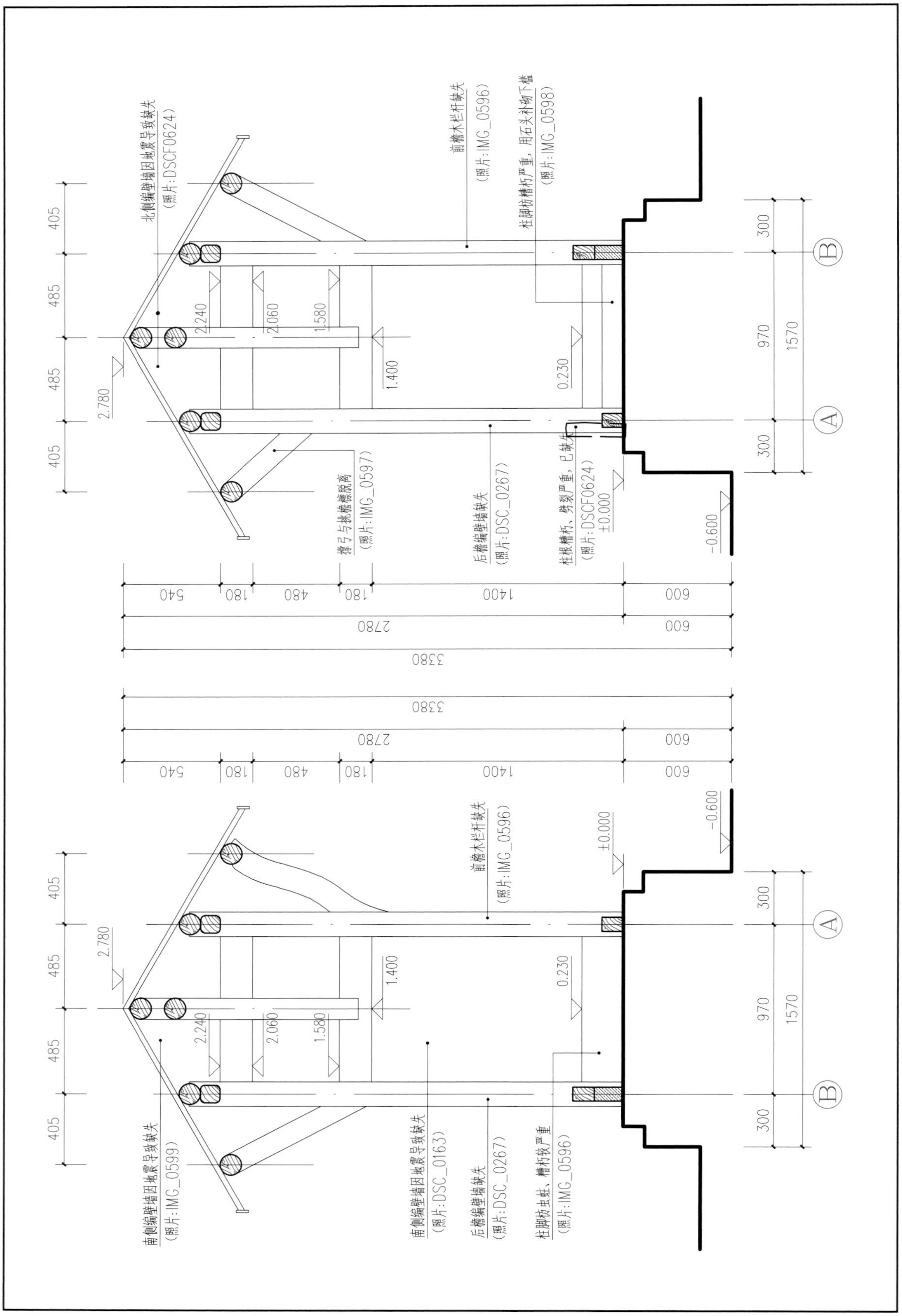
北侧编壁墙因地震导致缺失
(照片:DSCF0624)
前檐木栏杆缺失
(照片:IMG_0596)
柱脚枋糟朽严重，用石头补砌下槛
(照片:IMG_0598)
撑弓与挑檐檩脱离
(照片:IMG_0597)
后檐编壁墙缺失
(照片:DSC_0267)
柱根糟朽、劈裂严重，已缺失
(照片:DSCF0624)
±0.000
-0.600
2.780
2.240
2.060
1.580
1.400
0.230
405
485
485
405
300
970
300
1570
540
180
480
180
1400
600
2780
600
3380
3380
2780
600
540
180
480
180
1400
600
南侧编壁墙因地震导致缺失
(照片:IMG_0599)
南侧编壁墙因地震导致缺失
(照片:DSC_0163)
后檐编壁墙缺失
(照片:DSC_0267)
柱脚枋虫蛀、糟朽较严重
(照片:IMG_0596)
前檐木栏杆缺失
(照片:IMG_0596)
A
B

九六　震后乐楼东厢房残损勘察剖面图

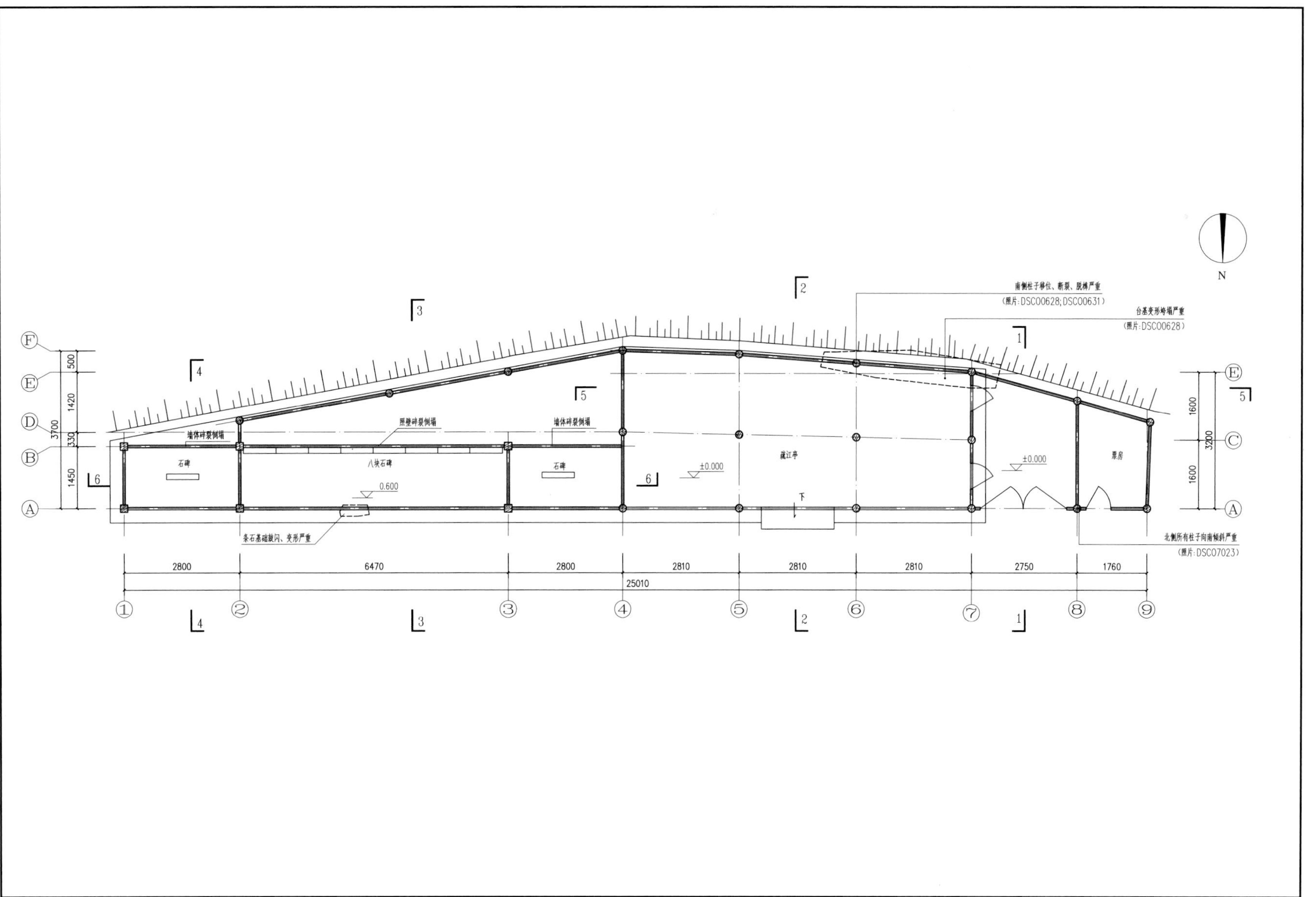

九七　震后疏江亭和水利图照壁残损勘察平面图

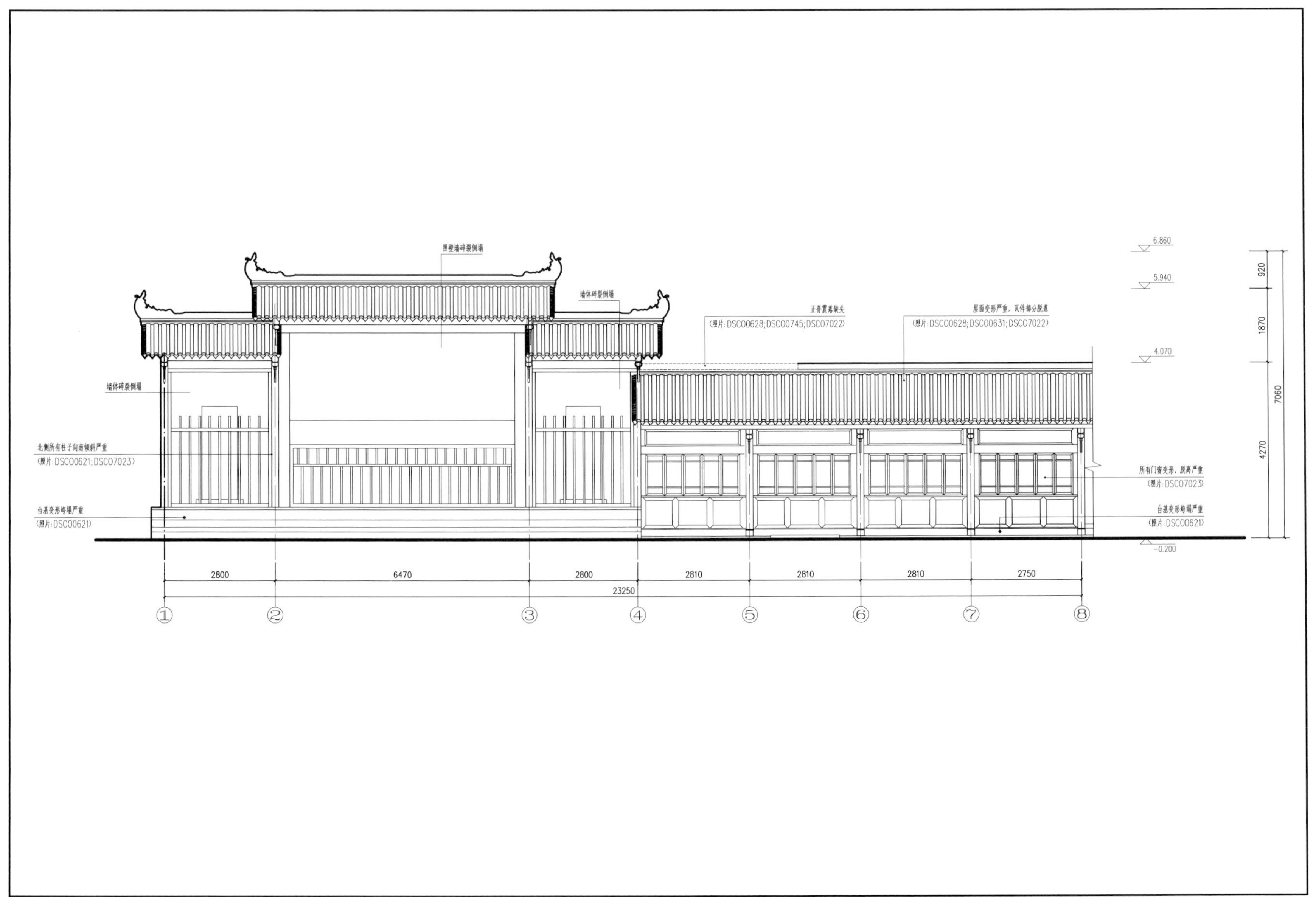

九八　震后疏江亭和水利图照壁残损勘察立面图

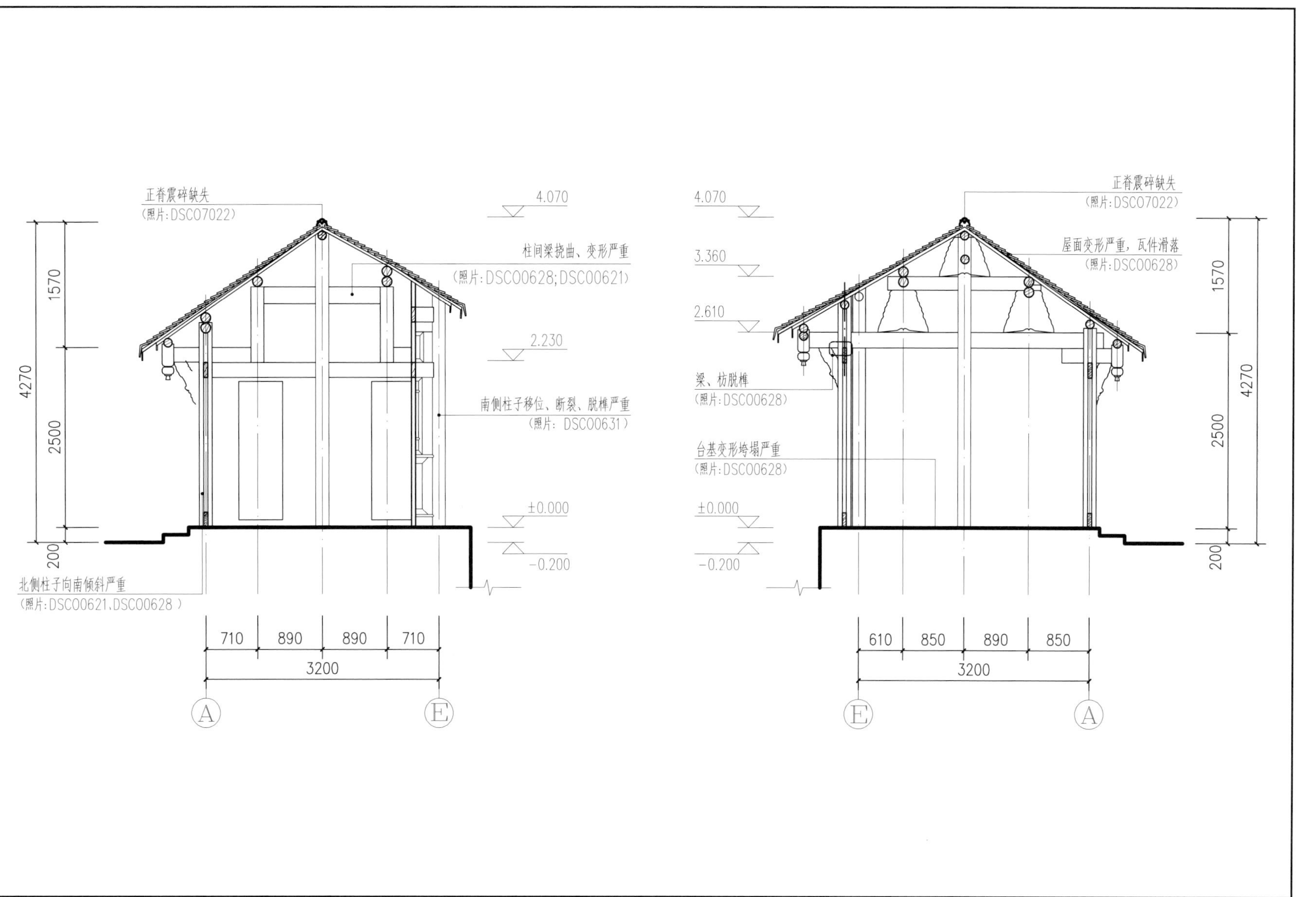

九九　震后疏江亭残损勘察剖面图

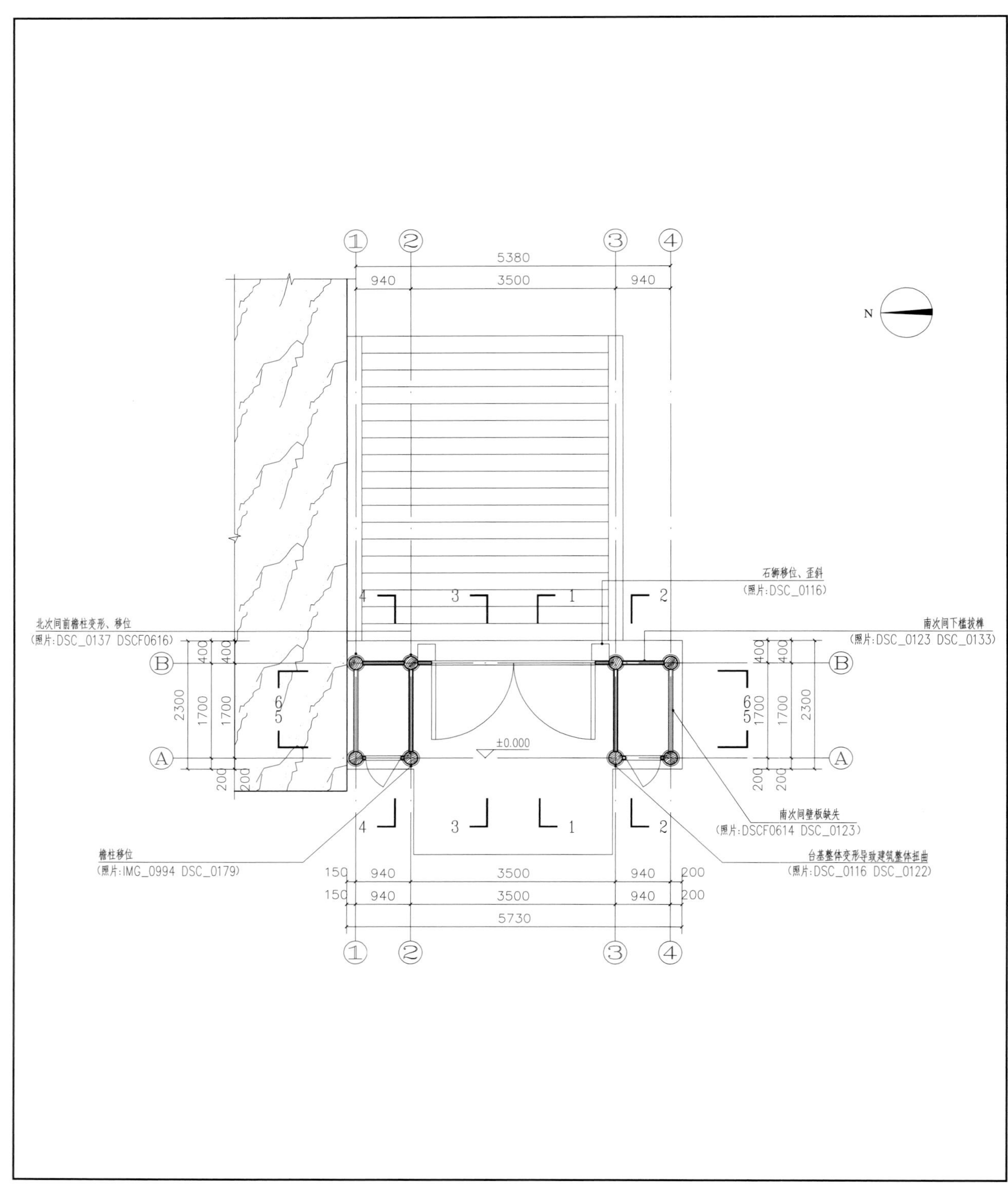

一〇〇　震后下东山门残损勘察平面图

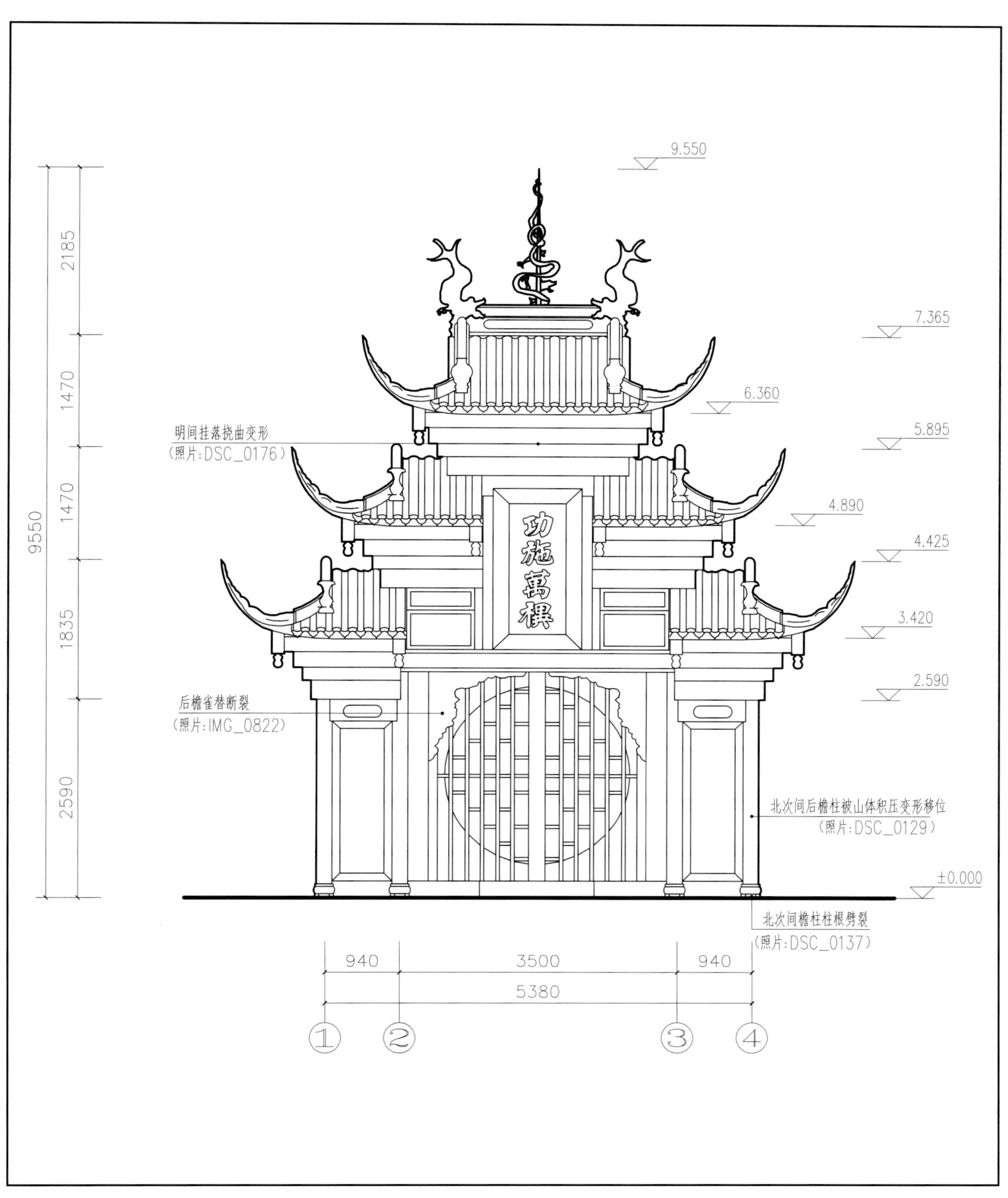
9.550
7.365
6.360
5.895
4.890
4.425
3.420
2.590
±0.000
2185
1470
1470
1835
2590
9550
明间挂落挠曲变形
（照片:DSC_0176）
后檐雀替断裂
（照片:IMG_0822）
北次间后檐柱被山体积压变形移位
（照片:DSC_0129）
北次间檐柱柱根劈裂
（照片:DSC_0137）
功施萬祺
940
3500
940
5380
①
②
③
④

一〇一　震后下东山门残损勘察立面图

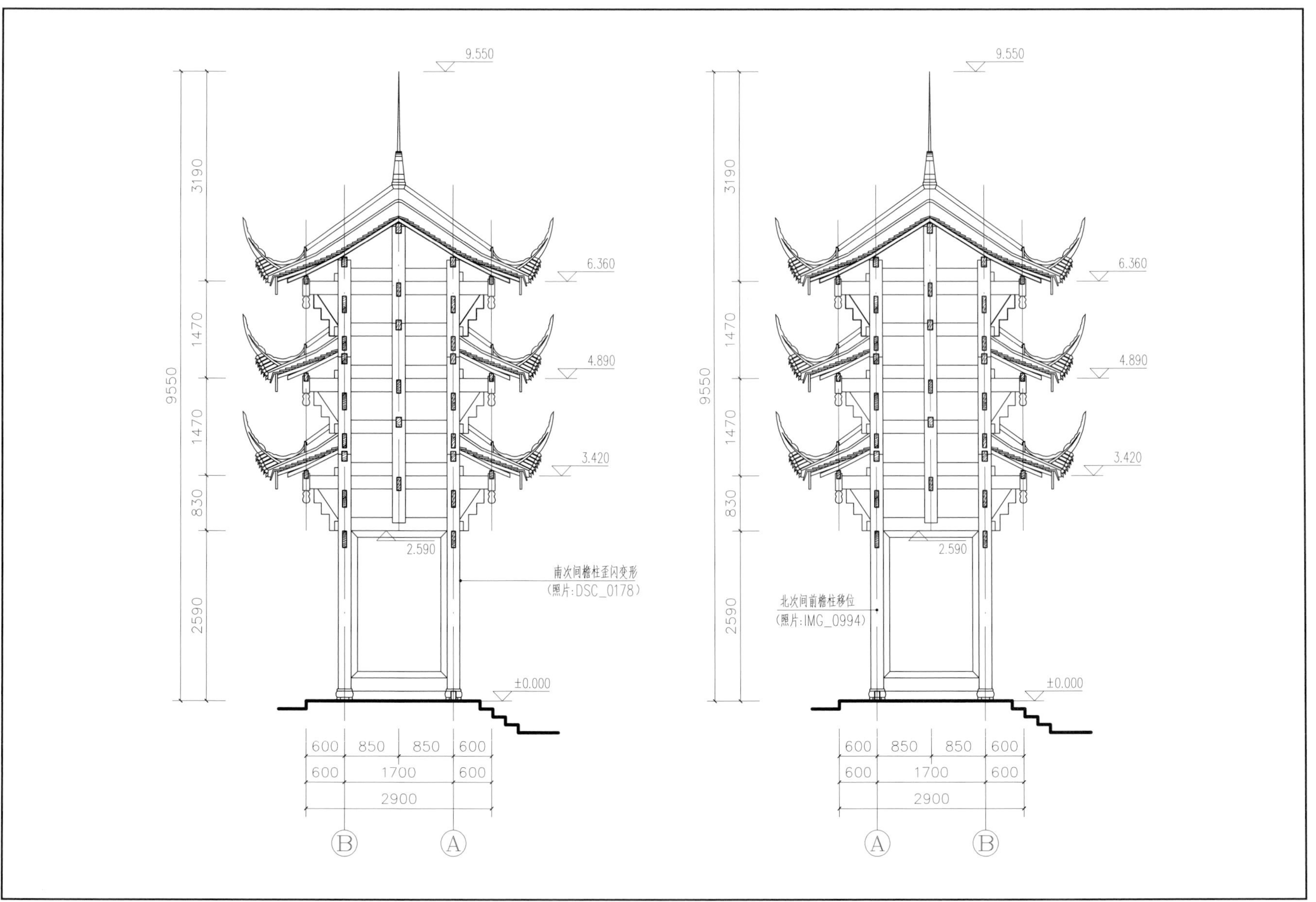

一〇二　震后下东山门残损勘察剖面图

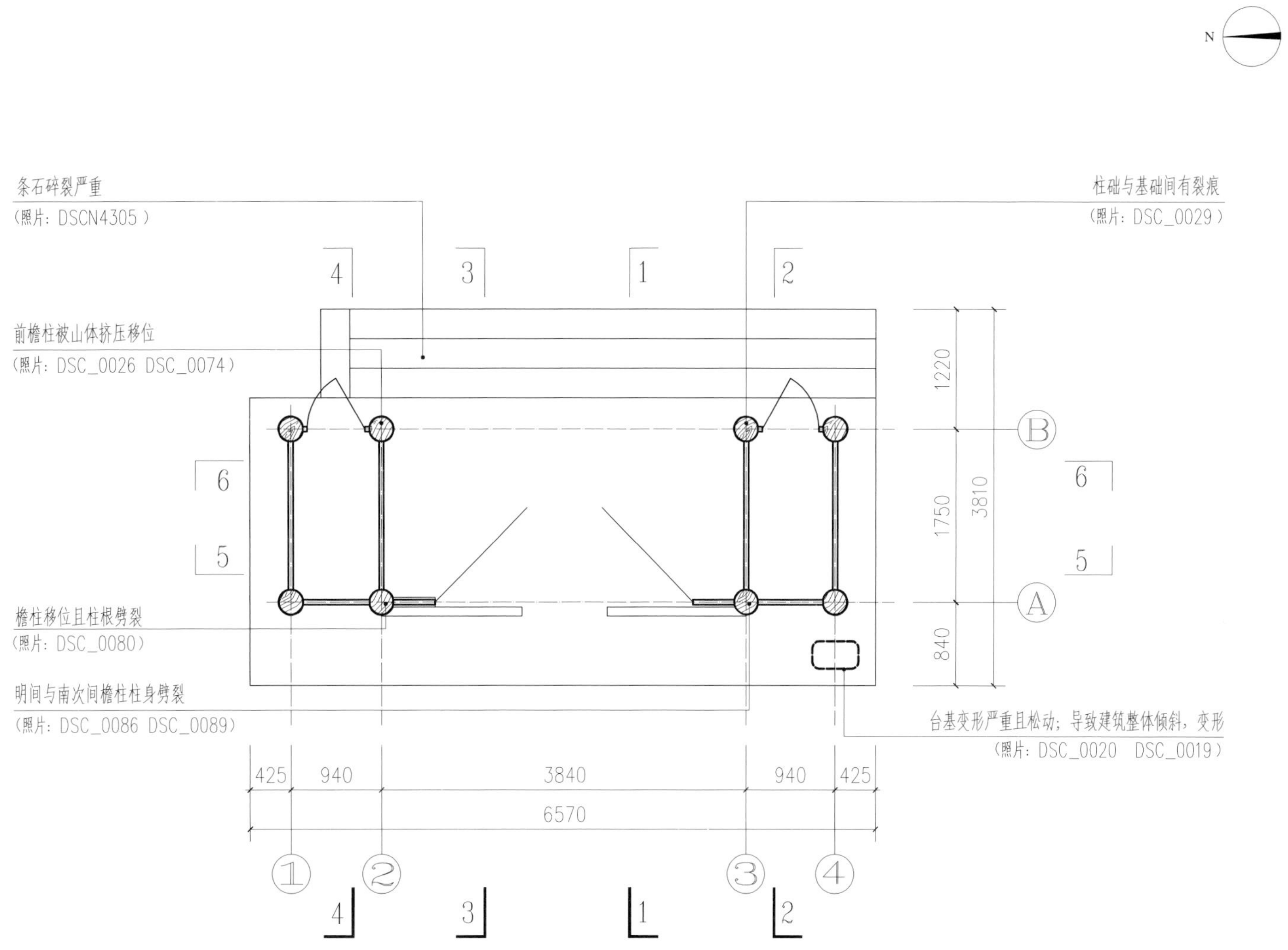

一〇三　震后下西山门残损勘察平面图

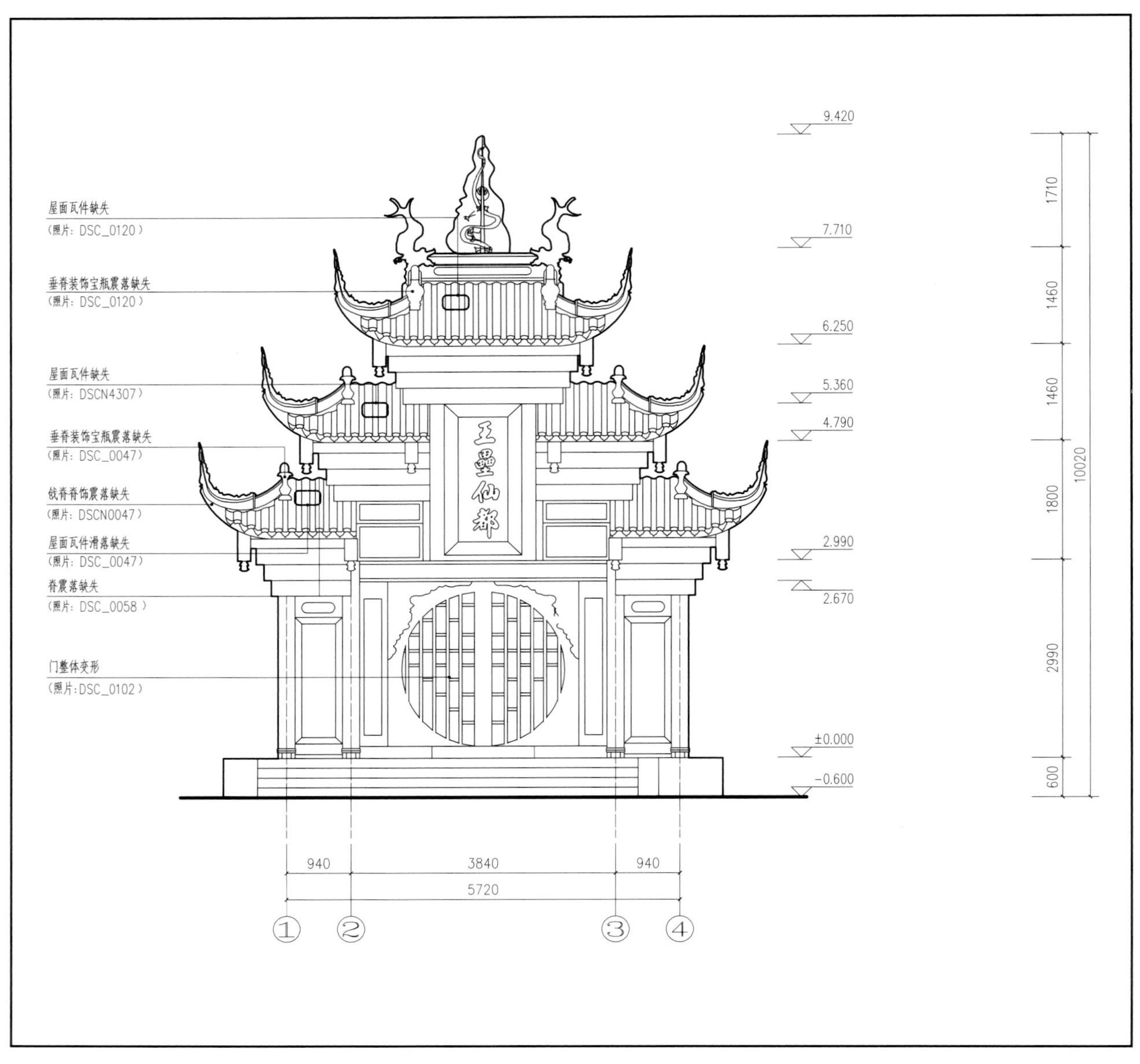
屋面瓦件缺失
（照片：DSC_0120）
垂脊装饰宝瓶震落缺失
（照片：DSC_0120）
屋面瓦件缺失
（照片：DSCN4307）
垂脊装饰宝瓶震落缺失
（照片：DSC_0047）
戗脊脊饰震落缺失
（照片：DSCN0047）
屋面瓦件滑落缺失
（照片：DSC_0047）
脊震落缺失
（照片：DSC_0058）
门整体变形
（照片:DSC_0102）
王壘仙都
9.420
7.710
6.250
5.360
4.790
2.990
2.670
±0.000
-0.600
1710
1460
1460
1800
2990
600
10020
940
3840
940
5720
①
②
③
④

一〇四　震后下西山门残损勘察立面图

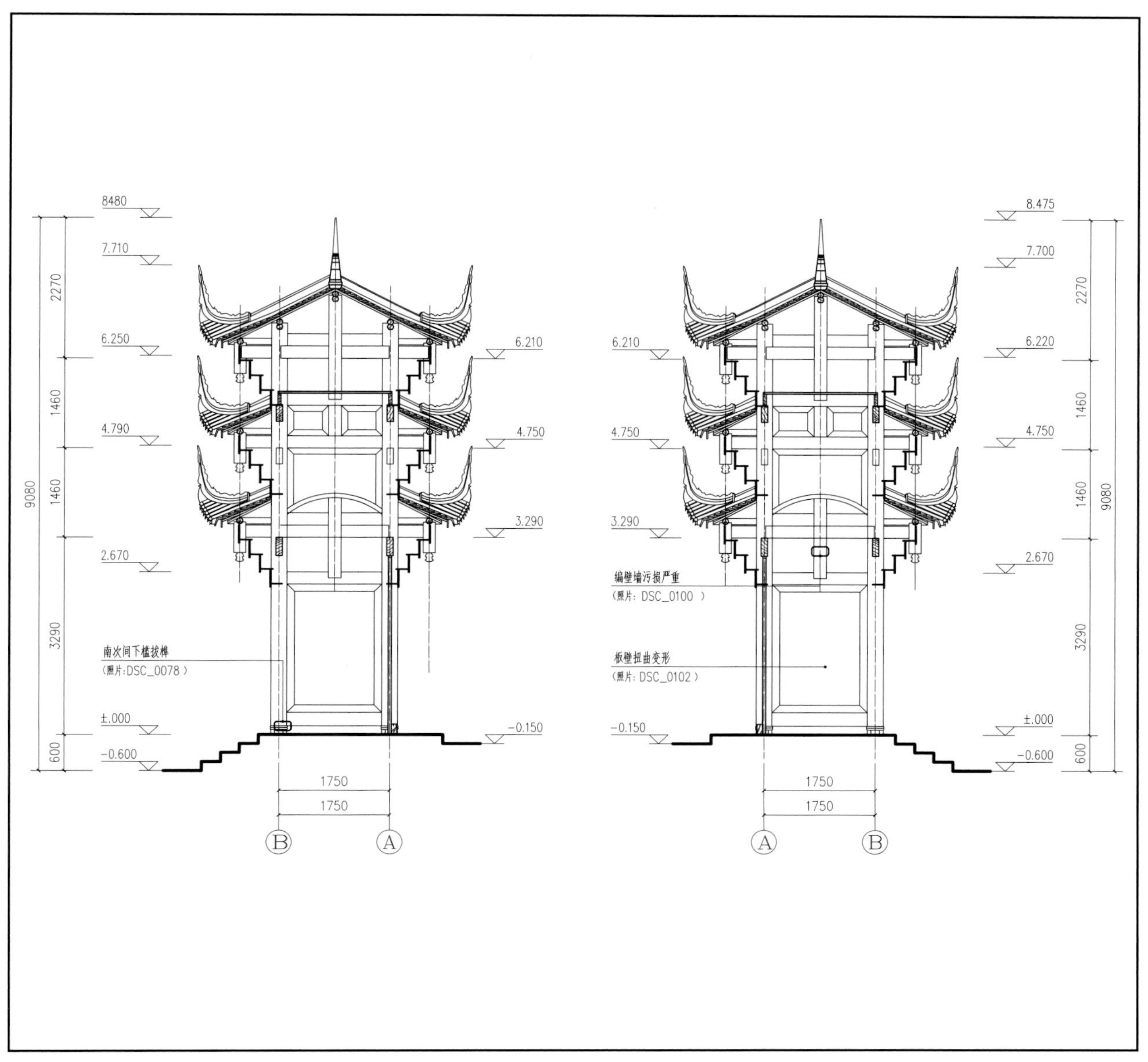

一〇五　震后下西山门残损勘察剖面图

附　录

一　重要附属文物

序号	分类号	名　　称	数量	时 代	级别	完残	位　置
1	Je Ⅰ—007	清光绪“镇火”碑	两方	清光绪九年(1883年)	三级	完好	乐楼三层和丁公祠内各立一方
2	Je Ⅰ—008	清张缙簪“志在凌云”竹画碑	一方	清末	三级	完好	立于丁公祠内
3	Je Ⅰ—009	徐悲鸿“天马”、“奔马”图碑	一方	1943年	三级	完好	立于丁公祠内
4	Je Ⅰ—010	张大千“玉女”,关山月“黄粱梦”图 碑	一方	1944年	三级	完好	立于丁公祠内
5	Nf—001	明成化款崇应殿铁烛台	两个	明成化二十年(1484年)	三级	完好	置于丁公祠内
6	Nf—002	明成化款崇应殿铁炉瓶	两个	明成化二十年(1484年)	三级	完好	置于丁公祠内
7	Nf—003	清乾隆款圣公殿铁方鼎	一口	清乾隆二年(1737年)	三级	基本完好	置于李冰殿前石阶
8	Nf—004	清乾隆款重建显英王通佑祈嗣三殿铁铭文钟	一口	清乾隆三年(1738年)	三级	完好	置于丁公祠内
9	Nf—005	清乾隆款天君殿铁钟	一口	清乾隆三年(1738年)	三级	完好	挂于灵官殿明间左挑枋
10	Nf—006	清乾隆款二王庙铁鼎	一口	清乾隆九年(1744年)	三级	基本完好	置于灵官殿殿前石阶
11	Nf—007	清乾隆款铁哮天犬	一口	清乾隆十七年(1752年)	三级	完好	置于丁公祠内
12	Nf—008	清乾隆款三尖两刃刀	一口	清乾隆十七年(1752年)	三级	完好	置于李冰殿内

序号	分类号	名　　称	数量	时 代	级别	完残	位　　置
13	Nf—009	清乾隆款通山三庵铁铭文钟	一口	清乾三十五年(1770年)	三级	完好	置于丁公祠内
14	Nf—010	清道光款龙神殿铁磬	一口	清道光十一年(1831年)	三级	基本完好	置于铁龙殿内
15	Nf—011	清光绪款真常道院铁铭文鼎	一口	清光绪十三年(1887年)	三级	基本完好	置于二郎殿前石阶
16	Nf—012	清光绪款太极殿铁铭文钟	一口	清光绪十四年(1888年)	三级	完好	挂于二郎殿左次间穿枋
17	Nf—013	清光绪款纯阳帝君殿铁钟	一口	清光二十一年(1895年)	三级	完好	置于李冰殿内
18	Nf—014	清宣统款堰功祠铁铭文磬	一口	清宣统元年(1909年)	三级	完好	置于二郎殿内
19	Nf—015	款显英王殿铁铭文磬	一口	1938年	三级	完好	置于李冰殿内
20	NjⅠ—044	但懋辛“利济斯民”匾	一道	1938年	三级	完好	李冰殿明间前金枋
21	NjⅠ—047	谢无量“威镇江源”匾	一道	1946年	三级	完好	李冰殿左尽间中金枋
22	NjⅠ—068	但懋辛“开物凿离堆……”联	一对	1938年	三级	完好	挂二郎殿次间金柱

二　其他石制文物及壁画

序号	分类号	名　　称	数量	时　代	级别	完残	位　　置
1	Ⅰ—001	清乾隆款石狮	一对	清乾隆十二年(1747年)		断裂	分立于戏楼前大台阶
2	G—001	清宣统都江堰灌区图	一幅	清宣统三年(1911年)		毁	“水利图”照壁明间
3	JeⅠ—002	清光绪丁宝桢护树碑	一方	清光绪十一年(1885年)		完好	“水利图”照壁右次间
4	JeⅠ—003	清宣统钱茂“堰功祠记”碑	八方	1914年刻		完好	“水利图”照壁明间图下
5	JeⅠ—004	清宣统钱茂“减免二王庙租捐告示”碑	一方	1914年刻		完好	“水利图”照壁左次间

序号	分类号	名　　称	数量	时　代	级别	完残	位　　置
6	JeⅠ−005	清咸丰冯绍俊“安流顺轨”碑	一方	清咸丰三年(1853年)		残	立于大殿前坝右侧
7	JeⅠ−006	清咸丰张香海“饮水思源”碑	一方	清咸丰三年(1853年)		断裂	立于大殿前坝左侧
8	JeⅡ−001	清光绪胡圻“三字经”刻石	一方	清光绪元年(1875年)		基本完好	嵌于灌澜亭前左侧石壁
9	JeⅡ−002	清嘉庆王梦庚“六字诀”刻石	一方	清嘉庆二十三年(1818年)		断裂	嵌于灌澜亭前左侧石壁
10	JeⅡ−003	清光绪胡圻“遇弯截角、逢正抽心”刻石	两方	清光绪元年(1875年)		完好	嵌于灌澜亭下石壁
11	JeⅡ−004	清光绪文焕“三字经”刻石	十二块	清光绪三十二年(1906年)		完好	嵌于灌澜亭下石壁
12	JeⅡ−005	清“稻田足水慰农心”刻石	一方	清晚期		完好	嵌于灌澜亭下石壁
13	JeⅡ−006	清光绪吴涛“乘势利导、因地制宜”刻石	八块	清光绪二十三年(1897年)		断裂残缺	嵌于三官殿前左侧石壁
14	JeⅡ−007	清同治杨重雅《都江堰赋》刻石	四方	清同治三年(1864年)		断裂残缺	二王庙牌楼（戏台）前左侧壁间
15	JeⅡ−008	清同治何咸宜《都江堰赋》刻石	一方	清同治三年(1864年)		基本完好	二王庙牌楼（戏台）前右侧壁间
16	JeⅡ−009	清杨作铕“离堆观涨”刻石	一方	清晚期		断裂	二王庙牌楼（戏台）前右侧壁间
17	JeⅡ−010	清同治李世瑛“谒二王祠感题”刻石	一方	清同治九年(1870年)		未及	二王庙牌楼（戏台）前右侧壁间
18	JeⅡ−011	清同治周盛典《选拔将赴都门同人饯于二王庙赋此（七律二首）志别》刻石	一方	清同治三年(1864年)		基本完好	二王庙牌楼（戏台）前右侧壁间
19	JeⅡ−012	清同治曾宝光《七律》二首刻石	一方	清同治六年(1880年)		基本完好	二王庙牌楼（戏台）前右侧壁间
20	JeⅡ−013	清光绪贾教政“蓬莱”、“仙境”刻石	两方	清光绪十五年(1889年)		残	分嵌于大殿前左右隔断花墙上
21	JeⅡ−014	清道光张思伟等“字库”记事碑	两方	清道光二十四年(1898年)		残	分嵌于大殿前左右字库(塔)上

序号	分类号	名　　称	数量	时　代	级别	完残	位　　置
22	Je Ⅱ－015	冯玉祥“继承大禹 ……”刻石	一方	1941年		基本完好	嵌于大殿左前壁上
23	Je Ⅱ－016	“继禹大业……”刻石	一方	1941年		基本完好	嵌于大殿右前壁上
24	Je Ⅱ－017	清宣统宝森氏“过渡时代”刻石	一方	清宣统元年（1909年）		完好	嵌于圣母殿前右侧院门东面上方
25	Je Ⅱ－018	清宣统谢鹄显“旧治重来”刻石	一方	清宣统元年（1909年）		完好	嵌于圣母殿前左侧院门上方
26	Je Ⅱ－019	清光绪吏隐“天回玉垒”刻石	一方	光绪三十四年（1908年）		完好	嵌于圣母殿前右侧院门西面上方
27	Je Ⅱ－020	“公祭李公冰暨李二郎父子文”刻石	一方	1999年清明		局部残缺	二郎殿前左壁
28	Je Ⅱ－021	“四川各界公祭李冰父子”纪事刻石	一方	1999年清明		局部残缺	二郎殿前右壁

后　记

四川汶川“5 · 12”地震距离我们已经过去了两年有余，然而在都江堰二王庙进行的震后抢救与保护工作至今仍在紧张进行，从未停止过。无疑，这是众多灾后文物古迹抢救与保护工程中极为复杂且规模相当庞大的项目，是一个典型而特殊的案例。我们与所有参与其中的同行，都有着深切体会，这其中既有成功经验的运用，也有面对新问题的新尝试，还有种种原因造成的遗憾。面对弥足珍贵的文化遗产和猝不及防的无情灾害，我们需要记录工作的每一个步骤，获取尽可能多的积累，才能在未来更好地应对类似的挑战。因此，我们在本已非常紧迫的工程进程中，仍努力将这些工作整理出来，呈现给大家。

这份勘察报告按照工程进行的阶段反映了我们在灾害发生后对二王庙古建筑群的认识过程。报告的第二部分对应的是灾后一个月内，制定抢险清理方案阶段的勘察工作。这些记录基本展现了震后二王庙现场的真实状况，分析研究的结论反映了当时我们对保护对象和震害状况的理解判断。第三部分反映编制灾后保护专项规划和制定具体的保护维修设计阶段进行的勘察研究工作。这一步工作的结论指导了后续的保护决策。这两个阶段对文物本体及震害的理解和认识是循序渐进的，甚至也有诸多观念和判断的转变。二王庙建筑群“5 · 12”震前确切的历史状态是震后修复的依据，也是我们在整个保护工作中关注的重点。随着工作的推进，相关资料的搜寻积累，二王庙的历史变迁逐步被清晰地呈现出来的。这一部分的内容集中在了第一部分。

震后工作的特殊性在于，从灾害发生之后的那一刻起，就必须不断地作出判断和决策，实施解决各个阶段的紧迫任务。勘察研究工作，包括基础的价值研究，这是所有各个阶段工作应有的前提。从这个关系来看，灾后的勘察研究不大可能一步到位，需要考虑好各个阶段的需求和要点，以及当时的现场条件，才能和实际的工作进程配合起来。虽然由于经验不足以及现实条件的限制，二王庙的震后勘察在上述不同阶段与实际工程配合上并不十分理想，但我们仍希望尽可能将这个过程作为整个灾后勘察研究工作的一个特点突出出来。

地震灾害在瞬间给文物古迹带来巨大灾难的同时，也给灾后针对文物古迹的抢救保护工作带来了严峻的挑战，任何判断和实际操作上的失误和闪失都有可能造成对价值载体的进一步损坏，从而加大文物古迹价值的损失。

回顾在二王庙灾后的工作，我们相信，如果震前能够获得这些经验，那么在这次紧迫的任务中可以在人员安排、程序安排、工作策略和方法上处理得更好。勘察研究工作的深入和完善无疑会对减少灾后工作中文物古迹价值的损失起到积极显著的作用。或许这也是将这部原本并不成熟完善的勘察报告呈现给大家的一个积极意义，也希望获得大家的批评指正。

在图书付梓之际，感谢国家文物局、四川省文物局、成都市文物局和都江堰市文物局各级领导对灾后都江堰二王庙抢救保护工作的高度重视和悉心指导。

感谢四川“5·12”震后文化遗产抢救专家组的各位专家，他们对二王庙各个阶段的工作战斗给予了深入细致的指导，提供了宝贵的意见。

感谢福建泉州市刺桐古建筑工程有限公司、辽宁有色勘察研究院、河北木石古代建筑设计有限公司等参与此次二王庙灾后抢救与保护的工程合作单位。辽宁有色勘察研究院主持了对二王庙区域震后地质勘察、岩土加固和地质灾害防治的方案设计和工程实施，为整个震后抢救保护工作奠定了可靠的基础。

感谢北京建工建方科技公司协助我们进行三维激光扫描的现场工作，感谢清华大学房屋安全鉴定室协助我们进行对秦堰楼等建筑结构的勘察监测，以及中国林业科学研究院等机构协助我们进行的大量木结构材种及病害鉴定。

感谢国际文化财产修复与保护研究中心（ICCROM）、美国盖蒂保护中心（GCI）、国际古迹遗址理事会（ICOMOS）等国际保护组织，他们提供了大量有益的信息，帮助我们联系了国际上的专业支持，获取到大量相关技术资料，使我们从诸多国际案例中获得了大量的有益信息，并建立起国际的交流渠道。

感谢日本文化厅、日本东京文化财研究所和文化财建造物保存技术协会等机构的专家，他们在现场对实际问题与中方专家进行了深入的沟通探讨，为我们提供了有益经验。

感谢 Eduard Koegel 教授将其收藏的 Ernst Boerschmann 于1909年考察二王庙的珍贵资料提供给我们，使我们对清代末年二王庙的情况有了深入可信的了解。

感谢李维信、汪智洋、张小古、罗德胤等专家学者，他们在震前或震后对都江堰二王庙古建筑群所作的专题研究，为我们的工作提供了丰富的资料。

编　者

2010年8月28日